V. Reitmann

Reguläre und chaotische Dynamik

Reguläre und chaotische Dynamik

Von Doz. Dr. Volker Reitmann

Springer Fachmedien Wiesbaden
GmbH 1996

Das Lehrwerk wurde 1972 begründet und wird herausgegeben von:
Prof. Dr. Otfried Beyer, Prof. Dr. Horst Erfurth,
Prof. Dr. Christian Großmann, Prof. Dr. Horst Kadner,
Prof. Dr. Karl Manteuffel, Prof. Dr. Manfred Schneider,
Prof. Dr. Günter Zeidler

Verantwortlicher Herausgeber dieses Bandes:
Prof. Dr. Horst Kadner

Autor:
Doz. Dr. Volker Reitmann
Technische Universität Dresden

Gedruckt auf chlorfrei gebleichtem Papier

Die Deutsche Bibliothek – CIP-Einheitsaufnahme

Reitmann, Volker:
Reguläre und chaotische Dynamik / Volker Reitmann.
(Mathematik für Ingenieure und Naturwissenschaftler)
ISBN 978-3-8154-2090-4 ISBN 978-3-663-12341-5 (eBook)
DOI 10.1007/978-3-663-12341-5

Ursprünglich erschienen bei B. G. Teubner Verlagsgesellschaft Leipzig 1996

Umschlaggestaltung: E. Kretschmer, Leipzig

Vorwort

Dieses Lehrbuch basiert auf Ausarbeitungen zu verschiedenen Vorlesungen, die ich in den Jahren 1989 bis 1996 an der TU Dresden gehalten habe. Zu den Hörern dieser Vorlesungen gehörten sowohl Mathematikstudenten als auch Studenten der Physik und der Elektrotechnik.

Neben den Skripten für die Grundkurse "Gewöhnliche Differentialgleichungen" und "Mathematik für Physiker" sind vor allem die zu den Vorlesungen "Bifurkationstheorie dynamischer Systeme", "Vektorfelder auf Mannigfaltigkeiten" und "Dimension und Entropie in dynamischen Systemen" in das vorliegende Buch eingeflossen. Niederschlag fanden natürlich auch Erfahrungen der eigenen Forschungstätigkeit auf den Gebieten der Attraktorapproximation, der Stabilitätsanalyse und der Dimensionsabschätzung invarianter Mengen dynamischer Systeme.

Mein Anliegen beim Verknüpfen der zum Teil recht unterschiedlichen Themenkreise bestand darin, eine möglichst zusammenhängende Darstellung der Theorie dynamischer Systeme zu geben, die von den Grundlagen bis hin zu einigen wichtigen Ergebnissen der modernen Forschung auf diesem Gebiet reicht. Dynamische Systeme werden im Buch zumeist auf offenen Teilmengen des $\mathbb{R}^n$ oder auf dem Zylinder betrachtet. Jedoch läßt sich ein Großteil der formulierten Sätze ohne Probleme auch für den Fall differenzierbarer Mannigfaltigkeiten verallgemeinern.

Ohne die Hilfe von Freunden und Kollegen wäre dieses Buch nicht entstanden. Der gesamte Text wurde von Dr. Jürgen Lembcke in LaTeX geschrieben. Alle zugehörigen Zeichnungen hat meine Frau angefertigt. Die Durchsicht des fertigen Manuskripts besorgten meine Doktorandinnen Astrid Mirle und Antje Noack. Ihnen allen danke ich ganz herzlich. Auch bei Herrn Jürgen Weiß vom Teubner-Verlag in Leipzig, der immer Verständnis für meine Probleme zeigte, bedanke ich mich sehr.

Dresden, Juni 1996 Volker Reitmann

Inhalt

Teil I

Dynamische Systeme

1 Definition des dynamischen Systems

Ein *dynamisches System* ist ein mathematisches Objekt zur Beschreibung der Zeitentwicklung physikalischer, biologischer oder anderer real existierender Systeme. Es wird definiert durch einen *Zustands-* oder *Phasenraum* M, der zunächst der $\mathbb{R}^n$ oder eine offene Teilmenge davon sei, und eine einparametrige Familie von Abbildungen $\varphi^t : M \to M$, wobei der Parameter t (*Zeit*) aus $\mathbb{R}$ bzw. $\mathbb{R}_+$ (*zeitkontinuierlich*) oder aus $\mathbb{Z}$ bzw. $\mathbb{Z}_+$ (*zeitdiskret* oder kurz *diskret*) ist. Die jeweilige Zeitmenge wird im weiteren mit Γ bezeichnet. Die Abbildungen sollen dabei folgende Eigenschaften haben:

a) $\varphi^0(\mathbf{x}) = \mathbf{x}$ für alle $\mathbf{x} \in M$.

b) $\varphi^t(\varphi^s(\mathbf{x})) = \varphi^{t+s}(\mathbf{x})$ für alle $t, s \in \Gamma$ und $\mathbf{x} \in M$.

c) Ist das System zeitkontinuierlich, so ist die Abbildung $\varphi^{(\cdot)}(\cdot) : \Gamma \times M \to M$ stetig.

c') Ist das System zeitdiskret, so ist für jedes $t \in \Gamma$ die Abbildung $\varphi^t(\cdot) : M \to M$ stetig.

Ist $\Gamma = \mathbb{R}$ ($\Gamma = \mathbb{R}_+$), so nennt man das zeitkontinuierliche dynamische System auch *Fluß* (*Halbfluß*). Für einen solchen Fluß sind die Eigenschaften a) und b) in Abb. 1.1 a) illustriert.

Ein dynamisches System ist also eine einparametrige Familie von stetigen Abbildungen, unter denen wegen a) immer die identische Abbildung vertreten ist, und für die die Superposition zweier beliebiger Abbildungen aus der Familie die Eigenschaft b) besitzt. Letztere wird für $\Gamma = \mathbb{R}_+$ oder $\Gamma = \mathbb{Z}_+$ auch *Halbgruppen-*

eigenschaft und für $\Gamma = \mathbb{R}$ oder $\Gamma = \mathbb{Z}$ auch *Gruppeneigenschaft* genannt.

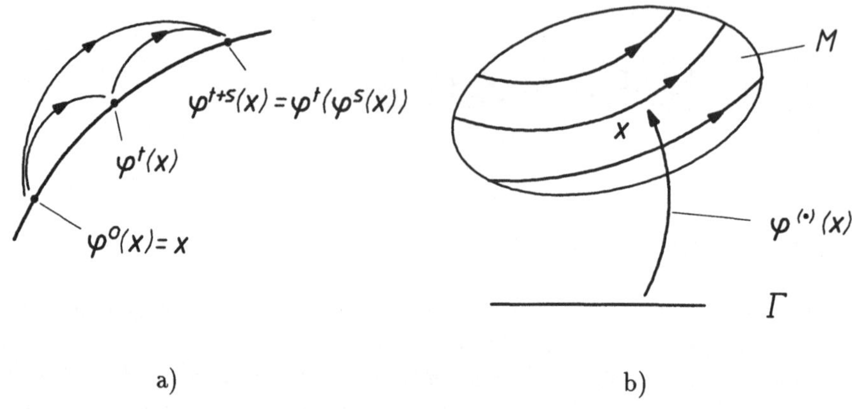

Abb.1.1

Beispiel 1.1 a) Als Illustration für ein zeitdiskretes dynamische System können die Bewegungen einer Person auf einer (unendlich langen) Treppe dienen. Jeder Schritt von Stufe zu Stufe ist eine Transformation, die als Verschiebung der Person im Raum stattfindet. Dabei ist offensichtlich, daß die Person das Ergebnis von z.B. 4 Stufen Aufwärtsbewegung auch dadurch erreicht, wenn sie z.B. zunächst 2 Stufen erklimmt, verharrt und anschließend nochmals 2 Stufen nach oben bewältigt.
Benutzt die Person dagegen eine sich gleichförmig bewegende Rolltreppe, so kann dieser Vorgang als zeitkontinuierliches dynamisches System interpretiert werden, wobei als Zeitparameter z.B. der von der Person jeweils zurückgelegte Abstand genommen werden kann. Die identische Abbildung wird dabei durch den Stillstand der Rolltreppe repräsentiert.

b) Als Beispiele für dynamische Systeme mit Zustandsraum $M = \mathbb{R}$ und Zeitmenge $\Gamma = \mathbb{R}$ seien die einparametrigen Familien von Abbildungen $\varphi^t : \mathbb{R} \to \mathbb{R}$ mit $\varphi^t(x) = x + t$ und $\varphi^t(x) = e^t x$ genannt.
Dagegen ist für die Familie von Abbildungen $\boldsymbol{\varphi}^t : \mathbb{R}^2 \to \mathbb{R}^2$ mit $\boldsymbol{\varphi}^t(x, y) = (x+t, y+t^2)^T$ die Gruppeneigenschaft b) nicht erfüllt, so daß kein dynamisches System vorliegt. ∎

Da bei Flüssen und diskreten dynamischen Systemen mit $\Gamma = \mathbb{Z}$ wegen a) und b) für jedes $t \in \Gamma$ neben der Abbildung $\boldsymbol{\varphi}^t$ auch die inverse Abbildung $(\boldsymbol{\varphi}^t)^{-1} = \boldsymbol{\varphi}^{-t}$ existiert, nennen wir diese auch *invertierbare dynamische Systeme.* Für beliebiges festes $\mathbf{p} \in M$ definiert die Abbildung $t \longmapsto \boldsymbol{\varphi}^t(\mathbf{p})$, $t \in \Gamma$, eine *Bewegung* des dynamischen Systems mit Anfang $\mathbf{p}$ zur Zeit $t = 0$. Die Bilder der Bewegungen eines Flusses im Phasenraum heißen auch *Flußlinien* (Abb. 1.1a). Das Bild einer Bewegung mit Anfang $\mathbf{p}$ ist im allgemeinen der *Orbit* (oder die *Trajektorie*) durch $\mathbf{p}$ und wird mit $\gamma(\mathbf{p})$ bezeichnet. Es gilt also $\gamma(\mathbf{p}) = \{\boldsymbol{\varphi}^t(\mathbf{p}), t \in \Gamma\}$. Ist das dynamische System invertierbar, wird zwischen dem *positiven Semiorbit* durch

$\mathbf{p}$, d.h. $\gamma^+(\mathbf{p}) = \{\varphi^t(\mathbf{p}), t \in \Gamma,\ t \geq 0\}$, und dem *negativen Semiorbit* durch $\mathbf{p}$, d.h. $\gamma^-(\mathbf{p}) = \{\varphi^t(\mathbf{p}), t \in \Gamma,\ t \leq 0\}$, unterschieden. Abb. 1.2a zeigt den positiven Semiorbit eines zeitdiskreten dynamischen Systems.

Zwei beliebige Orbits eines invertierbaren dynamischen Systems haben keinen gemeinsamen Punkt oder stimmen überein. Damit entsteht eine Zerlegung des Phasenraumes in disjunkte Orbits, die man *Phasenporträt* nennt (Abb. 1.1b). Für ein fixiertes $t \in \Gamma$ ist das Bild einer Menge $D \subset M$ unter der Abbildung φ^t in Abb. 1.2b zu sehen.

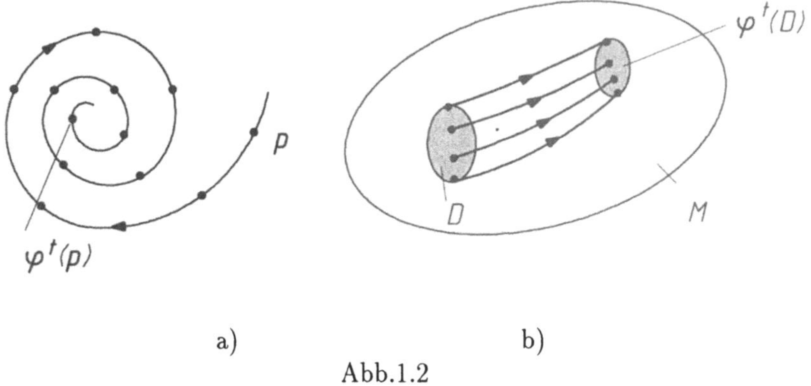

Abb.1.2

Über die Stetigkeitseigenschaften c) bzw. c') hinaus werden an ein dynamisches System oft auch Glattheitsanforderungen gestellt. Ein zeitkontinuierliches dynamisches System heißt *C^r-glatt*, wenn die Abbildung $(t, \mathbf{x}) \mapsto \varphi^t(\mathbf{x})$ mit $(t, \mathbf{x}) \in \Gamma \times M$ eine C^r-Abbildung ist. Ein diskretes dynamisches System $\{\varphi^t\}_{t\in\Gamma}$ heißt *C^r-glatt*, wenn für jedes $t \in \Gamma$ die Abbildung $\varphi^t : M \to M$ C^r-glatt ist.
Begriffe wie C^r-Abbildung oder Homöomorphismus sollen im folgenden kurz zusammengestellt werden.

Ist $\mathbf{g} : X \to Y$ eine Abbildung und sind $A \subset X$ und $B \subset Y$ beliebige Teilmengen, so heißen $\mathbf{g}(A) := \{\mathbf{g}(\mathbf{x}) : \mathbf{x} \in A\}$ bzw. $\mathbf{g}^{-1}(B) := \{\mathbf{x} \in X : \mathbf{g}(\mathbf{x}) \in B\}$ *Bild von A* bzw. *Urbild von B unter* $\mathbf{g}$.

Die Abbildung $\mathbf{g} : X \to Y$ heißt *surjektiv*, wenn $\mathbf{g}(X) = Y$ ist. Eine Abbildung $\mathbf{g} : X \to Y$ heißt *injektiv*, wenn für beliebige $\mathbf{x}_1, \mathbf{x}_2 \in X$ mit $\mathbf{x}_1 \neq \mathbf{x}_2$ immer $\mathbf{g}(\mathbf{x}_1) \neq \mathbf{g}(\mathbf{x}_2)$ gilt. Eine Abbildung, die surjektiv und injektiv ist, heißt *bijektiv* oder *Bijektion*. Ist $\mathbf{g} : X \to Y$ eine Bijektion, so existiert die *inverse Abbildung* $\mathbf{g}^{-1} : Y \to X$. Die Abbildung $\mathbf{g} : X \to \mathbb{R}^m$ mit $X \subset \mathbb{R}^n$ als offener Teilmenge und $\mathbb{R}^n$ sowie $\mathbb{R}^m$ in der kanonischen Basis heißt *C^r-Abbildung* oder *C^r-glatt*, wenn jede Komponente $g_i : X \to \mathbb{R}$ von $\mathbf{g} = (g_1, ..., g_m)^T$ r-mal stetig differenzierbar ist. Sind X und Y offene Teilmengen des $\mathbb{R}^n$, so heißt die Abbildung $\mathbf{g} : X \to Y$ *lokaler C^r-Diffeomorphismus im Punkt* $\mathbf{x} \in X$, wenn eine offene Umgebung U von $\mathbf{x}$ in X und eine offene Umgebung V von $\mathbf{g}(\mathbf{x})$ in

Y existieren, so daß die Einschränkung von $\mathbf{g}$ auf U, d.h. $\mathbf{h} := \mathbf{g}_{|U} : U \to V$, bijektiv ist und sowohl $\mathbf{h}$ als auch $\mathbf{h}^{-1}$ aus der Klasse C^r sind. Die Abbildung $\mathbf{g} : X \to Y$ heißt *lokaler C^r-Diffeomorphismus*, wenn $\mathbf{g}$ in jedem Punkt $\mathbf{x} \in X$ ein lokaler C^r-Diffeomorphismus ist, und *C^r-Diffeomorphismus*, wenn $\mathbf{g}$ bijektiv ist und sowohl $\mathbf{g}$ als auch $\mathbf{g}^{-1}$ C^r-Abbildungen sind. Stellt man keine Differenzierbarkeitsforderung und verlangt nur, daß $\mathbf{g} : X \to Y$ eine stetige Bijektion mit stetiger Umkehrabbildung ist, so erhält man einen *Homöomorphismus.* Als Beispiel für einen differenzierbaren Homöomorphismus, der kein Diffeomorphismus ist, sei die Abbildung $g : \mathbb{R} \to \mathbb{R}$ mit $g(x) = x^3$ genannt.

1.1 Zeitkontinuierliche Systeme

Gegeben sei eine autonome gewöhnliche Differentialgleichung

$$\dot{\mathbf{x}} = \mathbf{f}(\mathbf{x}), \tag{1.1}$$

wobei $\mathbf{f} : M \to \mathbb{R}^n$ eine C^r-Abbildung ($r \geq 0$) sei, die auf einer offenen Teilmenge $M \subset \mathbb{R}^n$ definiert ist. Ist $\mathbf{f}$ nur stetig, d.h. ist $r = 0$, so genüge f einer lokalen Lipschitz-Bedingung auf M. Die Abbildung $\mathbf{f}$ wird auch *Vektorfeld* genannt. Jede C^1-Funktion $\boldsymbol{\alpha} : (a, b) \to M$, wobei (a, b) ein offenes Intervall mit $0 \in (a, b)$ ist, für die $\dot{\boldsymbol{\alpha}}(t) = \mathbf{f}(\boldsymbol{\alpha}(t))$ für alle $t \in (a, b)$ ist und $\boldsymbol{\alpha}(0) = \mathbf{p}$ gilt, heißt *Integralkurve* von (1.1) mit Anfang $\mathbf{p}$ zur Zeit $t = 0$. Die Integralkurve $\boldsymbol{\alpha} : (a, b) \to M$ mit Anfang $\mathbf{p}$ heißt *maximal*, wenn für jede andere Integralkurve $\boldsymbol{\beta} : (c, d) \to M$ mit $0 \in (c, d)$ und Anfang $\mathbf{p}$ zur Zeit $t = 0$ immer $(c, d) \subset (a, b)$ und $\boldsymbol{\alpha}(t) = \boldsymbol{\beta}(t)$ für alle $t \in (c, d)$ gilt.

Wir formulieren nun den zentralen Existenzsatz für maximale Integralkurven und den lokalen Fluß (z.B. [22]).

Satz 1.1 *(Über den lokalen Fluß). Gegeben sei das C^r-Vektorfeld f aus (1.1), das bei $r = 0$ einer lokalen Lipschitz-Bedingung auf M genüge. Dann existieren eine offene Menge $D \subset \mathbb{R} \times M$ und eine C^r-Abbildung $\varphi : D \to M$, die bzgl. des ersten Arguments sogar $(r+1)$-mal stetig differenzierbar ist, so daß gilt:*

(i) Für jedes $\mathbf{p} \in M$ gilt $D \cap (\mathbb{R} \times \{\mathbf{p}\}) = (a_{\mathbf{p}}, b_{\mathbf{p}}) \times \{\mathbf{p}\}$, wobei $(a_{\mathbf{p}}, b_{\mathbf{p}})$ ein offenes Intervall mit $0 \in (a_{\mathbf{p}}, b_{\mathbf{p}})$ ist.

(ii) $\varphi(s, \varphi(t, \mathbf{p})) = \varphi(s + t, \mathbf{p})$ für alle $t, s \in \mathbb{R}$, für die die linke Seite definiert ist.

(iii) $\varphi(0, \mathbf{p}) = \mathbf{p}$ für alle $\mathbf{p} \in M$.

(iv) Für jedes $\mathbf{p} \in M$ ist die Abbildung $t \longmapsto \varphi(t, \mathbf{p})$ mit $t \in (a_{\mathbf{p}}, b_{\mathbf{p}})$ die maximale Integralkurve von (1.1) mit Anfang $\mathbf{p}$ zur Zeit $t = 0$.

Die Abbildung $\varphi : D \to M$, deren Existenz im Satz 1.1 gesichert wird, heißt *lokaler Fluß* von (1.1). Offenbar erzeugt dieser wegen der Eigenschaften (ii) und (iii) über die Beziehung $\varphi^t(\mathbf{x}) := \varphi(t, \mathbf{x}) \quad \forall (t, \mathbf{x}) \in D$ einen C^r-glatten Fluß im Sinne der obigen Definition, wenn $(a_\mathbf{p}, b_\mathbf{p}) = \mathbb{R}$ für jedes $\mathbf{p} \in M$ ist. Er erzeugt einen C^r-glatten Halbfluß, wenn $b_\mathbf{p} = +\infty$ für jedes $\mathbf{p} \in M$ ist. In diesem Fall betrachten wir das System nur auf $[0, +\infty) \times M$.

Beispiel 1.2 a) Für die ebene Differentialgleichung

$$\dot{x} = -x, \quad \dot{y} = y + x^2$$

ist die maximale Integralkurve mit Anfang $(x_0, y_0)^T$ zur Zeit $t = 0$ durch

$$\varphi(t, x_0, y_0) = \left(e^{-t} x_0,\ e^t y_0 + \frac{x_0^2}{3}(e^t - e^{-2t}) \right)^T \qquad (t \in \mathbb{R})$$

gegeben. Die direkte Rechnung

$$\begin{aligned} \varphi(t, \varphi(s, x_0, y_0)) &= \left(e^{-t} \cdot e^{-s} x_0,\ e^t [e^s y_0 + (e^s - e^{-2s}) \frac{x_0^2}{3} + (e^t - e^{-2t}) e^{-2s} \frac{x_0^2}{3}] \right)^T \\ &= \left(e^{-(t+s)} x_0, e^{t+s} y_0 + [e^{t+s} - e^{-2(t+s)}] \frac{x_0^2}{3} \right)^T \\ &= \varphi(t + s, (x_0, y_0)) \end{aligned}$$

bestätigt für dieses Beispiel die allgemeine Eigenschaft (ii) aus Satz 1.1.

b) Für nichtautonome Differentialgleichungen ist die Eigenschaft (ii) des Satzes 1.1 i.allg. nicht erfüllt. Wir betrachten als Beispiel die Differentialgleichung

$$\dot{x} = 2tx,$$

deren rechte Seite auf $\mathbb{R} \times \mathbb{R}$ definiert ist. Offenbar ist $\varphi(t, p) = e^{t^2} p \quad (t \in \mathbb{R})$ die Lösung dieser Differentialgleichung mit Anfang p zur Zeit $t = 0$. Wäre die Eigenschaft (ii) erfüllt, müßte

$$p = \varphi(t + (-t), p) = \varphi(t, \varphi(-t, p)) = e^{t^2} \cdot e^{(-t)^2} \cdot p = e^{2t^2} \cdot p$$

für alle t gelten, was natürlich für $p \neq 0$ nicht stimmt.

c) Betrachtet wird auf $M = \mathbb{R}$ die Differentialgleichung

$$\dot{x} = x - x^2.$$

Durch Trennung der Variablen läßt sich leicht zeigen, daß die maximalen Integralkurven dieser Differentialgleichung durch folgende Beziehung definiert sind:

$$\varphi(t, p) = \begin{cases} \frac{e^t p}{p e^t - p + 1}, & p \neq 0, p \neq 1, \\ 0, & p = 0, \\ 1, & p = 1. \end{cases}$$

Dabei ist das maximale Existenzintervall jeweils durch

$$(a_p, b_p) = \begin{cases} (-\infty, \ln \frac{p-1}{p}) & \text{für } p < 0, \\ \mathbb{R} & \text{für } 0 \le p \le 1, \\ (\ln \frac{p-1}{p}, +\infty) & \text{für } p > 1 \end{cases}$$

gegeben. Der Definitionsbereich des lokalen Flusses ist in Abb. 1.3 zu sehen. ■

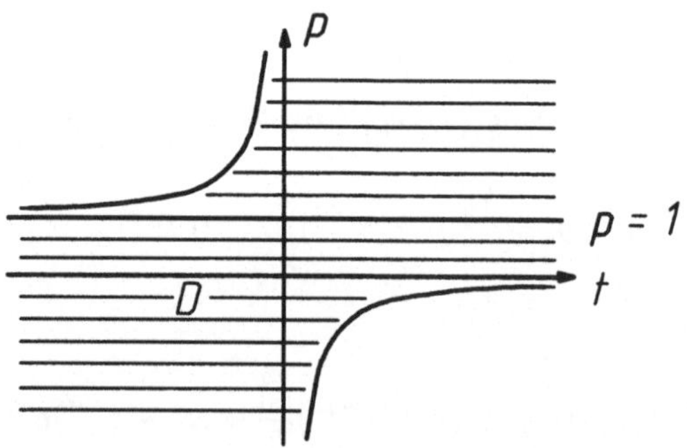

Abb.1.3

Wir geben nun für (1.1) mit $M = \mathbb{R}^n$ einige hinreichende Bedingungen dafür an, daß für das Existenzintervall einer maximalen Integralkurve $(a_\mathbf{p}, b_\mathbf{p})$ die Beziehungen $a_\mathbf{p} = -\infty$ oder $b_\mathbf{p} = +\infty$ gelten (z.B. [22, 7]).

Satz 1.2 *Es sei $(a_\mathbf{p}, b_\mathbf{p})$ das Existenzintervall einer maximalen Integralkurve $\varphi(\cdot, \mathbf{p})$ von (1.1) mit $M = \mathbb{R}^n$.*

a) Ist $a_\mathbf{p} > -\infty$, so gilt $\lim_{t \to a_\mathbf{p}+0} \|\varphi(t, \mathbf{p})\| = +\infty$.
Ist $b_\mathbf{p} < +\infty$, so gilt $\lim_{t \to b_\mathbf{p}-0} \|\varphi(t, \mathbf{p})\| = +\infty$.
Bleibt also eine maximale Integralkurve auf $(a_\mathbf{p}, 0]$ bzw. $[0, b_\mathbf{p})$ beschränkt, so gilt $a_\mathbf{p} = -\infty$ bzw. $b_\mathbf{p} = +\infty$.

b) Existiert eine stetige Funktion $V : \mathbb{R}^n \to \mathbb{R}$ mit $V(\mathbf{x}) \to +\infty$ für $\|\mathbf{x}\| \to +\infty$, so daß $V(\varphi(t, \mathbf{p}))$ nicht wachsend auf $[0, b_\mathbf{p})$ ist, so gilt $b_\mathbf{p} = +\infty$.

Folgerung 1.1 aus b) (Satz von Wintner und Conti (z.B. [23])) Es existiere eine stetige Funktion $\omega : [0, +\infty) \to [1, +\infty)$ mit $\|f(\mathbf{x})\| \le \omega(\|\mathbf{x}\|) \quad \forall \mathbf{x} \in \mathbb{R}^n$ und $\int_0^\infty \frac{1}{\omega(r)} dr = +\infty$. Dann ist jede maximale Integralkurve von (1.1) ganz auf $\mathbb{R}$ definiert.

1.2 Zeitdiskrete Systeme

Gegeben sei eine C^r-Abbildung $\varphi : M \to M$, wobei $M \subset \mathbb{R}^n$ eine offene Teilmenge darstellt und $r \geq 0$ gilt. Ist φ invertierbar, so wird durch sie ein invertierbares dynamisches System $\{\varphi^t\}$ definiert:

$$\varphi^t = \begin{cases} \underbrace{\varphi \circ \cdots \circ \varphi}_{t-\text{mal}} & , \quad \text{falls } t > 0, \\ \underbrace{\varphi^{-1} \circ \cdots \circ \varphi^{-1}}_{-t-\text{mal}}, & \quad \text{falls } t < 0, \\ id_M & , \quad \text{falls } t = 0. \end{cases}$$

Ist φ nicht invertierbar, sind die Abbildungen $\{\varphi^t\}$ nur für $t \geq 0$ erklärt.

Wir formulieren nun eine ziemlich allgemeine (hinreichende) Bedingung für die Existenz eines invertierbaren diskreten dynamischen Systems der Klasse C^1 im $\mathbb{R}^n$ (z.B. [66]).

Satz 1.3 *Die Abbildung* $\varphi : \mathbb{R}^n \to \mathbb{R}^n$ *sei stetig differenzierbar und* $\det D\varphi(\mathbf{x}) \neq 0$ *für alle* $\mathbf{x} \in \mathbb{R}^n$. *Dann ist* φ *genau dann ein Diffeomorphismus, wenn* $\|\varphi(\mathbf{x})\| \to +\infty$ *für* $\|\mathbf{x}\| \to +\infty$ *gilt.*

Beispiel 1.3 Gegeben sei die Abbildung $\varphi : \mathbb{R}^2 \to \mathbb{R}^2$, definiert durch $\varphi(x, y) = (x^2 + y - 2, x)^T$. Offenbar ist φ in $\mathbb{R}^2$ stetig differenzierbar. Direktes Ausrechnen zeigt, daß φ invertierbar ist und $\varphi^{-1}(x, y) = (y, x - y^2 + 2)^T$ ist. Satz 1.3 bestätigt ebenfalls, daß φ ein Diffeomorphismus ist. Die Jacobi-Matrix lautet nämlich

$$D\varphi(x, y) = \begin{bmatrix} 2x & 1 \\ 1 & 0 \end{bmatrix}, \quad (x, y)^T \in \mathbb{R}^2,$$

so daß sich $\det D\varphi(x, y) \equiv -1$ ergibt. Schließlich gilt mit der Euklidischen Norm $\|\varphi(x, y)\| = \sqrt{(x^2 + y - 2)^2 + x^2}$, woraus $\|\varphi(x, y)\| \to +\infty$ für $x^2 + y^2 \to +\infty$ resultiert. ■

1.3 Systeme auf dem Zylinder

Gegeben sei im $\mathbb{R}^n$ die Differentialgleichung

$$\dot{\mathbf{x}} = \mathbf{f}(\mathbf{x}) \tag{1.2}$$

mit dem Fluß $\{\hat{\varphi}^t\}_{t \in \mathbb{R}}$. Es werde zusätzlich vorausgesetzt, daß k $(1 \leq k \leq n)$ linear unabhängige Vektoren $\mathbf{d}_1, \cdots, \mathbf{d}_k \in \mathbb{R}^n$ existieren, so daß

$$f(\mathbf{x} + d_i) = f(\mathbf{x}) \tag{1.3}$$

für alle $\mathbf{x} \in \mathbb{R}^n$ und $i = 1, ..., k$ ist.

Beispiel 1.4 Kontinuierliche Systeme der Phasensynchronisation werden oft durch Differentialgleichungen der Form

$$\dot{\mathbf{x}} = P\mathbf{x} + \mathbf{q}\Phi(\sigma), \quad \sigma = \mathbf{r}^T\mathbf{x}, \tag{1.4}$$

beschrieben ([53]). In (1.4) ist P eine konstante $n \times n$-Matrix, $\mathbf{q}$ und $\mathbf{r}$ sind konstante Spaltenvektoren der Länge n, und $\Phi : \mathbb{R} \to \mathbb{R}$ ist eine differenzierbare Δ - periodische Funktion. Von P werde zusätzlich angenommen, daß $\lambda = 0$ Eigenwert ist. Es existiere ein solcher zugehöriger Eigenvektor $\mathbf{d}$, daß

$$P\mathbf{d} = \mathbf{0} \quad \text{und} \quad \mathbf{r}^T\mathbf{d} = \Delta \tag{1.5}$$

gelten. Bezeichnet nun $\mathbf{f}$ die rechte Seite von (1.4), so ist offenbar wegen (1.5) und der Periodizität von Φ die Beziehung

$$\begin{aligned} \mathbf{f}(\mathbf{x}+\mathbf{d}) &= P(\mathbf{x}+\mathbf{d}) + \mathbf{q}\Phi(\mathbf{r}^T(\mathbf{x}+\mathbf{d})) \\ &= P\mathbf{x} + \mathbf{q}\Phi(\mathbf{r}^T\mathbf{x}+\Delta) = \mathbf{f}(\mathbf{x}) \end{aligned} \tag{1.6}$$

für beliebige $\mathbf{x} \in \mathbb{R}^n$ erfüllt. ■

Wir betrachten wieder (1.2) und definieren die Menge

$$G := \left\{ \sum_{i=1}^{k} k_i \mathbf{d}_i, \; k_i \in \mathbb{Z} \right\}.$$

Offenbar ist G eine Teilmenge des $\mathbb{R}^n$, die sich mit der Operation $+$ als additive Gruppe interpretieren läßt. Mit Hilfe von G läßt sich die Eigenschaft (1.6) als

$$\mathbf{f}(\mathbf{x}+\mathbf{d}) = \mathbf{f}(\mathbf{x})$$

für alle $\mathbf{x} \in \mathbb{R}^n$ und $\mathbf{d} \in G$ schreiben. Wir zeigen nun, daß unter den getroffenen Voraussetzungen für den Fluß $\{\hat{\varphi}^t\}_{t\in\mathbb{R}}$ von (1.2) die Beziehung

$$\hat{\boldsymbol{\varphi}}^t(\mathbf{x}+\mathbf{d}) = \hat{\varphi}^t(\mathbf{x}) + \mathbf{d} \tag{1.7}$$

für alle $t \in \mathbb{R}, \mathbf{x} \in \mathbb{R}^n$ und $\mathbf{d} \in G$ gilt. In der Tat, seien $\mathbf{x}$ und $\mathbf{d}$ in (1.7) fixiert und sei $\boldsymbol{\alpha}(t) := \hat{\varphi}^t(\mathbf{x}) + \mathbf{d}$. Wegen $\boldsymbol{\alpha}(0) = \hat{\varphi}^0(\mathbf{x}) + \mathbf{d} = \mathbf{x} + \mathbf{d}$ stimmt $\boldsymbol{\alpha}$ bei $t = 0$ mit der linken Seite von (1.7) überein. Weiter gilt

$$\dot{\boldsymbol{\alpha}}(t) = \frac{d}{dt}\hat{\boldsymbol{\varphi}}^t(\mathbf{x}) = \mathbf{f}(\hat{\varphi}^t(\mathbf{x})) = \mathbf{f}(\hat{\varphi}^t(\mathbf{x}) + \mathbf{d}) = \mathbf{f}(\boldsymbol{\alpha}(t))$$

für alle $t \in \mathbb{R}$. Damit ist $\boldsymbol{\alpha}$ eine Lösung von (1.2) mit Anfang $\mathbf{x} + \mathbf{d}$ bei $t = 0$ und stimmt damit, aufgrund der globalen Eindeutigkeit, mit der linken Seite von (1.7) für alle Zeiten überein.

Nun sei $\hat{\varphi} : \mathbb{R}^n \to \mathbb{R}^n$ eine vorgelegte Abbildung, die das diskrete dynamische System $\{\hat{\varphi}^t\}_{t\in\Gamma}$ erzeugt. Es sei wieder $\mathbf{d}_1, \cdots, \mathbf{d}_k$ $(1 \leq k \leq n)$ ein System von linear unabhängigen Vektoren des $\mathbb{R}^n$, so daß $\hat{\varphi}(\mathbf{x}+\mathbf{d}_i) = \hat{\varphi}(\mathbf{x})+\mathbf{d}_i$ und $\hat{\varphi}(\mathbf{x}+\mathbf{d}) = \hat{\varphi}(\mathbf{x}) + \mathbf{d}$ für alle $\mathbf{x} \in \mathbb{R}^n$, $i = 1, ..., k$ und $\mathbf{d} \in G$ gelten, wobei die Gruppe G wie oben definiert ist. Für das durch $\hat{\varphi}$ erzeugte dynamische System gilt dann

$$\hat{\varphi}^t(\mathbf{x} + \mathbf{d}) = \hat{\varphi}^t(\mathbf{x}) + \mathbf{d} \tag{1.8}$$

für alle $t \in \Gamma, \mathbf{x} \in \mathbb{R}^n$ und $\mathbf{d} \in G$.

Beispiel 1.5 Analog zum zeitkontinuierlichen Fall lassen sich viele zeitdiskrete Systeme der Phasensynchronisation in Form einer Abbildung $\hat{\varphi} : \mathbb{R}^n \to \mathbb{R}^n$ mit

$$\hat{\varphi}(\mathbf{x}) = P\mathbf{x} + \mathbf{q}\Phi(\sigma), \quad \sigma = \mathbf{r}^T\mathbf{x}, \tag{1.9}$$

darstellen. In (1.9) ist P eine konstante $n \times n$-Matrix, $\mathbf{q}$ und $\mathbf{r}$ sind konstante Spaltenvektoren der Länge n, und $\Phi : \mathbb{R} \to \mathbb{R}$ ist eine stetige Δ - periodische Funktion. Die Matrix P möge 1 als Eigenwert haben, und $\mathbf{d}$ sei ein zugehöriger Eigenvektor mit

$$P\mathbf{d} = \mathbf{d} \quad \text{und} \quad \mathbf{r}^T\mathbf{d} = \Delta. \tag{1.10}$$

Wegen (1.10) und der Periodizität von Φ gilt dann

$$\begin{aligned} \hat{\varphi}(\mathbf{x} + \mathbf{d}) &= P(\mathbf{x} + \mathbf{d}) + \mathbf{q}\Phi(\mathbf{r}^T(\mathbf{x} + \mathbf{d})) \\ &= P\mathbf{x} + \mathbf{q}\Phi(\mathbf{r}^T\mathbf{x} + \Delta) + \mathbf{d} = \hat{\varphi}(\mathbf{x}) + \mathbf{d} \end{aligned}$$

für beliebige $\mathbf{x} \in \mathbb{R}^n$. Ein Spezialfall von (1.10) ist in der Form

$$\hat{\varphi}(\sigma) = \sigma + \Omega - \frac{K}{2\pi} \sin 2\pi\sigma \tag{1.11}$$

mit den Parametern Ω und K gegeben. Offenbar gilt $\hat{\varphi}(\sigma + 1) = \hat{\varphi}(\sigma) + 1$ für alle $\sigma \in \mathbb{R}$. ■

Dynamische Systeme mit der Eigenschaft (1.7) bzw. (1.8) heißen *äquivariant* bzgl. der Gruppe G. Sie lassen sich auch als einparametrige Familien von Abbildungen auf einem Phasenraum definieren, der durch "Verkleben", d.h. durch *Quotientenbildung* des ursprünglichen Phasenraumes $\mathbb{R}^n$ nach der Gruppe G, entsteht. Dieser Phasenraum ist der eigentlich physikalisch relevante, da Punkte, die in ihm benachbart sind, auch physikalisch gesehen nahe liegen. Die formale Prozedur der Quotientenbildung läuft auf folgendes hinaus: Über die Beziehung

$$[\mathbf{x}] = [\mathbf{y}] \Longleftrightarrow \mathbf{x} - \mathbf{y} \in G \tag{1.12}$$

für zwei beliebige Punkte $\mathbf{x}, \mathbf{y} \in \mathbb{R}^n$ wird eine Äquivalenzrelation im $\mathbb{R}^n$ definiert. Die Menge der durch (1.12) definierten Äquivalenzklassen ist der *Quotientenraum* $\mathbb{R}^n/G$. Für den speziellen Fall $G = \left\{\sum_{i=1}^k k_i\mathbf{d}_i,\ k_i \in \mathbb{Z}\right\}$ mit den linear unabhängigen Vektoren $\mathbf{d}_1, ..., \mathbf{d}_k$ heißt $\mathbb{R}^n/G$ *Zylinder*. Ist dabei $k = n$, so heißt der Zylinder auch *Torus*.

Die Abbildung $\mathbf{x} \in \mathbb{R}^n \longmapsto [\mathbf{x}] \in \mathbb{R}^n/G$ wird auch mit π bezeichnet. Es sei $A \subset \mathbb{R}^n$ eine beliebige offene Menge, für die die Abbildung $\pi : A \to \mathbb{R}^n/G$ injektiv ist, d.h., für beliebige $\mathbf{x}, \mathbf{y} \in A$, $\mathbf{x} \neq \mathbf{y}$ gilt $\pi(\mathbf{x}) \neq \pi(\mathbf{y})$. Dann existiert die Umkehrabbildung $\pi^{-1}|_{\pi(A)}$, und $\pi(A)$ heißt *offene Menge* auf $\mathbb{R}^n/G$. Es seien B eine bezüglich der offenen Mengen von $\mathbb{R}^n/G$ gebildete Borel-Menge und $B \subset \pi(A)$, wobei $\pi(A)$ eine offene Menge ist. Dann wird das Borel-Maß von B durch die Beziehung

$$\tilde{\mu}(B) := \mu\left(\pi^{-1}|_{\pi(A)}(B)\right)$$

definiert, wobei auf der rechten Seite das Borel-Maß einer Menge im $\mathbb{R}^n$ steht. Auf dem Zylinder $\mathbb{R}^n/G$ benutzen wir eine Metrik, die durch die Metrik des $\mathbb{R}^n$ erzeugt wird. Für beliebige $\mathbf{p}, \mathbf{q} \in \mathbb{R}^n/G$ sei nämlich

$$d(\mathbf{p}, \mathbf{q}) := \inf_{\substack{\mathbf{x}, \mathbf{y} \in \mathbb{R}^n, \\ [\mathbf{x}] = \mathbf{p}, [\mathbf{y}] = \mathbf{q}}} \|\mathbf{x} - \mathbf{y}\|,$$

wobei $\|\cdot\|$ wieder die Norm im $\mathbb{R}^n$ ist. Man kann zeigen, daß d die Eigenschaften einer Metrik hat und $(\mathbb{R}^n/G, d)$ damit zum metrischen Raum wird ("flacher" Zylinder).

Jeder Abbildung $\hat{\varphi} : \mathbb{R}^n \to \mathbb{R}^n$, die äquivariant bzgl. einer Gruppe G ist, läßt sich eine Abbildung $\varphi : \mathbb{R}^n/G \to \mathbb{R}^n/G$ durch die Beziehung

$$\varphi([\mathbf{x}]) := [\hat{\varphi}(\mathbf{x})] \qquad (\mathbf{x} \in \mathbb{R}^n)$$

zuordnen. Diese Definition ist korrekt, da für jeden anderen Repräsentanten $\mathbf{y}$ der Äquivalenzklasse $[\mathbf{x}]$ in der Form $\mathbf{y} = \mathbf{x} + \mathbf{d}$ mit $\mathbf{d} \in G$ immer

$$\varphi([\mathbf{y}]) = [\hat{\varphi}(\mathbf{x} + \mathbf{d})] = [\hat{\varphi}(\mathbf{x}) + \mathbf{d}] = [\hat{\varphi}(\mathbf{x})]$$

gilt.

Die Abbildung $\hat{\varphi}$ wird als *von φ geliftete Abbildung* oder als *Lift* von φ bezeichnet. Ist dabei $\hat{\hat{\varphi}}$ ein anderer Lift von φ, dann gibt es immer ein $\mathbf{d} \in G$, so daß

$$\hat{\hat{\varphi}}(\mathbf{x}) = \hat{\varphi}(\mathbf{x}) + \mathbf{d}$$

für alle $\mathbf{x} \in \mathbb{R}^n$ ist.

Es sei $\{\hat{\varphi}^t\}_{t \in \Gamma}$ ein dynamisches System im $\mathbb{R}^n$, das äquivariant bzgl. der Gruppe G ist, und $\{\varphi^t\}_{t \in \Gamma}$ sei die durch $\{\hat{\varphi}^t\}_{t \in \Gamma}$ erzeugte Familie von Abbildungen auf dem Zylinder $\mathbb{R}^n/G$. Wir sagen im zeitkontinuierlichen Fall, daß die Abbildung $(t, \mathbf{x}) \longmapsto \varphi^t(\mathbf{x})$ eine C^r-Abbildung ist, wenn die Abbildung $(t, \mathbf{x}) \longmapsto \hat{\varphi}^t(\mathbf{x})$ eine C^r - Abbildung ist. Im zeitdiskreten Fall heißt (für beliebiges fixiertes $t \in \Gamma$) die Zuordnung $\mathbf{x} \longmapsto \varphi^t(\mathbf{x})$ eine C^r-Abbildung, wenn $\mathbf{x} \longmapsto \hat{\varphi}^t(\mathbf{x})$ eine C^r-Abbildung ist.

Ist also $\{\hat{\varphi}^t\}_{t\in\Gamma}$ ein C^r-glattes dynamisches System im $\mathbb{R}^n$, das äquivariant bzgl. der Gruppe G ist, so hat, wie man leicht sehen kann, die dadurch erzeugte Familie von Abbildungen $\{\varphi^t\}_{t\in\Gamma}$ auf dem Zylinder die folgenden Eigenschaften:

a) $\varphi^0(\mathbf{x}) = \mathbf{x} \quad \forall \mathbf{x} \in \mathbb{R}^n/G$.

b) $\varphi^t(\varphi^s(\mathbf{x})) = \varphi^{t+s}(\mathbf{x}) \quad \forall t, s \in \Gamma, \ \forall \mathbf{x} \in \mathbb{R}^n/G$.

c) Die Abbildung $(t, \mathbf{x}) \longmapsto \varphi^t(\mathbf{x})$ (bzw., falls die Zeit diskret ist, die Abbildung $\mathbf{x} \longmapsto \varphi^t(\mathbf{x})$) ist eine C^r-Abbildung auf $\Gamma \times \mathbb{R}^n/G$ (bzw. auf $\mathbb{R}^n/G$).

Die so konstruierte Abbildung

$$\varphi^{(\cdot)}(\cdot) : \Gamma \times M \to M$$

auf $M = \mathbb{R}^n/G$ mit den Eigenschaften a)-c) heißt *C^r-glattes dynamisches System auf dem Zylinder.* Die für dynamische Systeme auf $M \subset \mathbb{R}^n$ eingeführten Begriffe wie *invertierbar, Bewegung, Orbit* usw. werden für Systeme auf dem Zylinder in analoger Weise verwandt.

Im weiteren werden auch dynamische Systeme auftreten, deren Bewegungen eingeschränkt auf einem eingebetteten Torus $T^k \subset \mathbb{R}^n$ betrachtet werden können. Um diesen zu definieren, benötigen wir eine stetige Abbildung $\mathbf{g} : \mathbb{R}^k \to \mathbb{R}^n$, $(\theta_1, ..., \theta_k) \mapsto \mathbf{g}(\theta_1, ..., \theta_k)$, die 2π-periodisch in jeder Variablen θ_i ist. Ein parametrisierter *kanonischer eingebetteter k-dimensionaler Torus* T^k ist dann gegeben durch $T^k = \{\mathbf{x} = \mathbf{g}(\boldsymbol{\theta}), \boldsymbol{\theta} \in \mathbb{R}^k\}$. Ein *eingebetteter Torus* T^k des $\mathbb{R}^n$ wird allgemeiner als homöomorphes Bild eines kanonischen eingebetteten T^k-Torus verstanden.

Beispiel 1.6 Es seien $a > 0$ und $b > 0$ Konstanten. Dann definiert $\mathbf{g} : \mathbb{R}^2 \to \mathbb{R}^3$, gegeben durch

$$\mathbf{g}(\theta_1, \theta_2) = ((a + b\cos\theta_2)\cos\theta_1, (a + b\cos\theta_2)\sin\theta_1, b\sin\theta_2)^T ,$$

einen kanonischen eingebetteten T^2-Torus des $\mathbb{R}^3$ (Abb. 2.1b). ■

2 Typen der Bewegung eines dynamischen Systems

Gegeben sei auf M ein dynamisches System $\{\varphi^t\}_{t\in\Gamma}$. Die Bewegung durch $\mathbf{p}$ heißt *konstant*, wenn $\varphi^t(\mathbf{p}) = \mathbf{p}$ für alle $t \in \Gamma$ ist. Der zugehörige Orbit heißt auch *Ruhelage*. Eine Bewegung durch $\mathbf{p}$ (bzw. ihr Orbit) heißt *periodisch* (oder *Zyklus*), wenn es ein $T \geq 0$ aus Γ gibt, so daß $\varphi^T(\mathbf{p}) = \mathbf{p}$ ist. Das kleinste $T \geq 0$ aus Γ mit dieser Eigenschaft heißt *Periode* der Bewegung. Die Orbits periodischer Bewegungen auf dem flachen bzw. eingebetteten Torus zeigen die Abbildungen 2.1a bzw. 2.1b. Wichtig für Anwendungen sind isolierte periodische Orbits, die man auch *Grenzzyklus* nennt.

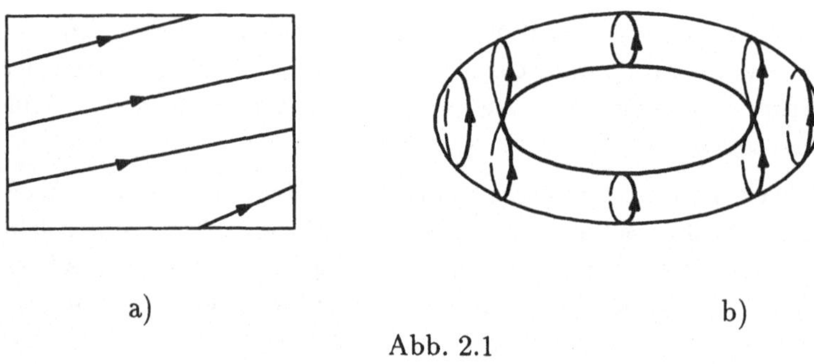

a) b)

Abb. 2.1

Beispiel 2.1 Gegeben sei in der Ebene das Differentialgleichungssystem

$$\dot{x} = -y + x(1 - x^2 - y^2), \qquad \dot{y} = x + y(1 - x^2 - y^2). \tag{2.1}$$

Unter Verwendung von Polarkoordinaten $x = r\cos\theta, y = r\sin\theta$ läßt sich die Lösung von (2.1) mit Anfang (r_0, θ_0) zur Zeit $t = 0$ in der Form

$$r(t, r_0) = [1 + (r_0^{-2} - 1)e^{-2t}]^{-1/2}, \quad \theta(t, \theta_0) = t + \theta_0$$

schreiben. Aus dieser Lösungsdarstellung folgt, daß der Fluß von (2.1) einen 2π-periodischen Orbit besitzt, der als $\gamma((1,0)) = \{(\cos t, \sin t)^T,\ t \in [0, 2\pi]\}$ dargestellt werden kann. Dieser periodische Orbit ist, wie aus Abb. 2.2a zu erkennen ist, ein Grenzzyklus. Für das lineare Differentialgleichungssystem $\dot{x} = -y$, $\dot{y} = x$ ist γ ebenfalls ein periodischer Orbit, aber kein Grenzzyklus. ■

Eine *quasiperiodische* Bewegung $\boldsymbol{\alpha}(t) := \varphi^t(\mathbf{p})$ liegt vor, wenn $\boldsymbol{\alpha}$ in der Form $\boldsymbol{\alpha}(t) = \mathbf{F}(t, ..., t)$ $(t \in \Gamma)$ darstellbar ist, wobei $(t_1, ..., t_m) \longmapsto \mathbf{F}(t_1, ..., t_m)$ mit $(t_1, ..., t_m) \in \mathbb{R}^m$ eine stetige Funktion ist, die bzgl. jeder Variablen t_i periodisch mit einer Periode $T_i > 0$ ist, und für die die *Frequenzen* $\omega_i := \frac{1}{T_i}$ $(i = 1, ..., m)$

inkommensurabel sind. Letzteres bedeutet, daß es keine ganzen Zahlen $c_1, ..., c_m$ mit $\sum_{i=1}^{m} |c_i| > 0$ gibt, so daß $c_1\omega_1 + ... + c_m\omega_m = 0$ ist.

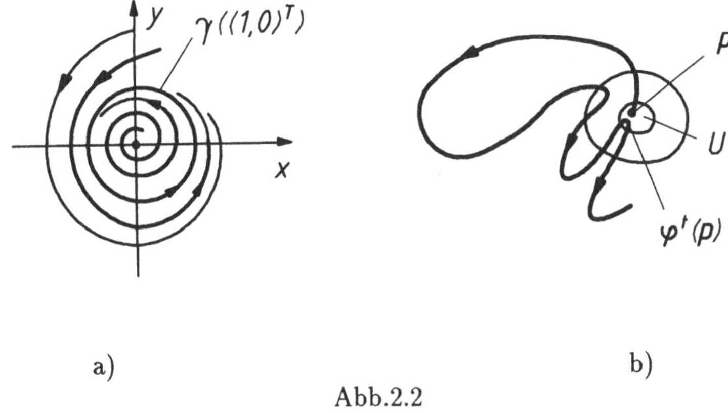

Abb.2.2

Beispiel 2.2 Vorgelegt sei im $\mathbb{R}^4$ die lineare Differentialgleichung

$$\dot{x} = v, \quad \dot{v} = -\omega_0^2 x + y, \quad \dot{y} = w, \quad \dot{w} = -\omega_1^2 y, \tag{2.2}$$

in der $\omega_0 \neq 0$ und $\omega_1 \neq 0$ Parameter sind. Direktes Einsetzen bestätigt, daß

$$\boldsymbol{\alpha}(t) = \begin{pmatrix} A_0 \cos(\omega_0 t - \Phi_0) + A_1 \cos(\omega_1 t - \Phi_1) \\ -A_0\omega_0 \sin(\omega_0 t - \Phi_0) - A_1\omega_1 \sin(\omega_1 t - \Phi_1) \\ \cos(\omega_1 t - \Phi_1) \\ -\omega_1 \sin(\omega_1 t - \Phi_1) \end{pmatrix} \quad (t \in \mathbb{R})$$

mit beliebigen Konstanten A_0, A_1, Φ_0 und Φ_1 jeweils eine Lösung von (2.2) ist. Im weiteren seien $A_0 \neq 0$ und $A_1 \neq 0$. Mit der Funktion $\mathbf{F} : \mathbb{R}^2 \to \mathbb{R}^4$, gegeben durch

$$\mathbf{F}(t_1, t_2) = \begin{pmatrix} A_0 \cos(\omega_0 t_1 - \Phi_0) + A_1 \cos(\omega_1 t_2 - \Phi_1) \\ -A_0\omega_0 \sin(\omega_0 t_1 - \Phi_0) - A_1\omega_1 \sin(\omega_1 t_2 - \Phi_1) \\ \cos(\omega_1 t_2 - \Phi_1) \\ -\omega_1 \sin(\omega_1 t_2 - \Phi_1) \end{pmatrix},$$

erhält man für $\boldsymbol{\alpha}$ die Darstellung $\boldsymbol{\alpha}(t) = \mathbf{F}(t,t)$ $(t \in \mathbb{R})$. Da $\mathbf{F}(t_1, t_2)$ bzgl. t_1 die Periode $T_1 = \frac{2\pi}{\omega_0}$ und bzgl. t_2 die Periode $T_2 = \frac{2\pi}{\omega_1}$ besitzt, lauten die zugehörigen Frequenzen $\frac{\omega_0}{2\pi}$ bzw. $\frac{\omega_1}{2\pi}$. Diese Frequenzen sind genau dann inkommensurabel, wenn $\frac{\omega_0}{\omega_1}$ eine irrationale Zahl ist. Unter dieser Voraussetzung ist die Bewegung $\boldsymbol{\alpha}$ quasiperiodisch. ■

Die quasiperiodischen Bewegungen gehören zu den fast-periodischen, zu denen aber auch solche Bewegungen zählen, die man formal aus den quasiperiodischen erhält, wenn man die Anzahl der inkommensurablen Frequenzen gegen unendlich gehen läßt. Genauer gilt folgende Definition:

Eine Bewegung durch $\mathbf{p}$ heißt *fast-periodisch*, wenn für beliebiges $\varepsilon > 0$ ein $T = T(\varepsilon) > 0$ aus Γ existiert, so daß sich für jedes $t_0 \in \Gamma$ ein $\tau \in [t_0, t_0 + T]$ aus Γ angeben läßt, so daß für alle $t \in \Gamma$ die Ungleichung

$$d(\varphi^{t+\tau}(\mathbf{p}), \varphi^t(\mathbf{p})) < \varepsilon$$

gilt, d.h.

$$\forall \varepsilon > 0 \quad \exists T = T(\varepsilon) > 0, T \in \Gamma, \quad \forall t_0 \in \Gamma \quad \exists \tau \in [t_0, t_0 + T] \cap \Gamma \quad \forall t \in \Gamma :$$
$$d(\varphi^{t+\tau}(\mathbf{p}), \varphi^t(\mathbf{p})) < \varepsilon.$$

Offenbar ist jede T-periodische Bewegung auch fast-periodisch: Es sei $\varepsilon > 0$ beliebig. Wir setzen $T(\varepsilon) := T$. Weiter sei $t_0 \in \Gamma$ beliebig. Dann existiert immer ein $m \in \mathbb{Z}$ mit $\tau := mT \in [t_0, t_0 + T]$. Damit gilt aber $d(\varphi^{t+mT}(\mathbf{p}), \varphi^t(\mathbf{p})) = 0$ für alle $t \in \Gamma$.

Als Verallgemeinerung der fast-periodischen Bewegungen erhält man die rekurrenten. Eine Bewegung durch $\mathbf{p}$ (bzw. ihr Orbit) heißt *rekurrent*, wenn für beliebiges $\varepsilon > 0$ eine Zahl $T(\varepsilon) > 0$ aus Γ existiert, so daß jeder Orbitabschnitt der Länge $T(\varepsilon)$ jeden Punkt des Orbits mit einer ε-Genauigkeit approximiert:

$$\forall \varepsilon > 0 \quad \exists T = T(\varepsilon) \quad \forall t_1, t_2 \in \Gamma \quad \exists t_3 \in [t_1, t_1 + T] \cap \Gamma :$$
$$d(\varphi^{t_2}(\mathbf{p}), \varphi^{t_3}(\mathbf{p})) < \varepsilon.$$

Die Bewegung durch $\mathbf{p}$ (bzw. der Orbit) heißt (positiv) *Poisson-stabil*, wenn es zu jeder Umgebung U von $\mathbf{p}$ und zu jedem $T > 0$ ein $t > T$ aus Γ gibt, so daß $\boldsymbol{\varphi}^t(\mathbf{p}) \in U$ ist. Die Punkte eines Poisson-stabilen Orbits durch $\mathbf{p}$ kehren also unendlich oft in eine beliebig vorgegebene Umgebung des Punktes zurück, ohne daß für die Zeiträume dieser Rückkehr Beschränkungen formuliert werden (Abb. 2.2b). Ein rekurrenter Orbit ist also auch Poisson-stabil.

3 Invariante Mengen. Grenzmengen. Zentrum

Es sei $\varphi : M \to M$ eine gegebene Abbildung. Für eine beliebige Teilmenge $A \subset M$ sei $\varphi^{-1}(A) := \{\mathbf{x} \in M : \varphi(\mathbf{x}) \in A\}$ die Urbildmenge von A. Die Menge $A \subset M$ heißt *schwach (oder positiv) invariant* bzgl. φ, wenn $\varphi(A) \subset A$ ist, sie heißt *invariant*, wenn $\varphi(A) = A$ ist, und *streng invariant*, wenn $\varphi^{-1}(A) = A$ gilt. Offensichtlich folgt aus der strengen Invarianz die Invarianz und aus der Invarianz die schwache Invarianz. Ist φ invertierbar, folgt aus der Invarianz auch die strenge Invarianz. Es sei nun $\{\varphi^t\}_{t\in\Gamma}$ ein dynamisches System auf (M, d).

Eine Menge $A \subset M$ ist *bzgl. des dynamischen Systems* $\{\varphi^t\}$ *positiv invariant*, wenn $\varphi^t(A) \subset A$ für alle $t \geq 0$ aus Γ gilt, *invariant*, wenn $\varphi^t(A) = A$ für alle $t \geq 0$ aus Γ ist, und *streng invariant*, wenn $\varphi^{-t}(A) = A$ für alle $t \geq 0$ aus Γ gilt.

Für jedes $\mathbf{x} \in M$ ist die *ω-Grenzmenge* des Orbits durch $\mathbf{x}$ des dynamischen Systems $\{\varphi^t\}_{t\in\Gamma}$ die Menge

$$\omega(\mathbf{x}) = \{\mathbf{y} \in M : \exists\{t_n\}_{n\in\mathbb{N}}, t_n \in \Gamma, t_n \to +\infty, \varphi^{t_n}(\mathbf{x}) \to \mathbf{y} \text{ für } n \to +\infty\}.$$

Die Elemente von $\omega(\mathbf{x})$ heißen *ω-Grenzpunkte* des Orbits. Liegt ein invertierbares dynamisches System vor, so heißt für jedes $\mathbf{x} \in M$ die Menge

$$\alpha(\mathbf{x}) = \{\mathbf{y} \in M : \exists\{t_n\}_{n\in\mathbb{N}}, t_n \in \Gamma, t_n \to -\infty, \varphi^{t_n}(\mathbf{x}) \to \mathbf{y} \text{ für } n \to +\infty\}$$

α-Grenzmenge des Orbits durch $\mathbf{x}$. Die Elemente von $\alpha(\mathbf{x})$ heißen *α-Grenzpunkte* des Orbits. Ist der Semiorbit $\gamma^+(\mathbf{p})$ eines Punktes kompakt, so ist $\omega(\mathbf{p}) \neq \emptyset$. Außerdem ist $\omega(\mathbf{p})$ kompakt und positiv invariant. Liegt ein Halbfluß vor, so ist $\omega(\mathbf{p})$ in diesem Falle sogar invariant und zusammenhängend.

Beispiel 3.1 Wir betrachten wieder die Differentialgleichung (2.1). Für die Grenzmengen der Orbits durch $\mathbf{p}$ gilt (Abb. 2.2a)

$$\alpha(\mathbf{p}) = \begin{cases} (0,0)^T, & \|\mathbf{p}\| < 1, \\ \gamma((1,0)^T), & \|\mathbf{p}\| = 1, \\ \emptyset, & \|\mathbf{p}\| > 1. \end{cases} \quad \text{und} \quad \omega(\mathbf{p}) = \begin{cases} \gamma((1,0)^T), & \mathbf{p} \neq (0,0)^T, \\ (0,0)^T, & \mathbf{p} = (0,0)^T. \end{cases}$$

Ist z.B. $\gamma^+(\mathbf{x})$ unbeschränkt, muß $\omega(\mathbf{x})$ nicht unbedingt zusammenhängend sein (Abb. 3.1). ■

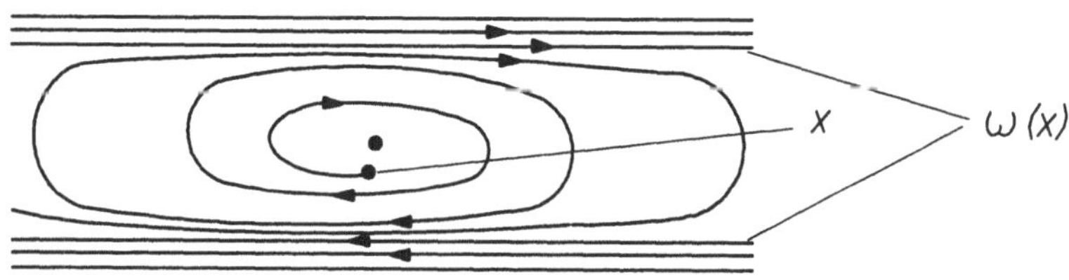

Abb. 3.1

Eine Bewegung durch $\mathbf{p}$ (bzw. der Orbit) von $\{\varphi^t\}_{t\in\Gamma}$ heißt *wandernd*, wenn eine Umgebung U von $\mathbf{p}$ und eine Zahl $T > 0$ existieren, so daß für alle $t > T$ die Eigenschaft $\varphi^t(U) \cap U = \emptyset$ erfüllt ist (Abb. 3.2a). Ist dies nicht der Fall, so heißt die Bewegung durch $\mathbf{p}$ *nicht wandernd.* Eine nicht wandernde Bewegung durch $\mathbf{p}$ ist also dann gegeben, wenn für eine beliebige Umgebung U von $\mathbf{p}$ und beliebiges $T > 0$ immer ein $t > T$ aus Γ existiert, so daß $\varphi^t(U) \cap U \neq \emptyset$ gilt (Abb. 3.2.b,c). Ruhelagen, Punkte geschlossener Orbits und überhaupt ω-Grenzpunkte sind nicht wandernde Punkte. Für ein dynamisches System $\{\varphi^t\}_{t\in\Gamma}$ bezeichnet $\Omega(\varphi^t)$ die Menge aller nicht wandernden Punkte aus M. Die Menge $\Omega(\varphi^t)$ ist stets abgeschlossen, enthält alle ω-Grenzmengen (d.h. $\omega(\mathbf{x}) \subset \Omega(\varphi^t), \forall \mathbf{x} \in M$) und ist positiv invariant (für Flüsse sogar invariant).

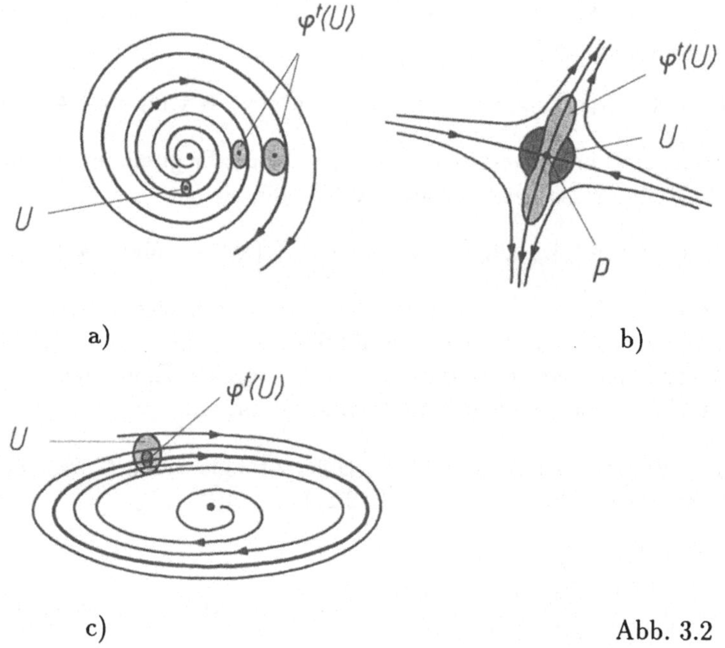

Abb. 3.2

Unter Verwendung des Begriffs ω-Grenzpunkt läßt sich die Poisson-Stabilität eines Orbits so charakterisieren ([7, 89]):

a) Der Orbit durch $\mathbf{p}$ ist genau dann Poisson-stabil, wenn $\mathbf{p}$ Element der eigenen ω-Grenzmenge ist, d.h. $\mathbf{p} \in \omega(\mathbf{p})$ gilt.

b) Ist der Orbit durch $\mathbf{p}$ Poisson-stabil, so sind es auch die Punkte $\varphi^t(\mathbf{p})$ mit $t \in \Gamma$. Der Punkt $\mathbf{p}$ ist also genau dann Poisson-stabil, wenn $\overline{\gamma^+(\mathbf{p})} = \omega(\mathbf{p})$ ist.

c) Jeder Poisson-stabile Orbit ist nicht wandernd; die Umkehrung gilt jedoch nicht.

Die größte abgeschlossene und bzgl. $\{\varphi^t\}$ positiv-invariante Menge $A \subset M$ (invariant, falls das System invertierbar), die nur aus Punkten besteht, die nicht wandernd für die Einschränkung von $\{\varphi^t\}$ auf A sind, heißt *Zentrum* des dynamischen Systems. Die Bewegungen, die im Zentrum liegen, nennen wir *zentrale Bewegungen.* Ist der Phasenraum kompakt, so existiert stets ein nichtleeres Zentrum. Damit ergibt sich folgende Klassifikation der Bewegungen eines dynamischen Systems, die auf Birkhoff und Andronov ([18, 8]) zurückgeht (Tabelle 3.1).

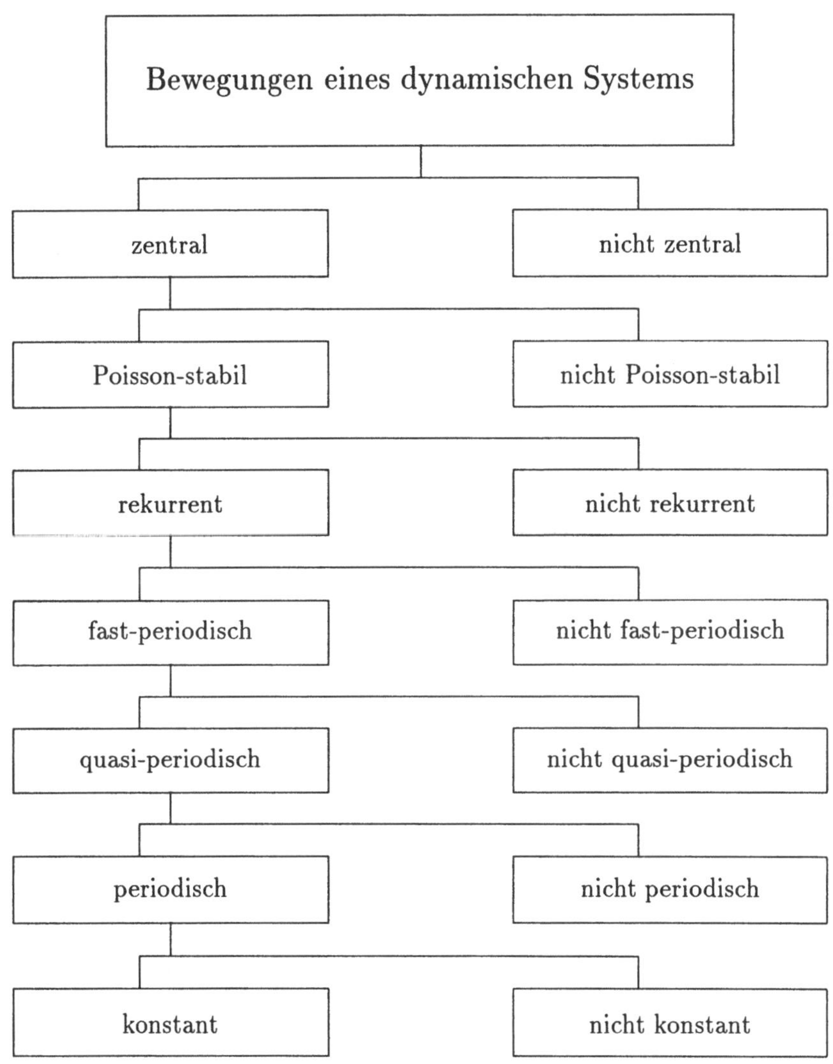

Tab. 3.1

4 Volumenänderung unter invertierbaren dynamischen Systemen

In diesem Abschnitt soll untersucht werden, wie sich das Volumen einer Menge im Ergebnis der Transformation durch ein dynamisches System verändert. Wir betrachten dazu ein invertierbares dynamisches System $\{\varphi^t\}$ mit $M \subset \mathbb{R}^n$ als Phasenraum und $\Gamma = \mathbb{R}$ oder $\Gamma = \mathbb{Z}$. Es sei $\rho : \mathbb{R}^n \to \mathbb{R}_+$ eine stetige Funktion (Dichte), mit deren Hilfe das Volumen einer Borel-Menge $\Omega \subset M$ durch die Beziehung

$$\mu_\rho(\Omega) = \int_\Omega \rho d\mathbf{x}$$

definiert werden kann.

Betrachtet man zur Illustration den Zylinder $K_\Omega = \{(\mathbf{x}, z)^T \in \Omega \times \mathbb{R} : 0 \leq z \leq \rho(\mathbf{x})\}$ im erweiterten Phasenraum $M \times \mathbb{R}$, so entspricht die Größe $\mu_\rho(\Omega)$ dem üblichen geometrischen Volumen des Zylinders K_Ω (Abb. 4.1a). Wir sagen, daß unser dynamisches System $\{\varphi^t\}$ das durch ρ definierte *Volumen* μ_ρ *erhält,* wenn für beliebige Borel-Mengen $\Omega \subset M$ die Beziehung $\mu_\rho(\varphi^t(\Omega)) = \mu_\rho(\Omega)$ für alle $t \in \Gamma$ gilt.

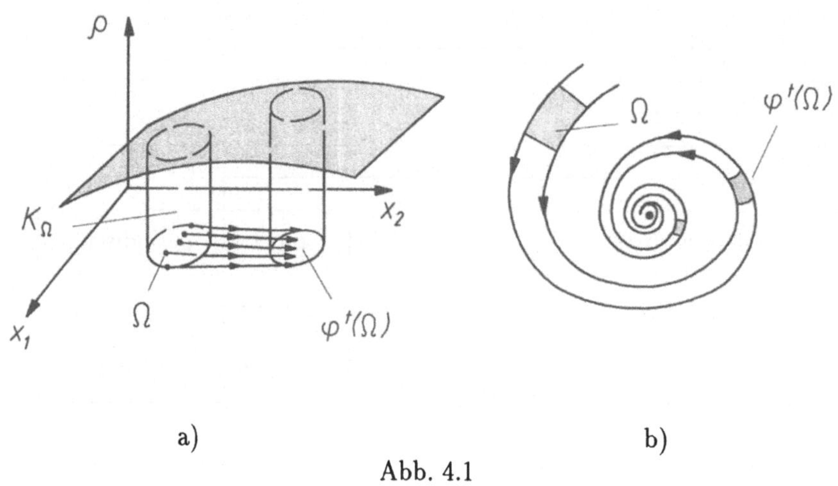

a) b)

Abb. 4.1

Es soll nun untersucht werden, wie sich diese Eigenschaft absichern läßt und welche Konsequenzen daraus für die Dynamik des Systems erwachsen.

4.1 Zeitkontinuierliche Systeme

Im weiteren sei $M = \mathbb{R}^n$, und dort sei die Differentialgleichung

$$\dot{\mathbf{x}} = \mathbf{f}(\mathbf{x}) \tag{4.1}$$

gegeben, deren rechte Seite C^1-glatt sei und die einen globalen Fluß $\{\varphi^t\}$ besitze. Es sei $\rho : \mathbb{R}^n \to \mathbb{R}_+$ wieder eine stetige Funktion. Eine genaue Beschreibung der Änderung des Volumens μ_ρ einer Menge Ω unter dem Fluß von (4.1) liefert der folgende Satz ([1]).

Satz 4.1 *(Liouville). Es sei $\Omega \subset \mathbb{R}^n$ eine beliebige Borel-Menge endlichen Volumens $\mu_\rho(\Omega)$. Dann gilt für beliebiges $t \in \mathbb{R}$ die Beziehung*

$$\frac{d}{dt}\mu_\rho(\varphi^t(\Omega)) = \int \cdots \int_{\varphi^t(\Omega)} [< grad\, \rho, \mathbf{f} > +\rho\; div\, \mathbf{f}] dx_1 \cdots dx_n.$$

Entscheidend für die Änderung des Volumens $\mu_\rho(\varphi(\Omega))$ bei veränderlichem t ist also nach Satz 4.1 der Ausdruck

$$< \mathrm{grad}\rho, \mathbf{f} > +\rho \mathrm{div}\, \mathbf{f} = \mathrm{div}\, (\rho\, \mathbf{f}).$$

Der Fluß von (4.1) erhält demzufolge das Volumen $\mu_{\rho,}$ wenn $\mathrm{div}(\rho\, \mathbf{f}) \equiv 0$ im $\mathbb{R}^n$ ist. Gilt dagegen im $\mathbb{R}^n$ die Ungleichung $\mathrm{div}(\rho \mathbf{f}) < 0$, so wirkt der Fluß von (4.1) für wachsenden Zeiten volumenschrumpfend. In Abb. 4.1b) ist das Phasenporträt eines bzgl. μ_ρ mit $\rho(\mathbf{x}) \equiv 1$ volumenschrumpfenden Systems dargestellt.

Beispiel 4.1 a) Gegeben sei eine zweimal stetig differenzierbare Funktion $H : \mathbb{R}^n \times \mathbb{R}^n \to \mathbb{R}$. Durch die Beziehungen

$$\dot{x}_i = \frac{\partial H}{\partial y_i}, \quad \dot{y}_i = -\frac{\partial H}{\partial x_i} \quad (i = 1, 2, ..., n) \tag{4.2}$$

wird eine *Hamiltonsche Differentialgleichung* definiert. Der globale Fluß von (4.2) möge existieren. Bezeichnet $\mathbf{f}$ das durch (4.2) definierte Vektorfeld, so gilt offenbar

$$\mathrm{div}\; \mathbf{f}(\mathbf{x}, \mathbf{y}) = \sum_{i=1}^{n} \left[\frac{\partial^2 H}{\partial x_i \partial y_i} - \frac{\partial^2 H}{\partial y_i \partial x_i} \right] \equiv 0$$

im $\mathbb{R}^n \times \mathbb{R}^n$. Aufgrund von Satz 4.1 erhält demzufolge der Fluß von (4.2) das Volumen μ_ρ mit $\rho(\mathbf{x}, \mathbf{y}) \equiv 1$.

b) Wir betrachten das ebene System

$$\dot{x} = \frac{5x - 6x^2 y}{g(x,y)}, \quad \dot{y} = \frac{-3y + 4xy^2}{g(x,y)} \tag{4.3}$$

mit $g(x,y) = 1 + \sqrt{(5x - 6x^2y)^2 + (-3y + 4xy^2)^2}$. Da für die rechte Seite $\mathbf{f}$ von (4.3) die Ungleichung $\|\mathbf{f}(x,y)\| \leq 1$ im $\mathbb{R}^2$ gilt, existiert nach Satz 1.2 der globale Fluß von (4.3). Direktes Ausrechnen zeigt, daß für $\mathbf{f}$ aus (4.3) die Beziehung $\mathrm{div}\; \mathbf{f}(x,y) \equiv 0$ im $\mathbb{R}^2$ nicht erfüllt ist. Wählt man dagegen $\rho(x,y) = x^2 y^4 g(x,y)$ für $(x,y)^T \in \mathbb{R}^2$ als Dichte, so gilt $\mathrm{div}(\rho \mathbf{f}) \equiv 0$. Aufgrund von Satz 4.1 erhält der Fluß von (4.3) das durch dieses ρ definierte Volumen μ_ρ. ■

4.2 Zeitdiskrete Systeme

Nun sei mit $\{\varphi^t\}_{t\in\mathbb{Z}}$ ein C^1-glattes invertierbares System mit diskreter Zeit im $\mathbb{R}^n$ gegeben. Ist $\rho : \mathbb{R}^n \to \mathbb{R}_+$ wieder eine Dichte, so gilt für das durch ρ definierte Volumen μ_ρ bzgl. einer beliebigen Borel-Menge $\Omega \subset \mathbb{R}^n$ die Beziehung

$$\mu(\varphi(\Omega)) = \int \cdots \int_{\varphi(\Omega)} \rho dy_1 \cdots dy_n = \int \cdots \int_\Omega \rho(\varphi(\mathbf{x})) \, |\det D\varphi(\mathbf{x})| \, dx_1 \cdots dx_n,$$

die im Ergebnis der Koordinatentransformation $\mathbf{y} = \varphi(\mathbf{x})$ entstanden ist. Entscheidend für die Volumenänderung des Volumens μ_ρ unter $\boldsymbol{\varphi}$ ist also der Ausdruck

$$K_\rho(\mathbf{x}) := \frac{\rho(\varphi(\mathbf{x}))}{\rho(\mathbf{x})} |\det D\varphi(\mathbf{x})| \quad (\mathbf{x} \in \mathbb{R}^n).$$

Das dynamische System $\{\varphi^t\}_{t\in\mathbb{Z}}$ erhält das Volumen μ_ρ, wenn $K_\rho(\mathbf{x}) \equiv 1$ im $\mathbb{R}^n$ ist. Gilt dagegen $K_\rho(\mathbf{x}) < 1$ im $\mathbb{R}^n$, so ist das System für wachsende Zeiten volumenkontrahierend.

Beispiel 4.2 Gegeben sei die Hénon-Abbildung $\varphi : \mathbb{R}^2 \to \mathbb{R}^2$ mit $(x, y) \longmapsto (y + 1 - ax^2, bx)^T$. Dabei sind $a > 0$ und $b \neq 0$ Parameter. Offenbar gilt für beliebige (x, y)

$$D\varphi(x, y) = \begin{pmatrix} -2ax & 1 \\ b & 0 \end{pmatrix}.$$

Demzufolge ist im $\mathbb{R}^2$ nun $|\det D\varphi(x, y)| \equiv |b|$. Das durch die Hénon-Abbildung erzeugte dynamische System ist bzgl. μ_ρ mit $\rho(x, y) \equiv 1$ volumenerhaltend bei $|b| = 1$, volumenschrumpfend bei $|b| < 1$ und volumenexpandierend bei $|b| > 1$. ■

Ein Großteil des Orbits von volumenerhaltenden Systemen hat ein ausgeprägtes Rekurrenzverhalten. Dies kommt im folgenden Satz zum Ausdruck, der sich bereits an der Schwelle zu der im Teil 3 diskutierten Problematik befindet (z.B. [7]).

Satz 4.2 *(Poincaréscher Wiederkehrsatz). Es sei $\{\varphi^t\}_{t\in\mathbb{Z}}$ ein C^1-glattes invertierbares System im $\mathbb{R}^n$, das bzgl. μ_ρ volumenerhaltend ist. Weiter sei $D \subset \mathbb{R}^n$ eine beschränkte Borel-Menge mit $\varphi^t(D) = D$ für alle $t \in \mathbb{Z}$. Ist dann $U \subset D$ eine beliebige offene Teilmenge von D, so lassen sich immer ein Punkt $\mathbf{p} \in U$ und ein Zeitpunkt $t > 0$ so angeben, daß $\boldsymbol{\varphi}^t(\mathbf{p}) \in U$ gilt (Wiederkehreigenschaft; Abb. 4.2). In U gibt es dabei sogar eine Borel-Menge U' mit $\mu_\rho(U') = \mu_\rho(U)$, so daß für alle Punkte aus U' die Wiederkehreigenschaft gilt.*

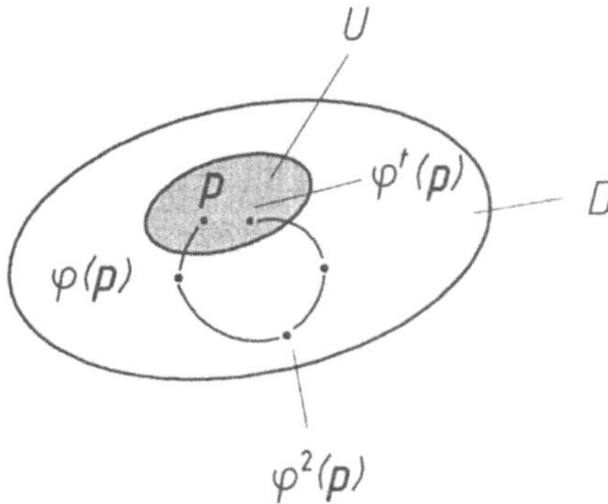

Abb. 4.2

5 Absorbierende Mengen und Attraktoren

5.1 Definition des Attraktors

Gegeben sei auf (M, d) das dynamische System $\{\varphi^t\}_{t\in\Gamma}$.
Eine abgeschlossene und bzgl. $\{\varphi^t\}_{t\in\Gamma}$ invariante Menge A heißt *anziehend* für das dynamische System, wenn eine Umgebung U von A existiert, so daß für beliebiges $\mathbf{p} \in U$ die Beziehung $\operatorname{dist}(\varphi^t(\mathbf{p}), A) \to 0$ für $t \to \infty$ gilt. Hat dabei jede Umgebung von A eine solche Konvergenzeigenschaft, heißt die anziehende Menge A *global anziehend.* Das *Anziehungs- oder Einzugsgebiet* $W(A)$ einer bzgl. $\{\varphi^t\}_{t\in\Gamma}$ anziehenden Menge ist die Menge aller der Punkte $\mathbf{p}$ aus M, für die $\operatorname{dist}(\varphi^t(\mathbf{p}), A) \to 0$ für $t \to \infty$ gilt. Das *Bassin der Anziehung* der anziehenden Menge ist dagegen die größte offene Menge, die in der Abschließung $\overline{W(A)}$ liegt. Sie wird oft mit $B(A)$ bezeichnet. Diese Menge kann φ^t-invariante Teilmengen enthalten, die nicht in $W(A)$ liegen. Der Punkt $\mathbf{p} \in M$ gehört zum *Bassin-Rand* (BB), wenn jede offene Umgebung von $\mathbf{p}$ in M Punkte von mindestens zwei verschiedenen Anziehungsbereichen enthält. Eine offene Menge $U \subset M$ nennen wir ***absorbierend*** für das dynamische System $\{\varphi^t\}_{t\in\Gamma}$, falls $\varphi^t(\bar{U}) \subset U$ für alle $t > 0$ aus Γ gilt. Ist U absorbierend für $\{\varphi^t\}_{t\in\Gamma}$, so läßt sich durch

$$A := \bigcap_{t\geq 0} \varphi^t(U) \tag{5.1}$$

eine bzgl. $\{\varphi^t\}$ invariante Menge konstruieren, die alle bzgl. $\{\varphi^t\}$ invarianten Mengen aus U enthält. Für jedes $\mathbf{p} \in U$ ist $\varphi^t(\mathbf{p}) \in \varphi^t(U)$ $(t > 0)$, so daß die positiven Semiorbits $\{\varphi^t\}_{t\geq 0}$ von A angezogen werden.

Da für $t > 0$ die Beziehung $\varphi^t(U) \subset \varphi^t(\bar{U}) \subset U$ gilt, ist A auch darstellbar als $A = \bigcap_{t\geq 0} \varphi^t(\bar{U})$ und ist deshalb als Schnitt von abgeschlossenen Mengen wieder abgeschlossen. Die über eine absorbierende Menge U konstruierte Menge A aus (5.1) ist also anziehend für $\{\varphi^t\}_{t\in\Gamma}$. Sie wird oft als der *bzgl. U konstruierte maximale Attraktor* bezeichnet.

Beispiel 5.1 Gegeben sei das Phasenporträt eines Semiflusses in der Ebene wie in Abb. 5.1. Offenbar ist im vorliegenden Fall $A = [-1, +1] \times \{0\}$ die nach (5.1) konstruierte anziehende Menge, während in Wirklichkeit die Punkte $(-1, 0)^T$ und $(1, 0)^T$ die Asymptotik des Semiflusses in U widerspiegeln. ■

Eine wichtige Eigenschaft des über ein absorbierendes Gebiet konstruierten maximalen Attraktors besteht in folgendem. Hängt das dynamische System $\{\varphi^t_\varepsilon\}_{t\in\Gamma}$ stetig von einem Parameter $\varepsilon \in V \subset \mathbb{R}^k$ ab und hat das System bei $\varepsilon = \varepsilon_0$ ein absorbierendes Gebiet U_{ε_0}, so existieren auch für benachbarte Werte von ε_0 solche absorbierenden Gebiete. Für viele Anwendungszwecke sind allerdings die Eigenschaften des maximalen Attraktors A unzureichend. Insbesondere benötigt man für A eine Art Nichtzerlegbarkeitseigenschaft und eine Eigenschaft, die als topologische Transitivität bezeichnet wird. Beides wird garantiert, wenn in A ein positiver Semiorbit existiert, der dicht liegt, d.h. wenn es ein $\mathbf{p} \in A$ gibt, so daß $\overline{\gamma^+(\mathbf{p})} = A$ ist.

Als *Attraktor* des dynamischen Systems $\{\varphi^t\}_{t\in\Gamma}$ in (M, d) wird dann eine kompakte anziehende Menge mit dichtem positivem Semiorbit bezeichnet.

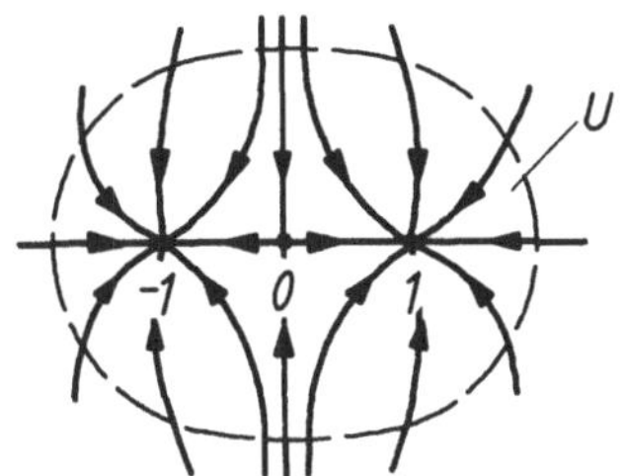

Abb. 5.1

Beispiel 5.2 a) Die Ruhelagen $(-1, 0)^T$ und $(1, 0)^T$ des in Abb. 5.1 dargestellten dynamischen Systems sind offenbar Attraktoren.

b) Für die in Abschnitt 2 diskutierte Differentialgleichung (2.1) ist der periodische Orbit $\gamma = \gamma\left((1, 0)^T\right)$ der einzige Attraktor. Für das Anziehungsgebiet gilt dabei

$$W(\gamma) = \mathbb{R}^2 \backslash \{(0, 0)^T\}. \qquad \blacksquare$$

Mit der oben formulierten topologisch angesiedelten Attraktor-Definition werden z.B. solche invarianten kompakten Mengen A mit dichtem Orbit nicht als Attraktor eingestuft, für die die meisten Orbits (im Sinne des Maßes) aus einer Umgebung für wachsende Zeiten gegen A streben, während jedoch in jeder Umgebung von A z.B. periodische Orbits existieren, die nicht gegen A streben. Dies wird nun in der folgenden maßtheoretisch orientierten Definition eines Attraktors berücksichtigt.

Ein *Attraktor im Sinne von Milnor [62]* von $\{\varphi^t\}_{t\in\Gamma}$ auf (M, d) ist eine kompakte φ^t-invariante Menge $A \subset M$ mit dichtem Orbit, für die in jeder Umgebung U von A eine Menge $V \subset U$ mit positivem Lebesgue-Maß existiert, so daß $\text{dist}(\varphi^t\mathbf{p}, A) \to 0$ bei $t \to +\infty$ für alle $\mathbf{p} \in V$ erfüllt ist. Für einen Milnor-Attraktor A von $\{\varphi^t\}_\Gamma$ ist das *Anziehungsgebiet* $W(A)$, wie für den oben definierten Attraktor, die Menge aller Punkte $\mathbf{p}$ aus M, für die $\text{dist}(\varphi^t\mathbf{p}, A) \to 0$ bei $t \to +\infty$ gilt. Diese Menge ist nicht unbedingt offen in M. Man bezeichnet deshalb auch hier die größte offene Menge aus der Abschließung $\overline{W(A)}$ als *Bassin der Anziehung* von A.

Ein einfacher Mechanismus, die Existenz von Milnor-Attraktoren abzusichern, besteht in folgendem. Es sei U eine kompakte Menge in M mit positivem Lebesgue-Maß, für die $\varphi^t(U) \subset U$ für $t > 0$ gilt. Die kleinste abgeschlossene Teilmenge A von M, die die ω-Grenzmengen $\omega(\mathbf{x})$ Lebesgue-fast aller Punkte $\mathbf{x}$ aus U

enthält, ist ein Milnor-Attraktor, zu dessen Einzugsgebiet offenbar Lebesgue-fast alle Punkte aus U zählen.

5.2 Dissipative Systeme

Viele für die Anwendungen interessante dynamische Systeme besitzen kompakte global anziehende Mengen. Dazu zählen vor allem dissipative Systeme. Das dynamische System $\{\varphi^t\}_{t\in\Gamma}$ auf (M,d) heißt *dissipativ* (im Sinne von N. Levinson [72]), wenn eine Kugel B_R vom Radius $R>0$ in M existiert, so daß sich für jede Bewegung $t\longmapsto\varphi^t(\mathbf{p})$ eine Zahl $T=T(\mathbf{p})$ angeben läßt, für die $\varphi^t(\mathbf{p})\in B_R$ für alle $t\geq T$ aus Γ gilt.

Beispiel 5.3 a) Wir betrachten Differentialgleichungen auf der Zahlengeraden. Gegeben sei auf dem offenen Intervall $M=(a,b)\subset\mathbb{R}$ mit $0\in M$ das Vektorfeld $\dot{x}=f(x)$ mit der C^1-Funktion $f:M\to\mathbb{R}$. Weiter sei $[-R,R]\subset M$ ein Intervall, für das $f(x)>0$ in $(a,-R)$ und $f(x)<0$ in (R,b) gilt. Dann gelangt jede Bewegung der Differentialgleichung in das Intervall $(-R,R)$ und verbleibt dort. Das System ist also dissipativ. Darüberhinaus ist das Intervall $(-R,R)$ absorbierend.

b) Es sei $\varphi:\mathbb{R}\to\mathbb{R}$ eine streng monoton wachsende C^1-Funktion, also ein C^1-Diffeomorphismus der Geraden. Es existiere ein Intervall $(-R,R)$ mit $\varphi(x)>x$ bei $x<-R$ und $\varphi(x)<x$ bei $x>R$. Dann gelangt jede Bewegung von $\{\varphi^t\}_{t\in\mathbb{Z}}$ in das Intervall $(-R,R)$ und verbleibt dort (siehe Abb. 5.2). ■

In [72] wird gezeigt, daß ein positiver Semifluß im $\mathbb{R}^n$, der dissipativ ist, eine kompakte global anziehende Menge besitzt.

Eine effektive Methode zur Konstruktion absorbierender Mengen für Halbflüsse ist die Verwendung von Flächen, die ohne Kontakt mit dem Vektorfeld sind. Gegeben sei auf $M=\mathbb{R}^n$ das Vektorfeld

$$\dot{\mathbf{x}}=\mathbf{f}(\mathbf{x}), \tag{5.2}$$

von dem die Existenz des positiven Semiflusses angenommen wird. Weiter sei $V:E\subset\mathbb{R}^n\to\mathbb{R}$ eine differenzierbare Funktion. Die Fläche $S:=\{\mathbf{x}\in E: V(\mathbf{x})=c\}$ heißt *Fläche ohne Kontakt* mit dem Vektorfeld f, wenn $\operatorname{grad}V(\mathbf{x})\neq 0$ und $\dot{V}(\mathbf{x}):=<\operatorname{grad}V(\mathbf{x}),f(\mathbf{x})>\neq 0$ für alle $\mathbf{x}\in S$ ist, d.h. wenn kein Vektor des Vektorfeldes die Fläche tangiert.

Beispiel 5.4 Für das ebene System

$$\dot{x}=-y+x(1-x^2-y^2),\quad \dot{y}=x+y(1-x^2-y^2) \tag{5.3}$$

ist $S=\{(x,y)^T: x^2+y^2=r^2\}$ mit $r>1$ eine Fläche ohne Kontakt, da mit $V(x,y)=x^2+y^2$ bzgl. (5.3) die Beziehung $\dot{V}(x,y)=2(1-x^2-y^2)(x^2+y^2)<0$ auf S gilt. Jede Kugel $B_r=\{(x,y)^T: x^2+y^2\leq r^2\}$ ist absorbierend für $r>1$:

Für $(x,y) \notin B_r$ gilt $\dot{V}(x,y) \leq 2(1-r^2)V(x,y)$. Also gelangt jede Lösung von (5.3) in B_r und verbleibt dort. Das System ist dissipativ im Sinne von Levinson. ■

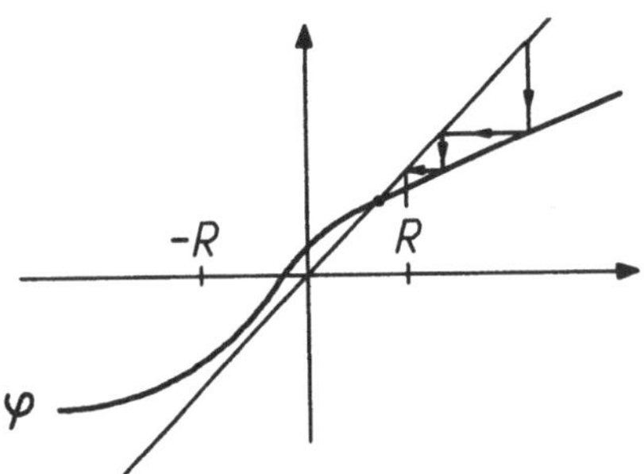

Abb. 5.2

Beispiel 5.5 Gegeben sei das Lorenz-System

$$\dot{x} = -\sigma x + \sigma y, \quad \dot{y} = rx - y - xz, \quad \dot{z} = -bz + xy \tag{5.4}$$

mit positiven Parametern $\sigma > 0, r > 0$ und $b > 0$. Wir definieren die Hilfsfunktion $V(x,y,z) := \frac{1}{2}[x^2 + y^2 + (z-\sigma-r)^2]$. Direktes Ausrechnen zeigt

$$\dot{V}(x,y,z) = -\sigma x^2 - y^2 - \frac{b}{2}(z-\sigma-r)^2 + \frac{b}{2}(\sigma+r)^2.$$

Auf der Menge

$$\mathcal{E}_1 := \{(x,y,z) : \sigma x^2 + y^2 + \frac{b}{2}(z-\sigma-r)^2 \leq \frac{b}{2}(\sigma+r)^2\}$$

ist $\dot{V} \geq 0$, während in $\mathbb{R}^3 \setminus \mathcal{E}_1$ die Ungleichung $\dot{V} < 0$ gilt. Offensichtlich enthält für hinreichend großes R die Kugel

$$B_R := \{(x,y,z) : V(x,y,z) < R\}$$

das Ellipsoid $\mathcal{E}_1$ und auf dem Rand von B_R, d.h. auf der Menge $S_R := \{(x,y,z) : V(x,y,z) = R\}$, gilt $\dot{V}(x,y,z) < 0$. Damit ist S_R eine Fläche ohne Kontakt für das Vektorfeld von (5.4) und B_R eine beschränkte absorbierende Menge.

Setzen wir $\lambda := \min\{\sigma, 1, \frac{b}{2}\}$, so ergibt sich aus den vorhergehenden Überlegungen die Ungleichung

$$\dot{V}(x,y,z) \leq -2\lambda V + \frac{b}{2}(\sigma+r)^2.$$

Also streben alle Orbits von (5.4) in das Ellipsoid

$$\mathcal{E}_2 := \left\{(x,y,z) : \frac{1}{2}[x^2 + y^2 + (z-\sigma-r)^2] \leq \frac{b}{4\lambda}(\sigma+r)^2\right\}$$

und verbleiben dort. Das Lorenz-System ist demzufolge dissipativ im Sinne von Levinson. Für das Vektorfeld von (5.4) ist $\operatorname{div}\mathbf{f}(x,y,z) \equiv -(\sigma+1+b)$. Wegen $\sigma > 0$ und $b > 0$ ist das System volumenschrumpfend. Mit dem Satz von Liouville (Satz 4.1) folgt für das Volumen V_t von $\varphi^t(\Omega)$ für eine beliebige beschränkte meßbare Menge $\Omega \subset \mathbb{R}^3$ sogar

$$\frac{d}{dt}V_t = \int\int\int_{\varphi^t(\Omega)} -(\sigma+1+b)dxdydz = -(\sigma+1+b)V_t.$$

Die Lösung von $\dot{V}_t = -(\sigma+t+b)V_t$ mit Anfang V_0 bei $t=0$ lautet nun $V_t = e^{-(\sigma+1+b)t}V_0$, so daß $V_t \to 0$ für $t \to +\infty$ folgt. ■

Bemerkung 5.1 Die Eigenschaft eines Systems, dissipativ zu sein, resultiert nicht automatisch aus der Tatsache, daß es volumenschrumpfend ist. Ändert man z.B. in der zweiten Gleichung des Lorenz-Systems (5.4) das Vorzeichen des nichtlinearen Terms, so bleibt das veränderte System volumenschrumpfend, ist aber nicht mehr dissipativ im Sinne von Levinson. Auch das bekannte Rössler-System

$$\dot{x} = -y - x, \qquad \dot{y} = x + ay, \qquad \dot{z} = bx - cz + xz \tag{5.5}$$

mit positiven Parametern a, b und c ist, wie in [54] gezeigt wurde, nicht dissipativ im Sinne von Levinson. □

Wir formulieren nun einen Satz, der auf Barbashin und Krasovskij zurückgeht und der die Dissipativität des Systems (5.2) unter Verwendung einer Hilfsfunktion V absichert (z.B. [50]).

Satz 5.1 *Es sei $V : \mathbb{R}^n \to \mathbb{R}$ eine stetig differenzierbare Funktion mit folgenden Eigenschaften:*

a) $\lim_{\|\mathbf{x}\|\to+\infty} V(\mathbf{x}) = +\infty$.

b) Für die Ableitung von V in Richtung des Vektorfeldes von (5.2) $\dot{V}(\mathbf{x}) = <\operatorname{grad} V(\mathbf{x}), \mathbf{f}(\mathbf{x})>$ gilt $\dot{V}(\mathbf{x}) < 0$ für alle $\mathbf{x}$ mit $\|\mathbf{x}\| > R$, wobei $R > 0$ eine Zahl ist.

Dann ist das System (5.2) dissipativ im Sinne von Levinson.

Eine zu Satz 5.1 analoge Aussage gilt auch für stetige zeitdiskrete Systeme $\varphi : \mathbb{R}^n \to \mathbb{R}^n$. Anstelle der Bedingung b) wird jetzt gefordert, daß ein $R > 0$ existiert, so daß

$$\Delta V(\mathbf{x}) := V(\varphi(\mathbf{x})) - V(\mathbf{x}) < 0$$

für alle $\mathbf{x}$ mit $\|\mathbf{x}\| > R$ gilt.

Für Differentialgleichungen (5.2) in der Ebene gibt es effektiv überprüfbare Kriterien für Dissipativität (z.B. [80, 72]) Wir betrachten die Differentialgleichung zweiter Ordnung

$$\ddot{x} + f(x)\dot{x} + g(x) = 0, \tag{5.6}$$

in der $f, g : \mathbb{R} \to \mathbb{R}$ stetige Funktionen sind. Die Differentialgleichung (5.6) läßt sich in der Liénardschen Form als

$$\dot{x} = y - F(x), \qquad \dot{y} = -g(x) \tag{5.7}$$

mit $F(x) := \int_0^x f(t)dt$ schreiben. Die Differentialgleichung (5.7) möge eindeutig lösbar sein.

Satz 5.2 *Folgende Voraussetzungen seien erfüllt:*

(i) $x \cdot g(x) > 0$ *für alle* $x \in \mathbb{R}$ *mit* $|x| \geq 1$.

(ii) $\int_0^{+\infty} g(x)dx = \int_0^{-\infty} g(x)dx = +\infty$.

(iii) Es gibt ein $L > 0$, *so daß* $F(x) \cdot \operatorname{sign} x > L$ *für alle* $x \in \mathbb{R}$ *mit* $|x| \geq 1$ *ist.*

Dann ist das System (5.7) dissipativ im Sinne von Levinson.

Beispiel 5.6 Gegeben sei die Van der Polsche Differentialgleichung

$$\ddot{x} + \varepsilon(x^2 - 1)\dot{x} + x = 0, \tag{5.8}$$

in der $\varepsilon > 0$ ein Parameter ist. Durch die Substitution $x = \sqrt{a}z$ mit $a > 3$ geht (5.8) über in

$$\ddot{z} + \varepsilon(az^2 - 1)\dot{z} + z = 0.$$

Für diese Differentialgleichung sind alle Voraussetzungen von Satz 5.2 erfüllt. Demzufolge ist auch das (5.8) entsprechende System (5.7) dissipativ nach Levinson. ■

6 Äquivalenz dynamischer Systeme

6.1 Topologisch äquivalente Differentialgleichungen

Gegeben seien die beiden C^r-glatten Differentialgleichungen

$$\dot{\mathbf{x}} = \mathbf{f}(\mathbf{x}) \tag{6.1}$$

und

$$\dot{\mathbf{x}} = \mathbf{g}(\mathbf{x}) \tag{6.2}$$

auf offenen Teilmengen M bzw. N des $\mathbb{R}^n$, und es seien $\varphi : D(\mathbf{f}) \to M$ bzw. $\boldsymbol{\psi} : D(\mathbf{g}) \to N$ die zugehörigen lokalen Flüsse.

Die Differentialgleichungen (6.1) und (6.2) heißen *topologisch äquivalent*, wenn es einen Homöomorphismus $\mathbf{h} : M \to N$ gibt, der die Orbits von (6.1) in die Orbits von (6.2) unter Beibehaltung der Orientierung (aber nicht unbedingt der Parametrisierung) überführt. Sind (6.1) und (6.2) topologisch äquivalent, so schreiben wir (6.1) $\overset{C}{\sim}$ (6.2).

Bemerkung 6.1 a) Die topologische Äquivalenz ist in der Tat eine Äquivalenzrelation. Wenn nämlich

$$\dot{\mathbf{x}} = \mathbf{v}(\mathbf{x}) \tag{6.3}$$

mit der C^r-Abbildung $\mathbf{v} : U \to \mathbb{R}^n$ ($U \subset \mathbb{R}^n$ offen) eine weitere Differentialgleichung ist, dann gilt

(i) (6.1) $\overset{C}{\sim}$ (6.1) (Reflexivität),

(ii) (6.1) $\overset{C}{\sim}$ (6.2) $\Rightarrow$ (6.2) $\overset{C}{\sim}$ (6.1) (Symmetrie),

(iii) (6.1) $\overset{C}{\sim}$ (6.2) $\wedge$ (6.2) $\overset{C}{\sim}$ (6.3) $\Rightarrow$ (6.1) $\overset{C}{\sim}$ (6.3) (Transitivität).

b) Ist (6.1) $\overset{C}{\sim}$ (6.2) über den Homöomorphismus $h : M \to N$, dann existiert eine stetige Funktion $\tau : D(\mathbf{f}) \to \mathbb{R}$, so daß für jedes $\mathbf{p} \in M$ die Abbildung $\tau(\cdot, \mathbf{p}) : I_{\mathbf{p}} \to \tilde{I}_{\mathbf{h}(\mathbf{p})}$ ($I_{\mathbf{p}}$ bzw. $\tilde{I}_{\mathbf{h}(\mathbf{p})}$ sind die Existenzintervalle der maximalen Integralkurven von (6.1) durch $\mathbf{p}$ bzw. von (6.2) durch $\mathbf{h}(\mathbf{p})$) surjektiv und streng monoton wachsend ist, $\tau(0, \mathbf{p}) = 0$ erfüllt ist und dabei

$$\mathbf{h}(\varphi(t, \mathbf{p})) = \boldsymbol{\psi}(\tau(t, \mathbf{p}), \mathbf{h}(\mathbf{p}))$$

für alle $t \in I_{\mathbf{p}}$ gilt. □

Sind (6.1) und (6.2) über den Homöomorphismus $\mathbf{h} : M \to N$ topologisch äquivalent und bleibt dabei die Parametrisierung erhalten (d.h. es kann $\tau(t, \mathbf{p}) \equiv t$ für jedes $\mathbf{p}$ gewählt werden), so heißen (6.1) und (6.2) *topologisch konjugiert*.

Ist $M = N$ und haben (6.1) und (6.2) die gleichen Orbits (mit eventuell unterschiedlichen Parametrisierungen), so heißen (6.1) und (6.2) *topologisch orbital äquivalent*.
Die Differentialgleichungen (6.1) und (6.2) heißen *C^k-äquivalent*, wenn sie topologisch äquivalent über einen Homöomorphismus $\mathbf{h}$ sind und $\mathbf{h} : M \to N$ sogar ein C^k-Diffeomorphismus ist. Sie heißen *C^k-konjugiert* zueinander, wenn sie topologisch konjugiert zueinander über einen C^k-Diffeomorphismus sind.

Beispiel 6.1 Gegeben sei auf $M = \text{int}(\mathbb{R}^n_+) = \{(x_1, ..., x_n)^T \in \mathbb{R}^n : x_i > 0, i = 1, ..., n\}$ die Differentialgleichung

$$\dot{x}_i(t) = x_i \cdot f_i(x_1, ..., x_n), \quad i = 1, ..., n, \tag{6.4}$$

in der f_i skalarwertige stetig-differenzierbare Funktionen in $\text{int}(\mathbb{R}^n_+)$ seien. Mit der Gleichung (6.4) kann das Wachstum von Populationen beschrieben werden. Die Abbildung $h : \text{int}(\mathbb{R}^n_+) \to \mathbb{R}^n$ sei durch

$$\mathbf{h}(x_1, ... x_n) := (\ln x_1, ..., \ln x_n)^T$$

definiert. Offenbar bildet $\mathbf{h}$ die Menge $M = \text{int}(\mathbb{R}^n_+)$ diffeomorph (und damit auch homöomorph) auf die Menge $N = \mathbb{R}^n$ ab. Dabei geht (6.4) über in die topologisch äquivalente Differentialgleichung

$$\dot{y}_i(t) = g_i(y_1, ..., y_n), \quad i = 1, ..., n, \tag{6.5}$$

mit $g_i(y_1, ..., y_n) := f_i(e^{y_1}, ..., e^{y_n})$ für alle $(y_1, ..., y_n)^T \in \mathbb{R}^n$. ■

Wir wollen nun untersuchen, wie sich verschiedene Orbittypen bei topologisch äquivalenten Differentialgleichungen zueinander verhalten.

Satz 6.1 *Die Differentialgleichungen (6.1) und (6.2) seien topologisch äquivalent über den Homöomorphismus* $\mathbf{h} : M \to N$. *Dann gilt:*

(i) Ruhelagen von (6.1) gehen unter $\mathbf{h}$ *in Ruhelagen von (6.2) über.*

(ii) Periodische Orbits von (6.1) gehen unter $\mathbf{h}$ *in periodische Orbits von (6.2) über, wobei die Perioden nicht unbedingt erhalten bleiben.*

(iii) Nichtperiodische Orbits von (6.1) gehen unter $\mathbf{h}$ *in nichtperiodische Orbits von (6.2) über.*

Beweis:

(i) Es sei $\mathbf{p}$ eine Ruhelage des Systems (6.1). Dann gilt die Beziehung $\mathbf{h}(\mathbf{p}) = \mathbf{h}(\varphi(t, \mathbf{p})) = \psi(\tau(t, \mathbf{p}), \mathbf{h}(\mathbf{p}))$ für alle $t \in \mathbb{R}$, d.h., $\psi(s, \mathbf{h}(\mathbf{p})) \equiv \mathbf{h}(\mathbf{p})$ ist Ruhelage von (6.2).

(ii) Es sei $\boldsymbol{\varphi}(\cdot,\mathbf{p})$ eine T-periodische Lösung von (6.1). Dann gilt $\mathbf{h}(\boldsymbol{\varphi}(t,\mathbf{p})) = \boldsymbol{\psi}(\tau(t,\mathbf{p}),\mathbf{h}(\mathbf{p})) = \mathbf{h}(\boldsymbol{\varphi}(t+T,\mathbf{p})) = \boldsymbol{\psi}(\tau(t+T,\mathbf{p}),\mathbf{h}(\mathbf{p}))$ für alle $t \in \mathbb{R}$. Insbesondere ist also $\psi(0,\mathbf{h}(\mathbf{p})) = \mathbf{h}(\mathbf{p}) = \boldsymbol{\psi}(\tau(T,\mathbf{p}),\mathbf{h}(\mathbf{p}))$ mit $\tau(T,\mathbf{p}) > 0$, d.h. die Lösung $\boldsymbol{\psi}(\cdot,\mathbf{h})$ ist periodisch. Die Aussage (iii) folgt sofort aus (ii).

□

Auf Abb. 6.1 sind Phasenporträts zu sehen, die zu topologisch äquivalenten bzw. nicht äquivalenten Differentialgleichungen gehören.

Abb. 6.1

Bei C^k-konjugierten Differentialgleichungen vererben sich weitere wichtige Eigenschaften. So gilt für zwei Ruhelagen $\mathbf{p}$ und $\mathbf{h}(\mathbf{p})$ der über $\mathbf{h}$ zueinander C^k-konjugierten Differentialgleichungen (6.1) und (6.2), daß die Eigenwerte der Jacobi-Matrizen $D\mathbf{f}(\mathbf{p})$ und $D\mathbf{g}(\mathbf{h}(\mathbf{p}))$ übereinstimmen.

6.2 Umparametrisierung von Differentialgleichungen

Eine oft genutzte Technik zur Generierung topologisch äquivalenter Differentialgleichungen besteht darin, das Vektorfeld $\mathbf{f}$ aus (6.1) mit geeignet gewählten skalarwertigen Funktionen zu multiplizieren.

Satz 6.2 *Es sei $\alpha : M \to \mathbb{R}$ eine stetige skalarwertige Funktion, für die $\alpha(\mathbf{x}) > 0$ für alle $\mathbf{x} \in M$ gilt und mit der das Vektorfeld $\alpha\,\mathbf{f}$ von der Klasse C^1 ist. Dann sind (6.1) und die Differentialgleichung*

$$\dot{\mathbf{x}} = \alpha(\mathbf{x})\mathbf{f}(\mathbf{x}), \quad \mathbf{x} \in M, \tag{6.6}$$

topologisch äquivalent.

Die Multiplikation des ursprünglichen Vektorfeldes $\mathbf{f}$ mit α ändert an keiner Stelle $\mathbf{x} \in M$ die Richtung dieses Vektorfeldes, sondern führt nur (bei $\mathbf{f}(\mathbf{x}) \neq \mathbf{0}$) zu einer eventuellen Verkürzung bzw. Verlängerung der Vektoren (Abb. 6.2a). Die Integralkurven beider Systeme mit gleichem Anfang unterscheiden sich also höchstens in der Parametrisierung.

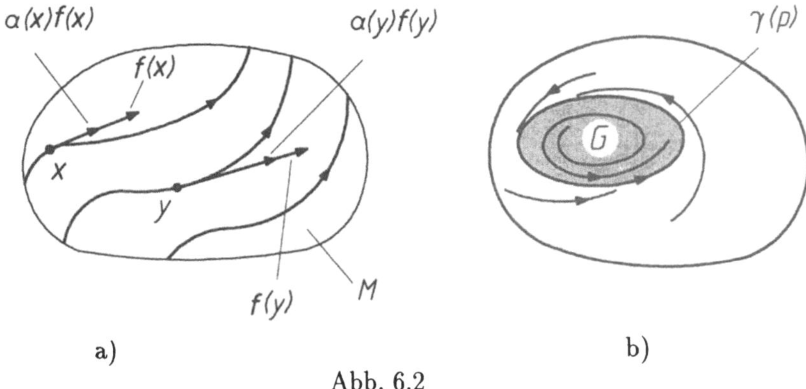

Abb. 6.2

Wir betrachten nun einige praktische Konsequenzen, die sich aus Satz 6.2 ergeben.

Folgerung 6.1 In (6.1) sei $M = \mathbb{R}^n$. Dann ist (6.1) topologisch äquivalent zur Differentialgleichung (6.6) mit

$$\alpha(\mathbf{x}) = \frac{1}{1 + \|\mathbf{f}(\mathbf{x})\|} \quad (\mathbf{x} \in \mathbb{R}^n),$$

deren Integralkurven alle auf ganz $\mathbb{R}$ existieren.

Beweis: Mit dem gewählten α wird $\frac{1}{1+\|\mathbf{f}(\mathbf{x})\|}\mathbf{f}(\mathbf{x})$ zu einem C^1-Vektorfeld auf M. Die globale Existenz der Integralkurven von (6.6) ergibt sich sofort aus dem Kriterium von Wintner und Conti (Folgerung 1.1), da für alle $\mathbf{x} \in \mathbb{R}^n$

$$\frac{1}{1 + \|\mathbf{f}(\mathbf{x})\|}\|\mathbf{f}(\mathbf{x})\| \leq 1$$

gilt und im Kriterium folglich die Funktion $\omega(r) \equiv 1$ verwendet werden kann. Die topologische Äquivalenz von (6.1) und (6.6) folgt aus Satz 6.2. □

Folgerung 6.2 (Negatives Bendixson-Dulac-Kriterium). In (6.1) sei $n = 2$ und es sei $M \subset \mathbb{R}^2$ ein einfach zusammenhängendes Gebiet, weiter sei $\alpha : M \to \mathbb{R}$ eine vorzeichenkonstante C^1-Funktion, für die auch $\operatorname{div}(\alpha\mathbf{f})$ in M vorzeichenkonstant ist und für die $\operatorname{div}(\alpha\,\mathbf{f}) \not\equiv 0$ auf jeder offenen Teilmenge von M gilt. Dann hat (6.1) in M keine periodischen Orbits.

Beweis: Die Differentialgleichung (6.1) sei gegeben durch

$$\dot{x} = P(x,y), \qquad \dot{y} = Q(x,y).$$

Zunächst sei $\alpha(\mathbf{x}) \equiv 1$ in M. Angenommen, es existiert eine nicht konstante T-periodische Lösung $\varphi(t,\mathbf{p}) = (x(t), y(t))^T$ von (6.1) mit dem zugehörigen Orbit

$\gamma(\mathbf{p})$. G sei der von $\gamma(\mathbf{p})$ eingeschlossene Teil von M, der, wegen des einfachen Zusammenhangs von M, keine "Löcher" besitzt (Abb. 6.2b).

Es sei $I := \oint_{\gamma(\mathbf{p})} Pdy - Qdx$ das Kurvenintegral entlang $\gamma(\mathbf{p})$. Die direkte Rechnung unter Verwendung der Integralkurven von (6.1) ergibt

$$I = \int_0^T [P(x(t), y(t))\dot{x}(t) - Q(x(t), y(t))\dot{y}(t)]dt = 0.$$

Andererseits erhält man über die Greensche Formel

$$\oint_{\gamma(\mathbf{p})} Pdy - Qdx = \int\int_G \left[\frac{\partial P}{\partial x} + \frac{\partial Q}{\partial y}\right] dxdy \neq 0,$$

da $\frac{\partial P}{\partial x} + \frac{\partial Q}{\partial y} = \operatorname{div}\mathbf{f}$ ist, diese Funktion vorzeichenkonstant in G ist und $\operatorname{div}\mathbf{f} \not\equiv 0$ in G gilt.

Nun sei $\alpha(\mathbf{x}) \not\equiv 1$ und $\alpha(\mathbf{x}) > 0$ in M. Dann hat, wie gezeigt wurde, (6.6) mit diesem α keine periodischen Orbits in M. Da (6.1) und (6.6) aber topologisch äquivalent sind, hat auch (6.1) keine periodischen Orbits. Ist $\alpha(\mathbf{x}) < 0$ in M, kann man die Zeit t durch $-t$ ersetzen und wie oben verfahren. □

Beispiel 6.2 a) In der Ebene sei die Differentialgleichung

$$\dot{x} = y, \quad \dot{y} = -x - y + x^2 + y^2 \tag{6.7}$$

gegeben. Wie wollen zeigen, daß (6.7) keine nichtkonstanten periodischen Lösungen besitzt. Die Divergenz des Vektorfeldes $\operatorname{div}\mathbf{f}(x,y) = -1 + 2y$ ist nicht vorzeichenkonstant in $\mathbb{R}^2$, so daß die Folgerung 6.2 mit $\alpha(x,y) \equiv 1$ nicht anwendbar ist. Wählt man allerdings die Funktion $\alpha(x,y) := e^{-2x}$ für $(x,y)^T \in \mathbb{R}^2$, so gilt

$$\operatorname{div}(e^{-2x}\mathbf{f}(x,y)) = -e^{-2x} < 0 \quad \text{in } \mathbb{R}^2.$$

Nach Folgerung 6.2 hat (6.7) in der Ebene keine nichtkonstanten periodischen Orbits.

b) In der Ebene wird die Differentialgleichung

$$\dot{x} = -y - x(x^2 + y^2), \quad \dot{y} = x - y(x^2 + y^2) \tag{6.8}$$

betrachtet. Linearisiert man (6.8) in der Ruhelage $(0,0)^T$, so ergibt sich die lineare Differentialgleichung

$$\dot{x} = -y, \quad \dot{y} = x, \tag{6.9}$$

die nur periodische Orbits besitzt. Berechnet man die Divergenz der rechten Seite von (6.8), dann ergibt sich $\operatorname{div}\mathbf{f}(x,y) = -4(x^2 + y^2)$, so daß mit Folgerung 6.2 die Differentialgleichung (6.8) in der Ebene keine nichtkonstanten periodischen Orbits haben kann. Also ist (6.8) nahe $(0,0)^T$ nicht topologisch äquivalent zur Linearisierung. ■

Die Ursache dafür, daß in Beispiel 6.2b) die Linearisierung kein topologisch äquivalentes System nahe $(0,0)^T$ liefert, ist darin zu sehen (wie der Satz von Hartman und Grobman zeigen wird), daß die Matrix der Linearisierung Eigenwerte auf der imaginären Achse hat.

6.3 Glättungssatz

Vorgelegt sei wieder (6.1). Ein Punkt $\mathbf{p} \in M$ heißt bzgl. $\mathbf{f}$ *regulär*, falls $\mathbf{f}(\mathbf{p}) \neq \mathbf{0}$ ist, und *singulär*, falls $\mathbf{f}(\mathbf{p}) = \mathbf{0}$ ist. Offenbar ist $\mathbf{p} \in M$ genau dann singulär, wenn $\boldsymbol{\varphi}(t,\mathbf{p}) \equiv \mathbf{p}$ eine Ruhelage von (6.1) ist.

Wir wollen uns als erstes mit der Frage beschäftigen, wie das Phasenporträt von (6.1) nahe eines regulären Punktes aussieht. $U \subset M$ sei eine offene Teilmenge. Jeder C^k-Diffeomorphismus $\mathbf{\Phi} : U \to \tilde{U}$ mit $\tilde{U} := \mathbf{\Phi}(U) \subset \mathbb{R}^n$ wird *C^k-glatte Koordinatentransformation* genannt. Ist $\boldsymbol{\alpha}(\cdot)$ auf I eine Integralkurve von (6.1) in U, so genügt die Funktion $\boldsymbol{\beta}(t) := \mathbf{\Phi}(\boldsymbol{\alpha}(t))$ $(t \in I)$ der *transformierten Differentialgleichung*

$$\dot{\mathbf{y}} = \left[D\mathbf{\Phi}^{-1}(\mathbf{y})\right]^{-1} \mathbf{f}(\mathbf{\Phi}^{-1}(\mathbf{y})) \tag{6.10}$$

in $\tilde{U}$. Die Einschränkung der Differentialgleichung (6.1) auf U und die Differentialgleichung (6.10) auf $\tilde{U}$ sind in diesem Falle C^k-konjugiert zueinander.

Der folgende Satz wird als *Glättungssatz* oder *Satz über das Geradebiegen der Orbits* bezeichnet (z.B. [22, 7]).

Satz 6.3 *(Hirsch/Smale). Es sei* $\mathbf{u} \in M$ *ein regulärer Punkt des* C^r*-Vektorfeldes* $\mathbf{f}$ *aus (6.1). Dann existiert eine lokale* C^r*-glatte Variablentransformation* $\mathbf{\Phi} : U \to \tilde{U}$ *um* $\mathbf{u}$*, so daß die transformierte Differentialgleichung (6.10) in* $\tilde{U}$ *die Form*

$$\dot{y}_1 = 1, \quad \dot{y}_2 = 0, \quad \ldots, \quad \dot{y}_n = 0$$

hat (Abb. 6.3).

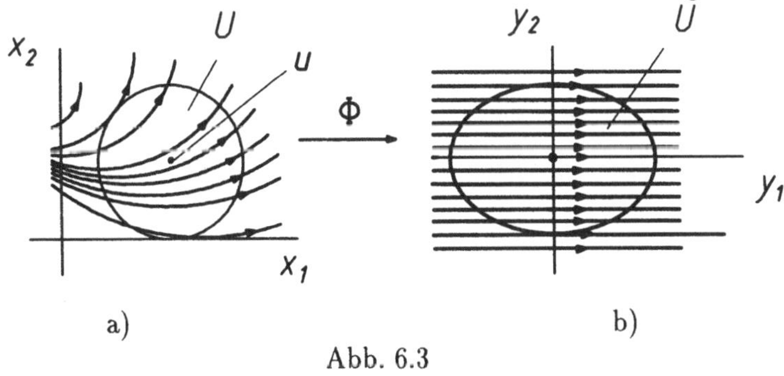

Abb. 6.3

Beispiel 6.3 Gegeben sei in der Ebene die Differentialgleichung

$$\dot{x}_1 = 1, \quad \dot{x}_2 = -2x_1. \tag{6.11}$$

Offenbar ist $\mathbf{u} = (0,0)^T$ ein regulärer Punkt von (6.11). Wir betrachten die Abbildung $\mathbf{\Phi} : U \to \mathbb{R}^2$ einer beliebigen Kreisscheibe um $(0,0)^T$, gegeben durch

$$\mathbf{\Phi}(x_1, x_2) := (x_1, x_1^2 + x_2)^T.$$

Offenbar ist $\mathbf{\Phi}$ ein Diffeomorphismus. Für die transformierte Differentialgleichung (6.10) in $\tilde{U}$ ergibt sich

$$\left[D\mathbf{\Phi}^{-1}(y_1, y_2)\right]^{-1} \mathbf{f}(\mathbf{\Phi}^{-1}(y_1, y_2)) = \begin{bmatrix} 1 & 0 \\ 2y_1 & 1 \end{bmatrix} \begin{bmatrix} 1 \\ -2y_1 \end{bmatrix} = \begin{bmatrix} 1 \\ 0 \end{bmatrix}.$$

Das Phasenporträt von (6.11) nahe $(0,0)^T$ ist in Abb. 6.4a zu sehen. ■

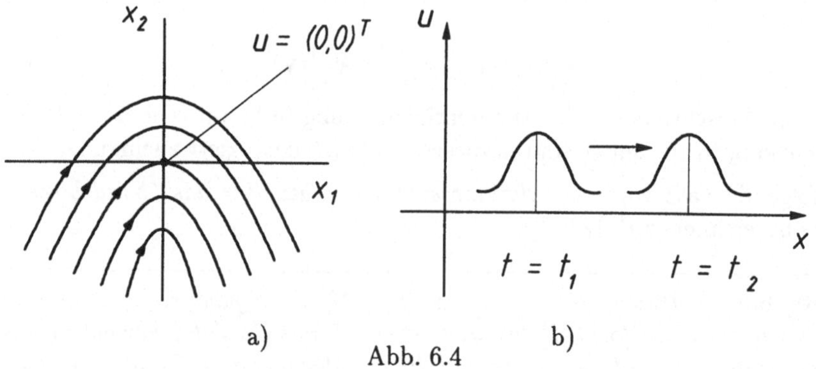

Abb. 6.4

Als nächstes soll nun eine Anwendung des Glättungssatzes demonstriert werden, die sich auf die lokale Existenz Erster Integrale der Differentialgleichung (6.1) bezieht. Gegeben seien auf der offenen Menge $U \subset \mathbb{R}^n$ genau $m \leq n$ skalarwertige C^1-Funktionen $f_1, ..., f_m : U \to \mathbb{R}$. Wir sagen, daß die Funktion f_k *funktionell* von $f_1, ..., f_{k-1}, f_{k+1}, ..., f_m$ in U abhängt, wenn es eine C^1-Funktion

$$w : \tilde{U} \subset \mathbb{R}^{m-1} \to \mathbb{R}$$

gibt, so daß $(f_1(\mathbf{x}), ..., f_{k-1}(\mathbf{x}), f_{k+1}(\mathbf{x}), ..., f_m(\mathbf{x}))^T \in \tilde{U}$ für alle $\mathbf{x} \in U$ ist und

$$f_k(\mathbf{x}) = w(f_1(\mathbf{x}), ..., f_{k-1}(\mathbf{x}), f_{k+1}(\mathbf{x}), ..., f_m(\mathbf{x}))$$

für $\mathbf{x} \in U$ gilt. Wenn mindestens eine Funktion des Systems $f_1, ..., f_m$ funktionell abhängig von den anderen ist, heißen die Funktionen $f_1, ..., f_m$ funktionell abhängig in U; sonst heißen sie funktionell unabhängig in U.

Wir formulieren nun die angekündigte Folgerung aus Satz 6.3.

Folgerung 6.3 Es sei $\mathbf{u} \in M$ ein regulärer Punkt von (6.1). Dann existieren in einer Umgebung U von $\mathbf{u}$ immer $n-1$ funktionell unabhängige Erste Integrale von (6.1). Jedes andere Erste Integral von (6.1) in U ist funktionell abhängig von diesen $n-1$ Integralen.

Beispiel 6.4 Wir betrachten wieder die Differentialgleichung

$$\dot{x}_1 = 1, \quad \dot{x}_2 = -2x_1 \tag{6.12}$$

aus Beispiel 6.3 und wollen nahe $\mathbf{p} = (0,0)^T$ein Erstes Integral mit Hilfe des Glättungssatzes bestimmen. Offenbar ist $\tilde{F}_1(y_2) = y_2$ ein Erstes Integral der transformierten Differentialgleichung $\dot{y}_1 = 1$, $\dot{y}_2 = 0$ nahe $(0,0)^T$. Unter Verwendung der Transformation $\mathbf{\Phi}$ aus Beispiel 6.3 erhält man nahe $(0,0)^T$ ein Erstes Integral von (6.12) in der Form

$$F_1(x_1, x_2) = \tilde{F}_1(\mathbf{\Phi}(x_1, x_2)) = x_1^2 + x_2.$$

In Wirklichkeit zeigt die direkte Rechnung (ohne Glättungssatz), daß $F : \mathbb{R}^2 \to \mathbb{R}$ mit $F(x_1, x_2) = x_1^2 + x_2$ ein Erstes Integral von (6.12) in ganz $\mathbb{R}^2$ ist. ■

Folgerung 6.4 Gegeben sei die *homogene lineare partielle Differentialgleichung erster Ordnung*

$$\sum_{i=1}^{n} a_i(x_1, ..., x_n) \frac{\partial u}{\partial x_i} = 0, \tag{6.13}$$

in der $a_i : U \to \mathbb{R}$ $(i = 1, ..., n)$ gegebene C^1-Funktionen auf einer offenen Menge $U \subset \mathbb{R}^n$ seien. Als *Lösung* von (6.13) wird jede C^1-Funktion $u : \tilde{U} \subset U \to \mathbb{R}$, die auf einer offenen Teilmenge $\tilde{U}$ die Beziehung (6.13) erfüllt, bezeichnet. Wir ordnen (6.13) eine gewöhnliche Differentialgleichung

$$\dot{x}_i = a_i(x_1, ..., x_n) \quad (i = 1, ..., n) \tag{6.14}$$

in U zu, die *charakteristische Differentialgleichung* von (6.13) genannt wird. Es sei $\mathbf{p} \in U$ ein beliebiger regulärer Punkt von (6.14). Dann existieren laut Glättungssatz in einer Umgebung $\tilde{U}$ von $\mathbf{p}$ wieder $n-1$ funktionell unabhängige Erste Integrale von (6.14), und jedes andere Erste Integral von (6.14) in $\tilde{U}$ ist funktionell abhängig von diesen. Jedes Erste Integral von (6.14) ist aber eine Lösung von (6.13).

Beispiel 6.5 Vorgelegt sei die homogene lineare *Wellengleichung*

$$\frac{\partial u}{\partial t} + u_0 \frac{\partial u}{\partial x} = 0 \tag{6.15}$$

mit der Anfangsbedingung $u|_{t=0} = g(x)$ für $x \in \mathbb{R}$, in der g eine gegebene C^1-Funktion ist. Die Größe u_0 wird als konstant vorausgesetzt. In den Variablen

$t = x_1$ und $x = x_2$ und neuer Zeit t' lautet die zu (6.15) gehörige charakteristische Differentialgleichung (6.14)

$$\frac{dt}{dt'} = 1, \quad \frac{dx}{dt'} = u_0. \tag{6.16}$$

Offenbar ist $F_1(t, x) = x - u_0 t$ ein Erstes Integral von (6.16), und damit ist jede Funktion der Form $u(t, x) := F(x - u_0 t)$ Lösung von (6.15). Die im letzten Ausdruck beliebige differenzierbare Funktion F wird durch die Anfangsbedingung $u(t, x)|_{t=0} = g(x)$ festgelegt. Damit ergibt sich als Lösung des Anfangswertproblems (6.15) die Funktion $u(t, x) = g(x - u_0 t)$, die als *laufende Welle* bezeichnet wird (Abb. 6.4b). ■

6.4 Autonome lineare Differentialgleichungen

Wir untersuchen nun das lokale Phasenporträt nahe einer Ruhelage $\mathbf{p}$ von (6.1). Besitzt $D\mathbf{f}(\mathbf{p})$ keinen Eigenwert λ_j mit $\mathrm{Re}\lambda_j = 0$, so heißt die Ruhelage $\mathbf{p}$ *hyperbolisch.* Um hyperbolische Ruhelagen genauer charakterisieren zu können, betrachten wir zunächst die Eigenwertverteilung einer Matrix. Ist A eine beliebige $n \times n$-Matrix, so sagen wir, daß diese Matrix m *Eigenwerte mit negativem Realteil*, s *Eigenwerte mit Realteil Null* und $k = n - m - s$ *Eigenwerte mit positivem Realteil* hat, wenn A eine Jordansche Normalform $J = \mathrm{diag}\,\{B, C, D\}$ besitzt, in der B, C und D Blockdiagonalmatrizen der Ordnungen $m \times m$, $s \times s$ bzw. $k \times k$ sind, deren Jordanzellen Eigenwerte mit Realteil kleiner Null, gleich Null bzw. größer 0 haben.

Die hyperbolische Ruhelage $\mathbf{p}$ ist *vom Typ* (m, k), wenn $D\mathbf{f}(\mathbf{p})$ genau m Eigenwerte mit negativem Realteil und $k = n - m$ Eigenwerte mit positivem Realteil besitzt. Die hyperbolische Ruhelage vom Typ (m, k) heißt *Senke* (oder *stabiler Knoten*), wenn $m = n$ ist, *Quelle* (oder *instabiler Knoten*), wenn $k = n$ ist, und *Sattel*, wenn $mk \neq 0$ ist. Mit jeder Ruhelage $\mathbf{p}$ von (6.1) läßt sich die lineare autonome Differentialgleichung im $\mathbb{R}^n$

$$\dot{\mathbf{y}} = D\mathbf{f}(\mathbf{p})\mathbf{y} \tag{6.17}$$

verknüpfen, die *Variationsgleichung* bzgl. $\mathbf{p}$ heißt. Wir erinnern an dieser Stelle an einige Sachverhalte, die allgemein lineare Differentialgleichungen im $\mathbb{R}^n$

$$\dot{\mathbf{x}} = A\mathbf{x} \tag{6.18}$$

mit einer $n \times n$-Matrix A betreffen. Die (6.18) zugeordnete Matrixdifferentialgleichung $\dot{Z} = AZ$ mit $Z \in \mathbb{R}^{n \cdot n}$ besitzt auf $\mathbb{R}$ genau eine Lösung Y mit Anfang I zur Zeit $t = 0$, die mit $Y(t) = e^{tA}$ $(t \in \mathbb{R})$ bezeichnet wird und *Matrix-Exponentialfunktion* heißt.

Im folgenden Satz wird die *Operator-Norm* einer Matrix A verwendet, die durch $\|A\| = \sup\{\|A\mathbf{x}\|, \mathbf{x} \in \mathbb{R}^n, \|\mathbf{x}\| \leq 1\}$ definiert ist.

Satz 6.4 *(Eigenschaften der Matrix-Exponentialfunktion).*

(i) Es sei A eine beliebige $n \times n$-Matrix. Dann gilt

1) $e^{tA} = I + \frac{tA}{1!} + \frac{t^2A^2}{2!} + ...;\ e^{0A} = I$. *Die Reihe konvergiert bzgl. t aus einem beliebigen kompakten Zeitintervall gleichmäßig und für jedes feste t absolut.*

2) $\|e^{tA}\| \leq e^{t\|A\|}$ *für alle $t \geq 0$.*

3) $(e^{tA})^\bullet = Ae^{tA} = e^{tA}A$ *für alle $t \in \mathbb{R}$.*

4) $e^{(t+s)A} = e^{tA} \cdot e^{sA}$ *für alle $t, s \in \mathbb{R}$.*

5) e^{tA} *ist für jedes $t \in \mathbb{R}$ regulär und es gilt $(e^{tA})^{-1} = e^{-tA}$.*

6) Jede Lösung von (6.18) mit Anfang $\mathbf{p}$ zur Zeit $t = 0$ hat die Form $\varphi(t, \mathbf{p}) = e^{tA}\mathbf{p}$.

(ii) Es seien A und B zwei $n \times n$ - Matrizen.

1) Ist $AB = BA$, so gilt $Be^A = e^AB$ und $e^{A+B} = e^A \cdot e^B$.

2) Ist B regulär, so gilt $e^{BAB^{-1}} = Be^AB^{-1}$.

Beispiel 6.6 Es seien A in (6.18) eine reelle $n \times n$-Matrix, die n paarweise verschiedene reelle Eigenwerte $\lambda_1, ..., \lambda_n$ habe, und $B := 2 \operatorname{diag}(\lambda_1, ..., \lambda_n)$. Dann sind die Differentialgleichungen (6.18) und $\dot{\mathbf{y}} = B\mathbf{y}$ topologisch äquivalent. Es existiert nämlich in der vorliegenden Situation eine reguläre reelle Matrix S, so daß $SAS^{-1} = \frac{1}{2}B$ gilt. φ bzw. ψ seien die Flüsse der beiden Differentialgleichungen. Wir wollen die Orbits von (6.18) durch einen Homöomorphismus auf Orbits von $\dot{\mathbf{y}} = B\mathbf{y}$ transformieren und wählen dazu $\mathbf{h}(\mathbf{x}) := S\mathbf{x}$ ($\mathbf{x} \in \mathbb{R}^n$) sowie $\tau(t, \mathbf{p}) := \frac{1}{2}t$ ($t \in \mathbb{R}, \mathbf{p} \in \mathbb{R}^n$). Dann gilt mit Satz 6.4 (ii)

$$\begin{aligned} \mathbf{h}(\varphi(t, \mathbf{p})) &= Se^{tA}\mathbf{p} = Se^{tA}S^{-1} \cdot S\mathbf{p} \\ &= e^{t\,SAS^{-1}}S\mathbf{p} = e^{\frac{1}{2}tB}\mathbf{h}(\mathbf{p}) = \psi(\tau(t, \mathbf{p}), \mathbf{h}(\mathbf{p})) \end{aligned}$$

für alle $t \in \mathbb{R}$ und $\mathbf{p} \in \mathbb{R}^n$. Für $n = 2$ und eine Ruhelage vom Satteltyp, ist die Transformation in Abb. 6.5 angedeutet. ■

Allgemeiner gilt der folgende Satz ([11]).

Satz 6.5 *Gegeben sei die lineare Differentialgleichung (6.18), in der die Matrix A genau k Eigenwerte mit negativem Realteil und $n - k$ Eigenwerte mit positivem Realteil besitzt. Dann ist (6.18) topologisch äquivalent zur Differentialgleichung* $\dot{\mathbf{x}} = -\mathbf{x}, \quad \dot{\mathbf{y}} = \mathbf{y}$ *mit* $\mathbf{x} \in \mathbb{R}^k, \mathbf{y} \in \mathbb{R}^{n-k}$.

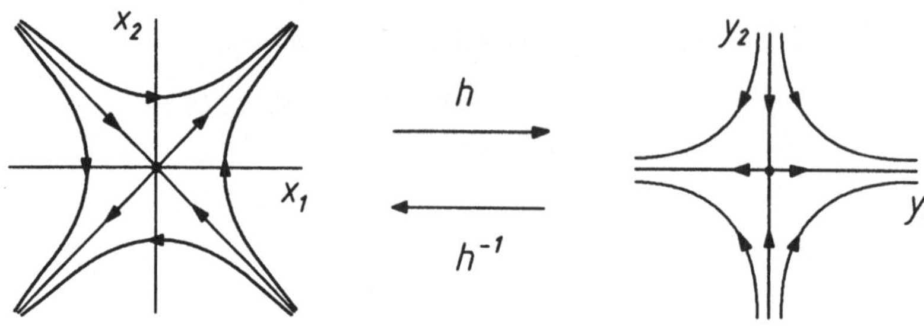

Abb. 6.5

Wir betrachten nun (6.18) für $n = 2$ etwas näher. Zunächst sei $\det A = 0$. Dann existiert ein Vektor $\mathbf{v} \neq \mathbf{0}$ mit $A\mathbf{v} = \mathbf{0}$, d.h., die Gerade $\{t\mathbf{v}, t \in \mathbb{R}\}$ besteht vollständig nur aus Ruhelagen von (6.18), so daß ein Kontinuum solcher Ruhelagen vorliegt (Abb. 6.6).

Wir wollen diesen degenerierten Fall nicht weiter verfolgen und setzen nun $\det A \neq 0$ voraus. Dann ist $\mathbf{x} = \mathbf{0}$ die einzige Ruhelage von (6.18). Der folgende Satz über die reelle Jordansche Normalform einer reellen 2×2-Matrix ist für die Klassifizierung der Typen der Ruhelage $\mathbf{x} = \mathbf{0}$ von (6.18) von Nutzen. Wir sagen dabei, daß zwei reelle $n \times n$-Matrizen A und B *reell-ähnlich* sind, wenn eine reelle reguläre $n \times n$-Matrix T existiert, so daß $TAT^{-1} = B$ gilt.

Satz 6.6 *(Reelle Jordansche Normalform einer reellen 2×2-Matrix). Es sei A eine reelle 2×2-Matrix.*

a) Hat A die komplexen Eigenwerte $\alpha \pm i\beta$, so ist A reell-ähnlich zur Matrix $\begin{bmatrix} \alpha & -\beta \\ \beta & \alpha \end{bmatrix}$.

b) Hat A zwei verschiedene reelle Eigenwerte λ_1 und λ_2, so ist A reell-ähnlich zur Matrix $\begin{bmatrix} \lambda_1 & 0 \\ 0 & \lambda_2 \end{bmatrix}$.

c) Hat A den reellen Eigenwert λ der algebraischen Vielfachheit 2, so ist A reell-ähnlich zur Matrix $\begin{bmatrix} \lambda & 0 \\ 0 & \lambda \end{bmatrix}$ *oder* $\begin{bmatrix} \lambda & 1 \\ 0 & \lambda \end{bmatrix}$, *je nachdem, ob die Maximalzahl linear unabhängiger zu λ gehöriger Eigenvektoren 2 oder 1 ist.*

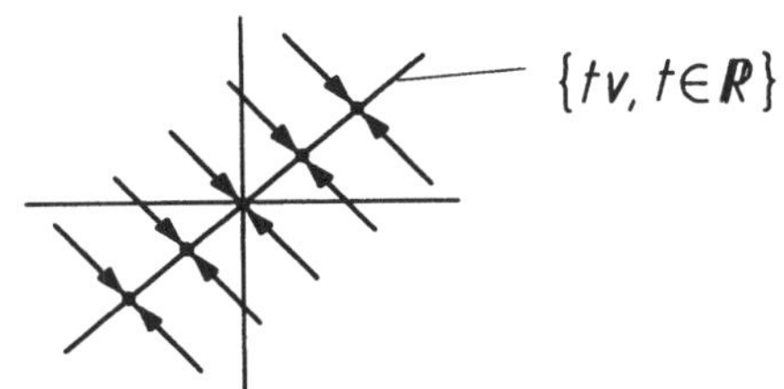

Abb. 6.6

Wir betrachten nun die Differentialgleichung (6.18) für $n = 2$ in Abhängigkeit davon, zu welcher Matrix J die Matrix A aus (6.18) reell-ähnlich ist.

1. $J = \begin{bmatrix} \lambda_1 & 0 \\ 0 & \lambda_2 \end{bmatrix}$ mit $\lambda_i \in \mathbb{R}, \lambda_1 \cdot \lambda_2 > 0$ und $\lambda_1 \neq \lambda_2$.
   Das ebene System
   $$\dot{x} = \lambda_1 x, \quad \dot{y} = \lambda_2 y$$
   ist im Bereich $x \neq 0, y \neq 0$ äquivalent zur Differentialgleichung
   $$\frac{dy}{dx} = \frac{\lambda_2}{\lambda_1}\frac{y}{x}$$
   mit der allgemeinen Lösung $y = |x|^{\lambda_2/\lambda_1} C$, wobei C eine beliebige Konstante ist. Dies ist eine Schar von Parabeln, die für $\dot{\mathbf{x}} = J\mathbf{x}$ mit $\lambda_1 < \lambda_2 < 0$ einen *stabilen Knoten* und für $0 < \lambda_2 < \lambda_1$ einen *instabilen Knoten* ergeben (Abb. 6.7a bzw. 6.7b).

2. $J = \begin{bmatrix} \lambda & 0 \\ 0 & \lambda \end{bmatrix}$ mit $\lambda \in \mathbb{R} \setminus \{0\}$.
   Die Integralkurven von $\dot{\mathbf{x}} = J\mathbf{x}$ liegen auf Geraden durch den Koordinatenursprung, gegeben durch
   $$y = |x|C.$$
   Für $\lambda < 0$ liegt ein *stabiler degenerierter Knoten* von $\dot{\mathbf{x}} = J\mathbf{x}$ vor (Abb. 6.7c). Für $\lambda > 0$ heißt die Ruhelage $\mathbf{x} = \mathbf{0}$ *instabiler degenerierter Knoten* (Abb. 6.7d).

3. $J = \begin{bmatrix} \lambda & 1 \\ 0 & \lambda \end{bmatrix}$ mit $\lambda \in \mathbb{R} \setminus \{0\}$. Die Integralkurven von $\dot{\mathbf{x}} = J\mathbf{x}$ liegen für $y \neq 0$ auf Kurven vom Typ
   $$x = \frac{C_1}{C_2}y + \frac{y}{\lambda}\ln\left|\frac{y}{C_2}\right|,$$
   wobei C_1 und $C_2 \neq 0$ frei wählbare Konstanten sind. Für $\lambda < 0$ liegt ein *stabiler uneigentlicher Knoten* vor (Abb. 6.7e), für $\lambda > 0$ heißt die Ruhelage $\mathbf{x} = \mathbf{0}$ *instabiler uneigentlicher Knoten* (Abb. 6.7f).

4. $J = \begin{bmatrix} \lambda_1 & 0 \\ 0 & \lambda_2 \end{bmatrix}$ mit $\lambda_i \in \mathbb{R} \setminus \{0\}$ und $\lambda_1\lambda_2 < 0$. Die Integralkurven von $\dot{\mathbf{x}} = J\mathbf{x}$ liegen für $y \neq 0$ auf Kurven vom Typ

$$y = |x|^{\frac{\lambda_1}{\lambda_2}} \cdot C.$$

Die Ruhelage $\mathbf{x} = \mathbf{0}$ heißt *Sattel* (Abb. 6.7g).

5. $J = \begin{bmatrix} \alpha & -\beta \\ \beta & \alpha \end{bmatrix}$ mit $\alpha, \beta \in \mathbb{R}$ und $\beta \neq 0$. Der Flußoperator von $\dot{\mathbf{x}} = J\mathbf{x}$ ist gegeben durch $e^{tJ} = e^{\alpha t} \begin{bmatrix} \cos\beta t & -\sin\beta t \\ \sin\beta t & \cos\beta t \end{bmatrix}$ und läßt sich als Hintereinanderausführung einer Drehung und einer Stauchung (Streckung) interpretieren. Die Ruhelage $\mathbf{x} = \mathbf{0}$ heißt für $\alpha < 0$ *stabiler Strudel* (Abb. 6.7h), für $\alpha = 0$ *Zentrum* (Abb. 6.7i) und für $\alpha > 0$ *instabiler Strudel* (Abb. 6.7j).

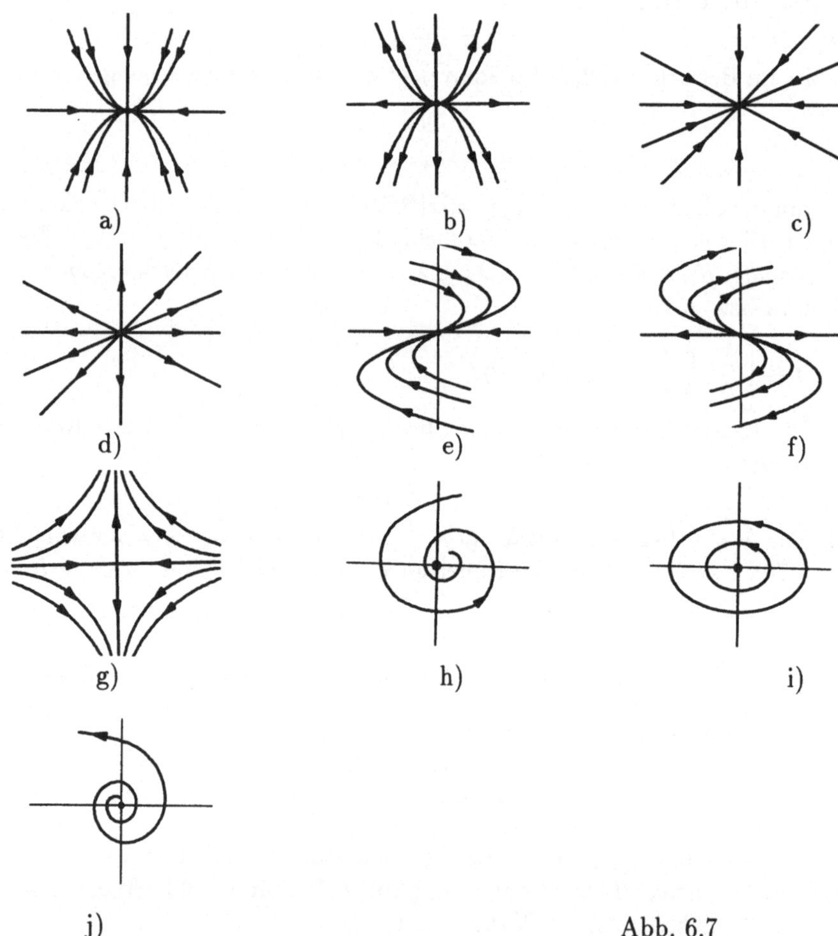

Abb. 6.7

6.5 Linearisierung von Differentialgleichungen

Wir betrachten nun wieder eine Ruhelage $\mathbf{p}$ der Differentialgleichung (6.1). Der folgende Satz (z.B. [38]) zeigt, daß die Hyperbolizität der Ruhelage $\mathbf{p}$ eine hinreichende Bedingung für die Vergleichbarkeit des lokalen Phasenporträts nahe $\mathbf{p}$ mit dem Phasenporträt der Linearisierung von (6.1) in $\mathbf{p}$ ist.

Satz 6.7 *(Hartman und Grobman). Es sei* $\mathbf{p}$ *eine hyperbolische Ruhelage vom Typ (m,k) von (6.1). Dann ist (6.1) nahe* $\mathbf{p}$ *topologisch äquivalent zur Linearisierung*

$$\dot{\mathbf{y}} = D\mathbf{f}(\mathbf{p})\mathbf{y}$$

und folglich auch zur Differentialgleichung

$$\dot{\mathbf{x}} = -\mathbf{x}, \quad \dot{\mathbf{y}} = \mathbf{y} \qquad (\mathbf{x} \in \mathbb{R}^m, \mathbf{y} \in \mathbb{R}^k).$$

Beispiel 6.7 Für die in Beispiel 6.2 untersuchte Differentialgleichung (6.8) ist $(0,0)^T$ eine Ruhelage, in der die Jacobi-Matrix die Eigenwerte $\pm i$ besitzt. Also ist diese Ruhelage nicht hyperbolisch, und Satz 6.7 ist nicht anwendbar. Auch die Ruhelage $(0,0)^T$ der ungedämpften Pendelgleichung

$$\dot{x} = y, \quad \dot{y} = -\sin x \tag{6.19}$$

ist nicht hyperbolisch, und demzufolge ist auch hier Satz 6.7 nicht anwendbar. Im Unterschied zur Differentialgleichung (6.8) führt die Linearisierung von (6.19) in $(0,0)^T$, d.h.

$$\dot{x} = y, \quad \dot{y} = -x,$$

zu Phasenporträts, die denen von (6.19) nahe $(0,0)^T$ topologisch äquivalent sind. ■

6.6 Topologisch konjugierte Abbildungen

Gegeben seien die Abbildungen

$$\varphi : M \to M \tag{6.20}$$

und

$$\psi : N \to N, \tag{6.21}$$

in denen M und N Teilmengen des $\mathbb{R}^n$ sind, bzw. die durch sie erzeugten dynamischen Systeme $\{\varphi^t\}_{t\in\Gamma}$ und $\{\psi^t\}_{t\in\Gamma}$. Wir sagen, daß die Abbildungen (6.20) und (6.21) *topologisch konjugiert* zueinander sind, wenn es einen Homöomorphismus $\mathbf{h} : M \to N$ gibt, so daß $\varphi = \mathbf{h}^{-1} \circ \psi \circ \mathbf{h}$ gilt. Letzteres bedeutet, daß das

Diagramm

$$\begin{array}{ccc} M & \stackrel{\varphi}{\longrightarrow} & M \\ \mathbf{h}\big\downarrow & & \big\downarrow\mathbf{h} \\ N & \stackrel{\boldsymbol{\psi}}{\longrightarrow} & N \end{array}$$

kommutativ ist. Die topologische Konjugiertheit von Abbildungen ist eine Äquivalenzrelation.

Beispiel 6.8 Gegeben seien auf $M := (1, \infty)$ die Abbildung φ mit $\varphi(x) = 2x$ und auf $N := (0, \infty)$ die Abbildung ψ mit $\psi(x) = x + \ln 2$. Offenbar ist $h : M \to N$, gegeben durch $h(x) = \ln x$, ein Homöomorphismus, und es gilt

$$h(\varphi(x)) = \ln(2x) = \ln 2 + \ln x = \psi(\ln x) = \psi(h(x))$$

für alle $x \in M$. Also sind φ und ψ zueinander topologisch konjugiert. ■

Wie leicht nachprüfbar ist, gilt für zwei über den Homöomorphismus $\mathbf{h}$ topologisch konjugierte Abbildungen $\boldsymbol{\varphi}$ und $\boldsymbol{\psi}$ die Beziehung

$$\mathbf{h}(\boldsymbol{\varphi}^t(\mathbf{p})) = \boldsymbol{\psi}^t(\mathbf{h}(\mathbf{p})) \tag{6.22}$$

für alle $t \in \Gamma$ und $\mathbf{p} \in M$. Aus ihr folgt sofort eine zum Satz 6.1 analoge Aussage für Abbildungen.

Satz 6.8 *Die Abbildungen (6.20) und (6.21) seien topologisch konjugiert über den Homöomorphismus* $\mathbf{h}$. *Dann gilt:*

(i) Ist $\mathbf{p}$ *ein Fixpunkt von* $\boldsymbol{\varphi}$, *so ist* $\mathbf{h}(\mathbf{p})$ *Fixpunkt von* $\boldsymbol{\psi}$.

(ii) Ist $\mathbf{p}$ *periodischer Punkt von* $\boldsymbol{\varphi}$, *so ist* $\mathbf{h}(\mathbf{p})$ *periodischer Punkt von* $\boldsymbol{\psi}$.

(iii) Ist $\mathbf{p}$ *nichtperiodischer Punkt von* $\boldsymbol{\varphi}$, *so ist* $\mathbf{h}(\mathbf{p})$ *nichtperiodischer Punkt von* $\boldsymbol{\psi}$.

Sind die Abbildungen (6.20) und (6.21) C^k-glatt, konjugiert zueinander und ist der konjugierende Homöomorphismus $\mathbf{h}$ sogar ein C^k-Diffeomorphismus, so heißen (6.20) und (6.21) *C^k-konjugiert.*

Für C^k-konjugierte Abbildungen lassen sich, in Ergänzung zu Satz 6.8, weitere gemeinsame Eigenschaften ableiten. So gilt für die Fixpunkte $\mathbf{p}$ und $\mathbf{h}(\mathbf{p})$ von $\boldsymbol{\varphi}$ bzw. $\boldsymbol{\psi}$, die durch den C^k-Diffeomorphismus $\mathbf{h}$ zueinander konjugiert sind, daß $D\boldsymbol{\varphi}(\mathbf{p})$ und $D\boldsymbol{\psi}(\mathbf{h}(\mathbf{p}))$ die gleichen Eigenwerte besitzen. Dies folgt sofort aus der Beziehung $\boldsymbol{\varphi} = \mathbf{h}^{-1} \circ \boldsymbol{\psi} \circ \mathbf{h}$ unter Beachtung von $\mathbf{h}(\mathbf{p}) = \boldsymbol{\psi}(\mathbf{h}(\mathbf{p}))$:

$$D\boldsymbol{\varphi}|_{\mathbf{p}} = D\mathbf{h}^{-1}|_{\boldsymbol{\psi}(\mathbf{h}(\mathbf{p}))} \cdot D\boldsymbol{\psi}|_{\mathbf{h}(\mathbf{p})} \cdot D\mathbf{h}|_{\mathbf{p}}.$$

Wegen $D\mathbf{h}^{-1}|_{\boldsymbol{\psi}(\mathbf{h}(\mathbf{p}))} = [D\mathbf{h}|_{\mathbf{p}}]^{-1}$ sind die Matrizen $D\boldsymbol{\varphi}|_{\mathbf{p}}$ und $D\boldsymbol{\psi}|_{\mathbf{h}(\mathbf{p})}$ zueinander ähnlich und besitzen deshalb die gleichen Eigenwerte.

6.7 Linearisierung von Abbildungen

Zur Beschreibung von Fixpunkttypen der Abbildung (6.20) werden wieder Eigenwerteigenschaften von Matrizen verwendet. Ist A eine beliebige reelle $n \times n$-Matrix, so sagen wir, daß die Matrix *m Eigenwerte innerhalb des Einheitskreises, s Eigenwerte auf dem Einheitskreis* und $k = n - m - s$ *Eigenwerte außerhalb des Einheitskreises* der komplexen Zahlenebene hat, wenn A eine Jordansche Normalform $J = \mathrm{diag}\{B, C, D\}$ besitzt, in der B, C und D Blockdiagonalmatrizen der Ordnung $m \times m$, $s \times s$ bzw. $k \times k$ sind, denen Jordanzellen mit Eigenwerten vom Betrag kleiner Eins, gleich Eins bzw. größer Eins entsprechen.

Ist $\mathbf{p}$ ein Fixpunkt der glatten Abbildung (6.20) bzw. Ruhelage des zugeordneten dynamischen Systems $\{\varphi^t\}_{t\in\Gamma}$, so heißt $\mathbf{p}$ *hyperbolisch*, wenn die Jacobi-Matrix $D\varphi(\mathbf{p})$ keinen Eigenwert λ mit $|\lambda| = 1$ besitzt. Der hyperbolische Fixpunkt $\mathbf{p}$ der glatten Abbildung (6.20) ist *vom Typ (m,k)*, wenn $D\varphi(\mathbf{p})$ genau m Eigenwerte innerhalb und $k = n - m$ Eigenwerte außerhalb des komplexen Einheitskreises besitzt. Der hyperbolische Fixpunkt $\mathbf{p}$ von (6.20) vom Typ (m, k) heißt für $m = n$ *Senke*, für $k = n$ *Quelle* und für $m \cdot k \neq 0$ *Sattel*.

Analog zum Differentialgleichungsfall liefert die Hyperbolizität hinreichende Bedingungen für die Möglichkeit, aus der im Fixpunkt linearisierten Abbildung Rückschlüsse auf die nichtlineare Abbildung zu ziehen (z.B. [38]).

Satz 6.9 *(Hartman und Grobman für Abbildungen). Es seien φ in (6.20) ein lokaler C^1-Diffeomorphismus und $\mathbf{p}$ ein hyperbolischer Fixpunkt von φ. Dann existieren eine offene Umgebung U von $\mathbf{p}$ in M und ein Homöomorphismus $\mathbf{h} : U \to \mathbf{h}(U)$ mit $\mathbf{h}(\mathbf{p}) = \mathbf{0}$, so daß*

$$(\psi \circ \mathbf{h})(\mathbf{x}) = (\mathbf{h} \circ \varphi)(\mathbf{x})$$

für $\mathbf{x} \in U$ mit $\psi(\mathbf{x}) := D\varphi(\mathbf{p})\mathbf{x}$ ist. Die Abbildung φ ist also nahe dem hyperbolischen Fixpunkt $\mathbf{p}$ topologisch konjugiert zu ihrer Linearisierung $\mathbf{x} \longmapsto D\varphi(\mathbf{p})\mathbf{x}$ nahe $\mathbf{0}$.

Beispiel 6.9 Die Abbildung $\varphi : \mathbb{R}^2 \to \mathbb{R}^2$ sei gegeben durch

$$(x, y)^T \longmapsto (x^2 + 2\sqrt{2}x + y, x)^T. \tag{6.23}$$

Offenbar ist φ ein Diffeomorphismus, und $(0,0)^T$ ist Fixpunkt. Die Jacobi-Matrix

$$D\varphi(0,0) = \begin{bmatrix} 2\sqrt{2} & 1 \\ 1 & 0 \end{bmatrix}$$

hat die Eigenwerte $\lambda_{1,2} = \sqrt{2} \pm \sqrt{3}$, so daß $(0,0)^T$ ein hyperbolischer Fixpunkt ist. Nach Satz 6.9 wird das lokale Verhalten von (6.23) nahe $(0,0)^T$ durch die

Linearisierung

$$(x,y)^T \longmapsto \begin{pmatrix} 2\sqrt{2} & 1 \\ 1 & 0 \end{pmatrix} \cdot \begin{pmatrix} x \\ y \end{pmatrix}$$

beschrieben. ■

6.8 Das Einbettungsproblem

Wir wollen nun auf einige Zusammenhänge zwischen der Differentialgleichung (6.1) und der Abbildung (6.20) eingehen.

Es sei $\{\varphi^t\}_{t\in\mathbb{R}}$ der von (6.1) gegebene C^r-glatte Fluß auf $M = \mathbb{R}^n$. Wird dieser Fluß nur zu diskreten Zeiten betrachtet, so erzeugt er ein zeitdiskretes invertierbares dynamisches System $\{\varphi^t\}_{t\in\mathbb{Z}}$ der Glattheit C^r auf M. Ist dagegen ein zeitdiskretes dynamisches System $\{\psi^t\}_{t\in\mathbb{Z}}$ der Glattheit C^r im $\mathbb{R}^n$ gegeben, so existiert nicht immer ein C^r-Fluß, der im obigen Sinne dieses diskrete dynamische System erzeugt. Falls dies möglich ist, so sagt man, daß das diskrete dynamische System in ein zeitkontinuierliches *eingebettet* werden kann.

Relativ einfach stellt sich die Einbettungsproblematik nur für $M = \mathbb{R}$ dar.

Satz 6.10 *([47]) Ein zeitdiskretes dynamisches System $\{\varphi^t\}_{t\in\mathbb{Z}}$ auf $M = \mathbb{R}$ kann genau dann in ein zeitkontinuierliches dynamisches System auf $\mathbb{R}$ eingebettet werden, wenn $\varphi : \mathbb{R} \to \mathbb{R}$ ein orientierungserhaltender Homöomorphismus ist, d.h. wenn φ als Homöomorphismus auf $\mathbb{R}$ entweder monoton wachsend oder monoton fallend ist.*

Für diskrete dynamische Systeme im $\mathbb{R}^n$ mit $n \geq 2$ ist das Einbettungsproblem schwierig zu lösen. Nur lineare Abbildungen stellen eine Ausnahme dar. Durch eine reelle reguläre $n\times n$-Matrix A sei das invertierbare dynamische System $\{A^k\}_{k\in\mathbb{Z}}$ gegeben. Es sei $\{e^{tB}\}_{t\in\mathbb{R}}$ das von der Differentialgleichung $\dot{\mathbf{x}} = B\mathbf{x}$ im $\mathbb{R}^n$ erzeugte dynamische System. Wir wollen eine reelle $n \times n$-Matrix B so bestimmen, daß für alle $k \in \mathbb{Z}$ die Beziehung $A^k = e^{kB}$ gilt. Letzteres ist gleichbedeutend damit, daß

$$A = e^B \tag{6.24}$$

erfüllt ist. Die Aufgabe, zu einer vorgegebenen reellen $n \times n$-Matrix A eine reelle $n \times n$-Matrix B so zu bestimmen, daß (6.24) gilt (B heißt dann *reeller Logarithmus* von A), ist genau dann lösbar, wenn A eine reguläre Matrix ist, die keine Elementarteiler mit negativen reellen Eigenwerten ungerader Ordnung besitzt. Ähnlich wie im zeitkontinuierlichen Fall lassen sich die Typen des Fixpunktes $(0,0)^T$ einer linearen Abbildung

$$\mathbf{x} \longmapsto A\mathbf{x} \tag{6.25}$$

im $\mathbb{R}^2$ klassifizieren. Diese Klassifizierung ist aufgrund unserer Bemerkung über die Einbettbarkeit diskreter Systeme im zeitkontinuierlichen weitaus umfangreicher als im Falle von Differentialgleichungen.

Beispiel 6.10 Die Matrix A aus (6.25) habe die Gestalt

$$A = \begin{pmatrix} \lambda_1 & 0 \\ 0 & \lambda_2 \end{pmatrix},$$

wobei für die Eigenwerte λ_1 und λ_2 die Ungleichungen $0 < \lambda_1 < 1$ und $-1 < \lambda_2 < 0$ gelten sollen. Jede Bewegung des zugeordneten dynamischen Systems mit Anfang (x_0, y_0) zur Zeit $k = 0$ hat die Gestalt

$$\varphi^k(x_0, y_0) = \left(\lambda_1^k x_0, (-1)^k |\lambda_2|^k y_0\right)^T \quad (k \in \mathbb{Z}).$$

Wie leicht zu sehen ist, verlaufen diese Bewegungen wie in Abb. 6.8 dargestellt. Dieser Ruhelagetyp (stabiler nichtorientierter Knoten) kommt bei Differentialgleichungen nicht vor, da λ_2 als negativer Eigenwert von A die ungerade Vielfachheit 1 besitzt. ■

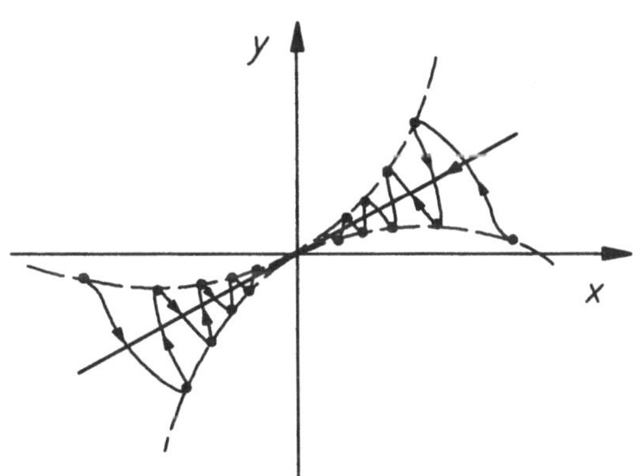

Abb. 6.8

In der folgenden Tabelle 6.1 sind die wichtigsten Typen des Fixpunktes $(0,0)^T$ von (6.25) (bzw. der Ruhelage $(0,0)^T$ von $\{A^k\}$) für den Fall $\det A \neq 0$ und $\det(A - I) \neq 0$ aufgeführt.

Eigenwerte von A	Zusatzbedingungen	Name des Fixpunktes bzw. der Ruhelage
$\lambda_1 = \bar{\lambda}_2 = \lambda e^{i\omega}$, $\omega \neq 0$	$\lvert\lambda\rvert < 1$	stabiler Fokus (Strudel)
	$\lvert\lambda\rvert = 1$	Zentrum
	$\lvert\lambda\rvert > 1$	instabiler Fokus (Strudel)
$\lambda_1 > 0, \lambda_2 > 0$ $\lambda_1 \neq \lambda_2$	$1 > \lambda_1 > \lambda_2$	stabiler Knoten
	$\lambda_1 > \lambda_2 > 1$	instabiler Knoten
	$\lambda_1 > 1 > \lambda_2$	Sattel
$\lambda_1 > 0, \lambda_2 < 0$	$0 < \lambda_1 < 1$, $-1 < \lambda_2 < 0$	stabiler nichtorientierter Knoten (stabile Schlangenlinie)
	$\lambda_1 > 1$, $\lambda_2 < -1$	instabiler nichtorientierter Knoten (instabile Schlangenlinie)
$\lambda_1 < 0, \lambda_2 < 0$ $\lambda_1 \neq \lambda_2$	$\lambda_1 > -1$, $\lambda_2 > -1$	stabiler Rosette-Knoten
	$\lambda_1 < -1$, $\lambda_2 < -1$	instabiler Rosette-Knoten
	$\lambda_1 > -1$, $\lambda_2 < -1$	Rosette-Sattel
$\lambda_1 = \lambda_2 = \lambda > 0$	$\lambda < 1$	stabiler degenerierter Knoten
	$\lambda > 1$	instabiler degenerierter Knoten

Tab. 6.1

7 Hyperbolizität periodischer Orbits

7.1 Floquet-Theorie bei Differentialgleichungen

Gegeben seien die lineare Differentialgleichung

$$\dot{\mathbf{x}} = A(t)\mathbf{x}, \tag{7.1}$$

in der A eine stetige T-periodische $n \times n$-Matrixfunktion auf $\mathbb{R}$ ist, und die zugehörige Matrix-Differentialgleichung

$$\dot{Z} = A(t)Z \tag{7.2}$$

mit Z als $n \times n$-Matrixfunktion. Die Lösung Y von (7.2) mit $Y(0) = I$ heißt die bei $t = 0$ *normierte Fundamentalmatrix* von (7.1). Die wichtigsten Eigenschaften der Fundamentalmatrix sind im folgenden Satz enthalten (z.B. [7]):

Satz 7.1 *(Floquet). Die bei $t = 0$ normierte Fundamentalmatrix von (7.1) läßt sich darstellen als*

$$Y(t) = G(t)e^{tR} \quad (t \in \mathbb{R}), \tag{7.3}$$

wobei $G(\cdot)$ eine eindeutig bestimmte differenzierbare reguläre T-periodische $n \times n$-Matrixfunktion mit $G(0) = I$ ist und R eine konstante $n \times n$-Matrix ist, die nicht eindeutig bestimmt ist.

Ist Y die bei $t = 0$ normierte Fundamentalmatrix von (7.1), so heißt $Y(T) = e^{TR}$ *Monodromie-Matrix* von (7.1). Die Eigenwerte von $Y(T)$ sind die *Multiplikatoren* von (7.1). Die Eigenwerte von R sind die *charakteristischen Exponenten* von (7.1). Die Beziehung (7.3) wird *Floquet-Darstellung* der Fundamentalmatrix genannt.

Bemerkung 7.1 a) Die charakteristischen Exponenten λ_j sind bis auf ein ganzzahliges Vielfaches von $\frac{2\pi i}{T}$ durch die Multiplikatoren ρ_j festgelegt:

$$\lambda_j = \frac{1}{T}[\ln|\rho_j| + i\arg\rho_j + k \cdot 2\pi i] \quad (k \in \mathbb{Z}).$$

b) Als Eigenwerte erfüllen die Multiplikatoren folgende Beziehungen:

$$\begin{aligned} \sum_{j=1}^{n} \rho_j &= \operatorname{spur} Y(T), \\ \prod_{j=1}^{n} \rho_j &= \det Y(T) = e^{\int_0^T \operatorname{spur} A(t)dt}. \end{aligned}$$

□

Wir betrachten nun das C^r-Vektorfeld

$$\dot{\mathbf{x}} = \mathbf{f}(\mathbf{x}) \tag{7.4}$$

auf $M \subset \mathbb{R}^n$ mit globalem Fluß φ. Es sei $\varphi(\cdot, \mathbf{p})$ eine T-periodische Integralkurve von (7.4) und

$$\dot{\mathbf{y}} = D\mathbf{f}(\varphi(t, \mathbf{p}))\mathbf{y} \tag{7.5}$$

die zugehörige Variationsgleichung. Nach Satz 7.1 läßt sich die bei $t = 0$ normierte Fundamentalmatrix von (7.5) in der Form (7.3) schreiben. Die Multiplikatoren bzw. charakteristischen Exponenten von (7.5) heißen dann auch *Multiplikatoren* bzw. *charakteristische Exponenten* des *periodischen Orbits.*

Beispiel 7.1 Gegeben sei wieder die Differentialgleichung aus Beispiel 2.1

$$\dot{x} = -y + x(1 - x^2 - y^2), \quad \dot{y} = x + y(1 - x^2 - y^2). \tag{7.6}$$

Es sei $\varphi(t, (1,0)) = (\cos t, \sin t)^T$ eine 2π-periodische Lösung von (7.6). Die Matrix der Variationsgleichung bzgl. dieser Lösung lautet

$$A(t) = D\mathbf{f}(\varphi(t, (1,0))) = \begin{pmatrix} -2\cos^2 t & -1 - \sin 2t \\ 1 - \sin 2t & -2\sin^2 t \end{pmatrix}.$$

Die bei $t = 0$ normierte Fundamentalmatrix der Variationsgleichung ist

$$Y(t) = \begin{pmatrix} e^{-2t}\cos t & -\sin t \\ e^{-2t}\sin t & \cos t \end{pmatrix} = \begin{pmatrix} \cos t & -\sin t \\ \sin t & \cos t \end{pmatrix} \cdot \begin{pmatrix} e^{-2t} & 0 \\ 0 & 1 \end{pmatrix},$$

wobei das letzte Produkt eine Floquet-Darstellung von $Y(t)$ darstellt. Also gilt für die Multiplikatoren $\rho_1 = e^{-4\pi}$, und $\rho_2 = 1$. ■

7.2 Poincaré-Abbildungen

Wir betrachten wieder eine nichttriviale T-periodische Integralkurve $\varphi(\cdot, \mathbf{p})$ von (7.4). Es sei Σ die Hyperebene durch $\mathbf{p}$, die senkrecht auf $\mathbf{f}(\mathbf{p})$ steht, d.h.

$$\Sigma = \{\mathbf{x} \in \mathbb{R}^n : <\mathbf{x} - \mathbf{p}, \mathbf{f}(\mathbf{p})>= 0\}. \tag{7.7}$$

Folgender Satz läßt sich zeigen (z.B. [7, 68]).

Satz 7.2 *$\varphi(\cdot, \mathbf{p})$ sei eine nichttriviale T-periodische Integralkurve von (7.4) und die Hyperebene Σ sei durch (7.7) definiert. Dann existieren eine Umgebung $U(\mathbf{p})$ von $\mathbf{p}$ und eine C^r-Funktion $\tau : U(\mathbf{p}) \to \mathbb{R}$, so daß $\tau(\mathbf{p}) = T$ ist und $\varphi(\tau(\mathbf{x}), \mathbf{x}) \in \Sigma$ für alle $\mathbf{x} \in U(\mathbf{p})$ ist. Darüberhinaus ist die Abbildung $\mathbf{P} : U(\mathbf{p}) \cap \Sigma \to \Sigma$, gegeben durch $\mathbf{P}(\mathbf{x}) = \varphi(\tau(\mathbf{x}), \mathbf{x})$, ein C^r-Diffeomorphismus von $U(\mathbf{p}) \cap \Sigma$ auf $\mathbf{P}(U(\mathbf{p}) \cap \Sigma)$.*

Die durch Satz 7.2 definierte Abbildung $\mathbf{P} : U(\mathbf{p}) \cap \Sigma \to \Sigma$ heißt *Poincaré-Abbildung* für den Orbit γ in $\mathbf{p}$ (Abb. 7.1).

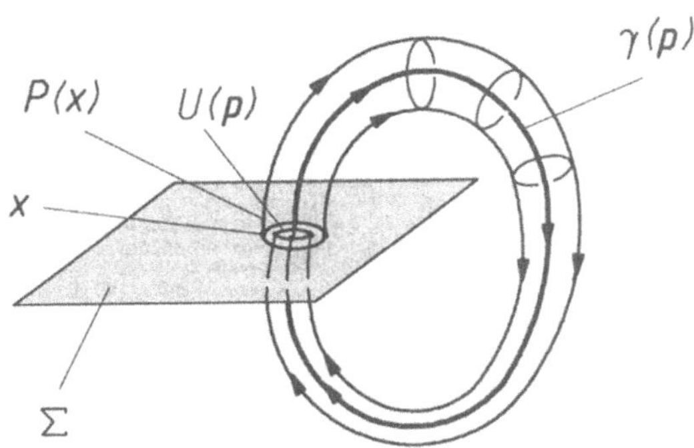

Abb. 7.1

Beispiel 7.2 Wir betrachten das System (7.6) in Polarkoordinaten und wählen die transversale Hyperebene $\Sigma = \{(r, \theta) : \theta = \theta_0\}$. Offenbar ist $\tau(r) = 2\pi (\forall r > 0)$ und damit $P(r) = [1 + (r^{-2} - 1)e^{-4\pi}]^{-1/2}$, wobei die Lösungsdarstellung von (7.6) genutzt wurde. Es gilt weiter $P(\Sigma) = \Sigma$, $P(1) = 1$ und $P'(1) = e^{-4\pi} < 1$. ■

Es sei γ ein T-periodischer Orbit von (7.4) und o.B.d.A. sei $\mathbf{0} \in \gamma$ sowie $\mathbf{f}(\mathbf{0}) = (0, ..., 0, 1)^T$. Weiter sei $\Sigma = \{(x_1, \cdots, x_n)^T : x_n = 0\}$ die zu $\mathbf{f}(\mathbf{0})$ in $\mathbf{0}$ orthogonale Hyperebene. Nach Satz 7.2 existiert ein Diffeomorphismus $\mathbf{P}$ einer Umgebung von $\mathbf{0}$ in Σ auf eine Umgebung von $\mathbf{0}$ in Σ. Für $\boldsymbol{\sigma} = (x_1, ..., x_{n-1})^T$ mit kleiner Norm $\|\boldsymbol{\sigma}\|$ ist eine C^r-Funktion $\tau(\boldsymbol{\sigma})$ definiert, so daß $\tau(\mathbf{0}) = T$ und $\mathbf{P}(\boldsymbol{\sigma}) = \varphi_{n-1}(\tau(\boldsymbol{\sigma}), (\boldsymbol{\sigma}, 0))$ gilt. Dabei bezeichnet φ_{n-1} die ersten $n-1$ Komponenten von φ. Hieraus folgt

$$D\mathbf{P}(\mathbf{0}) = \frac{\partial}{\partial t}\varphi_{n-1}(T, \mathbf{0}) \cdot \frac{\partial \tau}{\partial \boldsymbol{\sigma}}(0) + \frac{\partial}{\partial \boldsymbol{\sigma}}\varphi_{n-1}(T, \mathbf{0}).$$

Aufgrund der speziellen Wahl von $\mathbf{f}(\mathbf{0})$ ist $\frac{\partial}{\partial t}\varphi_{n-1}(T, \mathbf{0}) = \mathbf{0}$ und damit $D\mathbf{P}(\mathbf{0}) = \frac{\partial}{\partial \boldsymbol{\sigma}}\varphi_{n-1}(T, \mathbf{0})$, d.h., $D\mathbf{P}(\mathbf{0})$ ist die Matrix der Ableitungen der ersten $n-1$ Komponenten von φ nach den ersten $n-1$ Komponenten der Ortsvariablen in $\mathbf{0}$ zum Zeitpunkt T. Wir betrachten die Variationsgleichung (7.5). Die Ableitung der Lösung φ von (7.4) nach den Anfangswerten löst diese. Ist $H(t, \mathbf{x}) := D_2\varphi(t, \mathbf{x})$, so erfüllt H die Gleichung $\frac{\partial H}{\partial t} = D\mathbf{f}(\varphi(t, \mathbf{x}))H$ mit $H(0, \mathbf{x}) = I$. Für die bei $t = 0$ normierte Fundamentalmatrix Y von (7.5) gilt also $Y(t) = D_2\varphi(t, \mathbf{0})$. Die Funktion $\boldsymbol{\xi}(t) := \mathbf{f}(\varphi(t, p))$ ist Lösung der Variationsgleichung

$$\dot{\boldsymbol{\xi}} = D\mathbf{f}(\varphi(t, \mathbf{p}))\frac{\partial \varphi}{\partial t} = D\mathbf{f}(\varphi(t, \mathbf{p}))\boldsymbol{\xi}.$$

Also gilt auch $\boldsymbol{\xi}(t) = Y(t)\boldsymbol{\xi}(0)$. Da $\boldsymbol{\xi}(0) = D_1\varphi(0, \mathbf{0}) = \mathbf{f}(\mathbf{0})$ und $\boldsymbol{\xi}(T) = \mathbf{f}(\varphi(T, \mathbf{0})) = \mathbf{f}(\mathbf{0}) = \boldsymbol{\xi}(0)$ ist, gilt $\mathbf{f}(\mathbf{0}) = Y(T)\mathbf{f}(\mathbf{0})$. Also hat $Y(T)$ den Eigenwert

+1 und den zugehörigen Eigenvektor $\mathbf{f}(\mathbf{0})$. Dieser Wert 1 heißt *Standardmultiplikator*. Aus $Y(T)\begin{pmatrix}0\\ \vdots\\ 1\end{pmatrix} = \begin{pmatrix}0\\ \vdots\\ 1\end{pmatrix}$ folgt

$$D_2\boldsymbol{\varphi}(T,\mathbf{0}) = Y(T) = \begin{pmatrix} \frac{\partial \varphi_{n-1}}{\partial \sigma}(T,\mathbf{0}) & \begin{matrix}0\\ \vdots\\ 0\end{matrix} \\ \cdots & 1 \end{pmatrix} = \begin{pmatrix} D\mathbf{P}(\mathbf{0}) & \begin{matrix}0\\ \vdots\\ 0\end{matrix} \\ \cdots & 1 \end{pmatrix}.$$

Die Eigenwerte von $D\mathbf{P}(\mathbf{0})$ sind also die Multiplikatoren des Orbits γ, die vom Standardmultiplikator 1 verschieden sind. Aus den bisherigen Darlegungen resultiert im wesentlichen der folgende Satz (z.B. [7]).

Satz 7.3 *Es sei* $\mathbf{P} : U(\mathbf{p} \cap \Sigma) \to \mathbf{P}(U(\mathbf{p}) \cap \Sigma)$ *eine wie in Satz 7.2 definierte Poincaré-Abbildung für den periodischen Orbit* γ *in* $\mathbf{p} \in \gamma$. *Dann hat* $D_2\varphi(T,\mathbf{p})$ *die Eigenwerte* $\lambda_1, \cdots, \lambda_{n-1}, \lambda_n = 1$, *wobei* $\lambda_1, \cdots, \lambda_{n-1}$ *die Eigenwerte von* $D\mathbf{P}(\mathbf{p})$ *sind. Dem Eigenwert* $\lambda_n = 1$ *entspricht dabei der Eigenvektor* $\mathbf{f}(\mathbf{p})$.

Bemerkung 7.2 Wird anstelle von $\mathbf{p}$ ein anderer Punkt $\mathbf{q} \in \gamma$ gewählt und ist $\mathbf{P}_1$ eine in $\mathbf{q}$ konstruierte Poincaré - Abbildung, so haben $D\mathbf{P}(\mathbf{p})$ und $D\mathbf{P}_1(\mathbf{q})$ die gleichen Eigenwerte. Aus dieser Eigenschaft resultiert, daß die Definition der Multiplikatoren eines periodischen Orbits korrekt ist, d.h. unabhängig von $\mathbf{p} \in \gamma$ ist. □

Ist für einen T-periodischen Orbit γ von (7.4) durch $\mathbf{p}$ die Zahl 1 einfacher Eigenwert von $D_2\boldsymbol{\varphi}(T,\mathbf{p})$ und hat γ keine weiteren Multiplikatoren auf der Einheitskreislinie, so heißt γ *hyperbolisch.* Der hyperbolische Orbit γ heißt *vom Typ* (m,k), wenn die Matrix $D\mathbf{P}(\mathbf{p})$ der Poincaré-Abbildung in $\mathbf{p} \in \gamma$ genau m Eigenwerte innerhalb und k Eigenwerte außerhalb des Einheitskreises im Sinne von (1.7) hat. Ist $m > 0$ und $k > 0$, so heißt der periodische Orbit vom Typ (m,k) *sattelartig.* Ist $m = n-1$ und $k = 0$ bzw. $m = 0$, so heißt der periodische Orbit *Senke* bzw. *Quelle.*

7.3 Floquet-Theorie für Abbildungen

Gegeben seien auf $\Gamma = \mathbb{Z}$ oder $\Gamma = \mathbb{Z}_+$ die lineare Differenzengleichung

$$\mathbf{y}_{t+1} = A_t\mathbf{y}_t, \quad t \in \Gamma, \tag{7.8}$$

in der A_t für jedes $t \in \Gamma$ eine $n \times n$-Matrix ist, und die zugehörige Matrix-Differenzengleichung

$$Z_{t+1} = A_t Z_t, \quad t \in \Gamma, \tag{7.9}$$

mit Z_t als $n \times n$-Matrix. Die Lösung $\Phi_{t,\tau}$ von (7.9) mit Anfang I zur Zeit $t = \tau \in \Gamma$ wird als die bei $t = \tau$ *normierte Fundamentalmatrix* von (7.9) bezeichnet. Sie ist gegeben durch

$$\Phi_{t,\tau} = \begin{cases} \prod_{s=\tau}^{t-1} A_s & \text{für } t > \tau, \\ I & \text{für } t = \tau \end{cases}$$

und, falls die Matrizen A_s invertierbar sind, außerdem durch

$$\Phi_{t,\tau} = \prod_{s=t}^{\tau-1} A_s^{-1} \quad \text{für } t < \tau.$$

Analog zur Fundamentalmatrix einer linearen Differentialgleichung gilt für die Fundamentalmatrix von (7.8) die Beziehung

$$\Phi_{t,\tau}\Phi_{\tau,s} = \Phi_{t,s}$$

für alle $t, \tau, s \in \Gamma$. Die einzige Lösung von (7.8) mit Anfang $\mathbf{p}$ zur Zeit τ ist dann in der Form $\mathbf{y}_t = \Phi_{t,\tau}\mathbf{p}$ $(t \in \Gamma)$ darstellbar. Die bei $t = 0$ normierte Fundamentalmatrix bezeichnen wir der Kürze halber mit Y_t. Für den Fall, daß die zeitabhängige Matrix A_t bezüglich t die Periode T besitzt, gilt das folgende diskrete Analogon zu Satz 7.1.

Satz 7.4 *(Floquet-Darstellung für diskrete Systeme). Die Matrixfunktion A_t in (7.8) sei T-periodisch. Dann läßt sich die bei $t = 0$ normierte Fundamentalmatrix Y_t von (7.8) darstellen als*

$$Y_t = G_t e^{tR} \quad (t \in \Gamma), \tag{7.10}$$

wobei G_t eine reguläre T-periodische $n \times n$-Matrixfunktion mit $G_0 = I$ und R eine konstante $n \times n$-Matrix ist.

Mit Hilfe von (7.10) wird für T-periodische Systeme (7.8) $Y_T = e^{TR}$ als *Monodromie*-Matrix von (7.8) definiert. Offenbar gilt dabei $Y_T = \prod_{t=0}^{T-1} A_t$. Die Eigenwerte $\rho_1, \cdots, \rho_n$ von $Y(T)$ sind die *Multiplikatoren* von (7.8), während die Eigenwerte $\lambda_1, \cdots, \lambda_n$ von R aus (7.10) wieder die *charakteristischen Exponenten* von (7.8) sind.
Gegeben sei nun ein allgemeines zeitdiskretes dynamisches System

$$\mathbf{x}_{t+1} = \varphi(\mathbf{x}_t), \quad t \in \Gamma, \tag{7.11}$$

in dem $\varphi : M \subset \mathbb{R}^n \to \mathbb{R}^n$ eine stetige differenzierbare Abbildung ist. Ist $\{\varphi^t(\mathbf{p})\}_{t\in\Gamma}$ eine T-periodische Bewegung von (7.11) , so ist

$$\mathbf{y}_{t+1} = D\varphi(\varphi^t(\mathbf{p}))\mathbf{y}_t, \quad t \in \Gamma, \tag{7.12}$$

die zu dieser Bewegung gehörige *Variationsgleichung.* Die Multiplikatoren bzw. charakteristischen Exponenten von (7.12) heißen dann *Multiplikatoren* bzw. *charakteristische Exponenten* des T-periodischen Orbits $\{\varphi^t(\mathbf{p})\}_{t\in\Gamma}$. Die Multiplikatoren dieses Orbits sind also die Eigenwerte der Matrix

$$Y_T = D\varphi(\varphi^{T-1}(\mathbf{p}))\cdots D\varphi(\mathbf{p}) = D\varphi^T(\mathbf{p}).$$

Analog zum zeitkontinuierlichen Fall können auch hier die Multiplikatoren eines T-periodischen Orbits γ von (7.11) an einem beliebigen Punkt $\mathbf{q} \in \gamma$ als Eigenwerte der Matrix $D\varphi^T(\mathbf{q})$ berechnet werden.

Beispiel 7.3 Gegeben sei im $\mathbb{R}^2$ die Abbildung

$$\varphi : (x, y) \longmapsto (y^3, x)^T. \tag{7.13}$$

Offenbar ist $\varphi^t(-1,2) = ((-1)^{t+1}, (-1)^t)^T \quad (t \in \mathbb{Z})$ eine 2-periodische Bewegung des von (7.13) erzeugten dynamischen Systems. Die Multiplikatoren dieser Bewegung sind die Eigenwerte der Jacobi-Matrix von $\varphi^2(x,y) = (x^3, y^3)^T$ im Punkt $(-1,1)^T$, d.h. von

$$D\varphi^2(-1,1) = \begin{bmatrix} 3x^2 & 0 \\ 0 & 3y^2 \end{bmatrix}_{\substack{x=-1\\ y=1}} = \begin{bmatrix} 3 & 0 \\ 0 & 3 \end{bmatrix}.$$

Demzufolge erhält man $\rho_1 = \rho_2 = 3$. Das Beispiel zeigt, daß, im Gegensatz zur Situation bei periodischen Orbits gewöhnlicher autonomer Differentialgleichungen, periodische Orbits von diskreten Systemen nicht unbedingt den Multiplikator 1 besitzen. ■

Parallel zur Begriffsbildung bei zeitkontinuierlichen Systemen heißt ein T-periodischer Orbit von (7.11) *hyperbolisch*, wenn keiner der Multiplikatoren den Betrag 1 hat. Ein hyperbolischer Orbit heißt *Quelle* (*Senke*), wenn alle Multiplikatoren außerhalb (innerhalb) des Einheitskreises liegen; ansonsten heißt er *sattelartig*.

8 Stabile und instabile Mannigfaltigkeiten

8.1 Invariante Untervektorräume

Es sei A eine reelle $n \times n$-Matrix, die (im Sinne von Abschnitt 6.4) m Eigenwerte mit negativem Realteil, s Eigenwerte mit Realteil Null und $k = n - m - s$ Eigenwerte mit positivem Realteil besitzt. Dann existieren m-, s- bzw. k-dimensionale Untervektorräume U^i $(i = 1,2,3)$ des $\mathbb{R}^n$, so daß $\mathbb{R}^n = U^1 \oplus U^2 \oplus U^3$ (direkte Summe) gilt. Dabei sind die U^i invariant unter A und e^{At}, d.h., es gilt für $i = 1,2,3$ $AU^i \subset U^i$ und $e^{At}U^i \subset U^i$ $(t \in \mathbb{R})$, und die Einschränkung $A|_{U^i}$ von A auf U^i hat für $i = 1,2,3$ jeweils die Eigenwerte von A, die negativen, verschwindenden bzw. positiven Realteil besitzen. Die behauptete Zerlegung des $\mathbb{R}^n$ erhält man sofort für den Fall, wenn die Matrix A in der reellen Jordanschen Normalform $A = \text{diag}(B, C, D)$ gegeben ist. Dabei sind B, C und D Blockdiagonalmatrizen der Ordnungen $m \times m$, $s \times s$ bzw. $k \times k$, deren Diagonalblöcke Jordan-Blöcke sind, die den Eigenwerten von A mit negativen, verschwindenden bzw. positiven Realteilen entsprechen. Für diesen Fall sind die Untervektorräume durch

$$\begin{aligned} U^1 &= \{(\mathbf{u}, \mathbf{0}, \mathbf{0})^T \in \mathbb{R}^n : \mathbf{u} \in \mathbb{R}^m\}, \\ U^2 &= \{(\mathbf{0}, \mathbf{v}, \mathbf{0})^T \in \mathbb{R}^n : \mathbf{v} \in \mathbb{R}^s\} \quad \text{und} \\ U^3 &= \{(\mathbf{0}, \mathbf{0}, \mathbf{w})^T \in \mathbb{R}^n : \mathbf{w} \in \mathbb{R}^k\} \quad \text{gegeben.} \end{aligned}$$

Mit den Bezeichnungen $E^s = U^1, E^c = U^2$ und $E^u = U^3$ heißen E^s *stabiler Untervektorraum*, E^c *zentraler Untervektorraum* und E^u *instabiler Untervektorraum* von A bzw. von $\dot{x} = Ax$.

Beispiel 8.1 In der Ebene sei durch die 2×2-Matrix $A = \begin{bmatrix} -2 & -2 \\ 4 & 4 \end{bmatrix}$ die autonome Differentialgleichung

$$\dot{\mathbf{x}} = A\mathbf{x} \tag{8.1}$$

gegeben. Da A die beiden Eigenwerte $\lambda_1 = 0$ und $\lambda_2 = 2$ besitzt, existiert eine reguläre reelle 2×2-Matrix S, die A in die Jordansche Normalform $J = S^{-1}AS$ mit $J = \begin{bmatrix} 0 & 0 \\ 0 & 2 \end{bmatrix}$ überführt. Explizit ist die Matrix S durch $S = \begin{bmatrix} 1 & -1 \\ -1 & 2 \end{bmatrix}$ gegeben. Damit geht die Differentialgleichung (8.1) unter der Transformation $\mathbf{x} = S\tilde{\mathbf{x}}$ $(\mathbf{x}, \tilde{\mathbf{x}} \in \mathbb{R}^2)$ in die Differentialgleichung

$$\dot{\tilde{\mathbf{x}}} = J\tilde{\mathbf{x}} \tag{8.2}$$

über. Die invarianten Untervektorräume von J bzw. von (8.2) sind

$$\begin{aligned} \tilde{E}^s &= \{(0,0)^T\}, \\ \tilde{E}^c &= \{(v,0)^T : v \in \mathbb{R}\} = \text{span}\ \{(1,0)^T\} \quad \text{und} \\ \tilde{E}^u &= \{(0,w)^T : w \subset \mathbb{R}\} = \text{span}\ \{(0,1)^T\}. \end{aligned}$$

Alle drei sind, zusammen mit dem Phasenporträt von (8.2) in Abb. 8.1a zu sehen. Über die Transformation $\mathbf{x} = S\tilde{\mathbf{x}}$ ergeben sich aus $\tilde{E}^s$, $\tilde{E}^c$ und $\tilde{E}^u$ die invarianten Untervektorräume von A bzw. von (8.1) als

$$\begin{aligned} E^s &= \{(0,0)^T\}, \\ E^c &= \{\mathbf{x} = S\tilde{\mathbf{x}}, \tilde{\mathbf{x}} \in \tilde{E}^c\} = \operatorname{span}\{(1,-1)^T\} \quad \text{und} \\ E^u &= \{\mathbf{x} = S\tilde{\mathbf{x}}, \tilde{\mathbf{x}} \in \tilde{E}^u\} = \operatorname{span}\{(-1,2)^T\}. \end{aligned}$$

Zusammen mit dem Phasenporträt von (8.1) sind diese Untervektorräume in Abb. 8.1b zu sehen. ■

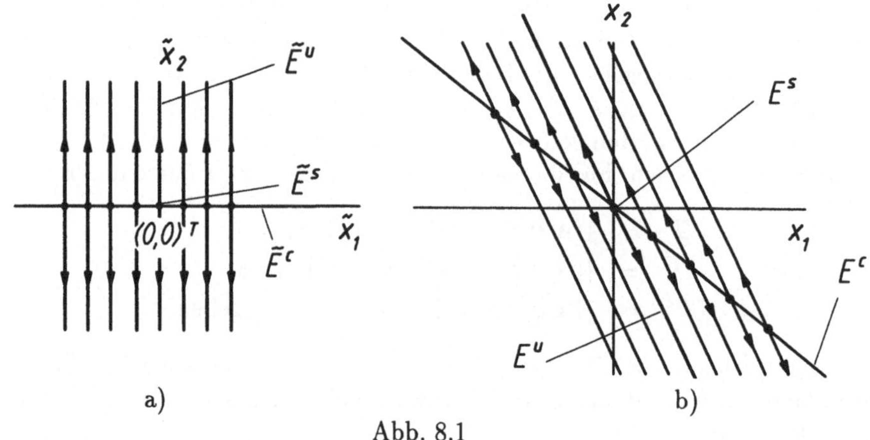

Abb. 8.1

8.2 Invariante Mannigfaltigkeiten von Ruhelagen

Wir betrachten nun das C^r-Vektorfeld

$$\dot{\mathbf{x}} = \mathbf{f}(\mathbf{x}) \tag{8.3}$$

auf der offenen Menge $M \subset \mathbb{R}^n$, wobei die Existenz des Flusses $\{\varphi^t\}_{t\in\mathbb{R}}$ angenommen werde. Es sei $\mathbf{p}$ eine Ruhelage von (8.3). Dann heißen die Mengen

$$\begin{aligned} W^s(\mathbf{p}) &:= \{\mathbf{y} \in M : \lim_{t\to\infty} \varphi^t(\mathbf{y}) = \mathbf{p}\} \quad \text{und} \\ W^u(\mathbf{p}) &:= \{\mathbf{y} \in M : \lim_{t\to\infty} \varphi^t(\mathbf{y}) = \mathbf{p}\} \end{aligned}$$

stabile bzw. *instabile Mannigfaltigkeit* des Flusses $\{\varphi^t\}_{t\in\mathbb{R}}$ oder der Differentialgleichung (8.3) in $\mathbf{p}$.

Beispiel 8.2 In der Ebene wird die Differentialgleichung

$$\dot{x} = -x, \quad \dot{y} = y + x^2 \tag{8.4}$$

betrachtet, deren Lösungen $\varphi(t, x_0, y_0)$ in Beispiel 1.1 explizit angegeben sind. Unter Verwendung dieser Lösungen ergeben sich die beiden folgenden invarianten Mannigfaltigkeiten in der Ruhelage $(0,0)^T$:

$$\begin{aligned} W^s(0,0) &= \{(x_0, y_0)^T : \lim_{t\to\infty} \varphi(t, x_0, y_0) = (0,0)^T\} \\ &= \{(x_0, y_0)^T : y_0 + \frac{x_0^2}{3} = 0\}, \\ W^u(0,0) &= \{(x_0, y_0)^T : \lim_{t\to-\infty} \varphi(t, x_0, y_0) = (0,0)^T\} \\ &= \{(x_0, y_0)^T : x_0 = 0\}. \end{aligned}$$

Beide invariante Mannigfaltigkeiten sind in Abbildung 8.2a zu sehen. ■

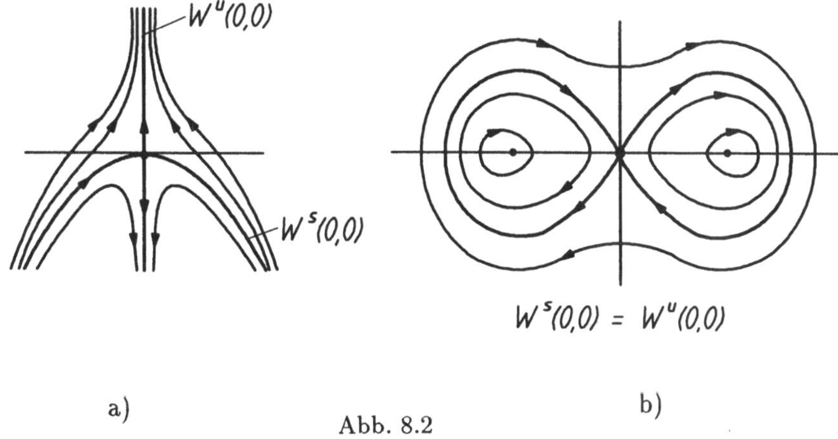

Abb. 8.2

Beispiel 8.3 Betrachtet wird die Duffingsche Differentialgleichung

$$\ddot{x} + bx + cx^3 = 0$$

mit Parametern $b < 0$ und $c > 0$. Mit Hilfe der neuen Variablen $y = \dot{x}$ läßt sich diese Differentialgleichung als äquivalentes ebenes System

$$\dot{x} = y, \qquad \dot{y} = -bx - cx^3 \tag{8.5}$$

schreiben. Direktes Ausrechnen zeigt, daß die Funktion $F : \mathbb{R}^2 \to \mathbb{R}$, gegeben durch $F(x,y) = bx^2 + \frac{c}{2}x^4 + y^2$, ein Erstes Integral von (8.5) ist. Demzufolge sind die Niveaumengen $N := \{(x,y)^T \in \mathbb{R}^2 : F(x,y) = k\}$ für beliebiges $k \in \mathbb{R}$ invariant für die Differentialgleichung (8.5). Einige von ihnen sind in Abb. 8.2b zu sehen. Bezeichnet $\varphi(\cdot, x, y)$ die Lösung von (8.5) mit Anfang $(x,y)^T$ zur Zeit $t = 0$, so ergeben sich die stabile bzw. instabile Mannigfaltigkeit von (8.5) in der Ruhelage $(0,0)^T$ als $W^s(0,0) = \{(x,y)^T : \lim_{t\to+\infty} \varphi(t,x,y) = (0,0)^T\} = \{(x,y)^T \in \mathbb{R}^2 : F(x,y) = 0\} = W^u(0,0)$. ■

Zur genaueren Beschreibung der Eigenschaften invarianter Mannigfaltigkeiten benötigen wir einige Termini aus der Theorie differenzierbarer Mannigfaltigkeiten, die wir zunächst, auf die vorliegende Situation angepaßt, zitieren.

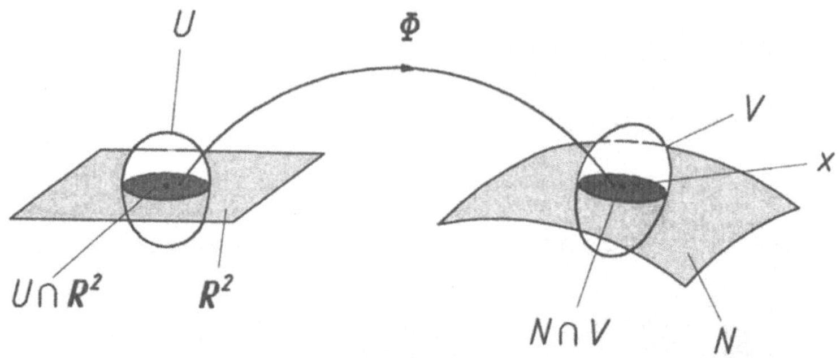

Abb. 8.3

Eine Teilmenge $N \subset \mathbb{R}^n$ heißt *C^r-glatte k-dimensionale Untermannigfaltigkeit* des $\mathbb{R}^n$, wenn für jedes $\mathbf{x} \in N$ offene Umgebungen U und V im $\mathbb{R}^n$ von $\mathbf{0}$ bzw. $\mathbf{x}$ und ein C^r-Diffeomorphismus $\mathbf{\Phi} : U \to V$ existieren, so daß $N \cap V = \mathbf{\Phi}(U \cap \mathbb{R}^k)$ gilt. Der Tangentialraum an N in $\mathbf{x}$ ist definiert durch

$$T_{\mathbf{x}}N := \{D\mathbf{\Phi}(\mathbf{\Phi}^{-1}(\mathbf{x}))\mathbf{v}, \mathbf{v} \in \mathbb{R}^k\}.$$

Der Raum $\mathbb{R}^k$ wird dabei als Untervektorraum des $\mathbb{R}^n$ mit $\mathbb{R}^k \times \{\mathbf{0}\} \subset \mathbb{R}^n$ identifiziert (Abb. 8.3).

Die Menge $N \subset \mathbb{R}^n$ heißt *k-dimensionale immersierte C^r-Mannigfaltikeit* des $\mathbb{R}^n$, wenn eine offene Teilmenge $U \subset \mathbb{R}^k$ $(k \leq n)$ und eine C^r-Abbildung $\mathbf{\Phi} : U \to \mathbb{R}^n$ mit folgenden Eigenschaften existieren:

1. $N = \mathbf{\Phi}(U)$;
2. $\mathbf{\Phi}$ ist injektiv;
3. rang $D\mathbf{\Phi}(\mathbf{x}) = k$ für alle $\mathbf{x} \in U$.

Beispiel 8.4 Vorgelegt sei die Menge $N := W^s(0,0) = W^u(0,0)$ aus Beispiel 8.3 für $b = -4$ und $c = 8$, d.h.

$$N = \{(x,y)^T : y^2 = 4x^2(1-x^2)\}.$$

Es läßt sich zeigen, daß N keine glatte Untermannigfaltigkeit des $\mathbb{R}^2$ ist. Andererseits kann N als eindimensionale immersierte C^∞-Mannigfaltigkeit interpretiert werden. Man kann dazu die Abbildung $\mathbf{\Phi} : (-\pi, \pi) \to \mathbb{R}^2$, gegeben durch

$\Phi(t) = (\cos t, \sin 2t)^T$, wählen. Offenbar ist $\Phi((-\pi,\pi)) = N$, und Φ ist injektiv. Wegen $D\Phi(t) = (-\sin t, 2\cos 2t)^T \neq (0,0)^T$ für $t \in (-\pi,\pi)$ ist auch die dritte Voraussetzung an eine Immersion gegeben. ∎

Für die Formulierung von Aussagen über invariante Mannigfaltigkeiten wird außerdem der Begriff des transversalen Schnittes von Untermannigfaltigkeiten gebraucht. Es seien S und K zwei glatte Untermannigfaltigkeiten des $\mathbb{R}^n$, und es bezeichnen $T_{\mathbf{x}}S$ und $T_{\mathbf{x}}K$ die Tangentialräume an S bzw. K in einem Punkt $\mathbf{x}$. Die Untermannigfaltigkeiten heißen *transversal* zueinander bzw. ihr Schnitt heißt transversal, wenn für alle $\mathbf{x} \in S \cap K$ die Beziehung

$$\dim S + \dim K - \dim(T_{\mathbf{x}}S \cap T_{\mathbf{x}}K) = n$$

gilt.

Beispiel 8.5 Für den in Abbildung 8.4a) dargestellten Schnitt zweier Untermannigfaltigkeiten S und K des $\mathbb{R}^3$ gilt offenbar $\dim S = 2$, $\dim K = 1$ und $\dim(T_{\mathbf{x}}S \cap T_{\mathbf{x}}K) = 0$ $(\forall \mathbf{x} \in S \cap K)$. Also ist dieser Schnitt transversal. Dagegen ist der auf Abb. 8.4b) dargestellte Schnitt von S und K nicht transversal. ∎

Wir formulieren nun einige Aussagen über Eigenschaften invarianter Mannigfaltigkeiten von Ruhelagen, die auf Hadamard und Perron zurückgehen (z.B. [38]).

Satz 8.1 *(Über die invarianten Mannigfaltigkeiten einer Ruhelage). Gegeben sei die Differentialgleichung (8.3) mit dem C^r-Fluß $\{\varphi^t\}_{t\in\mathbb{R}}$ und der hyperbolischen Ruhclagc $\mathbf{p}$ vom Typ (m,k). Dann gilt:*

1) Die Mengen $W^s(\mathbf{p})$ und $W^u(\mathbf{p})$ sind immersierte C^r-Mannigfaltigkeiten im $\mathbb{R}^n$ der Dimension m bzw. k.

2) Es existiert eine offene Umgebung U von $\mathbf{p}$ in M mit folgenden Eigenschaften:

a) Die Mengen $W^s_{loc}(\mathbf{p}) := \{\mathbf{y} \in U : \lim_{t\to\infty} \varphi^t(\mathbf{y}) = \mathbf{p}\}$ und $W^u_{loc}(\mathbf{p}) := \{\mathbf{y} \in U : \lim_{t\to-\infty} \varphi^t(\mathbf{y}) = \mathbf{p}\}$ sind m- bzw. k-dimensionale C^r - Untermannigfaltigkeiten von M.

b) Die Untermannigfaltigkeit $W^s_{loc}(\mathbf{p})$ $(W^s_{loc}(\mathbf{p}))$ aus a) hat in $\mathbf{p}$ den stabilen (instabilen) Untervektorraum $E^s(E^u)$ der Linearisierung $\dot{\mathbf{y}} = D\mathbf{f}(\mathbf{p})\mathbf{y}$ von (8.3) in $\mathbf{p}$ als Tangentialraum, d.h., es gilt $T_{\mathbf{p}}W^s_{loc}(\mathbf{p}) = E^s$ und $T_{\mathbf{p}}W^u_{loc}(\mathbf{p}) = E^u$. Die Untermannigfaltigkeiten $W^s_{loc}(\mathbf{p})$ und $W^u_{loc}(\mathbf{p})$ schneiden sich also transversal.

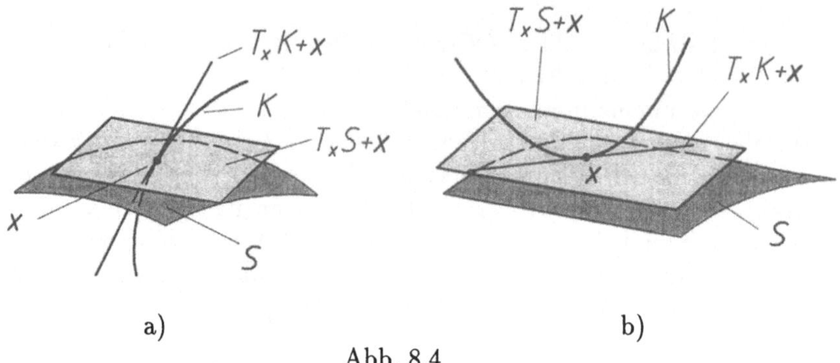

Abb. 8.4

Die im Satz 8.1 nachgewiesenen Mengen $W^s_{loc}(\mathbf{p})$ und $W^u_{loc}(\mathbf{p})$ heißen *lokale stabile* bzw. *instabile Mannigfaltigkeit* in $\mathbf{p}$. Ist $\mathbf{p}$ eine hyperbolische Ruhelage von (8.3), so lassen sich die (globalen) invarianten Mannigfaltigkeiten über lokale in der Form

$$\begin{aligned} W^s(\mathbf{p}) &= \bigcup_{t\geq 0} \varphi^{-t}(W^s_{loc}(\mathbf{p})) \\ W^u(\mathbf{p}) &= \bigcup_{t\geq 0} \varphi^{t}(W^u_{loc}(\mathbf{p})) \end{aligned} \tag{8.6}$$

darstellen.

Beispiel 8.6 Wir betrachten nochmals die Differentialgleichung (8.4) und benutzen für die Bestimmung einer lokalen stabilen Mannigfaltigkeit in der hyperbolischen Ruhelage $(0,0)^T$ den Ansatz

$$W^s_{loc}(0,0) = \{(x,y)^T : y = h(x), |x| < \Delta\},$$

wobei $h : (-\Delta, \Delta) \to \mathbb{R}$ eine unbekannte glatte Funktion ist. Es sei $(x(t), y(t))^T$ eine Lösung von (8.4) mit Anfang in $W^s_{loc}(0,0)$. Aus der Eigenschaft der positiven Invarianz der Menge ergibt sich die Beziehung $y(t) = h(x(t))$ für $t > 0$. Differentiation nach t und das Nutzen von (8.4) liefern für die unbekannte Funktion h das Cauchy-Problem

$$h'(x)(-x) = h(x) + x^2, \quad h(0) = 0. \tag{8.7}$$

Über den Ansatz $h(x) = \frac{a_2}{2!}x^2 + \frac{a_3}{3!}x^3 + \cdots$ ergibt sich durch Einsetzen in (8.7) und Koeffizientenvergleich $a_2 = -\frac{2}{3}$ und $a_k = 0$ für $k \geq 3$. Wir erhalten also auch lokal die im Beispiel 8.1 gefundene Darstellung der stabilen Mannigfaltigkeit. ■

8.3 Invariante Mannigfaltigkeiten von periodischen Orbits

Es sei γ ein periodischer Orbit von (8.3). Dann sind

$$W^s(\gamma) \ := \ \{\mathbf{y} \in M : \omega(\mathbf{y}) = \gamma\} \quad \text{und}$$

$$W^u(\gamma) \; := \; \{\mathbf{y} \in M : \alpha(\mathbf{y}) = \gamma\}$$

die ***stabile*** bzw. ***instabile Mannigfaltigkeit*** des Flusses $\{\varphi^t\}_{t\in\mathbb{R}}$ bzw. der Differentialgleichung (8.3) in γ (Abb. 8.5).

Im folgenden Satz werden lokale invariante Mannigfaltigkeiten von periodischen Orbits beschrieben (z.B. [71]). Mit $\omega(y)$ und $\alpha(y)$ werden dabei die im Kapitel 3 definierten $\omega-$ bzw. $\alpha-$ Grenzmengen des Orbits $\gamma(y)$ bezeichnet.

Satz 8.2 *(Über die invarianten Mannigfaltigkeiten eines periodischen Orbits). Gegeben sei die Differentialgleichung (8.3) mit dem C^r-Fluß $\{\varphi^t\}_{t\in\mathbb{R}}$ und dem hyperbolischen Orbit γ vom Typ (m,k). Dann gilt:*

1) Die Mengen $W^s(\gamma)$ und $W^u(\gamma)$ sind immersierte C^r-Mannigfaltigkeiten in M der Dimension $m+1$ bzw. $k+1$.

2) Es existiert eine offene Umgebung U von γ in M mit folgenden Eigenschaften:

a) Die Mengen $W^s_{loc}(\gamma) := \{\mathbf{y} \in U : \omega(\mathbf{y}) = \gamma\}$ und $W^u_{loc}(\gamma) := \{\mathbf{y} \in U : \alpha(\mathbf{y}) = \gamma\}$ sind m-bzw. k-dimensionale C^r-Untermannigfaltigkeiten von M.

b) Die Untermannigfaltigkeiten $W^s_{loc}(\gamma)$ und $W^u_{loc}(\gamma)$ aus a) schneiden sich entlang γ transversal.

Die im Satz 8.2 aufgezeigten Mengen $W^s_{loc}(\gamma)$ und $W^u_{loc}(\gamma)$ heißen ***lokale stabile*** bzw. ***instabile Mannigfaltigkeiten*** in γ.

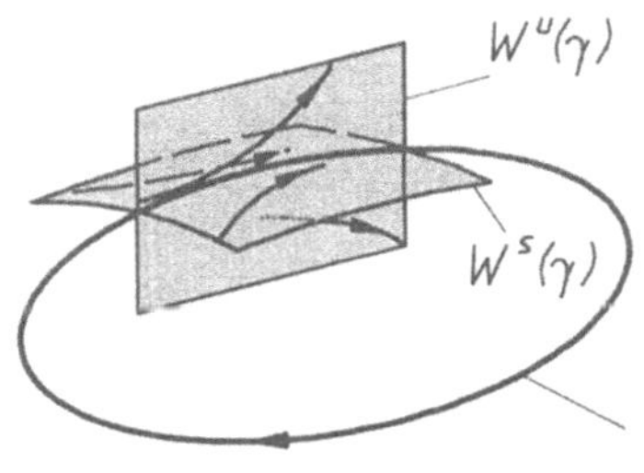

Abb. 8.5

Beispiel 8.7 Wir ergänzen die ebene Differentialgleichung (2.1) zu einer Differentialgleichung im $\mathbb{R}^3$ in der Form

$$\dot{x} = -y + x(1 - x^2 - y^2), \quad \dot{y} = x + y(1 - x^2 - y^2), \quad \dot{z} = \varepsilon z, \tag{8.8}$$

in der $\varepsilon > 0$ ein Parameter sei. Offenbar ist

$$\gamma(1,0,0) = \{(\cos t, \sin t, 0)^T : t \in [0, 2\pi)\}$$

ein 2π-periodischer Orbit von (8.8) mit den Multiplikatoren $\rho_1 = e^{-4\pi}$, $\rho_2 = e^{e2\pi}$ und $\rho_3 = 1$ und ist also hyperbolisch vom Typ (1,1). In Zylinderkoordinaten $x = r\cos\Theta, y = r\sin\Theta, z = z$ hat die Lösung von (8.8) mit Anfang (r_0, Θ_0, z_0) zur Zeit $t = 0$ die Form $\left(r(t, r_0), \Theta(t, \Theta_0), e^{et}z_0\right)^T$, wobei $(r(t, r_0), \Theta(t, \Theta_0))$ die Lösung von (2.1) in Polarkoordinaten ist. Damit erhält man die Möglichkeit, die invarianten Mannigfaltigkeiten des periodischen Orbits γ explizit zu bestimmen:

$$\begin{aligned} W^s(\gamma) &= \{(x,y,z)^T : z = 0\} \setminus \{(0,0,0)^T\} \quad \text{und} \\ W^u(\gamma) &= \{(x,y,z)^T : x^2 + y^2 = 1\}. \end{aligned}$$

Diese invarianten Mannigfaltigkeiten sind in Abb. 8.6 zu sehen. ■

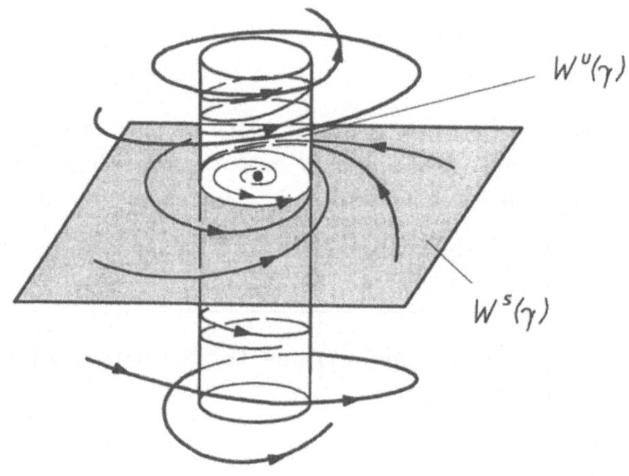

Abb. 8.6

Es seien γ_1 und γ_2 zwei hyperbolische Ruhelagen oder periodische Orbits von (8.3). Die invarianten Mannigfaltigkeiten $W^u(\gamma_1)$ und $W^s(\gamma_2)$ können sich schneiden. Der Schnitt besteht dann aus ganzen Orbits. Jeder Orbit $\gamma \subset W^s(\gamma_1) \cap W^u(\gamma_2)$ $(\gamma \neq \gamma_1, \gamma \neq \gamma_2)$ heißt *heteroklin*, falls $\gamma_1 \neq \gamma_2$, und *homoklin*, falls $\gamma_1 = \gamma_2$.

In Abbildung 8.7a ist der homokline Orbit der Ruhelage einer Differentialgleichung im $\mathbb{R}^3$ dargestellt, der auch *Separatrixschleife* genannt wird. Dagegen zeigt die Abbildung 8.8 den heteroklinen Orbit bezüglich der Ruhelagen $\mathbf{p}_1$ und $\mathbf{p}_2$. Homokline bzw. heterokline Orbits, die zu periodischen Orbits gehören, sind in den Abbildungen 8.7b) bzw. 8.9 zu sehen.

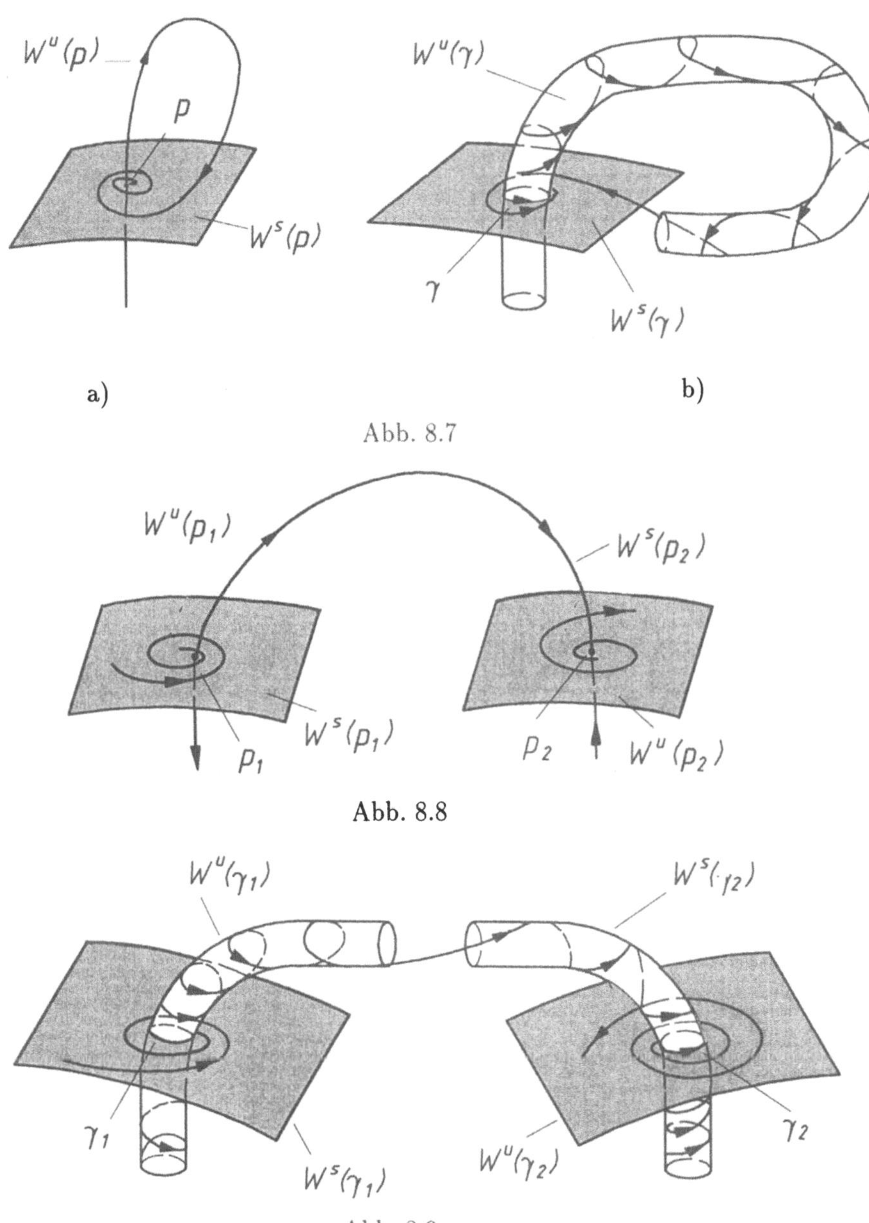

Abb. 8.7

Abb. 8.8

Abb. 8.9

In Tabelle 8.1 bzw. in den Abbildungen 8.10a-h sind die verschiedenen Typen hyperbolischer Ruhelagen $\mathbf{p}$ von (8.3) im $\mathbb{R}^3$ in Abhängigkeit von den Eigenwerten λ_1, λ_2 und λ_3 (entsprechend ihrer algebraischen Vielfachheit aufgeführt) von $D\mathbf{f}(\mathbf{p})$ angegeben.

Typ der Ruhelage	Lage der Eigenwerte	Bezeichnung der Ruhelage	Dimension der stabilen bzw. instabilen Mannigfaltigkeit	Abb.
1. (3,0) Senke	$\mathrm{Im}\lambda_i = 0$ $\lambda_i < 0$ (i=1,2,3)	Stabiler Knoten	$\dim W^s = 3$ $\dim W^u = 0$	8.10a
	$\lambda_1 = \bar{\lambda}_2$ $\mathrm{Im}\lambda_{1,2} \neq 0$ $\mathrm{Re}\lambda_{1,2} < 0$ $\lambda_3 < 0$	Stabiler Strudel (Fokus)	$\dim W^s = 3$ $\dim W^u = 0$	8.10b
2. (0,3) Quelle	$\mathrm{Im}\lambda_i = 0$ $\lambda_i > 0$ (i=1,2,3)	Instabiler Knoten	$\dim W^s = 0$ $\dim W^u = 3$	8.10c
	$\lambda_1 = \bar{\lambda}_2$ $\mathrm{Im}\lambda_{1,2} \neq 0$ $\mathrm{Re}\lambda_{1,2} > 0$ $\lambda_3 > 0$	Instabiler Strudel (Fokus)	$\dim W^s = 0$ $\dim W^u = 0$	8.10d
3. (m,k) $m \cdot k \neq 0$ Sattel	$\mathrm{Im}\lambda_i = 0$ (i=1,2,3) $\lambda_{1,2} < 0$ $\lambda_3 > 0$	Sattel - Knoten	$\dim W^s = 2$ $\dim W^u = 1$	8.10e
	$\lambda_1 = \bar{\lambda}_2$, $\mathrm{Im}\lambda_{1,2} \neq 0$ $\mathrm{Re}\lambda_{1,2} < 0$ $\lambda_3 > 0$	Sattel - Strudel	$\dim W^s = 2$ $\dim W^u = 1$	8.10f
	$\mathrm{Im}\lambda_i = 0$ (i=1,2,3) $\lambda_1 < 0$ $\lambda_{2,3} > 0$	Sattel - Knoten	$\dim W^s = 1$ $\dim W^u = 2$	8.10g
	$\lambda_1 < 0$ $\lambda_2 = \bar{\lambda}_3$ $\mathrm{Im}\lambda_{2,3} \neq 0$ $\mathrm{Re}\lambda_{2,3} > 0$	Sattel - Strudel	$\dim W^s = 1$ $\dim W^u = 2$	8.10h

Tab. 8.1

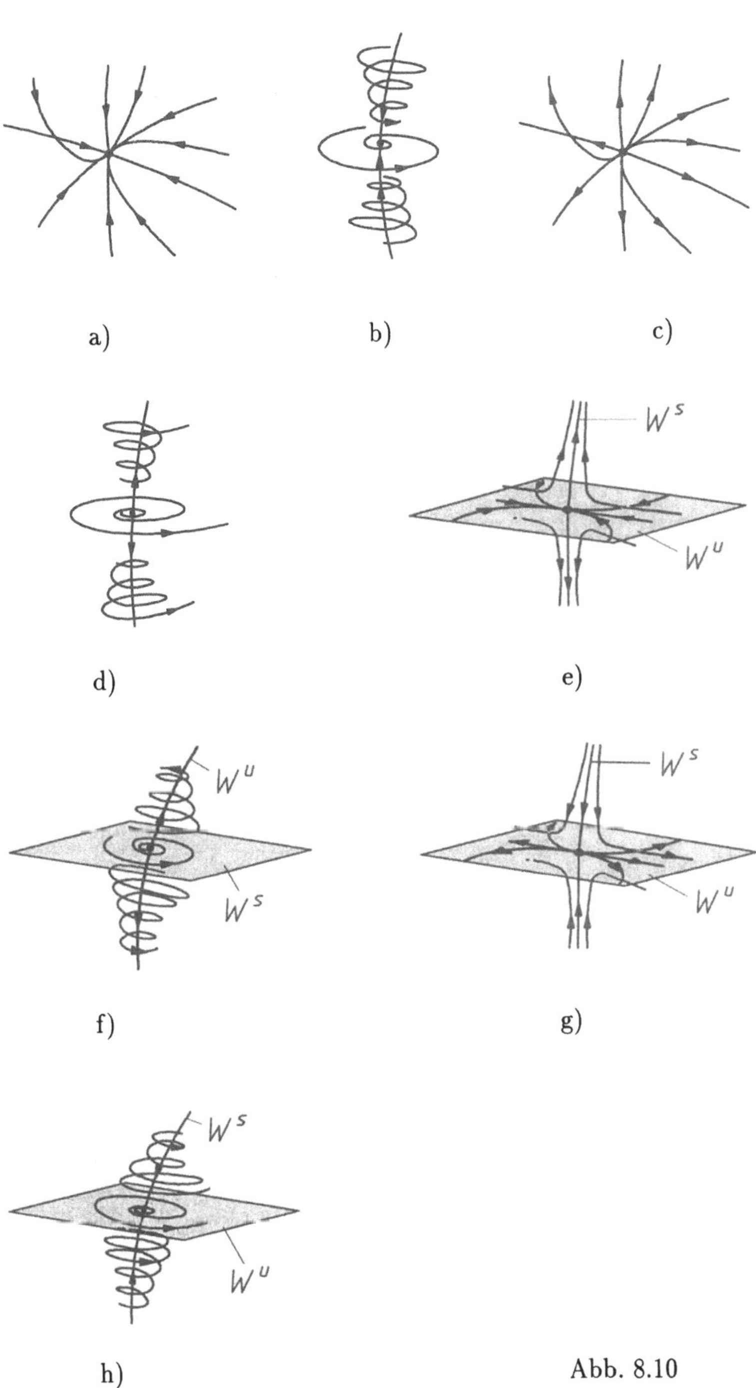

Abb. 8.10

8.4 Invariante Mannigfaltigkeiten für Abbildungen

Es sei A eine reelle $n \times n$-Matrix, die (im Sinne von Abschnitt 6.7) m Eigenwerte innerhalb des Einheitskreises, s Eigenwerte auf der Peripherie des Einheitskreises und $k = n - m - s$ Eigenwerte außerhalb des Einheitskreises besitzt. Dann existieren m-, s- bzw. k-dimensionale Untervektorräume $U^i (i = 1, 2, 3)$ des $\mathbb{R}^n$, so daß

$$\mathbb{R}^n = U^1 \oplus U^2 \oplus U^3$$

gilt. Dabei sind die Räume U^i invariant unter A, d.h., es gilt

$$AU^i \subset U^i \quad (i = 1, 2, 3),$$

und die Einschränkung $A|_{U^i}$ von A auf U^i hat für $i = 1, 2, 3$ jeweils die Eigenwerte von A, die innerhalb des Einheitskreises, auf der Peripherie bzw. außerhalb des Einheitskreises liegen. Die Konstruktion dieser Räume verläuft analog zum zeitkontinuierlichen Fall im Punkt 8.1. Die so eingeführten bzgl. A invarianten Untervektorräume sind

der *stabile Untervektorraum* $E^s := U^1$,

der *zentrale Untervektorraum* $E^c := U^2$ und

der *instabile Untervektorraum* $E^u := U^3$

von A bzw. von $\mathbf{x} \longmapsto A\mathbf{x}$. Nun sei

$$\varphi : M \to M \tag{8.9}$$

ein C^r-Diffeomorphismus auf der offenen Menge $M \subset \mathbb{R}^n$. Ist $\mathbf{p} \in M$ eine Ruhelage des durch (8.9) erzeugten dynamischen Systems, so heißen

$$\begin{aligned} W^s(\mathbf{p}) &:= \{\mathbf{y} \in M : \lim_{t\to\infty} \varphi^t(\mathbf{y}) = \mathbf{p}\} \quad \text{und} \\ W^u(\mathbf{p}) &:= \{\mathbf{y} \in M : \lim_{t\to-\infty} \varphi^t(\mathbf{y}) = \mathbf{p}\} \end{aligned}$$

stabile bzw. *instabile Mannigfaltigkeit* der Abbildung (8.9) bzw. des dynamischen Systems $\{\varphi^t\}_{t\in\mathbb{Z}}$ (Abb. 8.11). Ist $\mathbf{p}$ ein T-periodischer Punkt von φ, so ist die stabile bzw. instabile Mannigfaltigkeit in $\mathbf{p}$ die stabile bzw. instabile Mannigfaltigkeit des Fixpunktes $\mathbf{p}$ von φ^T.

Analog zu Satz 8.1 läßt sich für Abbildungen der folgende Satz zeigen.

Satz 8.3 *(Über die invarianten Mannigfaltigkeiten für Abbildungen). Gegeben sei auf der offenen Menge $M \subset \mathbb{R}^n$ der C^r-Diffeomorphismus φ aus (8.9), und es sei $\mathbf{p} \in M$ eine hyperbolische Ruhelage von $\{\varphi^t\}_{t\in\mathbb{Z}}$ vom Typ (m,k). Dann gilt:*

1) Die Mengen $W^s(\mathbf{p})$ und $W^u(\mathbf{p})$ sind immersierte C^r-Mannigfaltigkeiten von M der Dimension m bzw. k.

2) Es existiert eine offene Umgebung U von $\mathbf{p}$ in M mit folgenden Eigenschaften:

a) Die Mengen $W^s_{loc}(\mathbf{p}) := \{\mathbf{y} \in U : \lim_{t\to\infty}\varphi^t(\mathbf{y}) = \mathbf{p}\}$ und $W^u_{loc}(\mathbf{p}) := \{\mathbf{y} \in U : \lim_{t\to-\infty}\varphi^t(\mathbf{y}) = \mathbf{p}\}$ sind C^r-Untermannigfaltigkeiten von M.

b) Die Untermannigfaltigkeit $W^s_{loc}(\mathbf{p})$ ($W^s_{loc}(\mathbf{p})$) aus a) tangiert in $\mathbf{p}$ den stabilen (instabilen) Untervektorraum $E^s(E^u)$ der Linearisierung $\mathbf{y}_{t+1} = D\mathbf{f}(\mathbf{p})\mathbf{y}_t$ von (8.9) in $\mathbf{p}$, d.h., es gilt $T_\mathbf{p}W^s_{loc}(\mathbf{p}) = E^s$ und $T_\mathbf{p}W^u_{loc}(\mathbf{p}) = E^u$. Die Untermannigfaltigkeiten $W^s_{loc}(\mathbf{p})$ und $W^u_{loc}(\mathbf{p})$ schneiden sich also transversal.

Die im Satz 8.3 angegebenen Mengen $W^s_{loc}(\mathbf{p})$ und $W^u_{loc}(\mathbf{p})$ heißen *lokale stabile* bzw. *lokale instabile Mannigfaltigkeit* in $\mathbf{p}$. Ist $\mathbf{p}$ eine hyperbolische Ruhelage von $\{\varphi^t\}_{t\in\mathbb{Z}}$, so lassen sich die (globalen) invarianten Mannigfaltigkeiten über lokale wieder in der Form (8.6) darstellen (mit $t \in \mathbb{Z}$).

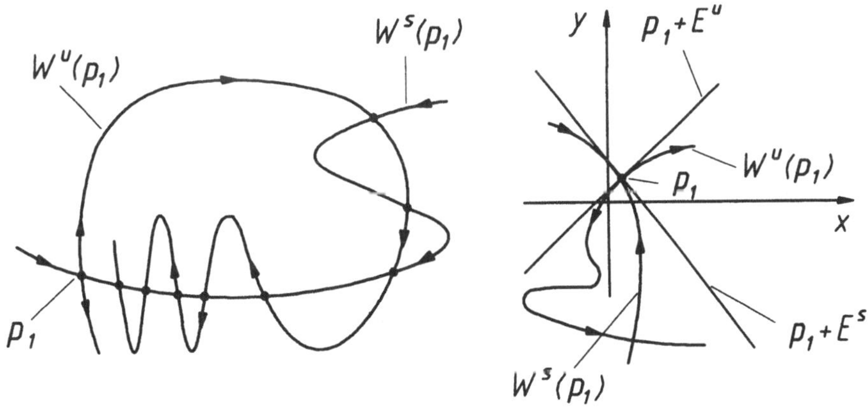

Abb. 8.11

Die invarianten Mannigfaltigkeiten $W^u(\mathbf{p}_1)$ und $W^s(\mathbf{p}_2)$ zweier hyperbolischer Ruhelagen des von (8.9) erzeugten dynamischen Systems können sich schneiden. Jeder Punkt $\mathbf{q} \in W^u(\mathbf{p}_1) \cap W^s(\mathbf{p}_2)$ (bzw. der durch $\mathbf{q}$ gehende Orbit) mit $\mathbf{q} \neq \mathbf{p}_1$ und $\mathbf{q} \neq \mathbf{p}_2$ heißt *heteroklin*, falls $\mathbf{p}_1 \neq \mathbf{p}_2$, und *homoklin*, falls $\mathbf{p}_1 = \mathbf{p}_2$ ist. Ist der Schnitt von $W^u(\mathbf{p}_1)$ und $W^s(\mathbf{p}_2)$ in $\mathbf{q}$ transversal, so heißt $\mathbf{q}$ *transversaler homokliner* bzw. *heterokliner* Punkt. Abb. 8.11a zeigt das Phasenporträt eines transversalen homoklinen Punktes.

Beispiel 8.8 Wir betrachten den C^∞-Diffeomorphismus

$$\varphi : \begin{pmatrix} x \\ y \end{pmatrix} \longmapsto \begin{pmatrix} x^2 + y - 2 \\ x \end{pmatrix} \tag{8.10}$$

aus der Familie der Hénon-Abbildungen. Das System (8.10) besitzt die beiden hyperbolischen Ruhelagen $\mathbf{p}_1 = (\sqrt{2}, \sqrt{2})^T$ und $\mathbf{p}_2 = (-\sqrt{2}, -\sqrt{2})^T$. Wir wollen die invarianten Mannigfaltigkeiten in $\mathbf{p}_1$ näher untersuchen. Mit der Transformation $x = \xi + \sqrt{2}$, $y = \eta + \sqrt{2}$ geht (8.10) in die Abbildung

$$\hat{\varphi} : \begin{pmatrix} \xi \\ \eta \end{pmatrix} \longmapsto \begin{pmatrix} \xi^2 + 2\sqrt{2}\xi + \eta \\ \xi \end{pmatrix} \tag{8.11}$$

über. In dem durch (8.11) erzeugten dynamischen System ist $(0,0)^T$ eine Ruhelage. Den Eigenwerten $\lambda_{1,2} = \sqrt{2} \pm \sqrt{3}$ der Jacobi-Matrix $D\hat{\varphi}(0,0)$ entsprechen die Eigenvektoren $\mathbf{a}_1 = (\sqrt{2} + \sqrt{3}, 1)^T$ bzw. $\mathbf{a}_2 = (\sqrt{2} - \sqrt{3}, 1)^T$. Damit sind $E^s = \{t\mathbf{a}_2 : t \in \mathbb{R}\}$ und $E^u = \{t\mathbf{a}_1 : t \in \mathbb{R}\}$ der stabile bzw. instabile Untervektorraum der Linearisierung von (8.11) in $(0,0)^T$. Wir suchen eine lokale instabile Mannigfaltigkeit $W^u_{loc}(0,0)$ in der Form

$$W^u_{loc}(0,0) = \{(\xi,\eta)^T : \eta = h(\xi), |\xi| < \Delta\},$$

wobei $h : (-\Delta, \Delta) \to \mathbb{R}$ eine unbekannte Funktion ist, die wir in der Form $h(\xi) = (\sqrt{3} - \sqrt{2})\xi + k\xi^2 + \cdots$ suchen. (Durch die Punkte sind Glieder höherer Ordnung angedeutet.) Das Ausnutzen der Invarianzeigenschaften von $W^u_{loc}(0,0)$ führt zu einer Bestimmungsgleichung für die Koeffizienten der Zerlegung von h: Aus $(\xi_t, \eta_t)^T \in W^u_{loc}$ für beliebige $t \in \mathbb{Z}$ folgt nämlich $(\xi_{t-1}, \eta_{t-1})^T \in W^u_{loc}$. Damit ergibt sich die Funktionalgleichung

$$\xi - h(\xi)^2 - 2\sqrt{2}h(\xi) = h(h(\xi)), \qquad |\xi| < \Delta,$$

die die Ermittlung des Koeffizienten $k < 0$ und weiterer Koeffizienten der Zerlegung von h ermöglicht. Der prinzipielle Verlauf der stabilen und instabilen Mannigfaltigkeit ist in Abb. 8.11b zu sehen. ∎

9 Orbitale Stabilität und Lyapunov-Stabilität von Bewegungen

9.1 Definitionen

Wesentliche Eigenschaften eines dynamischen Systems $\{\varphi^t\}_{t\in\Gamma}$ im metrischen Raum (M,d) werden dadurch charakterisiert, ob sich zwei Bewegungen $\varphi^t(\mathbf{p})$ und $\varphi^t(\mathbf{q})$ für wachsende Zeiten aufeinander zu bewegen oder ob sie auseinandergehen. Betrachtet man als Maß für die Benachbartheit die Größe $d(\varphi^t(\mathbf{p}),\varphi^t(\mathbf{q}))$, so kommt man zum Begriff der Lyapunov-Stabilität, betrachtet man dagegen die Abstände der Orbits, so gelangt man zur Eigenschaft der orbitalen Stabilität.
Im weiteren sei für beliebiges $\delta > 0$ und einen beliebigen Punkt $\mathbf{p} \in M$ mit $B_\delta(\mathbf{p}) = \{\mathbf{x} \in M : d(\mathbf{x},\mathbf{p}) < \delta\}$ die offene Kugel mit Radius δ und Mittelpunkt $\mathbf{p}$ bezeichnet.
Die Bewegung $\{\varphi^t(\mathbf{p})\}_{t\in\Gamma}$ mit Anfang $\mathbf{p}$ heißt *Lyapunov-stabil*, wenn gilt:

$$\forall\varepsilon > 0\ \exists\delta = \delta(\varepsilon)\ \forall\mathbf{q} \in B_\delta(\mathbf{p})\ \forall t \geq 0, t \in \Gamma : d(\varphi^t(\mathbf{q}),\varphi^t(\mathbf{p})) < \varepsilon.$$

Die Bewegung $\{\varphi^t(\mathbf{p})\}_{t\in\Gamma}$ heißt *asymptotisch Lyapunov-stabil*, wenn sie Lyapunov-stabil ist und außerdem folgendes gilt:

$$\exists\Delta > 0\ \forall\mathbf{q} \in B_\Delta(\mathbf{p}) : \lim_{t\to\infty} d(\varphi^t(\mathbf{q}),\varphi^t(\mathbf{p})) = 0.$$

Die Bewegung $\{\varphi^t(\mathbf{p})\}_{t\in\Gamma}$ ist *Lyapunov-instabil*, wenn sie nicht Lyapunov-stabil ist, d.h. wenn gilt:

$$\exists\varepsilon > 0\ \forall\delta > 0\ \exists\mathbf{q} \in B_\delta(\mathbf{p})\ \exists\bar{t} > 0 : d(\varphi^{\bar{t}}(\mathbf{q}),\varphi^{\bar{t}}(\mathbf{p})) \geq \varepsilon.$$

Ein Beispiel für eine Lyapunov-stabile Bewegung ist in Abb. 9.1a) zu sehen.

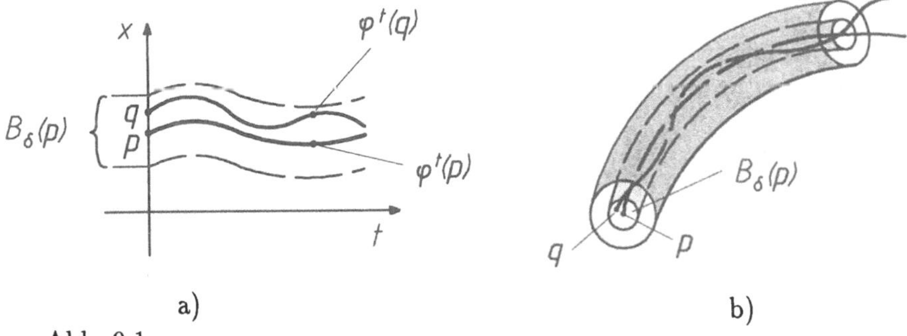

Abb. 9.1

Wir kommen nun zum Begriff der orbitalen Stabilität. Es bezeichne wieder $\gamma^+(\mathbf{p})$ den positiven Semiorbit durch einen Punkt $\mathbf{p} \in M$ und

$$\operatorname{dist}(\mathbf{a},\gamma^+(\mathbf{p})) := \inf_{t\geq 0} d(\mathbf{a},\varphi^t(\mathbf{p}))$$

den Abstand eines Punktes $\mathbf{a} \in M$ zu diesem Semiorbit.
Die Bewegung $\{\varphi^t(\mathbf{p})\}_{t\in\Gamma}$ heißt *orbital stabil*, wenn gilt:

$$\forall\varepsilon > 0\ \exists\delta > 0\ \forall\mathbf{q} \in B_\delta(\mathbf{p})\ \forall t \geq 0, t \in \Gamma : \operatorname{dist}(\varphi^t(\mathbf{q}), \gamma^+(\mathbf{p})) < \varepsilon.$$

Wir nennen die orbital stabile Bewegung $\{\varphi^t(\mathbf{p})\}_{t\in\Gamma}$ *asymptotisch orbital-stabil*, wenn sie noch folgende Eigenschaft hat:

$$\exists\Delta > 0\ \forall\mathbf{q} \in M, \operatorname{dist}(\mathbf{q}, \gamma^+(\mathbf{p})) < \Delta : \lim_{t\to+\infty} \operatorname{dist}(\varphi^t(\mathbf{q}), \gamma^+(\mathbf{p})) = 0.$$

Schließlich heißt eine Bewegung $\{\varphi^t(\mathbf{p})\}_{t\in\Gamma}$ *orbital instabil*, wenn sie nicht orbital stabil ist, d.h. wenn gilt:

$$\exists\varepsilon > 0\ \forall\delta > 0\ \exists\mathbf{q} \in B_\delta(\mathbf{p})\ \exists\bar{t} \geq 0 : \operatorname{dist}(\varphi^{\bar{t}}(\mathbf{q}), \gamma^+(\mathbf{p})) \geq \varepsilon.$$

In Abb. 9.1b) ist ein Beispiel für eine orbital stabile Bewegung zu sehen.
Eine konstante Bewegung ist genau dann Lyapunov-stabil, wenn sie orbital stabil ist. Schon bei periodischen Bewegungen können sich beide Stabilitätsarten aber unterscheiden. Als Beispiel sei die Duffingsche Differentialgleichung (8.5) genannt. Betrachtet man in diesem System neben einer fixierten periodischen Bewegung eine andere benachbarte periodische Bewegung, so ist die fixierte Bewegung Lyapunov-instabil, da sich die Perioden der beiden Bewegungen unterscheiden. Andererseits ist die periodische Bewegung in diesem Beispiel aber orbital stabil. Die Untersuchung der orbitalen Stabilität konstanter und periodischer Bewegungen wird Gegenstand der Kapitel 10 bzw. 11 sein. Im vorliegenden Kapitel wollen wir uns lediglich auf einige Bemerkungen zur orbitalen Stabilität einer beliebigen, nicht unbedingt konstanten oder periodischen Bewegung beschränken. Das zentrale Hilfsmittel in den Kapiteln 10 und 11 werden positiv-definite Lyapunov-Funktionen sein, die wir an dieser Stelle bereits einführen wollen.

Eine skalarwertige Funktion V heißt *positiv-definit in einer Umgebung U des Punktes* $\mathbf{p} \in M$, wenn gilt:

a) $V : U \to \mathbb{R}$ ist stetig;

b) $V(\mathbf{p}) = 0$ und $V(\mathbf{x}) > 0$ für alle $\mathbf{x} \in U \setminus \{\mathbf{p}\}$.

Die Funktion V heißt *negativ-definit in einer Umgebung U von* $\mathbf{p} \in M$, wenn $-V$ positiv-definit in der Umgebung U von $\mathbf{p}$ ist. Die stetige Funktion $V : U \to \mathbb{R}$ heißt *Lyapunov-Funktion* des dynamischen Systems $\{\varphi^t\}_{t\in\Gamma}$ in U, falls $V(\varphi^t(\mathbf{p}))$ nicht wächst, solange $\varphi^t(\mathbf{p}) \in U$ gilt.

9.2 Zeitkontinuierliche Systeme

Gegeben sei ein dynamisches System $\{\varphi^t\}_{t\in\mathbb{R}_+}$, das von der Differentialgleichung

$$\dot{\mathbf{x}} = \mathbf{f}(\mathbf{x}) \tag{9.1}$$

erzeugt werde. Dabei seien $\mathbf{f} : M \to \mathbb{R}^n$ ein glattes Vektorfeld und $M \subset \mathbb{R}^n$ eine offene Menge. Eine der ersten Aussagen zur orbitalen Stabilität einer beliebigen Bewegung von (9.1) geht auf G. Borg (z.B. [38]) zurück. Die Grundidee ihrer Ableitung besteht darin, daß mobile transversale Hyperebenen entlang einer Bewegung betrachtet werden und abgesichert wird, daß die auf diese Hyperebenen projizierten Variationsgleichungen Bewegungen in Richtung zur fixierten Bewegung charakterisieren.
Es sei K eine positiv-invariante kompakte Menge aus M und $\mathbf{f}(\mathbf{x}) \neq 0$ für alle $\mathbf{x} \in K$.

Satz 9.1 *(Borg). Für eine Bewegung $\{\varphi^t(\mathbf{p})\}_{t\geq 0}$ von (9.1) mit $\mathbf{p} \in K$ gelte*

$$\mathbf{z}^T D\mathbf{f}(\varphi^t(\mathbf{p}))\mathbf{z} < 0 \quad \forall \mathbf{z} \in \{\mathbf{z} \in \mathbb{R}^n : \mathbf{z}^T \mathbf{f}(\varphi^t(\mathbf{p})) = 0\}.$$

Dann ist die Bewegung $\{\varphi^t(\mathbf{p})\}_{t\geq 0}$ asymptotisch orbital stabil.

Auf der Grundlage der Technik der mobilen transversalen Flächen beruhen zahlreiche Sätze, die in der Literatur angegeben werden ([50]). In Abb. 9.2 wird ein mögliches Verhalten benachbarter Bewegungen in Bezug auf mobile transversale Flächen skizziert.

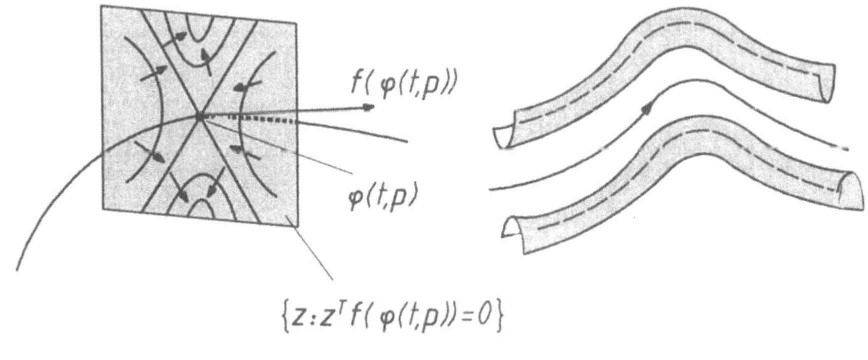

Abb. 9.2

Neben der Stabilität im Sinne von Lyapunov und der orbitalen Stabilität von Bewegungen gibt es weitere Stabilitätsarten, die zur Charakterisierung dynamischer Systeme verwendet werden. Besondere Bedeutung kommt dabei der Stabilität bzw. Instabilität von Bewegungen im Sinne von Shukowskij zu. Es erweist sich, da die Bewegungen auf einem seltsamen Attraktor (Abschnitt 26.1) gerade im Sinne von Shukowskij instabil sind ([50]). In Systemen mit einem zylindrischen Phasenraum wird oft die Stabilität von Mengen untersucht, die nur aus Ruhelagen des Systems bestehen ([53]).

10 Stabilität von Ruhelagen dynamischer Systeme

10.1 Zeitkontinuierliche Systeme

Gegeben sei auf $M \subset \mathbb{R}^n$ die Differentialgleichung

$$\dot{\mathbf{x}} = \mathbf{f}(\mathbf{x}). \tag{10.1}$$

Das Vektorfeld $\mathbf{f}$ sei stetig differenzierbar, und es möge der Halbfluß $\varphi : \mathbb{R}_+ \times M \to M$ existieren. Weiter sei $\mathbf{p} \in M$ eine Ruhelage von (10.1). Zur Untersuchung der Stabilität dieser Ruhelage eignen sich die in Abschnitt 9.1 eingeführten Lyapunov-Funktionen. Gilt für eine C^1-Funktion $V : U \to \mathbb{R}$ auf einer offenen Umgebung U von $\mathbf{p}$ die Beziehung

$$\dot{V}(\mathbf{x}) := < \mathrm{grad} V(\mathbf{x}), \mathbf{f}(\mathbf{x}) > \leq 0$$

in U, so liegt offenbar eine Lyapunov-Funktion vor. Für manche Zwecke reichen auch stetige Lyapunov-Funktionen im Sinne von 9.1 aus.

Satz 10.1 *(Lyapunov).*

a) Es sei $V : U \to \mathbb{R}$ eine Lyapunov-Funktion von (10.1) in der offenen Umgebung U der Ruhelage $\mathbf{p}$ von (10.1) und V sei positiv definit in U. Dann ist die Ruhelage $\mathbf{p}$ stabil im Sinne von Lyapunov.

b) Es sei $V : U \to \mathbb{R}$ eine C^1-Funktion in einer offenen Umgebung U von $\mathbf{p}$ und V und $-\dot{V}$ seien positiv definit in U. Dann ist die Ruhelage $\mathbf{p}$ von (10.1) asymptotisch stabil im Sinne von Lyapunov.

Für viele konkrete Situationen sind die Voraussetzungen des Satzes 10.1 nicht gegeben. Schwächere Bedingungen für die asymptotische Stabilität sind im folgenden Satz formuliert (z.B. [7]).

Satz 10.2 *(Krasovskij). Es sei $V : U \to \mathbb{R}$ eine Lyapunov-Funktion in der offenen Umgebung U der Ruhelage $\mathbf{p}$ von (10.1). Ist $\varphi(\cdot, \mathbf{q})$ eine Lösung von (10.1) mit $\varphi(t, \mathbf{q}) \in U$ $(t \geq 0)$ und gilt $V(\varphi(t, \mathbf{q})) \equiv const$ $(t \geq 0)$, so sei dies nur für $\varphi(t, \mathbf{q}) \equiv \mathbf{p}$ möglich. Dann ist die Ruhelage $\mathbf{p}$ asymptotisch stabil im Sinne von Lyapunov.*

Wir wollen begründen, warum eine Funktion V, die den Anforderungen von Teil b) des Satzes 10.1 genügt, auch die Anforderungen des Satzes 10.2 erfüllt. Dazu sei $\varphi(\cdot, \mathbf{q})$ eine beliebige Lösung von (10.1), die für $t \geq 0$ in U liegt und für die $V(\varphi(t,\mathbf{q})) \equiv \text{const}$ $(t \geq 0)$ ist. Angenommen, es existiert ein $t_1 > 0$ mit $\varphi(t_1,\mathbf{q}) \neq \mathbf{p}$. Dann gilt offenbar

$$\frac{d}{dt}V(\varphi(t,\mathbf{q}))|_{t=t_1} = \dot{V}(\varphi(t_1,\mathbf{q})) < 0.$$

Demzufolge kann für t nahe t_1 der Ausdruck $V(\varphi(t,\mathbf{q}))$ nicht konstant sein. Also gilt $\varphi(t,\mathbf{q}) \equiv \mathbf{p}$ $(t \geq 0)$.

Beispiel 10.1 In der Ebene sei die Differentialgleichung

$$\dot{x} = y, \quad \dot{y} = -x - x^2 y \tag{10.2}$$

gegeben. Wir wollen die Stabilität der Ruhelage $(0,0)^T$ untersuchen und benutzen dazu die Funktion $V : \mathbb{R}^2 \to \mathbb{R}$, gegeben durch $V(x,y) = x^2 + y^2$. Offenbar ist V positiv definit in jeder Umgebung U von $(0,0)^T$. Direktes Ausrechnen zeigt $\dot{V}(x,y) = -2x^2y^2$. Es seien $(x(t),y(t))^T$ eine beliebige Lösung von (10.2) und $V(x(t),y(t)) \equiv \text{const}$, d.h. $x(t)^2 + y(t)^2 \equiv \text{const}$. Letzteres ist aber nur möglich für die einzige Ruhelage $(0,0)^T$ von (10.2). Aufgrund von Satz 10.2 ist diese Ruhelage asymptotisch stabil. ■

Beispiel 10.2 Wir betrachten die Pendelgleichung $\ddot{\sigma} + \alpha\dot{\sigma} + \sin\sigma = 0$ mit einem Parameter $\alpha \geq 0$ als System

$$\dot{\sigma} = \Theta, \quad \dot{\Theta} = -\alpha\Theta - \sin\sigma. \tag{10.3}$$

Alle Ruhelagen von (10.3) haben die Form $\mathbf{p}_j = (j\pi, 0)^T$ mit $j \in \mathbb{Z}$. Wir untersuchen die Stabilität von $\mathbf{p}_0 = (0,0)^T$ (und damit natürlich auch von $\mathbf{p}_{2j}$, $j \in \mathbb{Z}$). Es sei $U := \{(\sigma,\Theta)^T : -\pi < \sigma < \pi\}$, und die Funktion $V : U \to \mathbb{R}$ sei gegeben durch

$$V(\sigma,\Theta) = \frac{\Theta^2}{2} + \int_0^\sigma \sin s ds = \frac{1}{2}\Theta^2 + 1 - \cos\sigma.$$

Offenbar ist V positiv definit in U. Außerdem ist V in U eine Lyapunov-Funktion für (10.3). Dies folgt sofort aus der Beziehung

$$\dot{V}(\sigma,\Theta) = \Theta(-\alpha\Theta - \sin\sigma) + \sin\sigma\Theta = -\alpha\Theta^2 \leq 0, \quad (\sigma,0)^T \in U.$$

Aus Teil a) von Satz 10.1 folgt, daß $\mathbf{p}_0$ stabil im Sinne von Lyapunov ist. (Abb. 10.1 a,b). Nun sei sogar $\alpha > 0$. Teil b) des Satzes 10.1 ist für das vorliegende System nicht anwendbar, da $-\dot{V}$ nicht positiv definit ist. Dafür läßt sich aber Satz 10.2 einsetzen: $(\sigma(t),\Theta(t))^T$ sei eine beliebige Lösung von (10.3), die für $t \geq 0$ in U liegt, und für diese Zeiten sei $V(\sigma(t),\Theta(t)) \equiv \text{const}$. Dann folgt hieraus sofort $\Theta(t) \equiv 0$ $\quad(t \leq 0)$ und, wegen der ersten Gleichung von (10.3), $\sigma(t) \equiv \text{const}$ in U. Die einzige Ruhelage von (10.3) in U ist aber $(0,0)^T$. Damit sind die

Voraussetzungen von Satz 10.2 erfüllt, und die Ruhelage $(0,0)^T$ ist asymptotisch stabil (Abb. 10.1b). ■

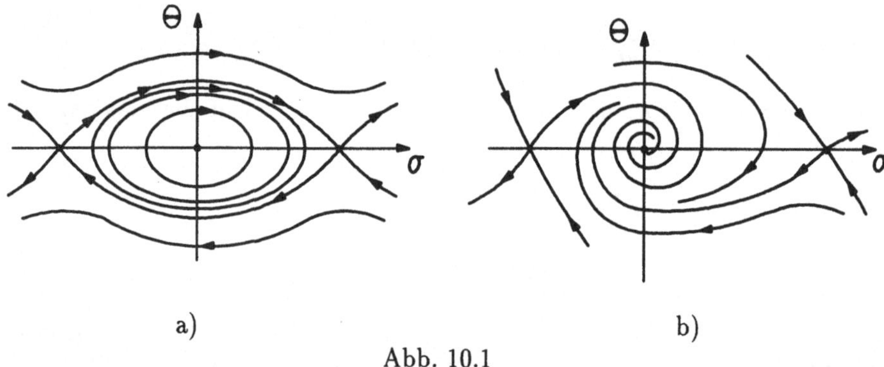

Abb. 10.1

Analog zu den formulierten Aussagen über die Stabilität von Ruhelagen lassen sich auch solche über Instabilität formulieren. Wir wollen hier zwei solche Aussagen angeben: Zunächst der historisch ältere Satz von Lyapunov, dann eine Variante, die auf Chetaev zurückgeht.

Satz 10.3 *(Lyapunov). Existiert in einer offenen Umgebung U der Ruhelage $\mathbf{p}$ von (10.1) eine differenzierbare Funktion $V : U \to \mathbb{R}$ und ist $\dot{V}$ in U entweder positiv oder negativ definit und existiert schließlich in jeder Umgebung von $\mathbf{p}$ ein Punkt $\mathbf{q}$ mit $\dot{V}(\mathbf{q})V(\mathbf{q}) > 0$, so ist die Ruhelage $\mathbf{p}$ instabil.*

Um die Instabilität einer Ruhelage von (10.1) zu zeigen, muß keine offene Umgebung mit Eigenschaften wie im Satz 10.3 betrachtet werden. Das wird im folgenden Satz demonstriert (z.B. [23]).

Satz 10.4 *(N.G. Chetaev über Instabilität). Es seien $U \subset M$ eine Umgebung der Ruhelage $\mathbf{p}$ von (10.1) und $V : U \to \mathbb{R}$ eine C^1-Funktion, die stetig fortsetzbar auf ∂U ist. Außerdem mögen folgende Voraussetzungen erfüllt sein (Abb. 10.2a):*

(i) $\mathbf{p} \in \partial U$.

(ii) $V(\mathbf{x}) = 0 \quad \forall \mathbf{x} \in \partial U \cap M$.

(iii) $V(\mathbf{x}) > 0$ *und* $\dot{V}(\mathbf{x}) > 0 \quad \forall \mathbf{x} \in U$.

Dann ist die Ruhelage $\mathbf{p}$ instabil.

Beispiel 10.3 Gegeben sei die ebene Differentialgleichung

$$\dot{x} = y, \quad \dot{y} = x^2. \tag{10.4}$$

Wir wollen zeigen, daß die Ruhelage $(0,0)^T$ von (10.4) instabil ist und wählen dazu die Menge $U := \{(x,y)^T; x > 0, y > 0\}$ sowie die auf ganz $\mathbb{R}^2$ definierte Funktion $V(x,y) = xy$. Wie leicht nachzuprüfen ist, gelten folgende Eigenschaften:

(i) $(0,0)^T \in \partial U$ (Abb. 10.2b);

(ii) $V(x,y) = 0 \quad (x,y)^T \in \partial U$;

(iii) $V(x,y) > 0 \quad (x,y)^T \in U$.

Wegen $\dot{V}(x,y) = y^2 + x^3 > 0$ in U ist auch die zweite Forderung von (iii) des Satzes 10.4 erfüllt. Aufgrund dieses Satzes ist die Ruhelage $(0,0)^T$ instabil. ■

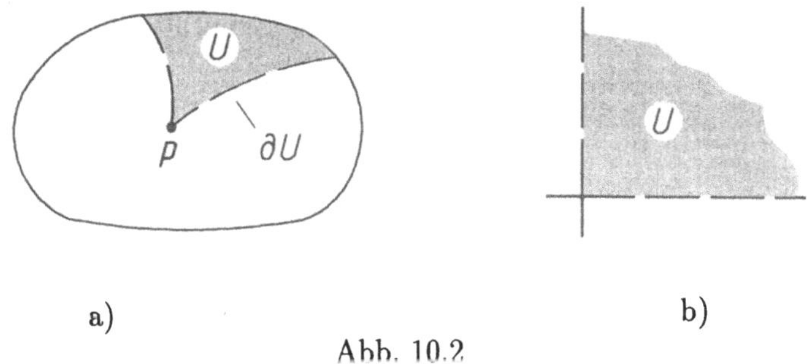

a) b)

Abb. 10.2

Die Sätze 10.1 und 10.3 von Lyapunov über Stabilität bzw. Instabilität lassen sich nutzen, um folgende Aussage (z.B. [7, 22]) über die Stabilität bzw. Instabilität einer Ruhelage $\mathbf{p}$ von (10.1) in der Sprache der Eigenwerte der Jacobi-Matrix des Vektorfeldes im Punkt $\mathbf{p}$ zu formulieren.

Satz 10.5 *(Stabilität bzw. Instabilität in der ersten Näherung).*

a) Die Jacobi-Matrix $D\mathbf{f}(\mathbf{p})$ der Ruhelage $\mathbf{p}$ von (10.1) habe nur Eigenwerte mit negativem Realteil. Dann ist $\mathbf{p}$ asymptotisch stabil.

b) Die Jacobi-Matrix $D\mathbf{f}(\mathbf{p})$ der Ruhelage $\mathbf{p}$ von (10.1) habe mindestens einen Eigenwert mit positivem Realteil. Dann ist $\mathbf{p}$ instabil.

Beispiel 10.4 Wir betrachten wieder die Pendelgleichung (10.3). Offenbar ist $D\mathbf{f}(0,0) = \begin{bmatrix} 0 & 1 \\ -1 & -\alpha \end{bmatrix}$, und $\lambda_{1,2} = -\frac{\alpha}{2} \pm \sqrt{\frac{\alpha^2}{4} - 1}$ sind die beiden Eigenwerte dieser Matrix. Für sie gilt immer $\mathrm{Re}\lambda_{1,2} < 0$. Also ist nach Satz 10.5 die Ruhelage $(0,0)^T$ (und damit $\mathbf{p}_{2j}, j \in \mathbb{Z}$) asymptotisch stabil. Im Punkt $(\pi,0)^T$ gilt $D\mathbf{f}(\pi,0) = \begin{bmatrix} 0 & 1 \\ 1 & -\alpha \end{bmatrix}$, und $\lambda_{1,2} = -\frac{\alpha}{2} \pm \sqrt{\frac{\alpha^2}{4}+1}$ sind die Eigenwerte dieser Matrix. Aufgrund von Satz 10.5 ist wegen $\lambda_1 > 0$ die Ruhelage $(\pi,0)^T$ (und damit $\mathbf{p}_{2j+1}, j \in \mathbb{Z}$) instabil. ■

Vorgelegt sei nun im $\mathbb{R}^n$ eine lineare Differentialgleichung

$$\dot{\mathbf{x}} = A\mathbf{x}, \tag{10.5}$$

wobei A eine reelle $n \times n$-Matrix ist. Das charakteristische Polynom dieser Matrix ist

$$\chi(\lambda) := \det(\lambda I - A) = a_0\lambda^n + \cdots + a_{n-1}\lambda + a_n. \tag{10.6}$$

Die asymptotische Stabilität der Ruhelage $\mathbf{0}$ von (10.5) ist aufgrund von Satz 10.5 gegeben, wenn A nur Eigenwerte mit negativem Realteil besitzt. Die Eigenwerte von A sind aber die Nullstellen von χ, so daß die Lage der Nullstellen das Stabilitätsproblem in (10.5) klärt.

Aus den Koeffizienten des Polynoms χ wird die folgende Matrix konstruiert:

$$\begin{bmatrix} a_1 & a_3 & a_5 & \cdots & 0 \\ a_0 & a_2 & a_4 & \cdots & 0 \\ 0 & a_1 & a_3 & \cdots & 0 \\ \cdots & \cdots & \cdots & \cdots & . \\ 0 & 0 & 0 & \cdots & a_n \end{bmatrix}. \tag{10.7}$$

In der ersten Zeile der Matrix stehen, beginnend mit a_1, Koeffizienten von χ mit ungeradem Index. Die Elemente jeder folgenden Zeile werden aus den Elementen der vorhergehenden durch Verringerung des jeweiligen Index um 1 gebildet. Werden dabei Indizes von a_k negativ, so werden diese a_k durch 0 ersetzt. Im Ergebnis dieser Prozedur stehen auf der Hauptdiagonale die Elemente a_1 bis a_n, und in der letzten Spalte sind alle Elemente, bis auf das letzte, gleich Null.

Von der Matrix (10.7) seien $\Delta_1 := a_1$, $\Delta_2 := \begin{vmatrix} a_1 & a_3 \\ a_0 & a_2 \end{vmatrix}$, ..., $\Delta_n := a_n \cdot \Delta_{n-1}$ die Hauptminore.

Satz 10.6 *(Routh-Hurwitz (z.B. [23])). Gegeben sei das Polynom (10.6) mit $a_0 > 0$. Dafür, daß dieses Polynom nur Nullstellen mit negativem Realteil hat, ist notwendig und hinreichend, daß alle Hauptminore positiv sind:*

$$\Delta_1 > 0,\ \Delta_2 > 0,\ \cdots, \Delta_{n-1} > 0,\ \Delta_n > 0.$$

Beispiel 10.5 a) Wir betrachten das Polynom (10.6) für $n = 2$, d.h. $\chi(\lambda) = a_0\lambda^2 + a_1\lambda + a_2$ mit $a_0 > 0$. Die Matrix (10.7) ist für diesen Fall durch $\begin{bmatrix} a_1 & 0 \\ a_0 & a_2 \end{bmatrix}$ gegeben. Also sind aufgrund von Satz 10.6 alle Realteile des Polynoms genau dann negativ, wenn $\Delta_1 = a_1 > 0$ und $\Delta_2 = a_1a_2 > 0$ gelten.

b) Gegeben sei das Polynom (10.6) für $n = 3$, d.h. $\chi(\lambda) = a_0\lambda^3 + a_1\lambda^2 + a_2\lambda + a_3$ mit $a_0 > 0$. Die Matrix (10.7) ist folglich

$$\begin{bmatrix} a_1 & a_3 & 0 \\ a_0 & a_2 & 0 \\ 0 & a_1 & a_3 \end{bmatrix}.$$

Aufgrund von Satz 10.6 sind die Realteile aller Nullstellen des vorliegenden Polynoms genau dann negativ, wenn $\Delta_1 = a_1 > 0$, $\Delta_2 = a_1a_2 - a_0a_3 > 0$ und $\Delta_3 = a_3\Delta_2 > 0$ gilt. Etwas anders formuliert lauten die Bedingungen für die Negativität der Realteile der Nullstellen des Polynoms so: $a_0 > 0, a_1 > 0, a_2 > 0, a_3 > 0, a_1a_2 - a_0a_3 > 0$. ■

10.2 Zeitdiskrete Systeme

In diesem Abschnitt wird die Stabilität von Fixpunkten der stetigen Abbildung

$$\varphi : M \to M \tag{10.8}$$

mit $M \subset \mathbb{R}^n$, d.h. die Stabilität von Ruhelagen des durch (10.8) erzeugten dynamischen Systems $\{\varphi^t\}_{t\in\Gamma}$, untersucht. Fast alle der im Abschnitt 10.1 zitierten Sätze, die die Stabilität der Ruhelage einer Differentialgleichung garantieren, haben ihre Entsprechung auch für den diskreten Fall. Es sei $\mathbf{p} \in M$ eine Ruhelage des dynamischen Systems (10.8). Ist $U \subset M$ eine Umgebung dieser Ruhelage und $V : U \to \mathbb{R}$ eine Lyapunov-Funktion von (10.8), so bezeichne

$$\Delta V(\mathbf{x}) := V(\varphi(\mathbf{x})) - V(\mathbf{x}) \quad (\mathbf{x} \in U)$$

die *erste Differenz von V aufgrund von* (10.8).

Satz 10.7 *(von Lyapunov über Stabilität für Abbildungen (z.B. [101])). Es existiere eine Lyapunov-Funktion $V : U \to \mathbb{R}$ von (10.8) in der offenen Umgebung U der Ruhelage $\mathbf{p}$, und V sei positiv definit in dieser Umgebung. Dann ist $\mathbf{p}$ stabil im Sinne von Lyapunov. Wenn darüber hinaus die erste Differenz von V aufgrund von (10.8) sogar negativ definit in U ist, so ist die Ruhelage $\mathbf{p}$ asymptotisch stabil nach Lyapunov.*

Beispiel 10.6 Gegeben sei auf $M = \mathbb{R}^2$ die Abbildung

$$\varphi(x, y) = (x^2 + y^2, x)^T. \tag{10.9}$$

Offenbar ist $(0,0)^T$ eine Ruhelage des durch (10.9) erzeugten dynamischen Systems. Auf der offenen Kreisscheibe $U := \{(x,y)^T : x^2 + y^2 < \frac{1}{2}\}$ betrachten wir die Funktion V, gegeben durch $V(x,y) = 2x^2 + y^2$. Für die erste Differenz von V aufgrund von (10.9) erhält man $\Delta V(x,y) = 2(x^2+y^2)^2 - (x^2+y^2)$. Demzufolge sind V und $-\Delta V$ positiv definit in der Umgebung U von $(0,0)^T$, und die Ruhelage $(0,0)^T$ von (10.9) ist aufgrund von Satz 10.7 asymptotisch stabil. ■

Satz 10.8 *(von Lyapunov über Instabilität für Abbildungen (z.B. [101])). Existiert in einer Umgebung U der Ruhelage $\mathbf{p}$ von (10.8) eine stetige Funktion $V : U \to \mathbb{R}$ und ist ΔV in U entweder positiv oder negativ definit und existiert in jeder Umgebung von $\mathbf{p}$ ein Punkt $\mathbf{q}$, so daß $\Delta V(\mathbf{q})V(\mathbf{q}) > 0$ ist, dann ist die Ruhelage $\mathbf{p}$ instabil.*

Beispiel 10.7 Im $\mathbb{R}^2$ wird die Abbildung

$$\varphi(x,y) = (y, \lambda y^3 - x)^T \tag{10.10}$$

mit einem Parameter $\lambda > 0$ untersucht. In einer beliebigen Umgebung U der Ruhelage $(0,0)^T$ von (10.10) betrachten wir die Funktion $V(x,y) = x^2 + y^2$, die positiv definit in dieser Umgebung ist. Wegen $\Delta V(x,y) = \lambda^2 y^6 - 2\lambda y^3 x$ nimmt ΔV in jeder Umgebung von $(0,0)^T$ auch positive Werte an. Nach Satz 10.8 ist die Ruhelage $(0,0)^T$ von (10.10) instabil bei beliebigem $\lambda > 0$. ■

Die bisher zitierten Sätze 10.7 und 10.8 waren für stetige Abbildungen φ formuliert. Setzt man sogar deren Differenzierbarkeit voraus, so gelangt man über die Sätze 10.7 und 10.8 zu folgenden Aussagen.

Satz 10.9 *(Stabilität bzw. Instabilität in der ersten Näherung für Abbildungen). Es seien $\mathbf{p}$ eine Ruhelage des diskreten glatten dynamischen Systems $\{\varphi^t\}_{t\in\Gamma}$ und $\lambda_1, \cdots, \lambda_n$ die Eigenwerte der Jacobi-Matrix $D\varphi(\mathbf{p})$.*

a) Gilt $|\lambda_i| < 1 \quad (i = 1, \cdots, n)$, so ist die Ruhelage $\mathbf{p}$ asymptotisch stabil.

b) Gilt $|\lambda_{i_0}| > 1$ für mindestens einen Eigenwert λ_{i_0}, so ist die Ruhelage $\mathbf{p}$ instabil.

Beispiel 10.8 a) Gegeben sei in $\mathbb{R}$ die Abbildung φ, definiert durch

$$x \longmapsto \varepsilon + x + x^2, \tag{10.11}$$

in der $\varepsilon < 0$ ein Parameter ist. Die Ruhelagen des durch (10.11) erzeugten dynamischen Systems sind $x_{1,2} = \pm\sqrt{-\varepsilon}$. Für die Ableitung $D\varphi(x) = 1 + 2x$ ergibt sich in diesen Punkten $D\varphi(\pm\sqrt{-\varepsilon}) = 1 \pm 2\sqrt{-\varepsilon}$. Nach Satz 10.9 ist $x_1 = \sqrt{-\varepsilon}$ instabil, während für kleine $|\varepsilon|$ die Ruhelage $x_2 = -\sqrt{-\varepsilon}$ stabil ist.

b) Wir betrachten nochmals die Ruhelage $(0,0)^T$ der Abbildung aus Beispiel 10.7. Für die Jacobi-Matrix an dieser Stelle ergibt sich

$$D\varphi(0,0) = \begin{bmatrix} 0 & 1 \\ -1 & 0 \end{bmatrix}$$

mit $\lambda_{1,2} = \pm i$ als Eigenwerten. Da diese Eigenwerte auf dem Einheitskreis liegen, ist Satz 10.9 für die Stabilitätsanalyse der Ruhelage $(0,0)^T$ nicht anwendbar. ■

Satz 10.9 zeigt, daß die Stabilitätsanalyse der Ruhelage $\mathbf{p} = \mathbf{0}$ von linearen Abbildungen

$$\mathbf{x} \longmapsto A\mathbf{x} \tag{10.12}$$

mit einer $n \times n$-Matrix A von besonderem Interesse ist. Ist $\chi(z)$ das charakteristische Polynom dieser Matrix, so ist die Ruhelage $\mathbf{p} = \mathbf{0}$ von (10.12) asymptotisch stabil, wenn alle Nullstellen des Polynoms innerhalb des offenen Einheitskreises in der komplexen Zahlenebene liegen. Durch die konforme Abbildung

$$z = \frac{w+1}{w-1} \tag{10.13}$$

wird der abgeschlossene Einheitskreis $|z| \leq 1$ in die linke Hälfte der komplexen Zahlenebene $\operatorname{Re} w \leq 0$ transformiert. Diese Eigenschaft macht man sich bei der Stabilitätsanalyse der Ruhelage $\mathbf{p} = \mathbf{0}$ von (10.12) zunutze.

Beispiel 10.9 Wir betrachten die Abbildung (10.12) bei $n = 2$ mit dem charakteristischen Polynom

$$\chi(z) = a_0 z^2 + a_1 z + a_2. \tag{10.14}$$

Die charakteristische Gleichung $a_0z^2+a_1z+a_2 = 0$ geht durch die Transformation (10.13) über in

$$a_0\left(\frac{w+1}{w-1}\right)^2 + a_1\left(\frac{w+1}{w-1}\right) + a_2 = 0$$

bzw. in

$$w^2(a_0 + a_1 + a_2) + w(2a_0 - 2a_2) + (a_0 - a_1 + a_2) = 0. \tag{10.15}$$

Die Bedingungen dafür, daß alle Nullstellen von (10.15) einen Realteil kleiner Null haben, liefert das Routh-Hurwitz-Kriterium (Satz 10.6). Laut Beispiel 10.5 a) sind bei $a_0 + a_1 + a_2 > 0, a_0 - a_1 + a_2 > 0$ und $a_0 - a_2 > 0$ alle Nullstellen von (10.15) in der linken Hälfte der komplexen Zahlenebene. Für das Polynom (10.14) bedeutet dies, daß alle Nullstellen innerhalb des offenen Einheitskreises liegen. ■

11 Stabilität periodischer Bewegungen

11.1 Zeitkontinuierliche Systeme

Gegeben sei das Vektorfeld

$$\dot{\mathbf{x}} = \mathbf{f}(\mathbf{x}), \tag{11.1}$$

wobei $\mathbf{f} : M \to \mathbb{R}^n$ eine C^r-Abbildung sei, die auf der offenen Menge $M \subset \mathbb{R}^n$ $(n \geq 2)$ den Fluß $\boldsymbol{\varphi}$ erzeuge. Wir nehmen an, daß $\boldsymbol{\varphi}(\cdot, \mathbf{p})$ eine T-periodische Bewegung von (11.1) ist und wollen die orbitale Stabilität dieser Bewegung untersuchen. Dazu wird, parallel zu (11.1), die Variationsgleichung entlang der periodischen Bewegung, d.h. die lineare Differentialgleichung

$$\dot{\mathbf{y}} = D\mathbf{f}(\boldsymbol{\varphi}(t, \mathbf{p}))\mathbf{y} \tag{11.2}$$

mit der T-periodischen Matrix $A(t) = D\mathbf{f}(\boldsymbol{\varphi}(t, \mathbf{p}))$, betrachtet.

Der folgende Satz formuliert in der Sprache der Multiplikatoren der periodischen Bewegung (analog ist die Verwendung der Realteile der charakteristischen Exponenten) eine hinreichende Bedingung für die asymptotische orbitale Stabilität dieser Bewegung. Es sei daran erinnert, daß einer der Multiplikatoren gleich Eins ist.

Satz 11.1 *(Andronov-Witt (z.B. [7])).*

a) Es sei $\boldsymbol{\varphi}(\cdot, \mathbf{p})$ eine nichtkonstante periodische Bewegung von (11.1). Liegen $n-1$ Multiplikatoren dieser Bewegung innerhalb des komplexen Einheiskreises, so ist die periodische Bewegung asymptotisch orbital stabil für $t \to +\infty$. Gibt es mindestens einen Multiplikator ρ_i mit $|\rho_i| > 1$, so ist die Bewegung orbital instabil.

b) Für jede Bewegung $\boldsymbol{\beta}(t)$ hinreichend nahe zu $\boldsymbol{\alpha}(t) = \boldsymbol{\varphi}(t, \mathbf{p})$ existiert eine asymptotische Phase, d.h., wenn $\Lambda > 0$ hinreichend klein ist und $\|\boldsymbol{\beta}(t_1) - \boldsymbol{\alpha}(t_0)\| < \Lambda$ für Zeiten t_0 und t_1 ist, dann existiert eine Konstante $c = c(\boldsymbol{\beta}(\cdot))$, so daß $\lim_{t\to\infty}[\boldsymbol{\beta}(t+c) - \boldsymbol{\alpha}(t)] = 0$ ist.

Beispiel 11.1 a) Für den periodischen Orbit $\varphi(t) = (\cos t, \sin t)^T$ des ebenen Systems (7.6) waren die Multiplikatoren $\rho_1 = e^{-4\pi}$ und $\rho_2 = 1$. Nach Satz 11.1 ist die periodische Bewegung asymptotisch orbital stabil.

b) Liegt außer 1 noch ein weiterer Multiplikator auf der Peripherie des komplexen Einheitskreises, so ist der Satz 11.1 nicht anwendbar, obwohl die periodische Bewegung stabil sein kann.

Als Beispiel sei das ebene System

$$\dot{x} = -y + xf(x^2 + y^2), \quad \dot{y} = x + yf(x^2 + y^2) \tag{11.3}$$

gegeben. Dabei sei $f : (0, +\infty) \to \mathbb{R}$ eine glatte Funktion mit $f(1) = f'(1) = 0$ und $f(r)(r-1) < 0$ für alle $r > 0$ mit $r \neq 1$. Offenbar ist $\varphi(t) = (\cos t, \sin t)^T$ eine 2π-periodische Lösung von (11.3) und

$$Y(t) = \begin{pmatrix} \cos t & -\sin t \\ \sin t & \cos t \end{pmatrix} \cdot \begin{pmatrix} 1 & 0 \\ 0 & 1 \end{pmatrix}$$

die Floquet-Darstellung der Fundamentalmatrix. Aus ihr liest man die Multiplikatoren $\rho_1 = \rho_2 = 1$ ab. Satz 11.1 ist also nicht anwendbar. Die Verwendung von Polarkoordinaten überführt (11.3) in die Form

$$\dot{r} = rf(r^2), \quad \dot{\Theta} = 1.$$

Aus dieser Darstellung folgt leicht, unter Nutzung der Eigenschaften von f, daß der betrachtete periodische Orbit asymptotisch stabil ist. ■

Die Anwendung des Satzes von Andronov-Witt setzt Kenntnisse über Multiplikatoren bzw. charakteristische Exponenten voraus. Dies kann in den folgenden Sätzen umgangen werden, in denen Informationen über die Eigenwerte der symmetrisierten Jacobi-Matrix genutzt werden. Es seien $\lambda_1(\mathbf{x}) \geq \lambda_2(\mathbf{x}) \geq \cdots \geq \lambda_n(\mathbf{x})$ die Eigenwerte der symmetrisierten Jacobi-Matrix $\frac{1}{2}[D\mathbf{f}(\mathbf{x}) + D\mathbf{f}(\mathbf{x})^T]$, die der Größe nach und ihrer algebraischen Vielfachheit nach oft angeführt sind.

Satz 11.2 *(Leonov (z.B. [50])). Es sei $\varphi(\cdot, \mathbf{p})$ eine nicht konstante T-periodische Bewegung von (11.1). Dann gilt:*

a) Ist $\int_0^T [\lambda_1(\varphi(t,\mathbf{p})) + \lambda_2(\varphi(t,\mathbf{p}))]dt < 0$, so ist die Bewegung asymptotisch orbital stabil.

b) Ist $\int_0^T [\lambda_{n-1}(\varphi(t,\mathbf{p})) + \lambda_n(\varphi(t,\mathbf{p}))]dt > 0$, so ist die Bewegung asymptotisch orbital instabil.

Folgerung 11.1 (Poincarè-Kriterium der orbitalen Stabilität). In der Differentialgleichung (11.1) sei $n = 2$, d.h., es liege ein dynamisches System in der Ebene vor. Es sei $\varphi(\cdot, \mathbf{p})$ eine nicht konstante T-periodische Bewegung. Dann gilt

a) Ist $\int_0^T \mathrm{div}\mathbf{f}(\varphi(t,\mathbf{p}))dt < 0$, so ist die periodische Bewegung asymptotisch orbital stabil.

b) Ist $\int_0^T \mathrm{div}\mathbf{f}(\varphi(t,\mathbf{p}))dt > 0$, so ist die periodische Bewegung asymptotisch orbital instabil.

Beweis: Es folgt sofort aus Satz 11.2, da für $n = 2$

$$\lambda_1(\mathbf{x}) + \lambda_2(\mathbf{x}) = \text{spur } D\mathbf{f}(\mathbf{x}) = \text{div } \mathbf{f}(\mathbf{x})$$

für alle $\mathbf{x} \in M$ ist. □

Beispiel 11.2 Gegeben sei im $\mathbb{R}^3$ die Differentialgleichung

$$\dot{x} = x - y - x^3 - xy^2, \quad \dot{y} = x + y - x^2y - y^3, \quad \dot{z} = \varepsilon x, \tag{11.4}$$

in der $\varepsilon \in \mathbb{R}$ ein Parameter ist. Offenbar besitzt (11.4) die periodische Bewegung $\varphi(t) = (\cos t, \sin t, 0)^T$. Direktes Ausrechnen zeigt, daß die symmetrisierte Jacobi-Matrix $\frac{1}{2}[D\mathbf{f}(\mathbf{x}) + D\mathbf{f}(\mathbf{x})^T]$ von (11.4) für $\mathbf{x} = (\cos t, \sin t, 0)^T$ die Eigenwerte ε, 0 und -2 besitzt. Für $\varepsilon > 0$ gilt für die Eigenwerte $\lambda_1 \geq \lambda_2$ der symmetrisierten Jacobi-Matrix entlang der periodischen Bewegung $\lambda_1 + \lambda_2 = \varepsilon$, so daß aufgrund von Satz 11.2 der periodische Orbit instabil ist. Für $\varepsilon \in [-2, 0)$ ist $\lambda_1 + \lambda_2 = \varepsilon < 0$ und für $\varepsilon < -2$ ist $\lambda_1 + \lambda_2 = -2 < 0$, so daß in den beiden letzten Fällen aufgrund von Satz 11.2 der periodische Orbit stabil ist.
Das vorliegende Beispiel zeigt auch, daß das Poincaré-Kriterium für $n > 2$ nicht mehr gilt: Für das Vektorfeld $\mathbf{f}$ von (11.4) ist $\text{div}\mathbf{f}(\mathbf{x}) = \varepsilon - 2$ für alle $\mathbf{x} = (\cos t, \sin t, 0)^T$. Das Kriterium würde also für $\varepsilon > 2$ die Stabilität der periodischen Bewegung garantieren, was für den Bereich $\varepsilon \in (0, 2)$ falsch wäre. ■

11.2 Zeitdiskrete Systeme

Gegeben sei die C^1-Abbildung

$$\varphi : M \to M. \tag{11.5}$$

Es sei $\{\varphi^t(\mathbf{p})\}$ ein T-periodischer Orbit von (11.5). Parallel zu (11.5) betrachten wir die Variationsgleichung

$$\mathbf{y}_{t+1} = D\varphi(\varphi^t(p))\mathbf{y}_t \tag{11.6}$$

mit der T-periodischen Matrix $A_t = D\varphi(\varphi^t(p))$. Es seien $\rho_1, \cdots, \rho_n$ die Multiplikatoren des periodischen Orbits. Wir erinnern daran, daß, im Unterschied zum zeitkontinuierlichen Fall, unter diesen Multiplikatoren nicht unbedingt solche vertreten sind, die auf dem Einheitskreis liegen. Für diese nichtkritische Situation gilt der folgende Satz.

Satz 11.3 *Es sei $\{\varphi^t(\mathbf{p})\}$ eine T-periodische Bewegung von (11.5), für die alle Multiplikatoren $\rho_i \neq 1$ seien. Dann ist der periodische Orbit isoliert, also ein Grenzzyklus, und*

a) asymptotisch stabil, falls $|\rho_i| < 1 \quad (i = 1, ..., n)$ gilt, oder

b) instabil, falls mindestens einer der Multiplikatoren ρ_{i_0} der Bedingung $|\rho_{i_0}| > 1$ genügt.

Beispiel 11.3 a) Für die Abbildung $\varphi : (x,y)^T \longmapsto (y^3,x)^T$ $(x,y)^T \in \mathbb{R}^2$ war in Abschnitt 1.7 der 2-periodische Orbit $\varphi^t(-1,1) = ((-1)^{t+1},(-1)^t)^T$ mit den Multiplikatoren $\rho_1 = \rho_2 = 3$ betrachtet worden. Nach Satz 11.3 ist dieser Orbit instabil.

b) In der Bifurkationstheorie spielt die parameterabhängige Abbildung $\varphi(\cdot,\varepsilon) : x \longmapsto (-1+\varepsilon)x + x^3$ eine wichtige Rolle. Ist $\varepsilon < 0$, so hat diese Abbildung die beiden 2-periodischen Punkte $x_1 = \sqrt{-\varepsilon}$ und $x_2 = -\sqrt{-\varepsilon}$. Wie man leicht sieht, ist für $\varepsilon < 0$ und $|\varepsilon|$ klein die Ungleichung $|D\varphi^2(\pm\sqrt{-\varepsilon})| < 1$ erfüllt. Aufgrund von Satz 11.3 sind beide periodischen Orbits asymptotisch stabil. ■

Der nächste Satz liefert nun eine, wenn auch nicht vollständige, Variante des Satzes 11.1 für Abbildungen.

Satz 11.4 *(Andronov-Witt für Abbildungen [102]). Die Abbildung (11.5) habe in M eine T-periodische Bewegung $\{\varphi^t(\mathbf{p})\}$, und in einer Umgebung $M' \subset M$ dieser Bewegung sei die Matrixfunktion $\mathbf{F}(\mathbf{x}) := D\varphi^T(\mathbf{x}) - E$ vom Rang $r < n$. Dann hat (11.5) in M' ein Kontinuum P von T-periodischen Punkten. Es möge weiter eine reguläre konstante $n \times n$-Matrix S existieren, so daß in M' die Darstellung*

$$SF(\mathbf{x})S^{-1} = \begin{bmatrix} F^0 & 0 \\ F^1(\mathbf{x}) & F^2(\mathbf{x}) \end{bmatrix}$$

gilt. Dabei ist F^0 eine konstante nilpotente $(n-r) \times (n-r)$-Matrix; $F^1(\mathbf{x})$ und $F^2(\mathbf{x})$ sind Matrixfunktionen vom Format $r \times n$ bzw. $r \times r$. Dann gilt:

(1) Für $(n-r)$ Multiplikatoren des periodischen Orbits $\gamma(\mathbf{p})$ gilt $\rho_i = 1 \quad (i = 1,\dots,n-r)$.

(2) Ist außerdem

(a) $F^0 = 0$ und

(b) $|\rho_i| < 1 \quad (i = n-r+1,\dots,n)$

für die restlichen Multiplikatoren, so ist folgende Eigengschaft (E) erfüllt:

(E) Die periodische Bewegung $\{\varphi^t(\mathbf{p})\}$ ist stabil, und es existiert ein $\Delta > 0$, so daß für $\mathbf{x}_0 \in P$ aus $\|\mathbf{x}_0 - \varphi^{t_0}(\mathbf{p})\| < \Delta$ für ein t_0 immer $\lim_{t\to\infty} \|\varphi^t(\mathbf{x}_0) - \varphi^t(\mathbf{p})\| = 0$ folgt.

(3) Ist mindestens eine der Bedingungen (a) oder (b) aus (2) verletzt, so gilt die Aussage (E) nicht.

12 Periodische Punkte von Abbildungen

12.1 Existenz von Fixpunkten

Gegeben sei eine stetige Abbildung

$$\varphi : M \to M \tag{12.1}$$

mit $M \subset \mathbb{R}^n$. Wir wollen uns in diesem Abschnitt mit Fragen der Existenz bzw. Nichtexistenz von Fixpunkten und periodischen Punkten von (12.1) beschäftigen. Wichtigste Instrumentarien für solche Untersuchungen sind Fixpunktsätze, von denen einer der bekanntesten zunächst zitiert werde (z.B. [1]).

Satz 12.1 *(Brouwer). Es sei $K \subset M$ eine nichtleere, kompakte und konvexe Menge. Dann hat die stetige Abbildung $\varphi : K \to K$ einen Fixpunkt.*

Beispiel 12.1 a) Wir betrachten die Lorenz-Abbildung $\varphi : [-\varepsilon, \varepsilon] \to [-\varepsilon, \varepsilon]$, gegeben durch

$$\varphi(x) = \text{sign}x(|x|^\gamma - \varepsilon),$$

wobei $0 < \gamma < 1$ ein beliebiger fixierter Parameter sei und $\varepsilon > 2^{\frac{1}{\gamma-1}}$ ist. Der Graph von φ ist auf Abb. 12.1a) zu sehen. Offenbar hat φ auf $[-\varepsilon, \varepsilon]$ keinen Fixpunkt. Ursache hierfür ist die fehlende Stetigkeit von φ in $x = 0$.

b) Es sei K ein abgeschlossener Ring in der Ebene, charakterisiert durch die beiden Radien $0 < r_0 < r_1$ (Abb. 12.1b). Ist $\alpha \in (0, 2\pi)$ ein fixierter Winkel, so realisiert die Drehung bzgl. $\mathbf{0}$ um diesen Winkel eine Abbildung von K in sich, die keinen Fixpunkt besitzt. Bis auf die Konvexität sind die Voraussetzungen des Satzes von Brouwer erfüllt.

c) Gegeben sei eine einfache Modellgleichung der Evolution der genetischen Struktur von Populationen in der Form

$$\dot{p}_i = f_i(\mathbf{p}) - p_i\theta(\mathbf{p}), \quad i = 1, 2, 3. \tag{12.2}$$

Die glatten Funktionen f_i werden auf dem Simplex σ (Abb. 12.2) mit der Eigenschaft $f_i(\mathbf{p}) \geq 0$ für alle $\mathbf{p} \in \sigma^i := \{\mathbf{p} = (p_1, p_2, p_3)^T : p_i = 0\}$ betrachtet. Die Funktion θ ist durch $\theta(\mathbf{p}) = \sum_{i=1}^3 f_i(\mathbf{p})$ definiert. Ist $\varphi(\cdot, \mathbf{p})$ die Lösung von (12.2) mit Anfang $\mathbf{p} \in \sigma$ zur Zeit $t = 0$, so bleibt diese Lösung für wachsende t im Simplex σ. Betrachtet man bezüglich φ und einem beliebig gewählten Zeitpunkt $\tau > 0$ den Verschiebeoperator $\mathbf{p} \longmapsto \varphi(\tau, \mathbf{p})$, so besitzt dieser aufgrund von Satz 12.1 einen Fixpunkt in σ. ■

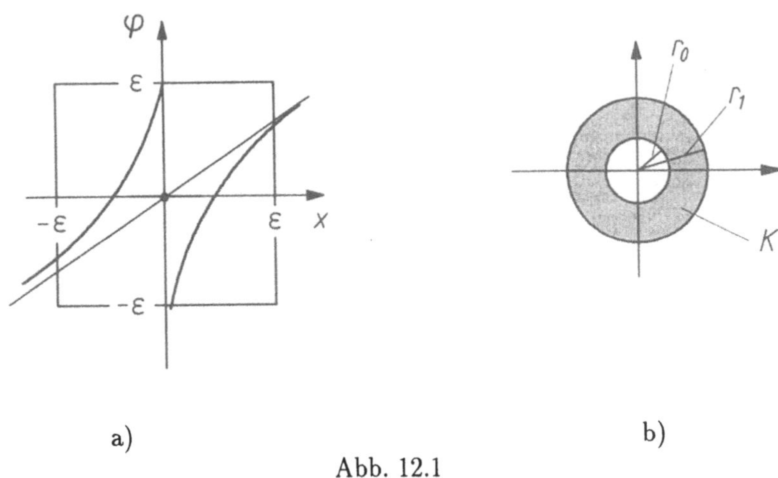

Abb. 12.1

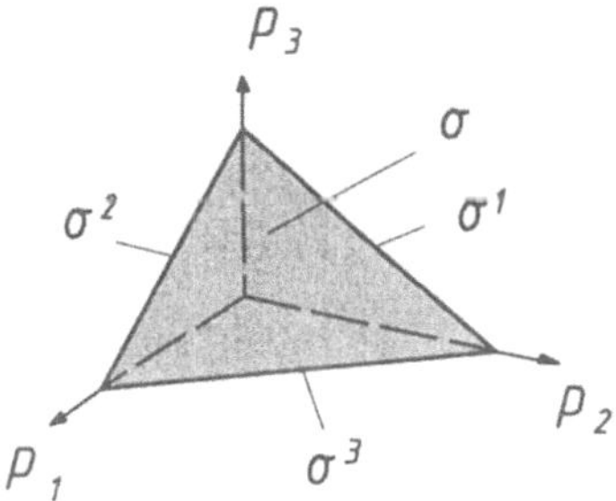

Abb. 12.2

12.2 Existenz unendlich vieler Periodenpunkte

Wir wollen nun die Abbildung (12.1) auf einem abgeschlossenen Intervall I der Zahlengeraden betrachten. Ziel soll es sein, Bedingungen für eine solche Abbildung zu formulieren, unter denen möglichst viele Periodenpunkte von φ auf I existieren.

Satz 12.2 *(Sharkovskij (z.B. [81])). Es sei $\varphi : I \to I$ eine stetige Abbildung eines kompakten Intervalls I in sich,und die positiven ganzen Zahlen seien in der Form*

$$\begin{aligned} &3 \prec 5 \prec 7 \prec 9 \prec \ldots \prec 2 \cdot 3 \prec 2 \cdot 5 \prec 2 \cdot 7 \prec \ldots \\ &\prec 2^2 \cdot 3 \prec 2^2 \cdot 5 \prec \ldots \prec 2^3 \prec 2^2 \prec 2^1 \prec 1 \end{aligned} \tag{12.3}$$

geordnet (Sharkovskij-Ordnung). Dann gilt: Hat φ einen k-periodischen Punkt auf I, so besitzt φ auch m-periodische Punkte für alle positiven ganzen Zahlen m, die der Ungleichung $k \prec m$ genügen, d.h. rechts von k in der Sharkovskij-Ordnung liegen.

Der Satz 12.2 zeigt insbesondere, daß aus der Existenz einer einzigen ungeraden Periode die Existenz unendlich vieler Periodenpunkte folgt. Allerdings ist es im Regelfall schwierig, z.B. den Nachweis für die Existenz eines 3-Periodenpunktes zu erbringen. Es sollen deshalb leichter verifizierbare Bedingungen für stetige Abbildungen auf Intervallen angegeben werden, die ebenfalls unendlich viele Periodenpunkte absichern. Wir sagen dabei, daß eine Abbildung $\varphi : I \to I$ ($I \subset \mathbb{R}$ abgeschlossenes Intervall) die *Eigenschaft (A)* besitzt, wenn folgendes gilt ([55]):

(A1) φ hat auf I unendlich viele Periodenpunkte, die alle voneinander verschieden sind.

(A2) Es existiert eine überabzählbare Menge $S \subset I$, so daß für beliebige $x, y \in S$ mit $x \neq y$ die Beziehungen

$$\limsup_{n\to\infty} |\varphi^n(x) - \varphi^n(y)| > 0 \quad \text{und} \liminf_{n\to\infty} |\varphi^n(x) - \varphi^n(y)| = 0$$

und für beliebiges $x \in S$ und einem beliebigen Periodenpunkt p von φ die Beziehung

$$\limsup_{n\to\infty} |\varphi^n(x) - \varphi^n(p)| > 0$$

erfüllt sind.

Die Forderungen, die unter (A2) aufgeführt sind, bedeuten, daß überabzählbar viele Orbits des bzgl. φ definierten dynamischen Systems existieren sollen, die sich unendlich oft beliebig nahe kommen, sich dann aber wieder voneinander weg bewegen. Außerdem sollen solche Orbits nicht gegen einen periodischen Orbit konvergieren.

Satz 12.3 *Es sei $\varphi : I \to I$ eine stetige Abbildung des kompakten Intervalls I in sich. Dann hat φ genau dann die Eigenschaft (A), wenn es kompakte Teilintervalle I_0 und I_1 von I mit höchstens einem gemeinsamen Punkt und eine ganze Zahl $k > 0$ gibt, so daß*

$$I_0 \cup I_1 \subset \varphi^k(I_0) \cap \varphi^k(I_1) \tag{12.4}$$

gilt.

Beispiel 12.2 Vorgelegt sei die Zeltabbildung $\varphi : [0,1] \to [0,1]$ mit

$$\varphi(x) = \begin{cases} 2x, & 0 \leq x \leq \frac{1}{2}, \\ 2(1-x), & \frac{1}{2} < x \leq 1. \end{cases} \tag{12.5}$$

Der Graph von φ ist auf Abb. 12.3a zu sehen. Man erkennt leicht, daß sich das Ergebnis der Anwendung von φ auf $[0,1]$ als Kopplung einer Streckung mit Faktor 2 und anschließender Faltung interpretieren läßt (Abb. 12.3b). Wir wählen $I_0 = [0, \frac{1}{2}]$ und $I_1 = [\frac{1}{2}, 1]$. Offenbar gilt dabei $\varphi(I_0) = \varphi(I_1) = I$ und $I_0 \cap I_1 = \{1/2\}$. Da φ außerdem I stetig auf sich abbildet, sind für die Abb. 12.6 alle Voraussetzungen des Satzes 12.3 erfüllt. Diese Abbildung hat also auf I die Eigenschaft (A), besitzt deshalb insbesondere unendlich viele Periodenpunkte.■

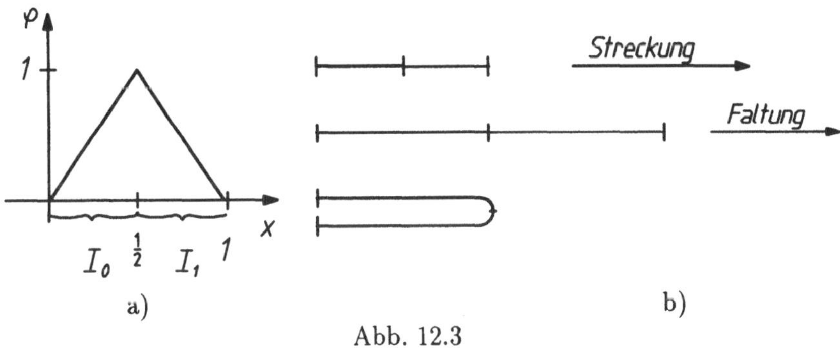

Abb. 12.3

Der Satz von Sharkovskij gilt, wie das folgende Beispiel zeigt, nicht für Abbildungen $\varphi : I \to I$, in denen $I \subset \mathbb{R}^n$ mit $n \geq 2$ ist.

Beispiel 12.3 Gegeben sei die ebene Abbildung

$$\varphi : \begin{pmatrix} x \\ y \end{pmatrix} \longmapsto \begin{pmatrix} -\frac{x}{2} - \frac{\sqrt{3}}{2}y \\ \frac{\sqrt{3}}{2}x - \frac{y}{2} \end{pmatrix}. \tag{12.6}$$

Wie leicht nachzuprüfen ist, bildet φ die abgeschlossene Kugel $K = \{(x,y)^T : x^2 + y^2 \leq 1\}$ in sich ab. Die Abbildung φ läßt sich in der komplexen Form

$\varphi(z) = az(z \in \mathbb{C})$ darstellen, wobei $a = -\frac{1}{2} + i\frac{\sqrt{3}}{2}$ eine dritte Wurzel aus 1 darstellt. Aus dieser Darstellung erkennt man, daß jeder Punkt $(x,y)^T \neq (0,0)^T$ aus K 3-periodisch ist:

$$z \longmapsto az \longmapsto a^2 z \longmapsto z \quad (z = x + iy).$$

Der Koordinatenursprung $(0,0)^T$ ist Fixpunkt. Obwohl die stetige Abbildung φ aus (12.6) die kompakte Menge K in sich abbildet und einen Periodenpunkt der Länge 3 hat, gelten also im vorliegenden Fall analoge Aussagen wie im Sharkovskij-Theorem nicht. ■

Aussagen vom Sharkovskij-Typ für höherdimensionale Abbildungen lassen sich deshalb nur für Abbildungen mit starken Zusatzeigenschaften formulieren.

Satz 12.4 *(Kloeden ([45])). Es seien I_j (j=1,...,n) kompakte Intervalle und $I := I_1 \times I_2 \times ... \times I_n$. Ist $\varphi : I \to I$ eine stetige Abbildung, deren j-te Komponente φ_j (j=1,2,...,n) die Form*

$$\varphi_j(x_1, x_2, ..., x_j, ..., x_n) = \tilde{\varphi}_j(x_1, x_2, ..., x_j)$$

besitzt, d.h. jeweils nur von den ersten j Koordinaten $x_1, ..., x_j$ abhängig ist, so gilt für $\varphi : I \to I$ die Aussage des Satzes von Sharkovskij.

12.3 Stückweise lineare Abbildungen

Die Voraussetzungen der Sätze von Sharkovskij und Kloeden sind relativ schwierig zu überprüfen. Wir diskutieren deshalb noch einen anderen Zugang zur Absicherung der Existenz unendlich vieler Periodenpunkte in Abbildungen, der wesentlich die stückweise lineare Struktur einer Abbildung ausnutzt. Die beiden folgenden Sätze gehen auf [13] zurück.

In der Formulierung dieser Sätze werden die Fibonacci-Zahlen verwendet. Dies sind Zahlen, die sich aus der Iterationsvorschrift

$$F_{n+1} = F_n + F_{n-1}, \qquad n = 1, 2, ...,$$

mit den Startwerten $F_0 = 0$ und $F_1 = 1$ bestimmen lassen.

Satz 12.5 *Gegeben sei die Abbildung* $\varphi : \mathbb{R} \to \mathbb{R}$ *durch*

$$x \longmapsto \alpha x + \beta|x| - 1, \tag{12.7}$$

in der α *und* β *Parameter sind. Dann sind die Ungleichungen*

$$\beta > 0 \quad \text{und} \quad \beta^2 - \alpha^2 \geq \alpha + \beta + 1 \tag{12.8}$$

notwendig und hinreichend dafür, daß (12.7) für jedes $n = 2, 3, \ldots$ *mindestens* F_{n-1} *unterschiedliche Punkte der Periode* n *besitzt.*

Wir betrachten als Anwendung von Satz 12.5 ein allgemeines zeitdiskretes Feedback-System

$$\mathbf{x} \longmapsto A\mathbf{x} + \mathbf{b}\Phi(\mathbf{c}^T\mathbf{x}), \tag{12.9}$$

in dem A eine konstante $n \times n$-Matrix, $\mathbf{b}$ und $\mathbf{c}$ konstante n-Vektoren sind und $\Phi : \mathbb{R} \to \mathbb{R}$ eine Funktion darstellt, die noch näher beschrieben wird.

Indem außerdem die Transfer-Funktion (siehe Satz 12.6) des linearen Teils von (12.9) herangezogen wird, können im weiteren hinreichende Bedingungen für ein dynamisches Verhalten des Feedback-Systems (12.9) formuliert werden, das wir *chaotisch* im Sinne von [13] nennen wollen. Es ist dadurch gekennzeichnet, daß das durch (12.9) erzeugte dynamische System $\{\varphi^t\}$ gleichzeitig periodische Bewegungen mit Perioden beliebiger Länge und eine Familie aus überabzählbar vielen beschränkten nicht periodischen Bewegungen besitzt. Für beliebige zwei verschiedene Bewegungen mit Anfang $\mathbf{p}$ bzw. $\mathbf{q}$ aus dieser Familie gibt es dabei ein $\varepsilon > 0$, so daß die Ungleichung $\|\varphi^t(\mathbf{p}) - \varphi^t(\mathbf{q})\| \geq \varepsilon$ für alle hinreichend großen t gilt.

Für eine kompakte Formulierung des nächsten Satzes werden für zwei Parameter α und β, die den Ungleichungen (12.8) genügen, die folgenden Ausdrücke vereinbart:

$$\begin{aligned}
l &= \frac{\alpha^2 - \beta^2 + \alpha + \beta + 1}{(\alpha - \beta)^2(\alpha + \beta)}, \\
r &= \frac{\alpha^2 - \beta^2 + \alpha + \beta + 1}{(\alpha + \beta)^2(\alpha - \beta)}, \\
\eta_0 &= \min\{|\, l\,|, r\}, \\
\eta_1 &= \max\{1, \beta - \alpha - 1\}, \\
k_1(\alpha, \beta) &= \frac{\eta_0}{\eta_0 + 2\eta_1}, \\
k_2(\alpha, \beta) &= \frac{(\beta - \alpha)(\beta - \alpha + 1)}{\beta^2 - \alpha^2 - 1} + \frac{1}{\beta - \alpha - 1}.
\end{aligned}$$

Satz 12.6 *Die Transfer-Funktion*

$$\chi(s) = \mathbf{c}^T(sI - A)^{-1}\mathbf{b} \quad (s \in \mathbb{C} : \det(sI - A) \neq 0)$$

des linearen Teils von (12.9) habe die Gestalt

$$\chi(s) = \frac{\beta}{-\alpha + s + h(s)},$$

in der h eine echt gebrochen-rationale Funktion ist, deren Pole im Innern des komplexen Einheitskreises liegen, und α sowie β Parameter sind, die den strengen Ungleichungen (12.8) genügen. Die Nichtlinearität Φ in (12.9) sei so, daß die Funktion $g(y) := \Phi(y) - |y| + 1$ eine Lipschitz-Bedingung auf $\mathbb{R}$ mit der Konstanten m erfüllt. Schließlich sei

$$k_2(\alpha, \beta)(m + \|h\|_\infty) < k_1(\alpha, \beta).$$

($\|h\|_\infty$ ist die Norm von h in L^∞.) Dann hat die Abbildung (12.9) für jedes $n = 2, 3, \ldots$ mindestens F_{n-2} verschiedene Periodenpunkte der Länge n und eine überabzählbare Menge nichtperiodischer Punkte S mit folgenden Eigenschaften:
Sind $\mathbf{p} \neq \mathbf{q}$ aus S beliebig und sind $\{\varphi^t(\mathbf{p})\}$ bzw. $\{\varphi^t(\mathbf{q})\}$ die beiden durch (12.9) erzeugten positiven Semi-Orbits, so ist

$$\|\varphi^t(\mathbf{p}) - \varphi^t(\mathbf{q})\| \geq \frac{\beta(\beta^2 - \alpha^2 - \alpha - \beta - 1)}{(\alpha - \beta)^2(\alpha + \beta)^2} > 0$$

für alle hinreichend großen $t \in \mathbb{N}$.

12.4 Über das Fehlen invarianter Kurven

Wir betrachten wieder die Abbildung (12.1) und setzen voraus, daß $M \subset \mathbb{R}^n$ eine offene Menge ist und φ stetig differenzierbar ist. Es möge weiter eine kompakte Menge $K_0 \subset \mathbb{R}^n$ existieren, so daß

$$\varphi(M) \subset K_0 \subset M \tag{12.10}$$

gilt. Dann genügt offensichtlich für beliebige $t = 0, 1, \ldots$ die Iterierte φ^t der Inklusion $\varphi^{t+1}(K_0) \subset \varphi^t(K_0)$. Deshalb ist der Schnitt $K := \bigcap_{t=0,1,\ldots} \varphi^t(K_0)$ nicht leer, kompakt und invariant unter φ, d.h. $\varphi(K) = K$. Darüber hinaus ist K die maximale φ-invariante Menge in M, d.h., für jede Menge $U \subset M$ mit $\varphi(U) = U$ gilt $U \subset K$. Es seien, unter Beachtung ihrer algebraischen Vielfachheit, mit

$$\alpha_1(\mathbf{x}) \geq \alpha_2(\mathbf{x}) \geq \ldots \geq \alpha_n(\mathbf{x}) \geq 0$$

für beliebige $\mathbf{x} \in M$ die Singulärwerte der Jacobi - Matrix $D\varphi(\mathbf{x})$ bezeichnet, d.h., $\alpha_i^2(\mathbf{x})$ $(i = 1, ..., n)$ sind die Eigenwerte der Matrix $D\varphi(\mathbf{x})^T D\varphi(\mathbf{x})$.

Satz 12.7 *(Smith ([97])). Gegeben sei auf der einfach zusammenhängenden Menge $M \subset \mathbb{R}^n$ die stetig differenzierbare Abbildung (12.1), und es gebe eine kompakte Menge K_0, so daß (12.10) erfüllt ist. Weiter sei K die aus K_0 konstruierte maximale φ-invariante Menge. Ist dann*

$$\max_{\mathbf{x} \in K} \alpha_1(\mathbf{x}) \cdot \alpha_2(\mathbf{x}) < 1, \tag{12.11}$$

so hat φ in M keine einfach geschlossene φ-invariante Kurve. Ist dabei φ sogar analytisch in M, dann hat φ in M höchstens eine endliche Anzahl von Fixpunkten.

Bemerkung 12.1 a) Die Aussage von Satz 12.7 über die Nichtexistenz φ - invarianter einfach geschlossener Kurven gilt auch für stetige Abbildungen, wenn anstelle der Bedingung (12.11) vorausgesetzt wird, daß die Hausdorff-Dimension von K kleiner 2 ist.

b) Vergleicht man für analytisches φ den Sachverhalt über die endliche Anzahl der Fixpunkte mit dem Satz von Dulac für Differentialgleichungen in der Ebene (Bemerkung 13.1), so ergibt sich hier eine interessante Analogie! □

12.5 Windungszahl

Vorgelegt sei eine bzgl. $G = \mathbb{Z}$ äquivariante Abbildung $\hat{\varphi} : \mathbb{R} \to \mathbb{R}$, d.h. eine Abbildung $\hat{\varphi}$, die der Beziehung $\hat{\varphi}(\theta + 1) = \hat{\varphi}(\theta) + 1$ $(\theta \in \mathbb{R})$ genügt. Es sei $\varphi : S^1 \to S^1$ die von $\hat{\varphi}$ auf $S^1 = \mathbb{R}/G$ erzeugte Abbildung. Offensichtlich ist $[\theta] \in S^1$ genau dann ein q-periodischer Punkt von φ, wenn eine ganze Zahl p existiert, so daß $\hat{\varphi}^q(\theta) = \theta + p$ ist. Die Abbildung $\varphi : S^1 \to S^1$ heißt *orientierungstreu*, wenn es eine zugehörige geliftete Abbildung $\hat{\varphi}$ gibt, die monoton wachsend ist. Ist $\hat{\varphi}$ ein monoton wachsender Homöomorphismus, so läßt sich zeigen, daß für jedes $x \in \mathbb{R}$ der Grenzwert

$$\lim_{|n| \to \infty} \frac{\hat{\varphi}^n(x)}{n}$$

existiert und dieser Grenzwert unabhängig von x ist. Es kann deshalb der Ausdruck $\rho(\hat{\varphi}) := \lim_{|n| \to \infty} \frac{\hat{\varphi}^n(x)}{n}$ definiert werden, wobei $x \in \mathbb{R}$ beliebig ist. Ist $\varphi : S^1 \to S^1$ ein Homöomorphismus und sind $\hat{\varphi}$ und $\hat{\hat{\varphi}}$ zwei von φ geliftete Abbildungen, so gilt $\rho(\hat{\varphi}) = \rho(\hat{\hat{\varphi}}) + k$ mit einem $k \in \mathbb{Z}$. Aufgrund der letzten Eigenschaft läßt sich die *Rotationszahl* (oder *Windungszahl*) $\rho(\varphi)$ eines orientierungstreuen Homöomorphismus $\varphi : S^1 \to S^1$ als $\rho(\varphi) = \rho(\hat{\varphi}) \bmod 1$ definieren, wobei $\hat{\varphi}$ eine beliebige von φ geliftete Abbildung ist. Im folgenden Satz sind die wichtigsten Eigenschaften der Rotationszahl aufgeführt ([38]).

Satz 12.8 *Es sei $\varphi : S^1 \to S^1$ ein orientierungstreuer Homöomorphismus. Dann gilt:*

a) $\rho(\varphi)$ ist genau dann rational, wenn eine ganze Zahl $q > 0$ existiert, so daß φ einen q-periodischen Punkt hat.

b) $\rho(\varphi)$ sei irrational. Dann hängt für beliebiges $p \in S^1$ die ω-Grenzmenge $\omega(p)$ nicht von p ab. Dabei ist entweder $\omega(p) = S^1$ $(\forall p \in S^1)$ oder $\omega(p)$ ist für alle p nirgends dicht in S^1.

c) $\rho(\varphi)$ sei irrational und φ habe den Lift $\hat{\varphi}(x) = x + \alpha$ mit einer Zahl $\alpha \in \mathbb{R}$. Dann gilt $\omega(p) = S^1$ für alle $p \in S^1$.

d) $\rho(\varphi) =: \alpha$ sei irrational. Dann gilt $\omega(p) = S^1$ für alle $p \in S^1$ dann und nur dann, wenn φ einen Lift $\hat{\varphi}$ besitzt, der topologisch konjugiert zur reinen Drehung $x \longmapsto x + \alpha$ ist.

e) (Satz von Denjoy). Es sei $\rho(\varphi)$ eine irrationale Zahl und φ habe einen Lift $\hat{\varphi}$, der ein C^2-Diffeomorphismus ist. Dann ist φ topologisch konjugiert zu einer reinen Drehung, deren geliftete Abbildung $x \longmapsto x + \alpha$ lautet.

13 Existenz periodischer Orbits bei Differentialgleichungen

13.1 Verallgemeinertes Bendixson-Poincaré-Theorem

Gegeben sei die Differentialgleichung

$$\dot{\mathbf{x}} = \mathbf{f}(\mathbf{x}), \tag{13.1}$$

in der $\mathbf{f} : M \subset \mathbb{R}^n \to \mathbb{R}^n$ ein glattes Vektorfeld mit globalem Fluß φ sei. Der klassische Existenzsatz für periodische Lösungen von Differentialgleichungen in der Ebene geht auf Bendixson und Poincaré zurück.

Satz 13.1 *(Bendixson-Poincaré). Die Differentialgleichung (13.1) sei in $M \subset \mathbb{R}^2$ gegeben. Es sei $\varphi(\cdot, \mathbf{p})$ eine Integralkurve von (13.1), für die der positive Semiorbit $\gamma^+(\mathbf{p})$ beschränkt ist. Enthält dann die ω-Grenzmenge $\omega(\mathbf{p})$ des Semiorbits keine Ruhelagen von (13.1), so besteht $\omega(\mathbf{p})$ aus einem einzigen periodischen Orbit von (13.1).*

Der Satz von Bendixson-Poincaré gilt in der vorliegenden Fassung nicht für Differentialgleichungen im $\mathbb{R}^n$ mit $n \geq 3$. Im weiteren wird deshalb eine verallgemeinerte Variante dieses Satzes für beliebiges n formuliert, die Satz 13.1 als Spezialfall enthält. Wir betrachten der Einfachheit halber in (13.1) $M = \mathbb{R}^n$. Dazu werden folgende Voraussetzungen benötigt:

(V1) Es existiere eine abgeschlossene Menge $S \subset \mathbb{R}^n$, in der $\mathbf{f}$ einer Lipschitz-Bedingung genügt.

(V2) Es seien $\lambda > 0$ und $\varepsilon_1 > 0$ Zahlen und $V(\mathbf{x}) = \mathbf{x}^T H \mathbf{x}$ eine quadratische Form mit einer konstanten reellen $n \times n$-Matrix $H = H^T$, die zwei negative Eigenwerte und $n-2$ positive Eigenwerte besitzt. Für zwei beliebige Lösungen φ_1 und φ_2 von (13.1) gelte bzgl. ihrer Differenz $\mathbf{y}(t) := \varphi_1(t) - \varphi_2(t)$ die Ungleichung

$$\dot{V}(\mathbf{y}(t)) + 2\lambda V(\mathbf{y}(t)) \leq -\varepsilon \|\mathbf{y}(t)\|^2$$

für alle die $t \in \mathbb{R}$, für die $\varphi_1(t) \in S$ und $\varphi_2(t) \in S$ erfüllt ist.

Satz 13.2 *(Smith [96]). Für die Differentialgleichung (13.1) seien die Bedingungen (V1) und (V2) bzgl. einer Menge S erfüllt. Es sei $\varphi(\cdot, \mathbf{p})$ eine Integralkurve von (13.1), für die der positive Semiorbit $\gamma^+(\mathbf{p})$ beschränkt ist und der Inklusion $\gamma^+(\mathbf{p}) \subset S$ genügt. Enthält die ω-Grenzmenge $\omega(\mathbf{p})$ keine Ruhelagen von (13.1), so besteht $\omega(\mathbf{p})$ aus einem einzigen periodischen Orbit von (13.1).*

Zur Illustration des Satzes von Smith wollen wir zeigen, daß aus ihm sofort der Satz von Bendixson-Poincarè folgt. Es sei $S \subset \mathbb{R}^2$ eine hinreichend große kompakte Menge, für die $\gamma^+(\mathbf{p}) \subset S$ gilt,und $L > 0$ sei eine Lipschitz-Konstante für **f** auf S. Eine solche Konstante existiert, da S kompakt und **f** ein glattes Vektorfeld ist. Wir betrachten für $\lambda > L$ die quadratische Form

$$V(\mathbf{x}) = -\frac{1}{2(\lambda - L)}\|\mathbf{x}\|^2.$$

Offenbar hat die Matrix von V zwei negative Eigenwerte. Weiter gilt für zwei beliebige Lösungen φ_1 und φ_2 von (13.1) mit $\mathbf{y}(t) = \varphi_1(t) - \varphi_2(t)$ die Beziehung

$$\begin{aligned}(\lambda - L)\dot{V}(\mathbf{y}(t)) + 2\lambda(\lambda - L)V(\mathbf{y}(t)) &= -\mathbf{y}(t)^T[f(\varphi_1(t)) - f(\varphi_2(t))] - \lambda\|\mathbf{y}(t)\|^2 \\ &\leq (L - \lambda)\|\mathbf{y}(t)\|^2,\end{aligned}$$

falls φ_1 und φ_2 in S liegen. Damit ist also auch die Bedingung (V2) erfüllt, und die Aussage des Satzes von Bendixson-Poincaré folgt aus dem verallgemeinerten Satz von Smith. Sowohl der Satz von Bendixson-Poincaré als auch der Satz von Smith als verallgemeinerte Variante garantieren unter den angegebenen Bedingungen nur die Existenz periodischer Orbits, sagen aber nichts über die orbitale Stabilität dieser Orbits aus. Wir führen deshalb noch einen weiteren Satz an, der vom Vorhandensein einer schwach absorbierenden Menge U für die Differentialgleichung (13.1) ausgeht. Die anziehende Menge in U ist dann unter den Voraussetzungen (V1) und (V2) einfach zu beschreiben:

Satz 13.3 *(Smith [96]). Für die Differentialgleichung (13.1) existiere eine schwach absorbierende Menge U und mit $S = \bar{U}$ und einer quadratischen Form V sei die Bedingung (V2) erfüllt. Enthält U keine Ruhelagen von (13.1), so strebt jeder positive Semiorbit in U für $t \to \infty$ gegen einen geschlossenen Orbit in U. Dabei enthält U mindestens einen stabilen periodischen Orbit. Ist f aus (13.1) sogar analytisch im $\mathbb{R}^n$, so enthält U nur eine endliche Anzahl periodischer Orbits, von denen mindestens einer stabil ist.*

Bemerkung 13.1 Ist **f** aus (13.1) ein analytisches Vektorfeld in der Ebene, so besitzt die Differentialgleichung (13.1) nach dem Satz von Dulac höchstens eine endliche Anzahl von Zyklen in der Ebene. □

13.2 Van der Pol-artige Differentialgleichungen

In Anwendungsaufgaben gestaltet sich die Überprüfung der Voraussetzungen für die Sätze 13.1-13.3 oft recht schwierig. Wir präsentieren deshalb in diesem Abschnitt eine Existenzaussage über periodische Orbits für Differentialgleichungen (13.1), die in einer speziellen Struktur als Feedback-Systeme gegeben sind.

Betrachtet wird das System

$$\dot{\mathbf{x}} = A\mathbf{x} + \mathbf{b}\xi, \quad \sigma = \mathbf{c}^T\mathbf{x}, \quad \xi = \Psi(\sigma)\dot{\sigma}. \tag{13.2}$$

Hierbei ist A eine konstante reguläre $n \times n$-Matrix, $\mathbf{b}$ und $\mathbf{c}$ sind konstante n-Vektoren und $\Psi : \mathbb{R} \to \mathbb{R}$ ist eine C^1-Funktion, die der Bedingung $\mathbf{c}^T\mathbf{b} \cdot \Psi(\sigma) \neq 1 \quad (\sigma \in \mathbb{R})$ genügt. Wir nehmen an, daß das System (13.2) dissipativ nach Levinson ist. Aus dieser Annahme resultiert die Existenz einer Zahl $R > 0$, so daß

$$\limsup_{t \to +\infty} \|\varphi(t, \mathbf{p})\| < R$$

für jede Integralkurve $\varphi(\cdot, \mathbf{p})$ von (13.2) ist. Es bezeichne $\chi(s) := \mathbf{c}^T(A - sI)^{-1}\mathbf{b}$ die Übertragungsfunktion des linearen Teils von (13.2). Sie ist für alle $s \in \mathbb{C}$ mit $\det(A - sI) \neq 0$ definiert. Schließlich sei

$$\Delta := \sup_{\substack{\|\mathbf{p}\| = 2R \\ t \in [0, +\infty)}} \|\varphi(t, \mathbf{p})\|.$$

Satz 13.4 *(Leonov [50]). Folgende Bedingungen seien erfüllt:*

(i) $\chi(\cdot)$ *ist eine echt gebrochen-rationale Funktion, deren Nennerpolynom den Grad* n *hat.*

(ii) Es gibt Zahlen $\nu_1 \leq \nu_2$, *so daß* $\nu_1 \leq \Psi(\sigma) \leq \nu_2$ *für alle* $\sigma \in [-2\Delta\|\mathbf{c}\|, 2\Delta\|\mathbf{c}\|]$ *und* $\nu_1 \leq 0 \leq \Psi(0) \leq \nu_1 + \nu_2$ *gilt. Ist dabei* $\nu_1 = 0$, *soll sogar* $\Psi(0) > 0$ *erfüllt sein.*

(iii) Die Gleichung $[1 + \psi(0)s\chi(s)]\det(A - sI) = 0$ *hat genau zwei Nullstellen mit positivem Realteil und besitzt keine Nullstellen im Streifen* $-\lambda_0 \leq \operatorname{Re} s \leq 0$, *wobei* $\lambda_0 > 0$ *eine Zahl ist.*

(iv) Mit einem $\lambda \in (0, \lambda_0]$ *gilt für alle* $\omega \geq 0$ *die Ungleichung*

$$1 + (\nu_1 + \nu_2)\operatorname{Re}[(i\omega - \lambda)\chi(i\omega - \lambda)] + \nu_1\nu_2|(i\omega - \lambda)\chi(i\omega - \lambda)|^2 \geq 0.$$

Dann hat das System (13.2) einen nichtkonstanten periodischen Orbit.

Beispiel 13.1 Wir betrachten die Van der Pol-Gleichung

$$\ddot{z} + \varepsilon(z^2 - 1)\dot{z} + z = 0,$$

die wir mit den neuen Variablen $x = \dot{z}$ und $y = z$ als ebenes System

$$\dot{x} - \varepsilon(1 - y^2)\dot{y} - y, \qquad \dot{y} - x \tag{13.3}$$

mit einem Parameter $\varepsilon > 0$ schreiben. Wie in Abschnitt 5.2 festgestellt wurde, ist die Differentialgleichung (13.3) dissipativ nach Levinson. Es sei $R > 0$ der Radius einer Kugel, in die asymptotisch alle positiven Semiorbits von (13.3) für $t \to \infty$ münden. Weiter sei

$$\Delta := \sup_{\substack{\|x_0\|=2R \\ t\geq 0}} \|\varphi(t, x_0)\| \quad \text{und} \quad \delta := \varepsilon(4\Delta^2 - 1).$$

Dann gilt $\delta - \varepsilon(x^2 - 1) \geq 0$ für $x \in [-2\Delta, 2\Delta]$.
Wir schreiben die Differentialgleichung (13.3) in der Form (13.2) als

$$\dot{x} = -y - \delta x + [\delta - \varepsilon(y^2 - 1)]\dot{y}, \qquad \dot{y} = x. \tag{13.4}$$

Die Übertragungsfunktion χ des linearen Teils lautet demzufolge $\chi(s) = -\frac{1}{s^2+\delta s+1}$, so daß Bedingung (i) des Satzes 13.4 erfüllt ist. Mit den Zahlen $\nu_1 = 0$ und $\nu_2 = 4\varepsilon\Delta^2$ ist auch (ii) erfüllt. Die Bedingung (iii) ist äquivalent zur Forderung, daß beide Nullstellen des Polynoms $s^2 - \varepsilon s + 1$ positiven Realteil besitzen. Letzteres ist offenbar erfüllt. Die Bedingung (iv) lautet

$$1 + 4\varepsilon\Delta^2 \mathrm{Re}\,[(i\omega - \lambda)\chi(i\omega - \lambda)] \geq 0 \quad (\forall \omega \geq 0)$$

und ist genau dann erfüllt, wenn

$$(\lambda^2 - \omega^2 - \lambda\delta + 1)^2 + (\delta\omega - 2\omega\lambda)^2 + 4\varepsilon\Delta^2[(\lambda - \delta)(\lambda^2 + \omega^2) + \lambda)] \geq 0 \quad (\forall \omega \geq 0)$$

ist, was offenbar für beliebiges $\lambda > \delta$ der Fall ist. Damit sind alle Voraussetzungen des Satzes 13.4 überprüft, und das System (13.3) hat demzufolge einen nichtkonstanten periodischen Orbit. ∎

13.3 Zyklen zweiter Art für Differentialgleichungen auf dem Zylinder

Gegeben sei im $\mathbb{R}^n$ die Differentialgleichung

$$\dot{\mathbf{x}} = \mathbf{f}(\mathbf{x}) \tag{13.5}$$

mit globalem glattem Fluß $\hat{\varphi} : \mathbb{R} \times \mathbb{R}^n \to \mathbb{R}$. Es existiere ein $\mathbf{d} \in \mathbb{R}^n, \mathbf{d} \neq \mathbf{0}$, so daß $\mathbf{f}(\mathbf{x} + \mathbf{d}) = \mathbf{f}(\mathbf{x})$ für alle $\mathbf{x} \in \mathbb{R}^n$. Es sei $G := \{k\mathbf{d}, k \in \mathbb{Z}\}$, und

$$\varphi : \mathbb{R} \times \mathbb{R}^n/G \to \mathbb{R}^n/G \tag{13.6}$$

sei das durch (13.5) auf dem Zylinder $\mathbb{R}^n/G$ erzeugte dynamische System. Offenbar werden alle Zyklen von (13.5) durch die Faktorisierung auch Zyklen von (13.6) auf dem Zylinder. Andererseits kann es nicht geschlossene Orbits von $\hat{\varphi}$ geben, die erst auf dem Zylinder zu geschlossenen Orbits werden. Diese heißen *Zyklen zweiter Art*.

Wir betrachten (13.5) in der speziellen Form

$$\dot{\mathbf{z}} = A\mathbf{z} + \mathbf{b}\Phi(\sigma) \qquad \dot{\sigma} = \mathbf{c}^T\mathbf{z}, \tag{13.7}$$

wobei $A, \mathbf{b}$ und $\mathbf{c}$ Matrizen der Ordnungen $n \times n$, $n \times 1$ bzw. $n \times 1$ sind und die Funktion Φ durch

$$\Phi(\sigma) = \sin(\sigma + \sigma_0) - \sin\sigma_0 \qquad (\sigma \in \mathbb{R}) \tag{13.8}$$

gegeben ist, wobei $\sigma_0 \in (0, \frac{\pi}{2})$ fixiert ist. Parallel zu (13.7) betrachten wir die skalare Differentialgleichung zweiter Ordnung

$$\ddot{\sigma} + a\dot{\sigma} + \Phi(\sigma) = 0 \tag{13.9}$$

bzw. das äquivalente System

$$\dot{\sigma} = \eta, \qquad \dot{\eta} = -a\eta - \Phi(\sigma), \tag{13.10}$$

wobei $a > 0$ ein Parameter sei. Der folgende Satz aus [53, 50] stellt eine Verallgemeinerung des klassischen Ergebnisses für die Pendelgleichung dar.

Satz 13.5 *(Verallgemeinerter Satz von Hayes). Die Funktion $\chi(s) = \mathbf{c}^T(A - sI)^{-1}\mathbf{b}$ sei echt gebrochen - rational und der Grad des Nennerpolynoms sei n. Weiter sei $\mathbf{c}^T\mathbf{b} < 0$, und es existiere eine Zahl $\lambda > 0$, so daß folgende Bedingungen erfüllt sind:*

(i) $Re\,\chi(i\omega - \lambda) < 0 \quad (\forall \omega \in \mathbb{R})$ *und* $\lim_{\omega\to\infty} \omega^2 Re\,\chi(i\omega - \lambda) < 0$.

(ii) A ist eine Hurwitz-Matrix (d.h. alle Eigenwerte haben negativen Realteil), während die Matrix $A + \lambda I$ einen positiven Eigenwert und $n - 1$ Eigenwerte mit negativem Realteil besitzt.

(iii)

$$\lambda^2 \leq (-\mathbf{c}^T\mathbf{b})(\sqrt{3\cos^2\sigma_0 + 1} - 2\cos\sigma_0).$$

Dann hat das System (13.7), (13.8) einen Zyklus zweiter Art.

Folgerung 13.1 (Satz von Hayes). Gegeben sei die Differentialgleichung (13.9) mit der Nichtlinearität (13.8). Es gelte die Ungleichung

$$a^2 \leq \sqrt{3\cos^2\sigma_0 + 1} - 2\cos\sigma_0).$$

Dann hat (13.10) einen Zyklus zweiter Art.

13.4 Schwach gestörte Hamilton-Systeme

In einem einfach zusammenhängenden Gebiet $D \subset \mathbb{R}^2$ wird das System

$$\dot{x} = \frac{\partial H}{\partial y} + \varepsilon p(x,y), \quad \dot{y} = -\frac{\partial H}{\partial x} + \varepsilon q(x,y), \tag{13.11}$$

betrachtet. Hierbei seien $H : D \to \mathbb{R}$ eine stetig differenzierbare und $p, q : D \to \mathbb{R}$ stetige Funktionen, so daß (13.11) in D einen Fluß besitze; ε sei ein Parameter. Bei $\varepsilon = 0$ ist (13.11) ein Hamilton-System und hat deshalb H als Erstes Integral in D. Wir setzen voraus, daß es Zahlen $h_1 < h_2$ gibt, so daß für alle $h \in (h_1, h_2)$ die Niveaumengen $\{(x,y)^T \in \mathbb{R}^2 : H(x,y) = h\}$ geschlossene Kurven in D seien. Für beliebige $h \in (h_1, h_2)$ sei

$$\Psi(h) := \oint_{\{(x,y)^T \in \mathbb{R}^2 : H(x,y) = h\}} [-q\, dx + p\, dy] \tag{13.12}$$

das Kurvenintegral entlang der Niveaulinie mit Parameter h. Es wird vorausgesetzt, daß es ein $h^* \in (h_1, h_2)$ mit $\Psi(h^*) = 0$ und $\Psi'(h^*) \neq 0$ gibt.

Satz 13.6 *(Pontryagin [8]). Ist unter den obigen Voraussetzungen $\Psi'(h^*) < 0$ (> 0), so hat (13.11) für hinreichend kleine $\varepsilon > 0$ einen stabilen (instabilen) Grenzzyklus nahe der Kurve $\{(x,y)^T : H(x,y) = h^*\}$, der bei $\varepsilon \to 0$ in diese übergeht.*

Beispiel 13.2 Wir betrachten erneut die Van der Polsche Differentialgleichung (13.3), in der ε als kleiner positiver Parameter interpretiert wird. Bei $\varepsilon = 0$ ist (13.3) ein Hamilton-System mit $H(x,y) = \frac{x^2+y^2}{2}$ als Hamilton-Funktion. Offensichtlich sind für alle $h > 0$ die Niveaumengen $\{(x,y)^T : H(x,y) = h\}$ Kreislinien im $\mathbb{R}^2$ und folglich geschlossene Kurven. Die Berechnung des Kurvenintegrals (13.12) entlang solcher Kreislinien zeigt, daß $\Psi(2) = 0$ und $\Psi'(2) < 0$ gelten. Damit sind alle Voraussetzungen des Satzes 13.6 überprüft. Nach diesem Satz besitzt die Van der Polsche Differentialgleichung (13.3) für kleine $\varepsilon > 0$ einen stabilen Grenzzyklus, der nahe der Kreislinie $\{(x,y)^T : x^2 + y^2 = 4\}$ verläuft. ■

13.5 Verallgemeinertes Bendixson-Dulac-Kriterium

Vorgelegt sei die allgemeine Differentialgleichung (13.1) in $M = \mathbb{R}^n$. In Abschnitt 6.2 wurde für $n = 2$ das negative Bendixson-Dulac-Kriterium über das Fehlen periodischer Orbits in (13.1) formuliert. Dieses Kriterium gilt für $n \geq 3$ nicht, wie das folgende Beispiel zeigt.

Beispiel 13.3 Wir betrachten im $\mathbb{R}^3$ die Differentialgleichung

$$\dot{x} = y, \quad \dot{y} = -x, \quad \dot{z} = -2z. \tag{13.13}$$

Obwohl für die rechte Seite von (13.13) $\operatorname{div} \mathbf{f}(x,y,z) \equiv -2 < 0$ gilt, hat (13.13) die nicht konstante periodische Lösung

$$\varphi(t) = (\cos t, \sin t, 0)^T \quad (t \in \mathbb{R}).$$

■

Für Phasenräume $M = \mathbb{R}^n$ mit $n \geq 2$ läßt sich folgende Aussage über das Fehlen periodischer Bewegungen in (13.1) formulieren, die das Bendixson-Dulac-Kriterium für $n = 2$ als Spezialfall enthält.
Es seien

$$\lambda_1(\mathbf{x}) \geq \lambda_2(\mathbf{x}) \geq \ldots \geq \lambda_n(\mathbf{x})$$

die Eigenwerte der symmetrisierten Jacobi-Matrix

$$\frac{1}{2}[D\mathbf{f}(\mathbf{x}) + D\mathbf{f}(\mathbf{x})^T]$$

der rechten Seite von (13.1) in einem beliebigen Punkt $\mathbf{x} \in \mathbb{R}^n$. Jeder Eigenwert wird seiner algebraischen Vielfachheit entsprechend oft aufgeführt. Weiter sei $V : \mathbb{R}^n \to \mathbb{R}$ eine C^1-Funktion und bezeichne $\dot{V}(\mathbf{x}) =< \operatorname{grad} V(\mathbf{x}), \mathbf{f}(\mathbf{x}) >$ für $\mathbf{x} \in \mathbb{R}^n$ die Ableitung von V in Richtung des Vektorfeldes $\mathbf{f}$ aus (13.1).

Satz 13.7 *Gilt für alle $\mathbf{x} \in \mathbb{R}^n$ die Ungleichung*

$$\lambda_1(\mathbf{x}) + \lambda_2(\mathbf{x}) + \dot{V}(\mathbf{x}) < 0 \qquad (13.14)$$

oder die Ungleichung

$$\lambda_{n-1}(\mathbf{x}) + \lambda_n(\mathbf{x}) + \dot{V}(\mathbf{x}) > 0, \qquad (13.15)$$

so hat (13.1) keine nichtkonstanten periodischen Lösungen.

Das Bendixson-Dulac-Kriterium für $M = \mathbb{R}^2$ folgt sofort aus Satz 13.7. Besonders einfach ist dies für den Spezialfall $\alpha(x,y) \equiv 1$ aus Folgerung 6.2 zu sehen: Wir wählen für Satz 13.7 ebenfalls $V(x,y) \equiv 1$ und erhalten die Ungleichung $\lambda_1(x,y) + \lambda_2(x,y) = \operatorname{div} \mathbf{f}(x,y) < 0$ bzw. $\operatorname{div} \mathbf{f}(x,y) > 0$ für $(x,y)^T \in \mathbb{R}^2$ als hinreichende Bedingungen für das Fehlen periodischer Bewegungen in (13.1).

13.6 Index einer Ruhelage

Ein weiteres Hilfsmittel, um über die Existenz periodischer Bewegungen in (13.1) zu entscheiden, ist der Indexbegriff. Es sei $\mathbf{p}$ eine isolierte Ruhelage von (13.1), d.h. in einer Umgebung von $\mathbf{p}$ existiere außer $\mathbf{p}$ keine weitere Ruhelage von (13.1), und es sei $\det D\mathbf{f}(\mathbf{p}) \neq 0$. Der *Index der Ruhelage* $\mathbf{p}$ von $\mathbf{f}$ wird mit $\operatorname{ind}(\mathbf{p}, \mathbf{f})$ bezeichnet und ist durch die Beziehung

$$\operatorname{ind}(\mathbf{p}, \mathbf{f}) :- \operatorname{sign} \det D\mathbf{f}(\mathbf{p})$$

definiert. Der folgende Satz gibt eine von vielen Möglichkeiten an, um über den Index eine Aussage zur Nichtexistenz periodischer Bewegungen zu machen.

Satz 13.8 *(Smith [96]). Die Voraussetzung (V2) aus Abschnitt 13.1 sei für eine beschränkte Umgebung S der isolierten Ruhelage* $\mathbf{p}$ *von (13.1) erfüllt, und es gelte* $(-1)^n \cdot ind(\mathbf{p}, \mathbf{f}) \leq 0$. *Dann hat (13.1) in S keine nichtkonstanten periodischen Lösungen.*

Folgerung 13.2 (Bendixson). Für die Differentialgleichung (13.1) sei $n = 2$, (13.1) habe genau eine Ruhelage $\mathbf{p}$ und es gelte $\text{ind}\,(\mathbf{p}, \mathbf{f}) = -1$. Dann hat die Differentialgleichung (13.1) keine nichtkonstanten periodischen Orbits.

Beweis: Für $n = 2$ ist, wie im Abschnitt 13.1 gezeigt wurde, die Voraussetzung (V2) in einer beliebigen beschränkten Umgebung S von $\mathbf{p}$ immer erfüllt. Außerdem gilt $(-1)^2\, \text{ind}\,(\mathbf{p}, \mathbf{f}) < 0$. Laut Satz 13.8 hat dann die Differentialgleichung (13.1) keine nichtkonstanten periodischen Bewegungen. □

Bemerkung 13.2 Insbesondere für die Phasenraumdimension n=2 existieren weitere Indexaussagen, die oft von praktischem Nutzen sind. So geht die folgende Eigenschaft ebenfalls auf Bendixson zurück:

Es sei in (13.1) n=2. Dann kann für die Differentialgleichung (13.1) ein geschlossener Orbit nicht existieren, wenn (13.1) keine Ruhelagen besitzt.

Das folgende einfache Beispiel zeigt, daß für $n > 2$ diese Aussage nicht mehr stimmt. Vorgelegt sei im $\mathbb{R}^3$ die Differentialgleichung

$$\dot{x} = xz - y, \quad \dot{y} = zy + x, \quad \dot{z} = 1 - x^2 - y^2. \tag{13.16}$$

Offensichtlich hat (13.16) die periodische Lösung

$$\varphi(t) = (\cos t, \sin t, 0)^T \quad (t \in \mathbb{R}).$$

Wie man leicht nachprüfen kann, hat (13.16) aber keinerlei Ruhelagen im $\mathbb{R}^3$. □

14 Zur Existenz rekurrenter und fast-perodischer Orbits

14.1 Zeitkontinuierliche Systeme

Gegeben sei die Differentialgleichung

$$\dot{\mathbf{x}} = \mathbf{f}(\mathbf{x}) \tag{14.1}$$

mit globalem C^r-Fluß φ. Wir wollen, analog zur Diskussion der periodischen Lösungen einer Differentialgleichung, auch für die Existenz rekurrenter bzw. fast-periodischer Lösungen in (14.1) hinreichende Bedingungen formulieren. Dies geschieht in sehr geraffter Form; ausführlich wird dieses Problem in [25] diskutiert.

Satz 14.1 *Ist $\gamma^+(\mathbf{p})$ ein beschränkter positiver Semi-Orbit von (14.1), so gibt es auch einen Punkt $\mathbf{q} \in M$, so daß die Bewegung $\varphi(\cdot, \mathbf{q})$ von (14.1) mit Anfang $\mathbf{q}$ rekurrent ist und $\gamma^+(\mathbf{q}) \subset \omega(\mathbf{p})$ gilt, d.h. der positive Semi-Orbit durch $\mathbf{q}$ in der ω-Grenzmenge des Punktes $\mathbf{p}$ enthalten ist.*

Um sogar die Existenz fast-periodischer Orbits in (14.1) aus dem Vorliegen eines beschränkten positiven Semi-Orbits ableiten zu können, reicht es aus, daß dieser Semi-Orbit gleichmäßig Lyapunov-stabil ist.

Satz 14.2 *(Sell-Deysach). Es sei $\varphi(\cdot, \mathbf{p})$ eine gleichmäßig Lyapunov-stabile Lösung von (14.1) mit beschränktem positivem Semi-Orbit $\gamma^+(\mathbf{p})$. Dann existiert für die Differentialgleichung (14.1) auch eine fast-periodische Lösung $\varphi(\cdot, \mathbf{q})$, die gleichmäßig Lyapunov-stabil ist und für die $\gamma^+(\mathbf{q}) \subset \omega(\mathbf{p})$ gilt.*

14.2 Zeitdiskrete Systeme

Wir betrachten das Problem der Existenz rekurrenter Orbits für Abbildungen $\varphi : \mathbb{R}^n \to \mathbb{R}^n$ am Beispiel eines digitalen Systems der automatischen Steuerung, gegeben durch

$$\mathbf{x} \longmapsto A\mathbf{x} + \mathbf{b}\Phi(\mathbf{c}^T\mathbf{x}). \tag{14.2}$$

In (14.2) sei A eine konstante $n \times n$-Matrix, die mindestens einen Eigenwert außerhalb des Einheitskreises hat. Es seien weiter $\mathbf{b}$ und $\mathbf{c}$ konstante n-Vektoren, und es sei $\mathbf{\Phi} : \mathbb{R} \to \mathbb{R}$ eine Nichtlinearität, gegeben durch

$$\Phi(\sigma) = \Delta[\frac{\sigma}{\Delta} + \frac{1}{2}\text{sign } \sigma], \tag{14.3}$$

wobei $[\cdot]$ den ganzzahligen Anteil einer Zahl bezeichnet und $\Delta \neq 0$ ein Parameter ist.

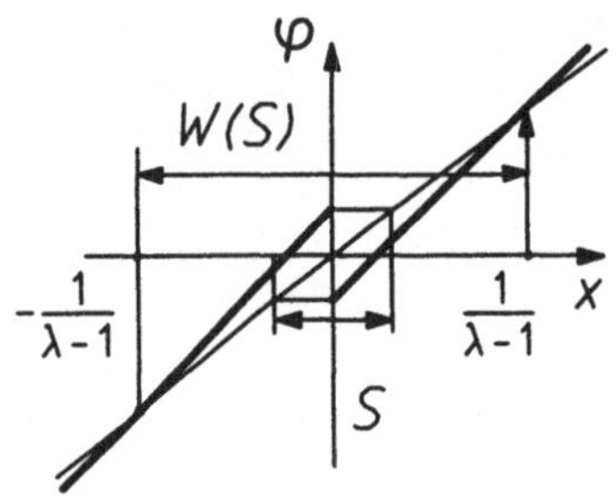

Abb. 14.1

Satz 14.3 *([47]) Das digitale System (14.2)-(14.3) besitze eine beschränkte asymptotisch-stabile Menge S, die eine echte Teilmenge des Einzugsgebietes W(S) ist. Dann strebt jede Bewegung $\{\varphi^t(\mathbf{p})\}$ von (14.2)-(14.3) mit $\mathbf{p} \in W(S)$ für $t \to +\infty$ zu einer rekurrenten Bewegung dieses Systems.*

Beispiel 14.1 Wir betrachten die Abbildung φ, gegeben durch die Vorschrift

$$\varphi(x) = \begin{cases} \lambda x - 1 & , x > 0 \\ \lambda x + 1 & , x < 0, \end{cases} \tag{14.4}$$

in der $\lambda \in (1,2)$ ein Parameter ist. Die Abbildung (14.4) erzeugt ein dynamisches System $\{\varphi^t\}_{t\in\mathbb{Z}_+}$ auf

$$M := \mathbb{R} \setminus \bigcup_{k=0}^{\infty} (\varphi^k)^{-1}(0).$$

Anhand der Iterationsverläufe (Abb. 14.1) erkennt man, daß jede Bewegung $\{\varphi^t(p)\}$ mit p aus $W(S) := \{p : |p| < \frac{1}{\lambda-1}\}$ in das Intervall $\{x : |x| \leq 1\}$ gelangt und dort verbleibt. Es läßt sich zeigen ([47]), daß die Menge aller periodischen Orbits von $\{\varphi^t\}$ in $M \cap [-1,1]$ höchstens abzählbar unendlich ist und alle periodischen Orbits instabil nach Lyapunov sind. Weiter wird in [47] gezeigt, daß fast alle Bewegungen in $M \cap [-1,1]$ nicht-periodisch und rekurrent sind. ■

Wir formulieren abschließend noch eine allgemeine Aussage über die Existenz fast-periodischer Bewegungen in Systemen, die durch eine stetige Abbildung

$$\varphi : M \to M \tag{14.5}$$

mit $M \subset \mathbb{R}^n$ gegeben sind.

Satz 14.4 *Dafür, daß eine Bewegung $\{\varphi^t(\mathbf{p})\}_{t\in\mathbb{Z}_+}$ von (14.5) mit beschränktem positivem Semi-Orbit $\gamma^+(\mathbf{p})$ fast-periodisch ist, ist notwendig und hinreichend, daß allen Punkten $\mathbf{q} \in \overline{\gamma^+(\mathbf{p})}$ (d.h. aus der Abschließung dieser Menge) gleichmäßig Lyapunov-stabile Bewegungen $\{\varphi^t(\mathbf{q})\}$ entsprechen.*

15 Strukturelle Stabilität

15.1 Zeitkontinuierliche Systeme

Wir betrachten auf der offenen Menge $M \subset \mathbb{R}^n$ die C^r-glatten Vektorfelder

$$\dot{\mathbf{x}} = \mathbf{f}(\mathbf{x}) \tag{15.1}$$

mit globalem Fluß $\{\varphi^t\}_{t \in \mathbb{R}}$. Es sei $U \subset M$ eine weitere offene Menge. Wir setzen voraus, daß die Abschließung $\bar{U} \subset M$ kompakt ist und der Rand ∂U von U eine $(n-1)$-dimensionale glatte Untermannigfaltigkeit des $\mathbb{R}^n$ ist. $X^1(U)$ sei die Menge aller Äquivalenzklassen von Vektorfeldern (15.1), die durch folgende Äquivalenzrelation gebildet werden:

$$\mathbf{f} \sim \mathbf{g} \Leftrightarrow \mathbf{f}(\mathbf{x}) = \mathbf{g}(\mathbf{x}) \quad \text{für alle } \mathbf{x} \in U. \tag{15.2}$$

Jede Klasse aus $X^1(U)$ identifizieren wir mit einem ihrer Repräsentanten. Sind $\mathbf{f}, \mathbf{g} \in X^1(U)$ zwei solche Repräsentanten, wird die Größe

$$d(\mathbf{f}, \mathbf{g}) := \sup_{\mathbf{x} \in U} \|\mathbf{f}(\mathbf{x}) - \mathbf{g}(\mathbf{x})\| + \sup_{\mathbf{x} \in U} \|D\mathbf{f}(\mathbf{x}) - D\mathbf{g}(\mathbf{x})\| \tag{15.3}$$

definiert. Im ersten Teil der rechten Seite bedeutet $\|\cdot\|$ die Vektornorm, im zweiten die Operatornorm einer Matrix. Es läßt sich zeigen, daß $d(\cdot,\cdot)$ eine Metrik darstellt und der entstandene metrische Raum vollständig ist. Wir bezeichnen nun mit $X^1_+(U) \subset X^1(U)$ diejenigen Vektorfelder (15.1), für die folgende Zusatzeigenschaften gelten:

1) $\mathbf{f}(\mathbf{p}) \notin T_{\mathbf{p}}(\partial U)$ für beliebiges $\mathbf{p} \in \partial U$;

2) $\varphi^t(\partial U) \subset U$ für alle hinreichend kleinen $t > 0$.

Wie leicht zu sehen ist, folgt aus 1) und 2) die Inklusion $\varphi^t(\bar{U}) \subset U$ für $t > 0$, d.h., U ist absorbierend für die Vektorfelder (15.1). Die Eigenschaften 1) und 2) und die Kompaktheit von $\bar{U}$ garantieren weiter, daß $X^1_+(U)$ eine offene Teilmenge von $X^1(U)$ ist.
Es sei ein Vektorfeld (15.1) aus $X^1_+(U)$ gegeben. Das Vektorfeld $\mathbf{f}$ heißt *strukturell stabil*, wenn sich ein $\delta > 0$ angeben läßt, so daß ein Vektorfeld $\mathbf{g} \in X^1(U)$ mit $d(\mathbf{f}, \mathbf{g}) < \delta$ immer topologisch äquivalent zum Vektorfeld $\mathbf{f}$ auf U ist. Aufgrund der Offenheit von $X^1_+(U)$ kann eine solche δ-Umgebung von Vektorfeldern um $\mathbf{f}$ vollständig in $X^1_+(U)$ gewählt werden.

Beispiel 15.1 Gegeben sei die ebene Differentialgleichung

$$\dot{x} = -y + x(\varepsilon - x^2 - y^2), \quad \dot{y} = x + y(\varepsilon - x^2 - y^2), \tag{15.4}$$

in der $\varepsilon \in (-1, 1)$ ein Parameter ist, d.h. das parameterabhängige Vektorfeld $\mathbf{f}(\cdot, \varepsilon) : \mathbb{R}^2 \to \mathbb{R}^2$. Wir wählen die Menge $U := \{(x,y)^T : x^2 + y^2 < 2\}$ als offene

Kreisscheibe. Offenbar ist $\partial U := \{(x,y)^T : x^2 + y^2 = 2\}$. Die auf $\mathbb{R}^2$ definierte skalarwertige Funktion $V(x,y) := \frac{1}{2}(x^2+y^2)$ hat bzgl. des Vektorfeldes $\mathbf{f}(.,\varepsilon)$ von (15.4) auf $\mathbb{R}^2$ die Ableitung

$$\dot{V}(x,y) = (x^2+y^2)(\varepsilon - x^2 - y^2).$$

Wegen $\dot{V}(x,y)|_{(x,y)^T \in \partial U} < 0$ zeigt das Vektorfeld $\mathbf{f}(.,\varepsilon)$ aus (15.4) in das Innere der Kreisscheibe. Dies und die Glattheit des Randes ∂U garantieren, daß U absorbierend für das parameterabhängige Vektorfeld (15.4) ist.

Wir wollen zeigen, daß das Vektorfeld $\mathbf{f}(.,0)$ aus (15.4) strukturell instabil ist. Für den oben definierten Abstand d gilt

$$\begin{aligned} d(\mathbf{f}(.,\varepsilon),\mathbf{f}(.,0)) &= \sup_{(x,y)^T \in U} \|(\varepsilon x, \varepsilon y)^T\| + \sup_{(x,y)^T \in U} \left\| \begin{bmatrix} \varepsilon & 0 \\ 0 & \varepsilon \end{bmatrix} \right\| \\ &= |\varepsilon|\sqrt{2} + |\varepsilon| = |\varepsilon|(\sqrt{2}+1). \end{aligned} \tag{15.5}$$

Für $\varepsilon \in (-1,0]$ zeigt die Hilfsfunktion V, daß jeder Orbit von $\mathbf{f}(.,\varepsilon)$ mit Anfang in U für $t \to \infty$ gegen die Ruhelage $(0,0)^T$ strebt (Abb. 15.1a). Im Parameterbereich (0,1) gehen wir von (15.4) zur Polarkoordinatendarstellung

$$\dot{r} = r(\varepsilon - r^2), \qquad \dot{\theta} = 1 \tag{15.6}$$

über. Für beliebiges $\varepsilon \in (0,1)$ erfüllt offenbar $r(t) \equiv \sqrt{\varepsilon}, \theta(t) = t$ die Differentialgleichung (15.6). Demzufolge ist

$$x(t) = \sqrt{\varepsilon}\cos t, \quad y(t) = \sqrt{\varepsilon}\sin t \quad (t \in \mathbb{R})$$

eine periodische Lösung von (15.4). Wegen

$$\operatorname{div} \mathbf{f}(x,y,\varepsilon)|_{\substack{x(t)=\sqrt{\varepsilon}\cos t \\ y(t)=\sqrt{\varepsilon}\sin t}} = -4\varepsilon < 0$$

ist aufgrund von Satz 11.2 diese periodische Lösung asymptotisch orbital stabil (Abb. 15.1b). In jeder Umgebung von $\mathbf{f}(.,0)$ (im Sinne von $X^1(U)$) existieren also wegen (15.5) Vektorfelder $\mathbf{f}(.,\varepsilon)$ mit hinreichend kleinem $\varepsilon > 0$, die einen asymptotisch stabilen periodischen Orbit besitzen und die demzufolge nicht topologisch äquivalent zu $\mathbf{f}(.,0)$ sind. ∎

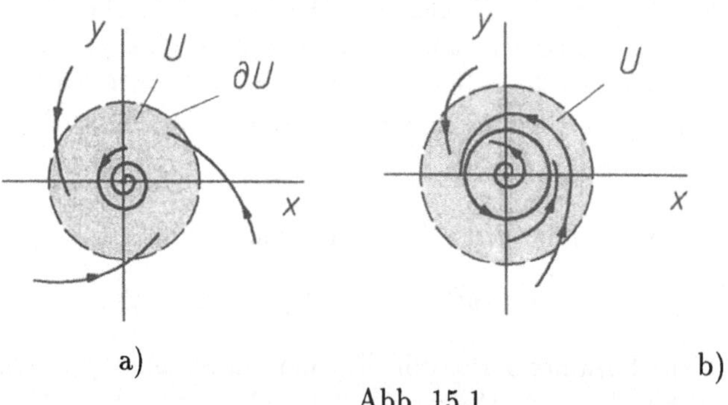

Abb. 15.1

Bemerkung 15.1 Wie in Abschnitt 17.1 näher beschrieben wird, findet bei $\varepsilon = 0$ in (15.4) eine Hopf-Bifurkation statt: Die Ruhelage $(0,0)^T$ wird mit dem Auftreten rein imaginärer Eigenwerte in der zugehörigen Jacobi-Matrix instabil und übergibt die Stabilität an den asymptotisch stabilen periodischen Orbit, dessen Amplitude $\sqrt{\varepsilon}$ bei $\varepsilon \to 0+0$ ebenfalls gegen Null geht. Es handelt sich also hierbei um ein "weiches" Einsetzen eines Grenzzyklus in (15.4). Die Stabilitätsgrenze $\varepsilon = 0$ für die Ruhelage wird deshalb auch "ungefährlich" genannt.
Im Gegensatz dazu kommt es in einem System, dessen Polarkoordinatendarstellung in $\mathbb{R}^2 \setminus \{(0,0)^T\}$

$$\dot{r} = r[(r-1)^2 - \varepsilon], \qquad \dot{\theta} = 1$$

lautet, zum "harten" Einsetzen eines Grenzzyklus. Bei $\varepsilon < 0$ ist ständig $\dot{r} > 0$, so daß kein Grenzzyklus vorliegen kann (Abb. 15.2a). Bei $\varepsilon = 0$ entspricht sofort $r(t) \equiv 1$ einem periodischer Orbit, der, wie das Vorzeichen von $\dot{r}$ zeigt, instabil ist (Abb. 15.2b).

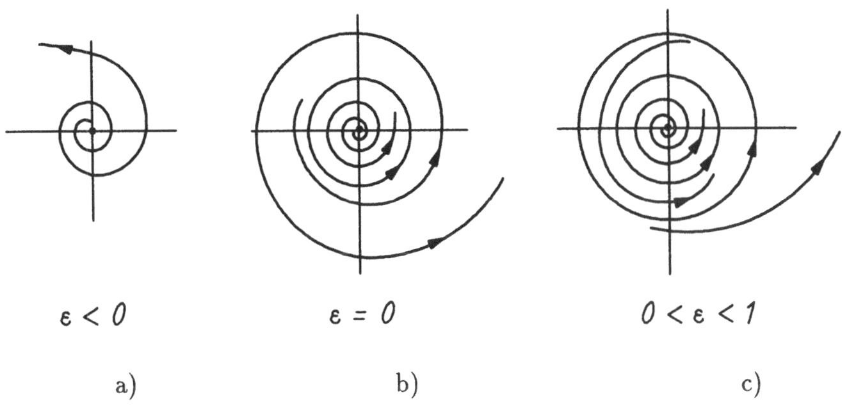

Abb. 15.2

Für $0 < \varepsilon < 1$ existieren ein asymptotisch stabiler periodischer Orbit, gegeben durch $r(t) \equiv 1 - \sqrt{\varepsilon}$, und ein instabiler periodischer Orbit, gegeben durch $r(t) \equiv 1 + \sqrt{\varepsilon}$ (Abb. 15.2c). □

15.2 Zeitdiskrete Systeme

Auf der offenen Menge $M \subset \mathbb{R}^n$ seien C^r-Diffeomorphismen

$$\varphi : M \to M \tag{15.7}$$

gegeben. Es sei wieder $U \subset M$ eine offene Teilmenge mit kompakter Abschließung $\bar{U}$ in M. Der Rand ∂U sei eine $(n-1)$-dimensionale glatte Untermannigfaltigkeit des $\mathbb{R}^n$. Es sei $\mathrm{Diff}^1(U)$ die Menge aller Äquivalenzklassen von C^r-Diffeomorphismen (15.7), die wie oben durch die Äquivalenzrelation (15.2) gebildet werden. Jede Klasse aus $\mathrm{Diff}^1(U)$ wird mit einem Repräsentanten identifiziert. Der Abstand zwischen zwei solchen Repräsentanten φ und ψ soll als $d(\varphi, \psi)$ nach (15.5) berechnet werden. Es seien $\mathrm{Diff}^1_+(U) \subset \mathrm{Diff}^1(U)$ diejenigen Diffeomorphismen φ, für die $\varphi(\bar{U}) \subset U$ gilt. Da $\bar{U}$ kompakt mit glattem Rand ist, bildet $\mathrm{Diff}^1_+(U)$ wieder eine offene Teilmenge von $\mathrm{Diff}^1(U)$. Der Diffeomorphismus $\varphi \in \mathrm{Diff}^1_+(U)$ (und damit auch das dynamische System $\{\varphi^t\}_{t\in\mathbb{Z}}$) heißt *strukturell stabil*, wenn sich ein $\delta > 0$ angeben läßt, so daß jeder Diffeomorphismus $\psi \in \mathrm{Diff}^1(U)$ mit $d(\varphi, \psi) < \delta$ topologisch konjugiert zu φ auf $\bar{U}$ ist. Die δ-Umgebung von φ kann wieder vollständig aus $\mathrm{Diff}^1_+(U)$ gewählt werden.

15.3 Morse-Smale-Systeme und Generizität

Die Vektorfelder (15.1) seien auf $M \subset \mathbb{R}^2$ gegeben. Die Menge $U \subset M$ sei wie in Abschnitt 15.1 eingeführt. Insbesondere sei ∂U jetzt eine glatte einfach geschlossene Kurve, auf der das Vektorfeld (15.1) jeweils in U zeigt. Unter diesen Voraussetzungen läßt sich der folgende Satz aus [9] beweisen.

Satz 15.1 *Gegeben sei ein ebenes strukturell stabiles System (15.1) mit* $\mathbf{f} \in X^1_+(U)$. *Dann gilt:*

a) Das System (15.1) hat in $\bar{U}$ nur eine endliche Anzahl von Ruhelagen und periodischen Orbits.

b) Die Vereinigung aller dieser Ruhelagen und periodischen Orbits stimmt mit der Menge der nicht wandernden Punkte des positiven Semiflusses von (15.1) in $\bar{U}$ überein.

Phasenporträts, wie sie auf Abb. 15.3 zu sehen sind, können also in einem ebenen strukturell stabilen System nicht auftreten. Ebenfalls unter den oben formulierten Bedingungen gilt der folgende, auf Andronov und Pontryagin zurückgehende Satz.

Satz 15.2 *Die ebene Differentialgleichung (15.1) mit* $\mathbf{f} \in X^1_+(U)$ *ist genau dann strukturell stabil, wenn gilt:*

a) Alle Ruhelagen und periodischen Orbits von (15.1) in $\bar{U}$ sind hyperbolisch.

b) Es gibt keine Separatrizen in $\bar{U}$, die aus einem Sattelpunkt kommen und in einen Sattelpunkt laufen, d.h., es gibt keine heteroklinen bzw. homoklinen Orbits wie in Abb. 15.3.

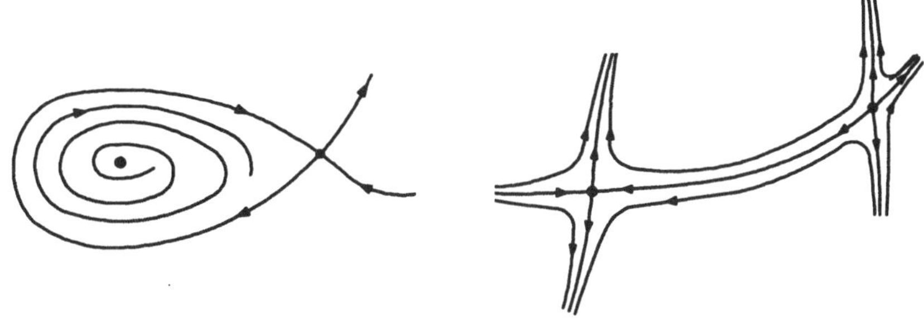

Abb. 15.3

Als Verallgemeinerung der Klasse der ebenen Differentialgleichungen, die die Voraussetzungen von Satz 15.2 erfüllen, sind die Morse-Smale-Systeme zu betrachten.

Das dynamische System $\{\varphi^t\}_{t\in\Gamma}$ auf M heißt *Morse-Smale-System*, wenn folgende Bedingungen erfüllt sind:

a) Das System hat höchstens endlich viele Ruhelagen und periodische Orbits. Alle Ruhelagen und periodischen Orbits sind dabei hyperbolisch.

b) Die stabilen und instabilen Mannigfaltigkeiten von Ruhelagen bzw. periodischen Orbits besitzen, wenn sie sich schneiden, transversale Schnitte.

c) Die Menge aller nicht wandernden Punkte besteht nur aus Ruhelagen und periodischen Orbits.

Die oben betrachteten ebenen Systeme aus $X^1_+(U)$ sind genau dann Morse-Smale-Systeme, wenn die Bedingungen a) und b) von Satz 15.2 erfüllt sind. Analoge Aussagen gelten auch für glatte Vektorfelder auf einer zweidimensionalen kompakten orientierbaren Mannigfaltigkeit M (z.B. $T^2 = S^1 \times S^1$). Ein solches Vektorfeld ist genau dann strukurell stabil, wenn es ein Morse-Smale-System ist. Außerdem ist die Menge aller Morse-Smale-Systeme in diesem Falle offen und dicht im Raum der Vektorfelder über M mit C^1-Metrik (Satz von Peixoto). Die Menge der Morse-Smale-Systeme aus unserem Raum $X^1_+(U)$ ist für $n > 2$ ebenfalls offen, und jedes $f \in X^1_+(U)$ ist strukturell stabil. Die Morse-Smale-Systeme sind aber nicht mehr dicht, d.h., in $X^1_+(U)$ mit $n > 2$ können strukturell stabile Vektorfelder existieren, die keine Morse-Smale-Systeme sind. Solche Systeme lassen sich schon im $\mathbb{R}^3$ konstruieren, wenn als Poincaré-Abbildung das Smale'sche Hufeisen auftritt (Abschnitt 21.3).

Abschließend sollen noch einige Bemerkungen zum Begriff "typische Eigenschaft" eines dynamischen Systems gemacht werden.

Es sei (X, d) ein metrischer Raum. Die Menge $A \subset X$ gehört zur *zweiten Baireschen Kategorie*, wenn eine Teilmenge $B \subset A$ als abzählbarer Schnitt $B =$

$\bigcap_{m=1,2,\ldots} B_m$ über offene und in X dichte Mengen B_m darstellbar ist. Jede Menge aus X, die nicht zur zweiten Baireschen Kategorie zählt, heißt Menge der ersten Baireschen Kategorie. Eine Menge, die zur zweiten Baireschen Kategorie gehört, wird auch *residuell* oder *massiv* genannt. Die Mengen der ersten Kategorie heißen auch *dünn*. Als Beispiel für massive Mengen seien $\mathbb{R}$ mit der Standardmetrik und die Teilmenge der irrationalen Zahlen genannt. Nach dem Satz von Peixoto ist z.B. die Menge der Morse-Smale-Systeme aus $X^1_+(U)$ massiv in $(X^1_+(U), d)$, wobei d hier durch (15.5) gegeben ist.

Eine Eigenschaft, die gewisse Elemente des metrischen Raumes (X, d) besitzen, heißt *typisch* oder *generisch*, wenn die Gesamtheit aller Elemente von X mit dieser Eigenschaft eine massive Menge in (X, d) bildet. Morse-Smale-Systeme sind also typisch für Vektorfelder auf einer zweidimensionalen kompakten orientierbaren Mannigfaltigkeit.

Teil II

Bifurkationen in Morse-Smale-Systemen

16 Reduktion auf die Zentrumsmannigfaltigkeit

Gegeben sei auf $M \subset \mathbb{R}^n$ ein dynamisches System $\{\varphi_\varepsilon^t\}_{t\in\Gamma}$, das zusätzlich von einem Parameter $\varepsilon \in V \subset \mathbb{R}^l$ abhängen soll. Die Menge V sei offen und es gelte $\mathbf{0} \in V$. Jede Änderung der topologischen Struktur des Phasenporträts des dynamischen Systems bei kleiner Änderung des Parameters heißt *Bifurkation*. Der Wert $\varepsilon = \mathbf{0}$ heißt *Bifurkationswert*, wenn in jeder Umgebung von $\mathbf{0}$ Parameterwerte $\varepsilon \in V$ existieren, so daß die dynamischen Systeme $\{\varphi_\varepsilon^t\}$ und $\{\varphi_0^t\}$ auf M topologisch nicht äquivalent bzw. nicht konjugiert sind. Man unterscheidet *lokale* Bifurkationen, die nahe einzelner Orbits des dynamischen Systems ablaufen, und *globale* Bifurkationen, die sofort einen großen Teil des Phasenraumes betreffen.

16.1 Zeitkontinuierliche Systeme

Gegeben sei die parameterabhängige Differentialgleichung

$$\dot{\mathbf{x}} = \mathbf{f}(\mathbf{x}, \varepsilon), \tag{16.1}$$

wobei $\mathbf{f} : M \times V \to \mathbb{R}^n$ eine C^r-Abbildung sei. ($M \subset \mathbb{R}^n$ und $V \subset \mathbb{R}^l$ sind offene Mengen.) Die Differentialgleichung (16.1) habe bei $\varepsilon = \mathbf{0}$ die Ruhelage $\mathbf{x} = \mathbf{0}$. Es seien $\lambda_1, ..., \lambda_s$ die Eigenwerte von $D_\mathbf{x}\mathbf{f}(\mathbf{0},\mathbf{0})$ mit $\mathrm{Re}\lambda_j = 0$. Außerdem habe $D_\mathbf{x}\mathbf{f}(\mathbf{0},\mathbf{0})$ genau m Eigenwerte mit negativem und $k = n - s - m$ Eigenwerte mit positivem Realteil.

Wir wollen zunächst für parameterabhängige Vektorfelder den Begriff der topologischen Äquivalenz präzisieren. Dazu sei neben (16.1) ein weiteres Vektorfeld

$$\dot{\mathbf{x}} = \mathbf{g}(\mathbf{x}, \varepsilon) \tag{16.2}$$

mit $\mathbf{g} : \tilde{M} \times \tilde{V} \to \mathbb{R}^n$ als C^r - Abbildung gegeben. ($\tilde{M} \subset \mathbb{R}^n$ und $\tilde{N} \subset \mathbb{R}^l$ sind wieder offene Mengen.) Das parameterabhängige Vektorfeld (16.1) heißt auf $U \times W \subset M \times V$ *topologisch äquivalent* zum Vektorfeld (16.2) auf $\tilde{U} \times \tilde{W} \subset \tilde{M} \times \tilde{V}$, wenn es eine stetige Abbildung $\mathbf{h} : U \times W \to \tilde{U}$ und einen Homöomorphismus $\mathbf{k} : W \to \tilde{W}$ gibt, so daß für jedes $\varepsilon \in W$ die Abbildung $\mathbf{h}_\varepsilon(\cdot) := \mathbf{h}(\cdot, \varepsilon) : U \to \tilde{U}$ ein Homoömorphismus ist, der Orbitabschnitte von (16.1), die in U liegen, in Orbitabschnitte von

$$\dot{\mathbf{x}} = \mathbf{g}(\mathbf{x}, \mathbf{k}(\varepsilon))$$

in $\tilde{U}$ unter Beibehaltung der Orientierung abbildet.

Der folgende Satz ermöglicht es, die Untersuchung von Bifurkationsproblemen in höherdimensionalen Systemen auf topologisch äquivalente Systeme mit einer einfachen Struktur zurückzuführen.

Satz 16.1 *(Shoshitaishvili [88]). Das Vektorfeld (16.1) ist für ε mit hinreichend kleiner Norm $\|\varepsilon\|$ in einer Umgebung von $\mathbf{0}$ topologisch äquivalent zum System*

$$\begin{aligned} \dot{\mathbf{x}} &= A\mathbf{x} + \mathbf{h}(\mathbf{x}, \varepsilon) \equiv \mathbf{g}(\mathbf{x}, \varepsilon), \\ \dot{\mathbf{y}} &= -\mathbf{y}, \\ \dot{\mathbf{z}} &= \mathbf{z}, \end{aligned} \tag{16.3}$$

mit $\mathbf{x} \in \mathbb{R}^s$, $\mathbf{y} \in \mathbb{R}^m$, $\mathbf{z} \in \mathbb{R}^h$, wobei A eine $s \times s$-Matrix ist, die $\lambda_1, ..., \lambda_s$ als Eigenwerte hat, und $\mathbf{h}$ eine C^r-Funktion mit $\mathbf{h}(\mathbf{0}, \mathbf{0}) = \mathbf{0}$ sowie $D_\mathbf{x}\mathbf{f}(\mathbf{0}, \mathbf{0}) = \mathbf{0}$ darstellt.

Die durch Satz 16.1 definierte Differentialgleichung

$$\dot{\mathbf{x}} = \mathbf{g}(\mathbf{x}, \varepsilon) \tag{16.4}$$

ist die auf die *lokale Zentrumsmannigfaltigkeit* in $(\mathbf{0}, \mathbf{0})$ von (16.3)

$$W^c_{loc} = \{\mathbf{x}, \mathbf{y}, \mathbf{z} : \mathbf{y} = \mathbf{0}, \mathbf{z} = \mathbf{0}\}$$

reduzierte Differentialgleichung.

16.2 Zeitdiskrete Systeme

Gegeben sei der parameterabhängige C^r-Diffeomorphismus φ, d.h. die C^r-Abbildung $\varphi : M \times V \to M$ mit $M \subset \mathbb{R}^n$ und $V \subset \mathbb{R}^l$ als offene Mengen, so daß für jedes $\varepsilon \in V$ die Abbildung

$$\varphi(\cdot, \varepsilon) : M \to M \tag{16.5}$$

ein C^r-Diffeomorphismus ist. Es gelte weiter $(\mathbf{0},\mathbf{0}) \in M \times V$, $\boldsymbol{\varphi}(\mathbf{0},\mathbf{0}) = \mathbf{0}$, und $D_{\mathbf{x}}\mathbf{f}(\mathbf{0},\mathbf{0})$ habe s Eigenwerte $\lambda_1, ..., \lambda_s$ mit $|\lambda_i| = 1$, m Eigenwerte $\lambda_{s+1}, ..., \lambda_{s+m}$ mit $|\lambda_i| < 1$ und $k = n - s - m$ Eigenwerte $\lambda_{s+m+1}, ..., \lambda_n$ mit $|\lambda_i| > 1$.

Mit dem Ziel, für die Abbildung (16.5) die zeitdiskrete Variante des Satzes von Shoshitaishvili zu formulieren, definieren wir auch für parameterabhängige Abbildungen die topologische Äquivalenz. Gegeben sei dazu eine weitere C^r-Abbildung

$$\boldsymbol{\psi} : \tilde{M} \times \tilde{V} \to \tilde{M},$$

in der $\tilde{M} \subset \mathbb{R}^n$ und $\tilde{V} \subset \mathbb{R}^l$ offene Mengen sind, und für die bei jedem $\boldsymbol{\varepsilon} \in \tilde{V}$

$$\boldsymbol{\psi}(\cdot,\boldsymbol{\varepsilon}) : \tilde{M} \to \tilde{M} \tag{16.6}$$

ein C^r-Diffeomorphismus ist. Die parameterabhängige Abbildung (16.5) heißt auf $U \times W \subset M \times V$ *topologisch konjugiert* zur parameterabhängigen Abbildung (16.6) auf $\tilde{U} \times \tilde{W} \to \tilde{M} \times \tilde{V}$, wenn es eine stetige Abbildung $\mathbf{h} : U \times W \to \tilde{U}$ und einen Homöomorphismus $\mathbf{k} : W \to \tilde{W}$ gibt, so daß für jedes $\boldsymbol{\varepsilon} \in W$ die Abbildung $\mathbf{h}_{\boldsymbol{\varepsilon}}(\cdot) := \mathbf{h}(\cdot,\boldsymbol{\varepsilon}) : U \to \tilde{U}$ ein Homöomorphismus ist und

$$\boldsymbol{\varphi}(\cdot,\boldsymbol{\varepsilon}) = \mathbf{h}_{\boldsymbol{\varepsilon}}^{-1} \circ \boldsymbol{\psi}(\cdot,\mathbf{k}(\boldsymbol{\varepsilon})) \circ \mathbf{h}_{\boldsymbol{\varepsilon}}$$

auf U gilt.

Nach dieser Vorbereitung sind wir in der Lage, für Abbildungen einen zu Satz 16.1 analogen Reduktionssatz zu formulieren.

Satz 16.2 *(Shoshitaishvili [88]). Der parameterabhängige Diffeomorphismus $\boldsymbol{\varphi}$ ist nahe $(\mathbf{0},\mathbf{0}) \in M \times V$ topologisch konjugiert zum parameterabhängigen Diffeomorphismus*

$$(\mathbf{x},\mathbf{y},\mathbf{z},\boldsymbol{\varepsilon}) \longmapsto (\mathbf{g}(\mathbf{x},\boldsymbol{\varepsilon}), A^s\mathbf{y}, A^u\mathbf{z}) \tag{16.7}$$

nahe $\mathbf{0} \in \mathbb{R}^n$ mit $\mathbf{x} \in \mathbb{R}^s$, $\mathbf{y} \in \mathbb{R}^m$ und $\mathbf{z} \in \mathbb{R}^k$ sowie $\mathbf{g}(\mathbf{x},\boldsymbol{\varepsilon}) = A^c\mathbf{x} + \mathbf{h}(\mathbf{x},\boldsymbol{\varepsilon})$. Dabei ist $\mathbf{h}$ eine C^r-Abbildung mit $\mathbf{h}(\mathbf{0},\mathbf{0}) = \mathbf{0}$ und $D_{\mathbf{x}}\mathbf{h}(\mathbf{0},\mathbf{0}) = \mathbf{0}$. A^c, A^s bzw. A^u sind $s \times s$-, $m \times m$- bzw. $k \times k$-Matrizen mit den Eigenwerten λ_i von $D_{\mathbf{x}}\boldsymbol{\varphi}(\mathbf{0},\mathbf{0})$, die auf dem Einheitskreis, innerhalb bzw. außerhalb des Einheitskreises liegen.

Die durch Satz 16.2 definierte Abbildung

$$\mathbf{x} \longmapsto g(\mathbf{x},\boldsymbol{\varepsilon}) \tag{16.8}$$

heißt die auf die lokale *zentrale Mannigfaltigkeit*

$$W^c_{loc} = \{\mathbf{x},\mathbf{y},\mathbf{z} : \mathbf{y} = \mathbf{0}, \mathbf{z} = \mathbf{0}\}$$

reduzierte Abbildung.

17 Bifurkationen nahe einer Ruhelage in einparametrigen dynamischen Systemen

17.1 Zeitkontinuierliche Systeme

Gegeben sei die Differentialgleichung (16.1) mit $l = 1$.

a) Sattel-Knoten-Bifurkation
Wir betrachten das C^r-Vektorfeld (16.1) mit $r \geq 3$. Die Jacobi-Matrix $D_{\mathbf{x}}\mathbf{f}(\mathbf{0},\mathbf{0})$ habe den Eigenwert $\lambda_1 = 0$ und $n-1$ Eigenwerte λ_j mit $\mathrm{Re}\lambda_j \neq 0$. Nach dem Reduktionssatz für Differentialgleichungen werden Bifurkationen von (16.1) in $\mathbf{0}$ bei $\varepsilon = 0$ durch die reduzierte Differentialgleichung (16.4) in $\mathbb{R}$ beschrieben, wobei $g(0,0) = 0$ und $\frac{\partial g}{\partial x}(0,0) = 0$ ist. Es sei

$$\alpha := \frac{\partial g}{\partial \varepsilon}(0,0) \quad \text{und} \quad \beta := \frac{1}{2} \cdot \frac{\partial^2 g}{\partial x^2}(0,0). \tag{17.1}$$

In hinreichend kleiner Umgebung von $(0,0)$ läßt sich (16.4) in der Form

$$\dot{x} = \alpha\varepsilon + \beta x^2 + \cdots \tag{17.2}$$

darstellen, wobei durch $\cdots$ weitere Glieder der Taylor-Zerlegung angedeutet werden.

Der folgende Satz 17.1 (z.B. [60]) wird zeigen, daß das Bifurkationsverhalten von (16.1) in $\mathbf{0}$ bei $\varepsilon = 0$ von der Differentialgleichung $\dot{x} = \alpha\varepsilon + \beta x^2$ bestimmt wird.

Satz 17.1 *Die Größen α und β seien durch (17.1) definiert. Ist $\alpha\beta < 0$ ($\alpha\beta > 0$), so hat die Differentialgleichung (16.1) für $\varepsilon > 0$ ($\varepsilon < 0$) zwei Ruhelagen nahe $\mathbf{0}$ (von denen die eine stabil ist), für $\varepsilon = 0$ eine instabile Ruhelage und für $\varepsilon < 0$ ($\varepsilon > 0$) keine Ruhelage nahe $\mathbf{0}$.*

Der Fall $\alpha\beta > 0$ ist in Abbildung 17.1 für $n = 2$ und $m = 1$ skizziert. Dabei zeigt a) das Bifurkationsdiagramm, b) den Phasenraum der reduzierten Differentialgleichung (17.2) und c) den Phasenraum der Ausgangsdifferentialgleichung (16.1) nahe $\mathbf{0}$.

Die durch Satz 17.1 beschriebene Bifurkation heißt, in Anlehnung an das Phasenporträt von Abb. 17.1, *Sattel-Knoten-Bifurkation.* Für hinreichend glatte Vektorfelder (16.1) sind Sattel-Knoten -Bifurkationen generisch. Eine Möglichkeit, die Anwendung der Reduktionsgleichung zu umgehen, liefert der folgende Satz von Sotomayor. Bevor er formuliert wird, seien noch folgende Bezeichnungen vereinbart: Es sei $\mathbf{g} : U \subset \mathbb{R}^n \to \mathbb{R}^n$ eine hinreichend oft differenzierbare Abbildung. Wie bisher bezeichnet $D\mathbf{g}(\mathbf{x})$ die Jacobi-Matrix an der Stelle $\mathbf{x}$. Für $k = 1, 2, \ldots$ ist

$$D^k\mathbf{g}(\mathbf{x}) : \underbrace{\mathbb{R}^n \times \cdots \times \mathbb{R}^n}_{k} \to \mathbb{R}^n,$$

gegeben durch

$$D^k\mathbf{g}(\mathbf{x})(y_1,...,y_k) = \sum_{j_1,j_2,...,j_k=1}^{n} \frac{\partial^k g(\mathbf{x})}{\partial x_{j_1}\cdot ...\cdot \partial x_{j_k}} y_1^{j_1}\cdot ...\cdot y_k^{j_k},$$

wobei $\mathbf{y}_i = (y_i^1,...,y_i^n)^T$ sei.

Satz 17.2 *(Sotomayor [98]). Für die Differentialgleichung (16.1) seien im Punkt* $(\mathbf{0},0)\in\mathbb{R}^n\times\mathbb{R}$ *folgende Bedingungen erfüllt:*

(A1) Die Matrix $A := D_{\mathbf{x}}\mathbf{f}(\mathbf{0},0)$ *habe einen Eigenwert* $\lambda_1 = 0$ *und* $(n-1)$ *Eigenwerte* λ_j *mit* $Re\lambda_j \neq 0$*. Zum Eigenwert* $\lambda_1 = 0$ *von* A *gehöre der Eigenvektor* $\mathbf{v}$*. Weiter sei* $\mathbf{w}$ *ein Eigenvektor von* A^T *zum Eigenwert* $\lambda_1 = 0$*.*

(A2) Mit den Eigenvektoren $\mathbf{v}$ *und* $\mathbf{w}$ *aus (A1) gelte*

$$\mathbf{w}^T D_\varepsilon \mathbf{f}(\mathbf{0},0)\neq 0 \quad und \quad \mathbf{w}^T[D_{\mathbf{x}}^2\mathbf{f}(\mathbf{0},0)(\mathbf{v},\mathbf{v})]\neq 0. \tag{17.3}$$

Dann gilt:

a) Es existiert eine glatte Kurve von Ruhelagen von (16.1) im $\mathbb{R}^n\times\mathbb{R}$*, die durch* $(\mathbf{0},0)$ *geht und die Hyperebene* $\mathbb{R}^n\times\{0\}$ *tangiert.*

b) Abhängig von den Vorzeichen von (17.3) sind in (16.1) nahe $\mathbf{0}$ *keine Ruhelagen, falls* $\varepsilon<0$ *(oder* $\varepsilon>0$*), und zwei hyperbolische Ruhelagen, falls* $\varepsilon>0$ *(oder* $\varepsilon<0$*) ist.*

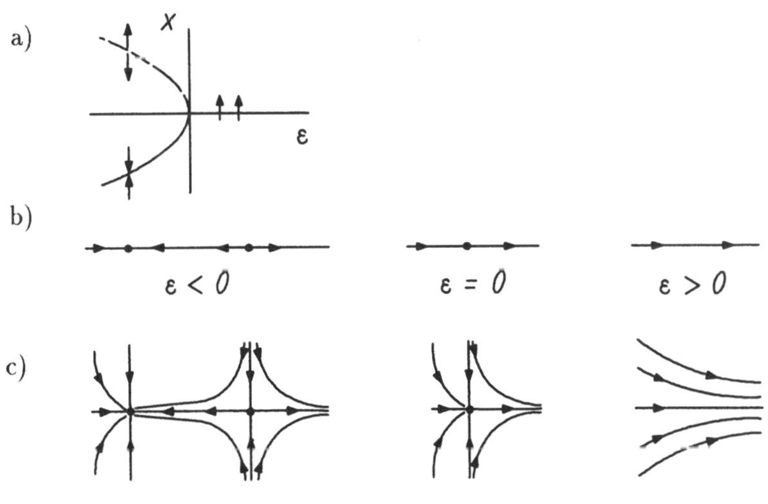

Abb. 17.1

b) Andronov-Hopf-Bifurkation

Gegeben sei (16.1) mit $n\geq 2, l=1$ und $r\geq 4$. Die Jacobi-Matrix $D_{\mathbf{x}}\mathbf{f}(\mathbf{0},0)$ habe dic Eigcnwcrtc $\lambda_1 = \bar{\lambda}_2 = i\omega$ mit $\omega \neq 0$ und n 2 Eigcnwcrtc λ_j mit $Rc\lambda_j \neq 0$.

Nach dem Satz 16.1 über die Zentrumsmannigfaltigkeit findet bei $\varepsilon = 0$ nahe $\mathbf{0}$ eine Bifurkation statt, die durch die zweidimensionale Reduktionsgleichung

$$\dot{\mathbf{x}} = A(\varepsilon)\mathbf{x} + \mathbf{h}(\mathbf{x}, \varepsilon) \equiv \mathbf{g}(\mathbf{x}, \varepsilon) \tag{17.4}$$

beschrieben wird, wobei die 2×2-Matrix $A(\varepsilon)$ bei $\epsilon = 0$ die rein imaginären Eigenwerte $\pm i\omega$ besitzt. Gleichung (17.4) ist orbital topologisch äquivalent zu einer Reduktionsgleichung, in der $A(0)$ die Eigenwerte $\pm i$ hat. Da $\mathbf{g}(\mathbf{0}, 0) = 0$ und $\det A(0) = 1$ ist, also $D_{\mathbf{x}}\mathbf{g}(\mathbf{0}, 0)$ eine reguläre Matrix ist, folgt aus dem Satz über implizite Funktionen, daß eine Umgebung $U \times V_1$ von $\mathbf{0} \times 0 \in \mathbb{R}^2 \times \mathbb{R}$ und eine C^r-Funktion $\boldsymbol{\alpha} : V_1 \to U$ existieren, so daß $\mathbf{g}(\boldsymbol{\alpha}(\varepsilon), \varepsilon) = \mathbf{0}$ für $\varepsilon \in V_1$ und $\boldsymbol{\alpha}(0) = \mathbf{0}$ gilt. Mit der Variablentransformation $\mathbf{y} = \mathbf{x} - \boldsymbol{\alpha}(\varepsilon)$ in (17.4) ergibt sich für $\mathbf{y}$ die neue Differentialgleichung

$$\dot{\mathbf{y}} = \tilde{\mathbf{g}}(\mathbf{y}, \varepsilon),$$

deren rechte Seite $\tilde{\mathbf{g}}(\mathbf{y}, \varepsilon) := \mathbf{g}(\mathbf{y} + \boldsymbol{\alpha}(\varepsilon), \varepsilon)$ die Eigenschaft $\tilde{\mathbf{g}}(\mathbf{0}, \varepsilon) = \mathbf{0}$ besitzt. Eine typische Reduktionsgleichung mit diesen Eigenschaften und analytischer rechter Seite sei durch

$$\begin{aligned} \dot{x} &= \varepsilon x - y + \sum_{m+n \geq 2} a_{mn} x^m \cdot y^n, \\ \dot{y} &= x - \varepsilon y + \sum_{m+n \geq 2} b_{mn} x^m \cdot y^n \end{aligned} \tag{17.5}$$

gegeben. Ausgehend von (17.5) definieren wir die *Lyapunov-Zahl* σ durch folgende Formel von N.N. Bautin [14]:

$$\begin{aligned} \sigma = \frac{\pi}{4}[\; & a_{11}a_{02} + 2a_{02}b_{02} - 2a_{20}b_{20} - b_{11}b_{20} \\ - \; & b_{11}b_{02} + a_{11}a_{20} + 3(b_{03} + a_{30}) + a_{12} + b_{21}]. \end{aligned}$$

Satz 17.3 *Es sei $\sigma \neq 0$. Dann existiert eine nichtlineare lokale Koordinatentransformation, so daß (17.5) nahe* $(0,0)$ *durch die Differentialgleichung in Polarkoordinaten*

$$\begin{aligned} \dot{r} &= \varepsilon r + \sigma r^3 + \cdots \\ \dot{\theta} &= 1 + b r^2 + \cdots \end{aligned} \tag{17.6}$$

repräsentiert wird.

Die Untersuchung von (17.6) führt auf folgende Fallunterscheidung:

Fall 1: $\sigma < 0$. Ist $\varepsilon \leq 0$, so streben alle Orbits nahe $(0,0)^T$ für $t \to +\infty$ spiralartig gegen die Ruhelage. Bei $\varepsilon > 0$ wird die Ruhelage instabil und es entsteht ein stabiler Grenzzyklus (Abb. 17.2a).

Fall 2: $\sigma > 0$. Für $\varepsilon < 0$ ist die Ruhelage stabil. Nahe der Ruhelage liegt ein instabiler Grenzzyklus. Bei $\varepsilon = 0$ verschmelzen Zyklus und Ruhelage, und der Zyklus übergibt der Ruhelage die Instabilität. Bei $\varepsilon > 0$ liegt eine spiralartige instabile Ruhelage vor (Abb. 17.2b).

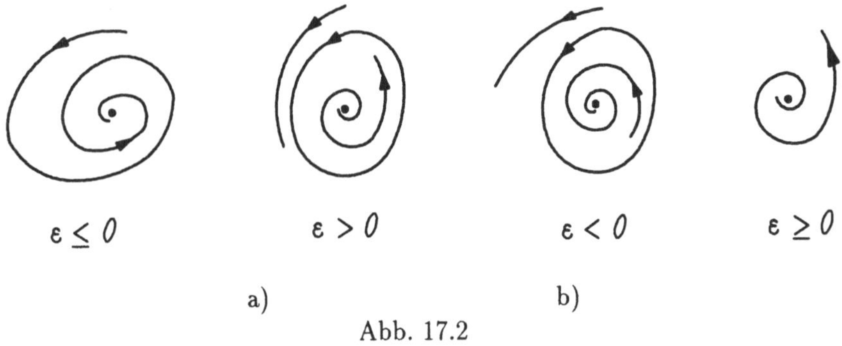

Abb. 17.2

Die Interpretation der obigen Fälle für das Ausgangssystem (16.1) zeigt die Bifurkation eines Grenzzyklus aus einer zusammengesetzten Ruhelage *(zusammengesetzter Strudel der Vielfachheit 1)*, die Hopf-*Bifurkation* (oder auch Andronov-Hopf-*Bifurkation*) genannt wird. Der Fall $\sigma < 0$ heißt dabei *superkritisch*, während $\sigma > 0$ die *subkritische* Hopf-Bifurkation repräsentiert. Für $n = 3$, $\lambda_3 < 0$ und $\sigma < 0$ ist die superkritische Hopf-Bifurkation auf Abb. 17.3 zu sehen.

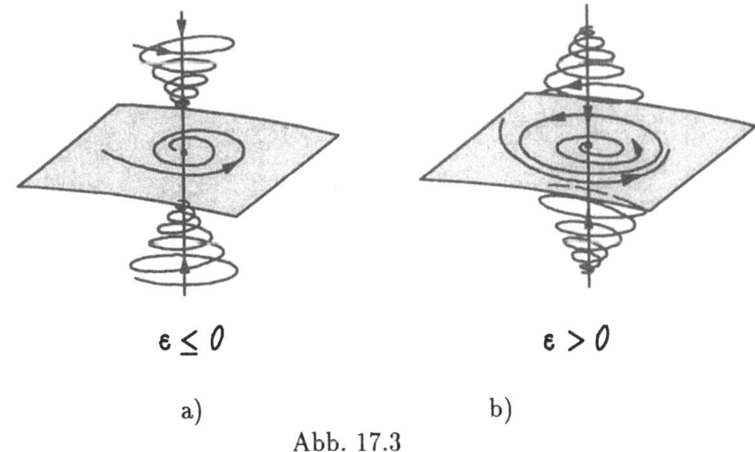

Abb. 17.3

Das Bifurkationsdiagramm der Hopf-Bifurkation zeigt Abb. 17.4.

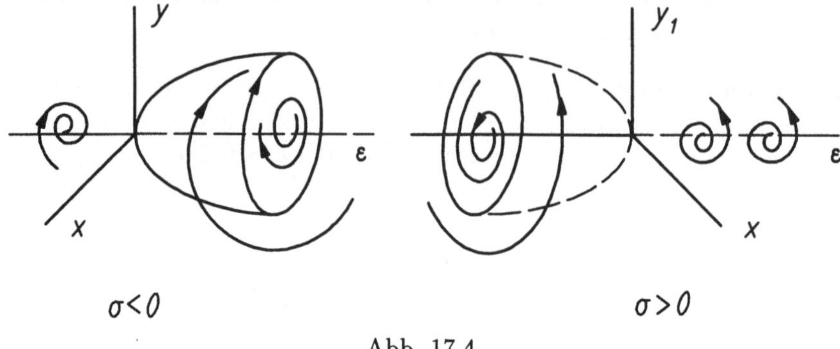

Abb. 17.4

Hopf-Bifurkationen sind generisch und gehören zu den einparametrigen Bifurkationen. Die angeführten Fallunterscheidungen illustrieren die Tatsache, daß eine superkritische Hopf-Bifurkation unter den oben formulierten Voraussetzungen anhand der Stabilität eines Strudels erkannt werden kann ([12]):

Satz 17.4 *(Andronov-Hopf). Gegeben sei die Differentialgleichung (16.1). für die* $\mathbf{f}(\mathbf{0},\varepsilon) = 0$ *für alle* ε *aus einer Umgebung von 0 gelte. Die Jacobi-Matrix* $D_{\mathbf{x}}\mathbf{f}(\mathbf{0},0)$ *der rechten Seite von (16.1) in* $(\mathbf{0},0)$ *habe die Eigenwerte* $\lambda_1 = \bar{\lambda}_2 = i\omega$ *mit* $\omega \neq 0$ *und* $n-2$ *Eigenwerte* λ_j *mit* $Re\lambda_j \neq 0$. *Es sei weiter* $\frac{d}{d\varepsilon}Re\lambda_1(\varepsilon)|_{\varepsilon=0} > 0$ *und die Ruhelage* $\mathbf{0}$ *von (16.1) bei* $\varepsilon = 0$ *sei ein asymptotisch stabiler Strudel. Dann existieren hinreichend kleine Zahlen* $\varepsilon_1 > 0$ *und* $\varepsilon_2 > 0$, *so daß für alle* $\varepsilon \in (-\varepsilon_1, 0)$ *die Ruhelage* $\mathbf{0}$ *ein asymptotisch stabiler Strudel von (16.1) ist, während für alle* $\varepsilon \in (0, \varepsilon_2)$ *die Ruhelage* $\mathbf{0}$ *ein stabiler Strudel ist, der von einem stabilen Grenzzyklus umgeben ist, dessen Ausmaße mit* ε *wachsen.*

Beispiel 17.1 Die Van der Pol-sche Differentialgleichung $\ddot{x} + \varepsilon(x^2-1)\dot{x} + x = 0$ mit dem Parameter ε kann als ebene Differentialgleichung

$$\dot{x} = y, \quad \dot{y} = -\varepsilon(x^2-1)y - x \tag{17.7}$$

geschrieben werden. Bei $\varepsilon = 0$ geht (17.7) in die Gleichung des harmonischen Oszillators über und hat deshalb nur periodische Lösungen und eine Ruhelage, die stabil, aber nicht asymptotisch stabil ist. Mit der Transformation $u = \sqrt{\varepsilon} \cdot x$, $v = \sqrt{\varepsilon} \cdot y$ für $\varepsilon > 0$ geht (17.7) in die ebene Differentialgleichung

$$\dot{u} = v, \quad \dot{v} = -u - (u^2 - \varepsilon)v \tag{17.8}$$

über. Für die Eigenwerte der Jacobi-Matrix in der Ruhelage $(0,0)^T$ von (17.8) gilt $\lambda_{1,2}(\varepsilon) = \frac{\varepsilon}{2} \pm \sqrt{\frac{\varepsilon^2}{4} - 1}$ und damit $\lambda_{1,2} = \pm i$ sowie $\frac{d}{d\varepsilon}\mathrm{Re}\lambda_1(\varepsilon)|_{\varepsilon=0} = \frac{1}{2} > 0$.

Wie im Beispiel 10.1 gezeigt wurde, ist $(0,0)^T$ eine asymptotisch stabile Ruhelage von (17.8) bei $\varepsilon = 0$. Bei $\varepsilon = 0$ findet nach Satz 17.4 eine superkritische Hopf-Bifurkation statt, und $(0,0)^T$ ist für kleine $\varepsilon > 0$ ein instabiler Strudel, der von einem Grenzzyklus umgeben ist, dessen Amplitude mit ε wächst. ■

c) Transkritische Bifurkation

Gegeben sei (16.1), und die Jacobi-Matrix $D_{\mathbf{x}}\mathbf{f}(\mathbf{0},0)$ habe einen Eigenwert $\lambda_1 = 0$ und $n-1$ Eigenwerte mit Realteil $\neq 0$. Für die reduzierte Differentialgleichung (16.4) seien folgende Bedingungen in $(0,0)^T$ erfüllt:

$$g(0,0) = 0, \quad \frac{\partial g}{\partial x}(0,0) = 0, \quad \frac{\partial g}{\partial \varepsilon}(0,0) = 0,$$

$$\alpha := \frac{\partial^2 g}{\partial x \partial \varepsilon}(0,0) \neq 0, \qquad \beta := \frac{1}{2}\frac{\partial^2 g}{\partial x^2}(0,0) \neq 0.$$

In hinreichend kleiner Umgebung von $(0,0)^T$ läßt sich g dann darstellen als

$$g(x,\varepsilon) = \varepsilon\alpha x + \beta x^2 + \cdots .$$

Der anschließende Satz 17.5 zeigt, daß das Bifurkationsverhalten der Differentialgleichung (16.1) in $(\mathbf{0},0)^T$ von der reduzierten Differentialgleichung

$$\dot{x} = \alpha x \varepsilon + \beta x^2 \tag{17.9}$$

bestimmt wird.

Beispiel 17.2 Wir betrachten das ebene System

$$\dot{x} = \varepsilon x - x^2, \quad \dot{y} = -y,$$

dessen erste Gleichung vom Typ (17.9) ist. In diesem System existieren für $\varepsilon \neq 0$ die beiden Ruhelagen $\mathbf{O}_1 = (\varepsilon,0)^T$ und $\mathbf{O}_2 = (0,0)^T$. Für $\varepsilon = 0$ fallen beide Ruhelagen in $\mathbf{O}_2$ zusammen, die instabil ist. Für $\varepsilon < 0$ bleibt $\mathbf{O}_1$ instabil, während $\mathbf{O}_2$ asymptotisch stabil ist. Bei $\varepsilon = 0$ fallen beide Ruhelagen in $\mathbf{O}_2$ zusammen, die instabil wird. Für $\varepsilon > 0$ bleibt $\mathbf{O}_2$ instabil, während $\mathbf{O}_1$ stabil ist. Das Bifurkationsdiagramm und das Phasenporträt des Ausgangssystems für $n = 2$ und $\lambda_2 > 0$ sind auf Abb. 17.5 a) bzw. b) zu sehen. ■

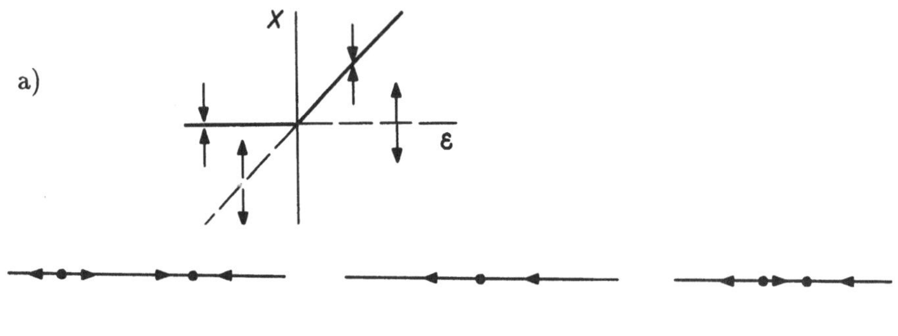

Abb. 17.5

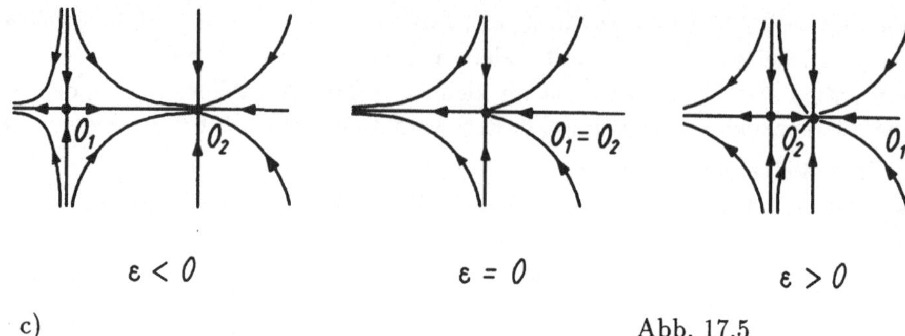

c) Abb. 17.5

Ohne Reduktion auf die Zentrumsmannigfaltigkeit läßt sich die beschriebene Bifurkation über den folgenden Satz erkennen.

Satz 17.5 *(Sotomayor). Die Bedingung (A1) von Satz 17.2 gelte bzgl. der Eigenvektoren* $\mathbf{v}$ *und* $\mathbf{w}$. *Außerdem seien* $\mathbf{w}^T D_\varepsilon \mathbf{f}(\mathbf{0}, 0) = 0$, $\mathbf{w}^T D_{\mathbf{x}\varepsilon}\mathbf{f}(\mathbf{0}, 0)\mathbf{v} \neq 0$ *und* $\mathbf{w}^T[D^2\mathbf{f}(\mathbf{0}, 0)(\mathbf{v}, \mathbf{v})] \neq 0$. *Dann hat das System (16.1) für* $\varepsilon \neq 0$ *nahe* $\mathbf{0}$ *neben* $\mathbf{0}$ *eine weitere Ruhelage. Eine von diesen beiden Ruhelagen ist jeweils stabil, die andere instabil. Das Bifurkationsdiagramm ist auf Abb. 17.5 für den Fall zu sehen, daß die* $\mathbf{x}$*-Achse in Richtung von* $\mathbf{v}$ *zeigt.*

Die durch Satz 17.5 beschriebene Bifurkation heißt *transkritisch*, da bei $\varepsilon = 0$ die Ruhelage $\mathbf{0}$ die Stabilität an die andere Ruhelage (bei $\varepsilon > 0$ oder < 0) übergibt. Transkritische Bifurkationen sind nicht generisch.

d) Gabel-Bifurkation

Gegeben sei (16.1), und die Jacobi-Matrix $D_\mathbf{x}\mathbf{f}(\mathbf{0}, 0)$ habe den Eigenwert $\lambda_1 = 0$ und $n - 1$ Eigenwerte mit nicht verschwindendem Realteil. Für die reduzierte Differentialgleichung (16.4) seien in $(0, 0)^T$ folgende Bedingungen erfüllt:

$$\begin{aligned} g(0,0) &= 0, & \frac{\partial^2 g}{\partial x^2}(0,0) &= 0, \\ \frac{\partial g}{\partial x}(0,0) &= 0, & \alpha := \frac{\partial^2 g}{\partial x \partial \varepsilon}(0,0) &\neq 0, \\ \frac{\partial g}{\partial \varepsilon}(0,0) &= 0, & \beta := \frac{1}{3!}\frac{\partial^3 g}{\partial x^3}(0,0) &\neq 0. \end{aligned}$$

Nahe $(0, 0)$ läßt sich g dann darstellen als

$$g(x, \varepsilon) = \varepsilon \alpha x + \beta x^3 + \cdots .$$

Der folgende Satz 17.3 wird zeigen, daß die von der reduzierten Differentialgleichung (16.4) "abgeschnittene" Differentialgleichung

$$\dot{x} = \alpha x \varepsilon + \beta x^3 \tag{17.10}$$

entscheident für das Bifurkationsverhalten der Differentialgleichung (16.1) in $(\mathbf{0}, 0)$ ist.

Beispiel 17.3 Wir betrachten das ebene System

$$\dot{x} = \varepsilon x - x^3, \quad \dot{y} = -y,$$

dessen erste Gleichung vom Typ (17.10) ist. Dieses System hat für $\varepsilon \leq 0$ nur die stabile Ruhelage $(0,0)^T$. Bei $\varepsilon = 0$ spaltet sich die Ruhelage in die beiden Ruhelagen $(0,0)^T$ und $(\pm\sqrt{\varepsilon}, 0)^T$ auf. Dabei verliert $(0,0)^T$ seine Stabilität und die neuen Ruhelagen übernehmen diese (Abb. 17.6). ■

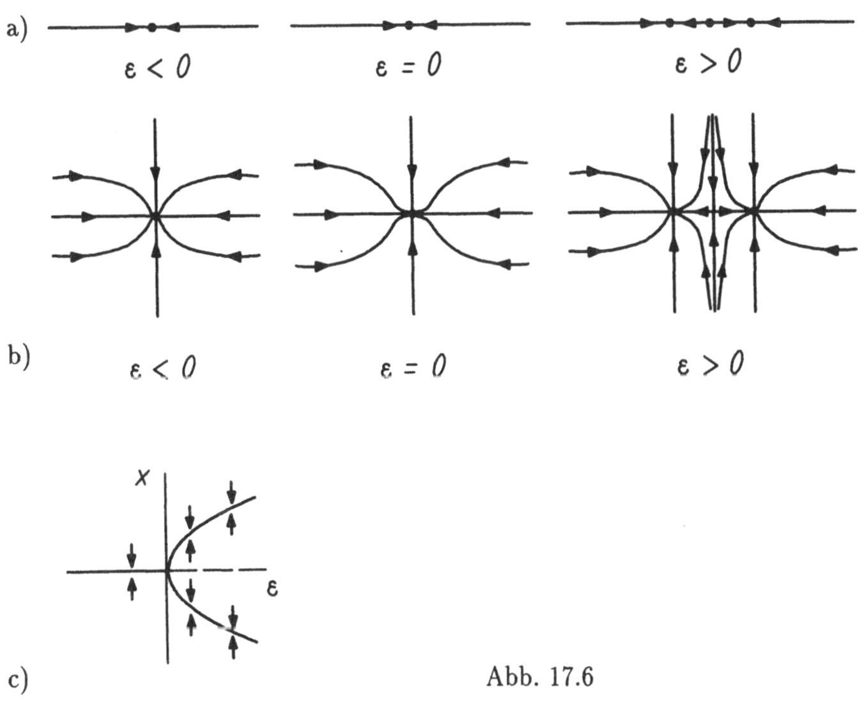

Abb. 17.6

> **Satz 17.6** *(Sotomayor). Die Bedingung (A1) von Satz 17.2 gelte bzgl. der Eigenvektoren* $\mathbf{v}$ *und* $\mathbf{w}$*. Außerdem seien* $\mathbf{w}^T D_\varepsilon \mathbf{f}(\mathbf{0}, 0) = 0$, $\mathbf{w}^T D_{\mathbf{x}\varepsilon} \mathbf{f}(\mathbf{0}, 0)\mathbf{v} \neq 0$, $\mathbf{w}^T [D^2 \mathbf{f}(\mathbf{0}, 0)(\mathbf{v}, \mathbf{v})] = 0$ *und* $\mathbf{w}^T [D^3 \mathbf{f}(\mathbf{0}, 0)(\mathbf{v}, \mathbf{v}, \mathbf{v})] \neq 0$*. Dann ändert sich bei* $\varepsilon = 0$ *die Stabilität der Ruhelage* $\mathbf{x} = \mathbf{0}$*, und es existiert nahe* $\varepsilon = 0$ *auf einer Seite des Parameterbereiches neben der Ruhelage* $\mathbf{0}$ *ein weiteres Paar von Ruhelagen (bei* $\varepsilon > 0$ *oder* $\varepsilon < 0$*), während auf der anderen Seite nur die triviale Ruhelage* $\mathbf{0}$ *vorliegt.*

Die durch Satz 17.6 beschriebene Bifurkation heißt *Gabel-Bifurkation*. Das Bifurkationsdiagramm ist auf Abb. 17.6 b) zu sehen. Dabei zeigt $\mathbf{x}$ in Richtung von $\mathbf{v}$. Die beschriebene Variante der Gabelbifurkation wird *superkritisch* genannt, im Gegensatz zu der *subkritischen* Variante, bei der die neu hinzukommenden Ruhelagen instabil sind, während $(0,0)$ stabil wird. Gabelbifurkationen sind nicht generisch.

17.2 Zeitdiskrete Systeme

Gegeben sei der parameterabhängige Diffeomorphismus (16.5) mit Parametern aus $V \subset \mathbb{R}$.

a) Sattel-Knoten-Bifurkation

Wir betrachten die C^r-Abbildung (16.5) mit $r \geq 3$. Die Jacobi-Matrix $D_{\mathbf{x}}\varphi(\mathbf{0},0)$ habe den Eigenwert $+1$ und $n-1$ Eigenwerte, die nicht auf dem Einheitskreis liegen. Nach dem Reduktionssatz von Shoshitaishvili für Abbildungen werden die Bifurkationen von (16.5) in $\mathbf{0}$ bei $\varepsilon = 0$ durch die eindimensionale reduzierte Abbildung (16.8) beschrieben, wobei $g(0,0) = 0$ und $\frac{\partial g}{\partial x}(0,0) = 1$ ist. Es sei $\alpha := \frac{\partial g}{\partial \varepsilon}(0,0)$ und $\beta := \frac{1}{2}\frac{\partial^2 g}{\partial x^2}(0,0)$. In hinreichend kleiner Umgebung von $(0,0)$ läßt sich g schreiben als

$$g(x,\varepsilon) = x + \alpha\varepsilon + \beta x^2 + \cdots;$$

wobei die Punkte weitere Terme der Taylor-Zerlegung andeuten.

Satz 17.7 *([60]) Es seien $\alpha \neq 0$ und $\beta \neq 0$. Ist $\alpha\beta < 0$ $(\alpha\beta > 0)$, so hat (16.5) für $\varepsilon > 0$ $(\varepsilon < 0)$ zwei Fixpunkte, für $\varepsilon = 0$ einen Fixpunkt und für $\varepsilon < 0$ $(\varepsilon > 0)$ keinen Fixpunkt.*

Die durch Satz 17.7 beschriebene Bifurkation heißt *Sattel-Knoten-Bifurkation* für Abbildungen. Der Fall $\alpha\beta < 0$ heißt *superkritisch*, der Fall $\alpha\beta < 0$ *subkritisch*.

Beispiel 17.4 Gegeben sei die Abbildung in $\mathbb{R}$

$$x \longmapsto \varepsilon + x + x^2.$$

Die Iterationsverläufe nahe 0 und die zugehörigen Phasenporträts für verschiedene ε sind in Abb. 17.7 zu sehen. Für $\varepsilon < 0$ liegen ein stabiler und ein instabiler Fixpunkt vor, die für $\varepsilon = 0$ in dem instabilen Fixpunkt $x = 0$ verschmelzen. Für

$\varepsilon > 0$ existiert kein Fixpunkt nahe 0. ■

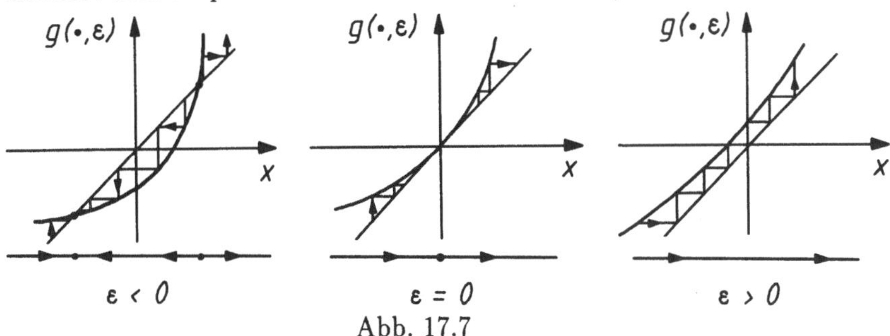

Abb. 17.7

b) Periodenverdopplung oder Flip-Bifurkation

Wir betrachten die Abbildung (16.5) mit $r \geq 4$. Die Jacobi-Matrix $D_{\mathbf{x}}\varphi(\mathbf{0}, 0)$ habe den Eigenwert -1 sowie $n-1$ Eigenwerte, die nicht auf dem Einheitskreis liegen. Das Bifurkationsverhalten von (16.5) nahe $\mathbf{0}$ wird dann durch die reduzierte Abbildung (16.8) in $\mathbb{R}$ beschrieben, wobei $g(0,0) = 0$ und $\frac{\partial g}{\partial x}(0,0) = -1$ ist. Es sei

$$\alpha := \frac{\partial^2 g}{\partial \varepsilon \partial x}(0,0), \quad \beta := \frac{1}{2}\frac{\partial^2 g}{\partial x^2}(0,0), \quad \gamma := \frac{1}{3!}\frac{\partial^3 g}{\partial x^3}(0,0). \tag{17.11}$$

Nahe $(0,0)$ läßt sich g dann in der Form

$$g(x,\varepsilon) = -x + \alpha\varepsilon x + \beta x^2 + \gamma x^3 + \cdots$$

darstellen.

Beispiel 17.5 Wir betrachten in $\mathbb{R}$ nahe $x = 0$ die Abbildung

$$g: \quad x \longmapsto (-1+\varepsilon)x + x^3. \tag{17.12}$$

Offenbar ist $x = 0$ Fixpunkt dieser Abbildung für beliebige ε. Dabei ist $x = 0$ stabil für $\varepsilon \geq 0$ und instabil für $\varepsilon < 0$ (Abb. 17.8 a). Die zweite Iterierte g^2 von (17.12) hat bei $\varepsilon < 0$ außer $x = 0$ noch die stabilen Fixpunkte $x_1 = -\sqrt{-\varepsilon}$ und $x_2 = +\sqrt{-\varepsilon}$, die keine Fixpunkte von g sind. Es handelt sich also um Periodenpunkte der Periode 2 von g (Abb. 17.8 b). ■

> **Satz 17.8** *([60]) Für die Größen α, β und γ, definiert durch (17.11), sei $\alpha \neq 0$ und $\beta^2 + \gamma \neq 0$. Dann gilt: Ist $\alpha(\beta^2+\gamma) < 0$ ($\alpha(\beta^2+\gamma) > 0$), so hat $\varphi(\cdot,\varepsilon)$ für $\varepsilon > 0$ ($\varepsilon < 0$) genau einen Fixpunkt und zwei 2-Periodenpunkte und für $\varepsilon < 0$ ($\varepsilon > 0$) genau einen Fixpunkt.*

Dic durch Satz 17.8 beschriebene Bifurkation heißt *Periodenverdopplung.*

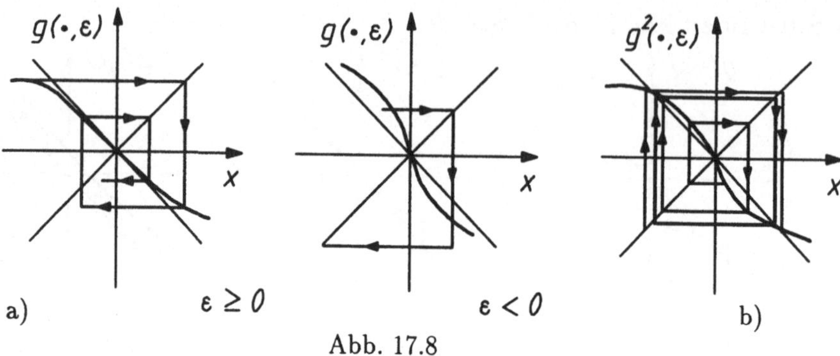

Abb. 17.8

c) Hopf-Bifurkation

Gegeben sei (16.5), und die Jacobi-Matrix $D_{\mathbf{x}}\boldsymbol{\varphi}(\mathbf{0},0)$ habe ein Paar konjugierter Eigenwerte $\lambda(0)$ und $\overline{\lambda(0)}$ auf dem Einheitskreis und $n-2$ Eigenwerte, die nicht auf dem Einheitskreis liegen. Nach dem Satz über die Zentrumsmannigfaltigkeit für Abbildungen werden Bifurkationen nahe der Ruhelage $\mathbf{0}$ durch die zweidimensionale reduzierte Abbildung

$$\mathbf{x} \longmapsto \mathbf{g}(\mathbf{x},\varepsilon) \tag{17.13}$$

beschrieben, wobei $D_{\mathbf{x}}\mathbf{g}(\mathbf{0},0)$ die Eigenwerte $\lambda(0)$ und $\overline{\lambda(0)}$ besitzt. Folgende Voraussetzungen sollen getroffen werden:

(A) $\mathbf{g} \in C^6$; $\quad \mathbf{g}(\mathbf{0},\varepsilon) = \mathbf{0}$ für alle ε nahe 0.

(B) $D_{\mathbf{x}}\mathbf{g}(\mathbf{0},\varepsilon)$ hat für alle ε nahe 0 die konjugiert komplexen Eigenwerte $\lambda(\varepsilon)$ und $\overline{\lambda(\varepsilon)}$ und es gelte

$$d := \frac{d}{d\varepsilon}|\lambda(\varepsilon)||_{\varepsilon=0} \neq 0.$$

(C) $\lambda(0)$ ist für $j = 1,2,3,4$ keine j-te Wurzel aus 1, d.h., es gelte $\lambda(0)^j \neq 1$ für $j = 1,2,3,4$.

Satz 17.9 *([37]) Unter den Voraussetzungen (A)-(C) existiert eine glatte Koordinatentransformation, so daß in Polarkoordinaten die transformierte Abbildung (17.13) nahe* $(0,0)$ *in der Form*

$$\begin{pmatrix} r \\ \theta \end{pmatrix} \longmapsto \begin{pmatrix} r + d\varepsilon r + \sigma r^3 + \cdots \\ \theta + |arg\,\lambda(0)| + br^2 + \cdots \end{pmatrix} \tag{17.14}$$

gegeben ist. Dabei ist b ein Parameter.

Die für die Bifurkation wichtige Größe σ läßt sich folgendermaßen berechnen. Bei $\varepsilon = 0$ habe die reduzierte Abb. (17.13) die Form

$$\begin{pmatrix} x \\ y \end{pmatrix} \longmapsto \begin{pmatrix} \alpha & -\beta \\ \beta & \alpha \end{pmatrix} \cdot \begin{pmatrix} x \\ y \end{pmatrix} + \begin{pmatrix} p(x,y) \\ q(x,y) \end{pmatrix},$$

wobei $\lambda(0) = \alpha + \beta i$ sei, d.h. $\alpha^2 + \beta^2 = 1$ gelte. Weiter ist $p(0,0) = q(0,0) = \frac{\partial p}{\partial x}(0,0) = \frac{\partial p}{\partial g}(0,0) = \frac{\partial q}{\partial x}(0,0) = \frac{\partial q}{\partial y}(0,0) = 0$. Dann gilt

$$\sigma = -\mathrm{Re}\left[\frac{(1-2\lambda(0))\overline{\lambda(0)}^2}{1-\lambda(0)}\xi_{11}\xi_{20}\right] - \frac{1}{2}|\xi_{11}|^2 - |\xi_{02}|^2 + \mathrm{Re}(\overline{\lambda(0)}\xi_{21})$$

mit

$$\begin{aligned}
\xi_{20} &= \frac{1}{8}\{p_{xx} - p_{yy} + 2q_{xy} + i[q_{xx} - q_{yy} - 2p_{xy}]\}, \\
\xi_{11} &= \frac{1}{4}\{p_{xx} + p_{yy} + i[q_{xx} + q_{yy}]\}, \\
\xi_{02} &= \frac{1}{8}\{p_{xx} - p_{yy} - 2q_{xy} + i[q_{xx} - q_{yy} + 2p_{xy}]\}, \\
\xi_{21} &= \frac{1}{16}\{p_{xxx} + p_{xyy} + q_{xxy} + q_{yyy} + i[q_{xxx} + q_{xyy} - p_{xxy} - p_{yyy}]\}.
\end{aligned}$$

Alle partiellen Ableitungen werden in $(0,0)$ berechnet.

Die Analyse der reduzierten Abbildung (17.14) zeigt nahe $(0,0)$ folgende Phasenporträts.

1. Fall: $\sigma < 0$. Für $\varepsilon \leq 0$ ist die Ruhelage $r = 0$ stabil, und die Orbits bewegen sich spiralförmig auf sie zu. Für $\varepsilon > 0$ ist die Ruhelage $r = 0$ instabil und von einer geschlossenen invarianten Kurve umgeben, die stabil ist (Abb. 17.9a).

2. Fall: $\sigma > 0$. Für $\varepsilon \geq 0$ ist $r = 0$ eine instabile Ruhelage, und die Orbits bewegen sich spiralförmig weg von ihr. Für $\varepsilon > 0$ ist $r = 0$ eine stabile Ruhelage, die von einer geschlossenen invarianten Kurve umgeben, die instabil ist (Abb. 17.9b).

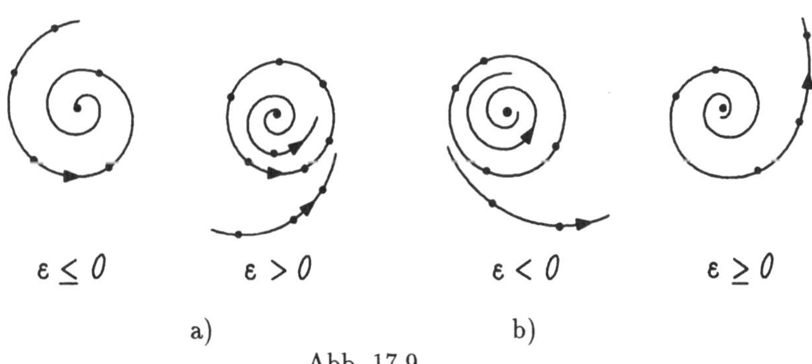

Abb. 17.9

Die mit den beiden Fällen beschriebene Bifurkation heißt *Hopf-Bifurkation für Abbildungen* oder Neimark-Sacker-Bifurkation. Der Fall $\sigma < 0$ heißt *superkritisch*, der Fall $\sigma > 0$ *subkritisch.*

Beispiel 17.6 Gegeben sei die Abbildung

$$\begin{pmatrix} x \\ y \end{pmatrix} \longmapsto \frac{1}{\sqrt{2}} \begin{pmatrix} (1+\varepsilon)x + y + x^2 - 2y^2 \\ -x + (1+\varepsilon)y + x^2 - x^3 \end{pmatrix}.$$

Wie leicht nachprüfbar ist, sind die Bedingungen (A) bis (C) für diese Abbildung erfüllt, und bei $\varepsilon = 0$ findet eine superkritische Hopf-Bifurkation statt. ∎

d) Transkritische Bifurkationen

Die Jacobi-Matrix $D_{\mathbf{x}}\varphi(\mathbf{0}, 0)$ von (16.5) habe den Eigenwert $+1$ und $n-1$ Eigenwerte, die nicht auf dem komplexen Einheitskreis liegen. Für die Reduktionsabbildung (16.8) gilt damit $g(0,0) = 0$ und $\frac{\partial g}{\partial x}(0,0) = 1$. Weiterhin sei $\frac{\partial g}{\partial \varepsilon}(0,0) = 0$, $\frac{\partial^2 g}{\partial \varepsilon \partial x}(0,0) \neq 0$ und $\frac{\partial^2 g}{\partial x^2}(0,0) \neq 0$. Mit der Bedingung $\frac{\partial g}{\partial \varepsilon}(0,0) = 0$ liegt, im Vergleich zur Sattel -Knoten-Bifurkation, eine weitere Entartung vor.

Dann findet bei $\varepsilon = 0$ in (16.5), analog zum Differentialgleichungsfall, eine nicht generische Bifurkation statt, die ebenfalls *transkritisch* heißt. Sie ist wieder dadurch gekennzeichnet, daß für kleine ε neben $\mathbf{x} = \mathbf{0}$ ein weiterer Fixpunkt von (16.8) vorliegt, wobei bei $\varepsilon = 0$ der Fixpunkt $\mathbf{x} = \mathbf{0}$ seine Stabilität an den anderen Fixpunkt übergibt (für $\varepsilon > 0$ oder $\varepsilon < 0$).

Beispiel 17.7 Für die Abbildung g mit

$$x \longmapsto (1+\varepsilon)x - x^2 \quad (x \in \mathbb{R}) \tag{17.15}$$

sind offenbar die Voraussetzungen für eine transkritische Bifurkation bei $\varepsilon = 0$ erfüllt. Neben $x_0 = 0$ existiert für $\varepsilon \neq 0$ der Fixpunkt $x_1 = \varepsilon$. Wegen $\frac{\partial g}{\partial x}(\varepsilon, \varepsilon) = 1 - \varepsilon$ ist aufgrund von Satz 10.9 dieser neue Fixpunkt von (17.15) für kleine $|\varepsilon|$ und $\varepsilon > 0$ asymptotisch stabil und für $\varepsilon < 0$ instabil. ∎

Phasenporträt und Bifurkationsdiagramm von (17.15) sind analog zu den in Abb. 17.5a) bzw. 17.5b) gezeigten Bildern für Differentialgleichungen.

e) Gabelbifurkation

Die Jacobi-Matrix $D_{\mathbf{x}}\varphi(\mathbf{0}, 0)$ von (16.5) habe den Eigenwert $+1$ und $n-1$ Eigenwerte, die nicht auf dem komplexen Einheitskreis liegen. Für die reduzierte Abbildung (16.8) ist also $g(0,0) = 0$ und $\frac{\partial g}{\partial x}(0,0) = 1$. Wir setzen außerdem voraus, daß $\frac{\partial g}{\partial \varepsilon}(0,0) = 0$, $\frac{\partial^2 g}{\partial \varepsilon \partial x}(0,0) \neq 0$, $\frac{\partial^2 g}{\partial x^2}(0,0) = 0$ und $\frac{\partial^3 g}{\partial x^3}(0,0) \neq 0$ gelten. Durch die Bedingung $\frac{\partial^2 g}{\partial x^2}(0,0) = 0$ ist, im Vergleich zur transkritischen Bifurkation bei Abbildungen, eine weitere Entartung gegeben.

Analog zum Differentialgleichungsfall findet unter den formulierten Voraussetzungen bei $\varepsilon = 0$ in (16.5) eine nicht generische Bifurkation statt, die dadurch gekennzeichnet ist, daß sich bei $\varepsilon = 0$ die Stabilität des Fixpunkts $x = 0$ von (16.8) ändert und auf der einen Seite des Parameterbereiches (bei $\varepsilon > 0$ oder $\varepsilon < 0$) neben $x = 0$ ein weiteres Paar von Fixpunkten existiert, während auf der anderen Seite nur der Fixpunkt $x = 0$ vorliegt.

Beispiel 17.8 Für die Abbildung g, gegeben durch

$$x \longmapsto (1+\varepsilon)x - x^3 \quad (x \in \mathbb{R}), \tag{17.16}$$

sind die Voraussetzungen für eine Gabelbifurkation erfüllt. Für $\varepsilon \leq 0$ liegt nur der Fixpunkt $x_0 = 0$ vor, während für $\varepsilon > 0$ mit $x_{1,2} = \pm\sqrt{\varepsilon}$ zwei weitere Fixpunkte von (17.16) gegeben sind. Wegen $\frac{\partial g}{\partial x}(0,0) = 1+\varepsilon$ und $\frac{\partial g}{\partial x}(\pm\sqrt{\varepsilon}, \varepsilon) = 1-2\varepsilon$ ist (bei kleinen $|\varepsilon|$) aufgrund von Satz 10.9 für $\varepsilon < 0$ der Fixpunkt $x_0 = 0$ asymptotisch stabil, während er für $\varepsilon \geq 0$ instabil wird und seine Stabilität an die beiden neuen Fixpunkte $x_{1,2}$ übergibt. ■

Das Phasenporträt für verschiedene ε und das Bifurkationsdiagramm von (17.16) entsprechen den in Abb. 17.6a) bzw. 17.6 b) gezeigten Bildern für Differentialgleichungen.

Bemerkung 17.1 Das durch (17.16) gegebene dynamische System ist invariant unter der Abbildung $T : x \longmapsto -x$. Der Fixpunkt $x_0 = 0$ ist offenbar T-symmetrisch, während die Fixpunkte $x_{1,2}$ für $\varepsilon > 0$ nicht T-symmetrisch sind. Es findet also eine Symmetriebrechung statt.

18 Bifurkationen nahe eines periodischen Orbits in einparametrigen Differentialgleichungen

Gegeben sei bei $\varepsilon = 0$ in der Differentialgleichung (16.1) ein periodischer Orbit γ_0 mit den Multiplikatoren $\rho_1, ..., \rho_{n-1}$ und $\rho_n = 1$. Ist Σ eine zu γ_0 transversale Fläche, so sind nach Satz $\rho_1, ..., \rho_{n-1}$ die Eigenwerte der Jacobi-Matrix der zugehörigen Poincaré-Abbildung

$$\mathbf{P} : V \times \Sigma \to \Sigma. \tag{18.1}$$

Wir setzen voraus, daß mit (18.1) ein parameterabhängiger Diffeomorphismus gegeben ist. Bifurkationen nahe γ_0 sind möglich, wenn einer der Multiplikatoren $\rho_1, ..., \rho_{n-1}$ auf den Einheitskreis trifft. Ausgehend von den in Abschnitt 17.2 diskutierten Bifurkationen von Abbildungen, ergeben sich damit für Bifurkationen nahe γ_0 in (16.1) folgende wesentliche Fälle.

a) Sattel-Knoten-Bifurkation

Es sei $\rho_1 = 1$ ein weiterer Multiplikator von γ_0, der auf dem komplexen Einheitskreis liegt, während für die restlichen Multiplikatoren $|\rho_i| \neq 1 \quad (i = 2, ..., n-1)$ gelte. Für die zu (18.1) gehörende reduzierte Abbildung (16.5) und die wie in Satz 17.7 bezeichneten Werte α und β gelte $\alpha \cdot \beta \neq 0$. Dann findet nach Satz 17.7 in der Abbildung (18.1) bei $\varepsilon = 0$ nahe $\mathbf{x} = \mathbf{0}$ eine Sattel-Knoten-Bifurkation statt. Für die Differentialgleichung (16.1) ergibt sich damit das folgende Bild.

Es sei $\alpha\beta > 0$. Dann existieren für $\varepsilon < 0$ ein stabiler periodischer Orbit γ'_ε und ein instabiler periodischer Orbit γ''_ε, die bei $\varepsilon = 0$ zum instabilen Orbit γ_0 verschmelzen. Für $\varepsilon > 0$ existiert kein periodischer Orbit von (16.1) in der Nähe von γ_0. Die beschriebene Bifurkation wird *Sattel-Knoten-Bifurkation* nahe eines periodischen Orbits genannt. Der prizipielle Verlauf der Bifurkation ist in Abb. 18.1 zu sehen.

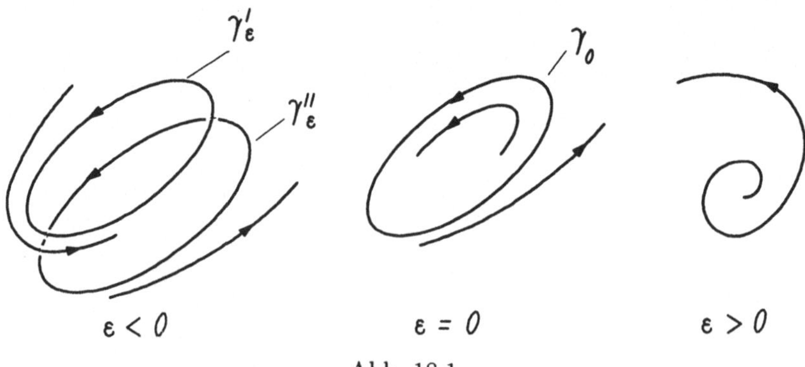

Abb. 18.1

b) Periodenverdopplung

Der periodische Orbit γ_0 von (18.1) habe nun neben dem Standardmultiplikator $\rho_n = 1$ mit $\rho_1 = -1$ einen weiteren Multiplikator auf dem komplexen Einheitskreis. Für die restlichen Multiplikatoren gelte $|\rho_i| \neq 1 \quad (i = 2, 3, ..., n-1)$. Für die nach (17.12) bzgl. der zu (18.1) gehörigen Reduktionsabbildung (16.5) berechneten Werte α, β und γ gelte $\alpha \neq 0$ und $\beta^2 + \gamma \neq 0$. Dann findet nach Satz 17.8 eine Periodenverdopplungs-Bifurkation in der Poincaré-Abbildung (18.1) statt, die in der zugehörigen Differentialgleichung folgendermaßen abläuft:
Es sei $\alpha(\beta^2 + \gamma) > 0$. Dann spaltet sich für $\varepsilon < 0$ von γ_0 ein periodischer Orbit γ'_ε ab, der dem 2-periodischen Punkt der Poincaré-Abbildung entspricht. Dieser Orbit γ'_ε hat etwa die doppelte Periode von γ_0 und ist stabil. Neben γ'_ε liegt der dem Fixpunkt **0** der Poincaré-Abbildung (18.1) entsprechende periodische Orbit γ_ε vor, der aber instabil ist. Die beschriebene Bifurkation heißt *Periodenverdopplung* für Differentialgleichungen. Ihr prinzipieller Ablauf ist in Abb. 18.2 zu sehen.

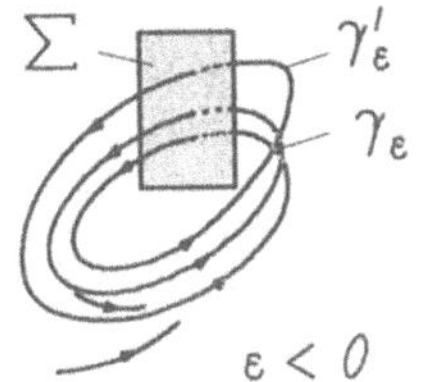

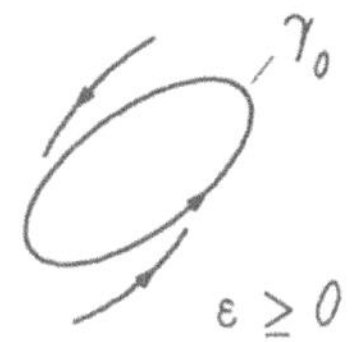

Abb. 18.2

c) Abspaltung eines Torus

Wir betrachten die Differentialgleichung (16.1) bei $n \geq 3, r \geq 6$ und $l = 1$. Für alle hinreichend kleinen $|\varepsilon|$ habe (16.1) einen periodischen Orbit γ_ε. Die Multiplikatoren von γ_0 seien $\rho_{1,2} = e^{\pm i\varphi}$, $|\rho_j| \neq 1$ $(j = 3, ..., n-1)$ und $\rho_n = 1$. In (18.1) findet dann eine Bifurkation statt, die durch eine zweidimensionale reduzierte Abbildung (16.5) beschrieben wird. Wir wollen annehmen, daß für diese reduzierte Abbildung die Voraussetzungen (A)-(C) von Satz 17.9 erfüllt sind. Ist σ die durch Satz 17.9 definierte Bifurkationsgröße, so kommt es bei $\sigma \neq 0$ in (18.1) zu einer Neimark-Sacker-Bifurkation, d.h. zur Abzweigung einer invarianten Kurve.

Abb. 18.3

Für die Differentialgleichung (16.1) führt das zu einer Bifurkation, die *Abspaltung eines Torus* heißt. Wir betrachten bei $\sigma < 0$ diese Bifurkation etwas genauer: Für $\varepsilon \leq 0$ ist in diesem Fall der periodische Orbit γ_ε stabil. Für $\varepsilon > 0$ wird γ_ε instabil und ist von einem stabilen invarianten Torus umgeben (Abb. 18.3).

d) Transkritische Bifurkation

Für die Differentialgleichung (16.1) seien $r \geq 2$ und $l = 1$. Neben $\rho_n = 1$ sei ein weiterer Multiplikator von γ_0 gleich 1, während die restlichen Multiplikatoren nicht auf dem Einheitskreis liegen mögen. Für die zur Poincaré-Abbildung gehörende reduzierte Abbildung g mögen, neben $g(0,0) = 0$ und $\frac{\partial g}{\partial x}(0,0) = 1$, die Bedingungen $\frac{\partial g}{\partial \varepsilon}(0,0) = 0$, $\frac{\partial^2 g}{\partial x \partial \varepsilon}(0,0) \neq 0$ und $\frac{\partial^2 g}{\partial x^2}(0,0) \neq 0$ gelten. Die so beschriebene transkritische Bifurkation der Poincaré-Abbildung impliziert eine Bifurkation in (16.1) nahe γ_0, die ebenfalls *transkritisch* heißt (Abb. 18.4).

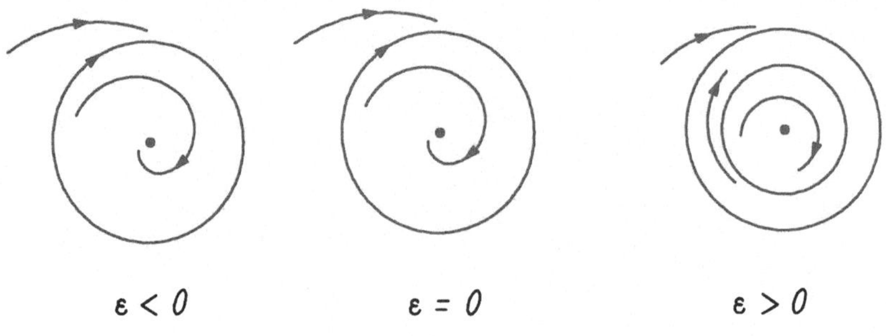

Abb. 18.4

e) Gabelbifurkation

Für die Poincaré-Abbildung (18.1) bzgl. des periodischen Orbits γ_0 mögen die Voraussetzungen der Gabelbifurkation für Abbildungen gelten. Dann führt das zu einer *Gabelbifurkation* in der Differentialgleichung (16.1) nahe γ_0, deren prinzipieller Verlauf in Abb. 18.5 zu sehen ist.

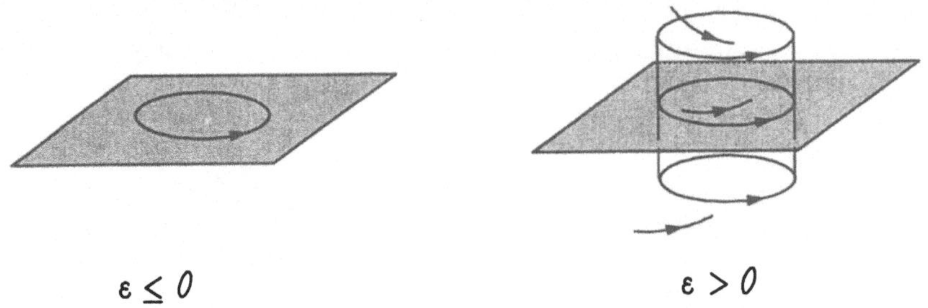

Abb. 18.5

19 Bifurkationen nahe Ruhelagen in zweiparametrigen Differentialgleichungen

Zur Beschreibung der in Abschnitt 17.1 diskutierten Bifurkationen in der Nähe von Ruhelagen waren reduzierte Differentialgleichungen ausreichend, die nur von einem skalaren Parameter abhängen. Wir kommen nun zu einer kurzen Darstellung von Bifurkationen in Differentialgleichungen, die durch reduzierte Gleichungen mit mindestens zwei skalaren Parametern gekennzeichnet sind.
Gegeben sei wieder die Differentialgleichung (16.1), wobei jetzt $r \geq 4$ und $l = 2$ vorausgesetzt werde. Klassifiziert wird wieder, ausgehend von den Eigenwerten der Jacobi-Matrix $D_{\mathbf{x}}\mathbf{f}(\mathbf{0},\mathbf{0})$.

a) Einfacher Eigenwert Null und zusätzliche Entartung in Termen höherer Ordnung der Reduktionsgleichung
Die Jacobi-Matrix $D_{\mathbf{x}}\mathbf{f}(\mathbf{0},\mathbf{0})$ habe den Eigenwert $\lambda_1 = 0$ und $n-1$ Eigenwerte mit nichtverschwindendem Realteil. Für die entsprechende Reduktionsgleichung (16.5) in $\mathbb{R}$ ist also $g(0,\mathbf{0}) = \frac{\partial g}{\partial x}(0,\mathbf{0}) = 0$. Es sei nun außerdem mit $\frac{\partial^2 g}{\partial x^2}(0,\mathbf{0}) = 0$ eine weitere Entartung gegeben. Durch Anwendung der Taylor-Formel sowie Koordinaten- und Parametertransformation läßt sich zeigen, daß die vorliegende Bifurkation durch die reduzierte Differentialgleichung im $\mathbb{R}$

$$\dot{x} = \alpha_1 + \alpha_2 x + bx^3 \tag{19.1}$$

beschrieben wird. In (19.1) ist $b \neq 0$ fest, während α_1 und α_2 variierbare Parameter sind. Wir betrachten den Fall $b = -1$ etwas genauer. Die Ruhelagen von (19.1) sind, in Abhängigkeit von den Parametern, durch die Beziehung

$$0 = \alpha_1 + \alpha_2 x - x^3 \tag{19.2}$$

gegeben. Im erweiterten Phasenraum stellt die Menge

$$\{(\alpha_1, \alpha_2, x) : \alpha_1 + \alpha_2 x - x^3 = 0\}$$

eine Fläche dar, die *Falte* genannt wird (Abb. 19.1).

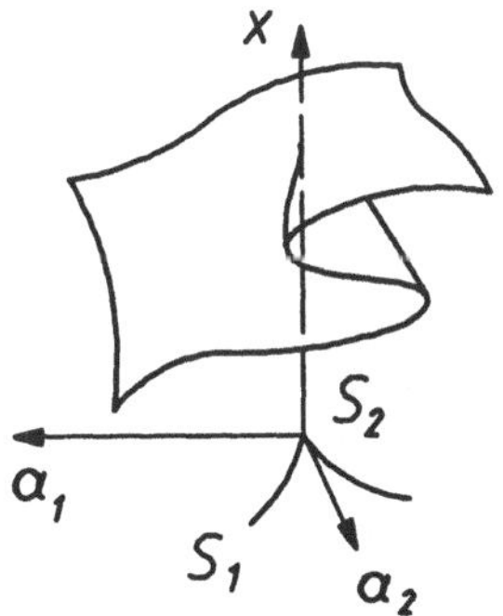

Abb. 19.1

Die nicht hyperbolischen Ruhelagen von (19.1) sind dabei, neben (19.2), durch die Bedingung $\alpha_2 - 3x^2$ beschrieben. Durch Elimination von x aus beiden Gleichungen entsteht eine Kurve im Phasenraum, gegeben durch

$$\{(\alpha_1, \alpha_2)^T : 27\alpha_1^2 - 4\alpha_2^3 = 0\},$$

wobei wieder nur kleine $|\alpha_1|$ und $|\alpha_2|$ betrachtet werden. Diese Kurve nennt man *Kuspe* (Abb. 19.2).

Die vollständige Analyse des Parameterraumes im Hinblick auf Bifurkationen ist relativ aufwendig. Die Ergebnisse einer solchen Analyse für die Differentialgleichung (16.1) mit $n = 2$ und $\lambda_2 < 0$ sind in Abb. 19.2 zusammengefaßt ([5]).

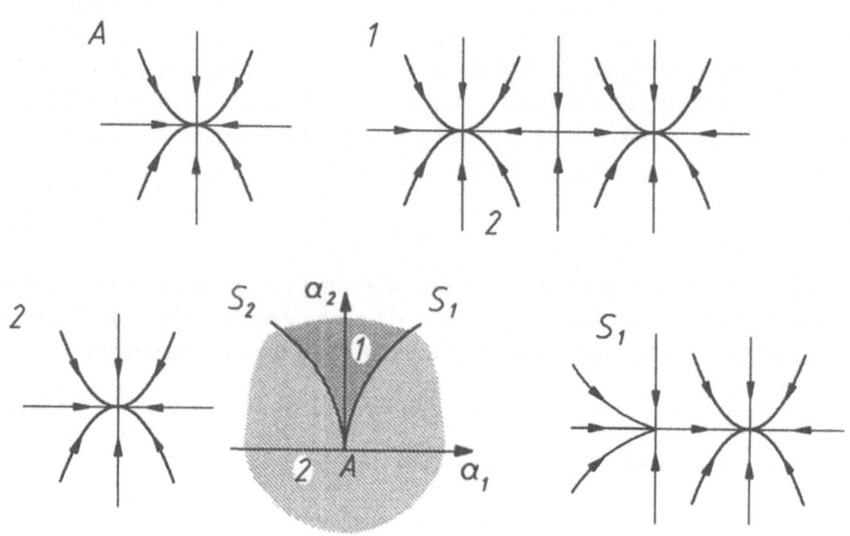

Abb. 19.2

Im Punkt A, d.h. bei $(\alpha_1, \alpha_2)^T = (0,0)^T$, liegt ein sogenannter *dreifach zusammengesetzter Knoten* vor. Beim Übergang von A in das Innere des Gebiets 1 spaltet sich diese Ruhelage im Ergebnis einer Gabelbifurkation in drei Ruhelagen auf: zwei stabile Knoten und ein Sattel entstehen. Beim Übergang des Parameterpaares $(\alpha_1, \alpha_2)^T$ aus dem Gebiet 1 in das Gebiet 2 über $S_i \setminus \{(0,0)^T\}$, $(i = 1,2)$ verschmilzt der Sattel mit einem der beiden Knoten, und es bildet sich außer $S_i \setminus \{(0,0)^T\}$ eine zweifach zusammengesetzte Ruhelage vom Typ eines Sattel-Knotens, der im Gebiet 2 zu einer stabilen hyperbolischen Ruhelage wird.

b) Doppelter Eigenwert Null

Die Jacobi-Matrix $D_{\mathbf{x}}\mathbf{f}(\mathbf{0},\mathbf{0})$ habe den Eigenwert 0 der Vielfachheit 2, und sie habe $n-2$ Eigenwerte mit nicht verschwindendem Realteil. Laut Satz 16.1 ist eine zweidimensionale reduzierte Differentialgleichung zu betrachten, von der wir annehmen wollen, daß sie topologisch äquivalent zum System

$$\dot{x} = y, \quad \dot{y} = \alpha_1 + \alpha_2 x + x^2 - xy \tag{19.3}$$

ist. Die ebene Differentialgleichung (19.3) wird *Bogdanov-Takens-Normalform* ([19]) genannt. Die Parameter $(\alpha_1, \alpha_2)^T$ werden nahe $(0,0)^T$ betrachtet. Der Parameterraum von (19.3) wird durch die drei Kurven S_1, S_2 und S_3 in Gebiete unterschiedlichen topologischen Verhaltens zerlegt (Abb. 19.3).

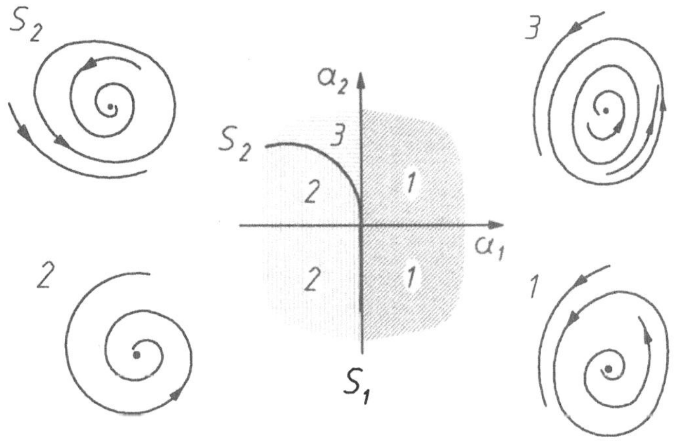

Abb. 19.3

Auf der Kurve

$$S_1 = \{(\alpha_1, \alpha_2)^T : \alpha_2^2 - 4\alpha_1 = 0\}$$

findet eine Sattel-Knoten-Bifurkation statt: Bei $\alpha_2 < 0$ mit einem stabilen Knotensektor, bei $\alpha_2 > 0$ mit einem instabilen Knotensektor. Auf der Kurve

$$S_2 = \{(\alpha_1, \alpha_2)^T : \alpha_1 = 0, \alpha_2 < 0\}$$

entsteht beim Übergang aus dem Gebiet $\alpha_1 < 0$ in das Gebiet $\alpha_1 > 0$ durch eine Hopf-Bifurkation ein stabiler Grenzzyklus. Auf der Kurve

$$S_3 = \{(\alpha_1, \alpha_2)^T : \alpha_1 = -k\alpha_2^2 + \ldots\},$$

wobei $k > 0$ eine fixierte Größe ist, existiert für das Ausgangssystem eine Separatrixschleife, die im Gebiet 3 in einen stabilen Grenzzyklus bifurkiert. Den vollständigen Bifurkationsverlauf zeigt Abb. 19.3.

c) Verallgemeinerte Hopf-Bifurkation

Die Jacobi-Matrix $D_{\mathbf{x}}\mathbf{f}(\mathbf{0},\mathbf{0})$ von (16.1) habe ein Paar rein imaginärer Eigenwerte und $n-2$ Eigenwerte mit nicht verschwindendem Realteil. Die laut Satz 16.1 zuständige ebene Reduktionsgleichung habe nach einer Transformation in Polarkoordinaten die Form

$$\dot{r} = \alpha_1 r + \alpha_2 r^3 - r^5 + ..., \quad \dot{\theta} = 1 + ... \tag{19.4}$$

Dabei sind $(\alpha_1, \alpha_2)^T$ wieder Parameterpaare nahe $(0,0)^T$. Das Bifurkationsverhalten von (19.4) ist in Abb. 19.4 zu sehen ([5]).

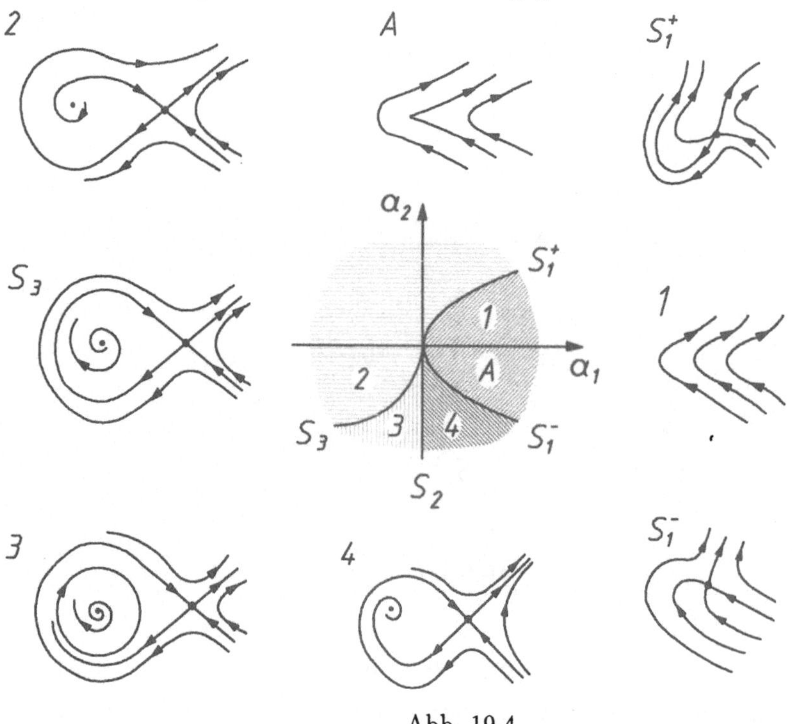

Abb. 19.4

Auf der Kurve

$$S_1 = \{(\alpha_1, \alpha_2)^T : \alpha_1 = 0, \alpha_2 \neq 0\}$$

findet eine Hopf-Bifurkation statt. Im Parametergebiet 3 existieren gleichzeitig zwei periodische Orbits, von denen der eine stabil, der andere instabil ist. Auf der Kurve

$$S_2 = \{(\alpha_1, \alpha_2)^T : \alpha_2^2 + 4\alpha_2 = 0, \alpha_1 < 0\}$$

verschmelzen diese beiden Orbits in einen zusammengesetzten periodischen Orbit, der im Gebiet 2 verschwindet.

20 Globale Bifurkationen der Abspaltung periodischer Orbits

Wir betrachten auch hier wieder die allgemeine Differentialgleichung (16.1). Die bisher diskutierten Bifurkationen waren fast alle von lokaler Natur. Ausnahmen gab es z.B. im Punkt b) von Kapitel 19 mit einer ebenen Separatrixschlingen-Bifurkation, die (bzgl. der Phasenebene) sofort globalen Charakter trug. Das Prinzip der Abspaltung eines periodischen Orbits aus einer homoklinen Kurve kann zu Aussagen im $\mathbb{R}^n$ verallgemeinert werden. Wir stellen im weiteren einige dieser Aussagen dar, die im wesentlichen auf L.P. Shilnikov zurückgehen.

a) Abspaltung eines periodischen Orbits aus dem homoklinen Orbit eines Sattels

Diese Bifurkation ist dadurch gekennzeichnet, daß in der Differentialgleichung (16.1) bei $\varepsilon = 0$ mit $\mathbf{0}$ ein Sattel vorliegt, von dem ein homokliner Orbit mit bestimmten zusätzlichen Eigenschaften ausgeht. Bei Änderung von ε verschwindet der homokline Orbit, und ein periodischer Orbit wird abgespalten.

Beispiel 20.1 Vorgelegt sei die ebene Differentialgleichung

$$\dot{x} = 2y, \quad \dot{y} = 2x - 3x^2 - y(x^3 - x^2 + y^2 + \varepsilon), \tag{20.1}$$

in der $\varepsilon \in \mathbb{R}$ ein Parameter ist. Um genauere Informationen über das globale Phasenporträt von (20.1) zu bekommen, betrachten wir die Hilfsfunktion

$$V(x, y) := x^3 - x^2 + y^2.$$

Für die Ableitung dieser Funktion in Richtung des Vektorfeldes (20.1) erhält man

$$\dot{V}_{(20.1)}(x, y) = -2y^2[x^3 - x^2 + y^2 + \varepsilon].$$

Demzufolge sind die Kurven

$$S_\varepsilon = \{(x, y)^T : x^3 - x^2 + y^2 + \varepsilon = 0\}$$

invariant unter dem Fluß von (20.1). Es sei $\varepsilon = 0$. Die Ruhelage $(0, 0)^T$ von (20.1) ist dann ein Sattel, von dem ein homokliner Orbit ausgeht, der in S_0 liegt (Abb. 20.1b). Für kleine $\varepsilon > 0$ liegt auf S_ε im Gebiet $x > 0$ ein asymptotisch stabiler periodischer Orbit, der für $\varepsilon \to 0$ in den homoklinen Orbit übergeht (Abb. 20.1c). Ist dagegen $\varepsilon < 0$ und $|\varepsilon|$ klein, so ist der homokline Orbit ebenfalls aufgelöst, in seiner Umgebung existiert aber kein periodischer Orbit (Abb. 20.1a). ■

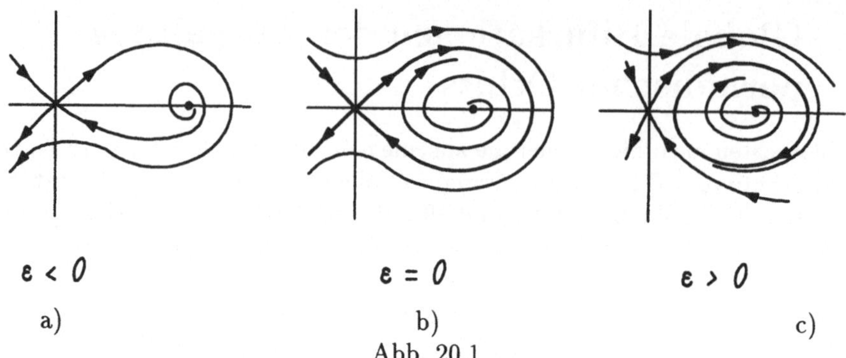

a) b) c)

Abb. 20.1

Gegeben sei nun ein allgemeines System in der Form

$$\dot{\mathbf{z}} = \mathbf{Z}(\mathbf{z}, \varepsilon), \tag{20.2}$$

in dem für jedes $\varepsilon \in [-\varepsilon_0, \varepsilon_0]$ die Funktion $\mathbf{Z}(\cdot, \varepsilon) : G \subset \mathbb{R}^{m+n} \to \mathbb{R}^{m+n}$ analytisch ist und $\mathbf{Z}$ stetig vom Parameter abhängt. Für alle $\varepsilon \in [-\varepsilon_0, \varepsilon_0]$ habe (20.2) die hyperbolische Ruhelage $\mathbf{z} = \mathbf{0}$. Die Jacobi-Matrix $D_{\mathbf{z}}\mathbf{Z}(\mathbf{0}, \varepsilon)$ habe m Eigenwerte $\lambda_1(\varepsilon), ..., \lambda_m(\varepsilon)$ mit negativem Realteil und n Eigenwerte $s_1(\varepsilon), ..., s_n(\varepsilon)$ mit positivem Realteil. Die invarianten Mannigfaltigkeiten von (20.2) in $\mathbf{0}$ in Abhängigkeit von ε seien $W^s(\varepsilon)$ und $W^u(\varepsilon)$.

Bei $\varepsilon = 0$ seien für (20.2) außerdem folgende Voraussetzungen erfüllt:

(A1) Es existiert bzgl. der Ruhelage $\mathbf{z} = \mathbf{0}$ ein homokliner Orbit $\gamma(0)$, der sich als Schnitt der m-dimensionalen stabilen Mannigfaltigkeit $W^s(0)$ und der n-dimensionalen instabilen Mannigfaltigkeit $W^u(0)$ ergibt. Der Schnitt sei transversal, d.h., es gelte

$$\dim(T_{\mathbf{p}}W^s(0) \cap T_{\mathbf{p}}W^u(0)) = 1$$

für alle $\mathbf{p} \in \gamma(0)$. ($T_{\mathbf{p}}W^s(0)$ und $T_{\mathbf{p}}W^u(0)$ sind Tangentialräume an $\mathbf{p} \in \gamma(0)$.)

(A2) $s_1(0)$ ist reell und für die Sattelgröße

$$\sigma := s_1(0) + \max_{j=1,...,m} \mathrm{Re}\lambda_j(0),$$

und es gilt $\sigma < 0$.

(A3) $s_1(0) < \mathrm{Re}s_j(0), \quad j = 2, ..., n.$

Aufgrund dieser Voraussetzungen tangieren fast alle in $W^u(0)$ liegenden Orbits für $t \to -\infty$ in die Richtung des Eigenvektors, der zu $s_1(0)$ gehört. Die verbleibende Integralmannigfaltigkeit aus $W^u(0)$ wird mit $W^-_{n-1}(0)$ bezeichnet. Offensichtlich läßt sich dabei $W^u(0)$ in der Form

$$W^u(0) = W^-_1(0) \cup W^-_2(0) \cup W^-_{n-1}(0)$$

darstellen, wobei $W^-_1(0) \cap W^-_2(0) = \emptyset$ gilt (Abb. 20.2).

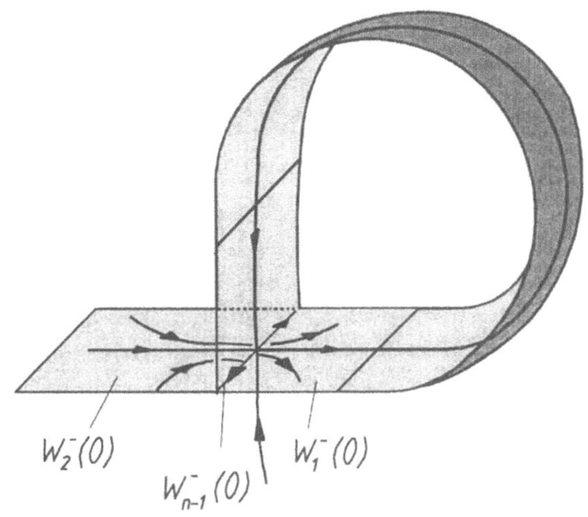

Abb. 20.2

(A4) Der homokline Orbit $\gamma(0)$ strebt für $t \to -\infty$ gegen die Ruhelage $\mathbf{z} = \mathbf{0}$ in der Richtung, die zum dominanten Eigenvektor gehört.

Es gelte $\gamma(0) \subset W_1^-(0)$. U sei eine hinreichend kleine Umgebung der Ruhelage $\mathbf{z} = \mathbf{0}$. Die Menge $\gamma(0) \cap U$ besteht dann aus den beiden Semiorbits $\gamma^+(0)$ und $\gamma^-(0)$. Wir bezeichnen mit $W_\omega^-(0)$ und $W_\alpha^+(0)$ die einfach zusammenhängenden Stücke von $W^u(0)$ bzw. $W^s(0)$ in U, die entsprechend $\gamma^+(0)$ und $\gamma^-(0)$ enthalten (Abb. 20.2).

(A5) $\bar{W}_\alpha^-(0) \cap \bar{W}_\omega^-(0) = W_{n-1}^-(0) \cap U$.

Satz 20.1 *([85]) Die Bedingungen (A1)-(A5) seien für die Differentialgleichung (20.2) erfüllt. Dann hat (20.2) bei $\varepsilon = 0$ in hinreichend kleiner Umgebung von $\gamma(0)$ keinen periodischen Orbit. Bei $\varepsilon \neq 0$ kann von $\gamma(0)$ genau ein periodischer Orbit $\gamma(\varepsilon)$ abzweigen. Dieser Orbit ist stabil bei $n = 1$ und sattelartig bei $n > 1$.*

b) Abspaltung eines periodischen Orbits durch Auflösung einer zweifach zusammengesetzten Ruhelage vom Sattel-Knoten-Typ

Wir illustrieren diese Bifurkation zunächst an einem Beispiel.

Beispiel 20.2 Vorgelegt sei die ebene Differentialgleichung

$$\dot{x} = x(1 - x^2 - y^2) + y(1 + \varepsilon + x), \dot{y} = -x(1 + \varepsilon + x) + y(1 - x^2 - y^2), \quad (20.3)$$

in der $\varepsilon \in \mathbb{R}$ ein Parameter ist. In Polarkoordinaten ($x = r\cos\theta$, $y = r\sin\theta$) hat (20.3) außerhalb des Koordinatenursprungs die Form

$$\dot{r} = r(1 - r^2), \quad \dot{\theta} = -(1 + \varepsilon + r\cos\theta). \tag{20.4}$$

Man erkennt anhand von (20.4) sofort, daß die Kreislinie $r = 1$ eine für den Fluß von (20.4) invariante Menge repräsentiert. Alle Orbits von (20.3) außer der Ruhelage $(0,0)^T$ gehen für $t \to +\infty$ auf diese Kreislinie zu. Für $\varepsilon < 0$ liegen ein Sattel und ein stabiler Knoten auf dieser Kreislinie. Beide verschmelzen bei $\varepsilon = 0$ zu einer zusammengesetzten Ruhelage vom Typ eines Sattel-Knotens. Für $\varepsilon > 0$ liegt keine Ruhelage mehr auf der Kreislinie. Diese repräsentiert dann einen periodischen Orbit von (20.3) (Abb. 20.3). ■

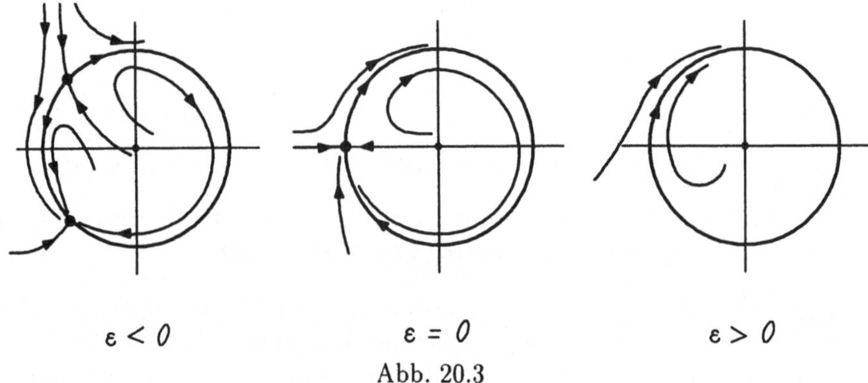

Abb. 20.3

Gegeben sei nun wieder ein allgemeines System in der Form

$$\dot{\mathbf{z}} = \mathbf{Z}(\mathbf{z}, \varepsilon), \tag{20.5}$$

in dem $\mathbf{Z} : G \times [-\varepsilon_0, \varepsilon_0] \to \mathbb{R}^{n+1}$ eine hinreichend glatte Abbildung ist. ($G \subset \mathbb{R}^{n+1}$ sei beschränkt.) Wir formulieren zunächst einige Vorausetzungen für die Differentialgleichung (20.5), unter denen dann ein allgemeines Bifurkationsergebnis formuliert werden wird.

(B1) Bei $\varepsilon = 0$ hat das System (20.5) $\mathbf{z} = \mathbf{0}$ als zusammengesetzte Ruhelage vom Typ eines Sattel-Knotens.

(B2) System (20.5) hat bei $\varepsilon = 0$ bzgl. der Ruhelage $\mathbf{z} = \mathbf{0}$ einen homoklinen Orbit $\gamma(0)$, der $W^s(0)$ nicht tangiert. ($W^s(0)$ ist die stabile Mannigfaltigkeit von (20.5) bei $\varepsilon = 0$ in $\mathbf{z} = \mathbf{0}$.)

(B3) Es existiert eine Umgebung von $\mathbf{z} = \mathbf{0}$, in der die Differentialgleichung (20.5) bei $\varepsilon = 0$ keine weiteren Ruhelagen hat.

Satz 20.2 *([83]) Die Voraussetzungen (B1)-(B3) seien für die Differentialgleichung (20.5) erfüllt. Dann existiert ein $\varepsilon^* \in (0, \varepsilon_0]$, so daß die Differentialgleichung (20.5) für alle $\varepsilon \in (0, \varepsilon^*]$ einen stabilen periodischen Orbit $\gamma(\varepsilon)$ hat. Außerdem gilt*

$$lt_{\varepsilon \to 0}\gamma(\varepsilon) = \gamma(0) \cap \{\mathbf{0}\},$$

wobei auf der linken Seite die Menge aller Häufungspunkte für $\varepsilon \to 0$ gemeint ist (Abb. 20.4).

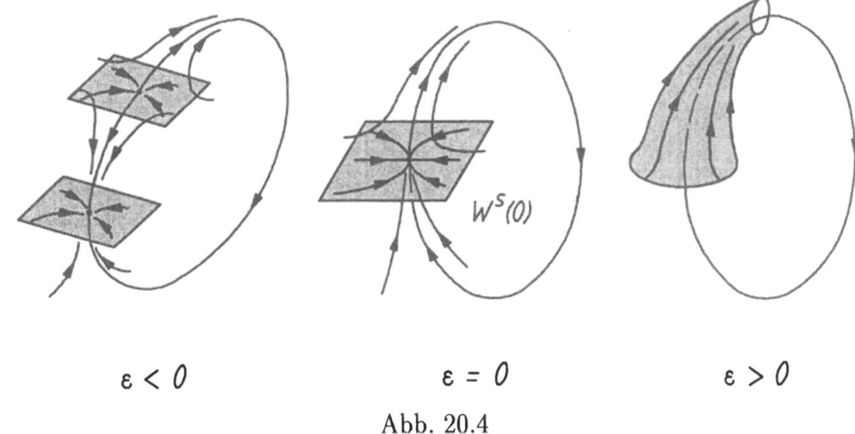

Abb. 20.4

c) Eine weitere globale Bifurkation in (20.5), auf die aber nicht näher eingegangen wird, ist die Abspaltung eines sattelartigen periodischen Orbits aus dem homoklinen Orbit $\gamma(0)$ einer zusammengesetzten Ruhelage $\mathbf{z} = \mathbf{0}$ vom Typ eines Sattel-Sattel (Abb. 20.5). Ausführlich wird diese Bifurkation in [86] betrachtet.

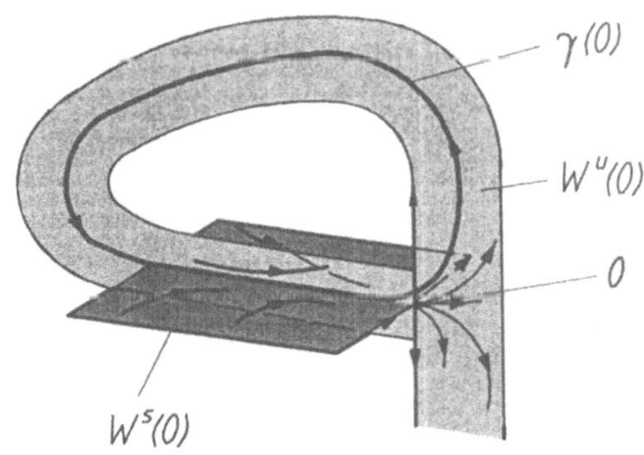

Abb. 20.5

Teil III

Chaotische dynamische Systeme

In diesem Teil werden in erster Linie solche Klassen dynamischer Systeme betrachtet, die sich durch unendlich viele nicht wandernde Orbits auszeichnen. Im Unterschied zu Hamiltonschen Systemen, wo diese Eigenschaft auch anzutreffen ist, sind die uns interessierenden Systeme aber strukturell stabil. Neben einer komplizierten Dynamik besitzen die betrachteten Systeme häufig auch geometrisch interessante invariante Mengen, die u.a. durch verschiedene nicht ganzzahlige Dimensionen charakterisierbar sind. Systeme mit solchen Eigenschaften werden summarisch als chaotisch bezeichnet.
Wir beginnen mit Shift-Abbildungen, die eine Art Prototyp chaotischer Systeme darstellen.

21 Shifts, Hufeisen und transversale homokline Punkte

21.1 Bernoulli-Shifts

Gegeben sei eine Menge S aus m verschiedenen Elementen *(Symbole)*. Ohne Einschränkung der Allgemeinheit kann dies die Menge

$$S = \{0, 1, ..., m-1\}$$

sein. Mit Σ_m wird dann die Menge aller zweiseitig unendlichen Folgen aus diesen m Symbolen bezeichnet, d.h.

$$\Sigma_m := \{\mathbf{s} = (...s_{-1}; s_0 s_1 s_2 ...) : \quad s_i \in S, \ i \in \mathbb{Z}\}.$$

In Σ_m lassen sich verschiedene Metriken einführen. So definiert die Funktion $d : \Sigma_m \times \Sigma_m \to \mathbb{R}_+$, gegeben für beliebige $\mathbf{s} = (...s_{-1}; s_0 s_1 s_2 ...)$ und $\mathbf{s}' = (...s'_{-1}; s'_0 s'_1 s'_2 ...)$ aus Σ_m durch

$$d(\mathbf{s}, \mathbf{s}') := \sum_{n \in \mathbb{Z}} \frac{|s_n - s'_n|}{2^{|n|}}$$

eine Metrik. Der so erklärte metrische Raum (Σ_m, d) ist vollständig und kompakt. Ein dynamisches System in Σ_m wird durch die Abbildung

$$\sigma : \mathbf{s} = (\ldots s_{-1}; s_0 s_1 s_2 \ldots) \mapsto \mathbf{s}' = \sigma(\mathbf{s}) = (\ldots s'_{-1}; s'_0 s'_1 s'_2 \ldots),$$

die *Bernoulli-* oder *Shift-Abbildung* heißt, gegeben. Es läßt sich leicht zeigen, daß σ stetig ist und eine Umkehrabbildung besitzt, die ebenfalls stetig ist. Außerdem genügen σ und σ^{-1} sogar einer Lipschitz-Bedingung.

Die Eigenschaften des auf Σ_m gegebenen dynamischen Systems $\{\sigma^k\}_{k\in\mathbb{Z}}$ sind, wie ein sich anschließender Satz zeigen wird, Motivation für die folgende Definition eines chaotischen Systems.

Wir betrachten ein allgemeines dynamisches System $\{\varphi^t\}_{t\in\Gamma}$ in einem metrischen Raum (M, d). Es sei $\Lambda \subset M$ eine kompakte, für das System invariante Menge. Das System $\{\varphi^t\}_{t\in\Gamma}$ heißt *chaotisch auf* Λ *im Sinne von Devaney,* wenn folgende drei Eigenschaften erfüllt sind:

a) Das System $\{\varphi^t\}_{t\in\Gamma}$ ist *topologisch transitiv auf* Λ, d.h., es gibt einen Orbit $\gamma(\mathbf{p})$ mit $\mathbf{p} \in \Lambda$, der dicht in Λ liegt.

b) Die Menge aller Periodenpunkte des Systems liegt dicht in Λ.

c) Das System $\{\varphi^t\}_{t\in\Gamma}$ ist *sensitiv bzgl. der Anfangswerte*, d.h. es gilt:

$$\exists \varepsilon > 0\ \forall \mathbf{x} \in \Lambda\ \forall \delta > 0\ \exists \mathbf{y} \in \Lambda \cap B_\delta(\mathbf{x})\ \exists t \geq 0 :$$

$$d(\varphi^t(\mathbf{x}), \varphi^t(\mathbf{y})) \geq \varepsilon.$$

Dabei ist $B_\delta(\mathbf{x}) := \{\mathbf{y} \in M : d(\mathbf{y}, \mathbf{x}) < \delta\}$. Wir kommen nun zu dem angekündigten Satz ([15]).

Satz 21.1 *Das durch die Shift-Abbildung* $\sigma : \Sigma_m \to \Sigma_m$ *definierte dynamische System ist chaotisch im Sinne von Devaney.*

Analog zu den zweiseitig unendlichen Folgen aus m Symbolen werden auch einseitig unendliche Folgen aus m Symbolen gebraucht. Besonders häufig ist dies

$$\Sigma_2^+ := \{\mathbf{s} = s_0 s_1 s_2 \ldots \quad : \ s_i \in \{0, 1\},\ i \in \mathbb{N}_0\}.$$

Als Metrik kann die Funktion $d : \Sigma_2^+ \times \Sigma_m^+ \to \mathbb{R}_+$, definiert durch $d(\mathbf{s}, \mathbf{s}') := 2^{-j}$ mit $j := \min\{k \in \mathbb{N}_0 : s_k \neq s'_k\}$, genutzt werden. (Anstelle von 2 als Basis wird oft auch e verwendet.) Der entstandene metrische Raum (Σ_2^+, d) ist wieder vollständig und kompakt. In Σ_2^+ sei speziell die Shift-Abbildung

$$\sigma : \mathbf{s} = s_0 s_1 s_2 \ldots \mapsto \mathbf{s}' = \sigma(\mathbf{s}) = s_1 s_2 s_3 \ldots$$

gegeben. Diese ist ebenfalls stetig. Das durch σ auf Σ_2^+ definierte dynamische System ist wieder chaotisch im Sinne von Devaney.

21.2 Expandierende Abbildungen

Wir wollen in diesem Abschnitt eine einfache Klasse von Abbildungen betrachten, deren Dynamik durch Bernoulli-Shifts beschrieben werden kann. Auf dem Einheitsintervall $I = [0,1]$ seien stetige Abbildungen $\varphi : I \to I$ mit folgenden Eigenschaften gegeben. Es gibt in I zwei disjunkte abgeschlossene Intervalle I_0 und I_1, so daß gilt:

(A1) $\varphi(I_0) \cap \varphi(I_1) \supset I_0 \cup I_1$;

(A2) φ ist auf $I_0 \cup I_1$ differenzierbar, wobei $|\varphi'(x)| \geq a > 1$ für $x \in I_0 \cup I_1$ sei.

Für jede Abbildung φ mit den Eigenschaften (A1) und (A2) wird die Menge

$$C_\varphi := \{x \in I : \varphi^j(x) \in I_0 \cup I_1, j = 0, 1, ...\} \tag{21.1}$$

definiert. Die Abbildung $\varphi|_{C_\varphi}$ (d.h. die Einschränkung von φ auf C_φ) nennen wir wegen (A2) *expandierend.*

Beispiel 21.1 Die Abbildung $\varphi : I \to I$ sei durch

$$\varphi(x) = \begin{cases} 3x & \text{für } 0 \leq x \leq \frac{1}{3}, \\ 1 & \text{für } \frac{1}{3} < x < \frac{2}{3}, \\ 3(1-x) & \text{für } \frac{2}{3} \leq x \leq 1 \end{cases} \tag{21.2}$$

gegeben. Bzgl. der Intervalle $I_0 := [0, \frac{1}{3}]$ und $I_1 := [\frac{2}{3}, 1]$ hat die Abbildung (21.2) offenbar die Eigenschaften (A1) und (A2) (Abb. 21.1a) ■

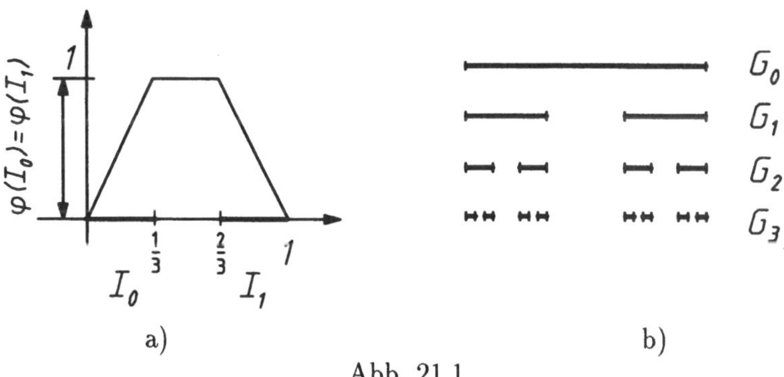

Abb. 21.1

Die Eigenschaften der Menge C_φ werden im folgenden Satz beschrieben. Wir benötigen dazu den Begriff der Cantor-Menge: Eine Menge Λ im metrischen Raum (M, d) heißt *Cantor-Menge*, wenn sie folgende Eigenschaften hat:

a) Λ ist kompakt.

b) Λ ist *perfekt*, d.h. abgeschlossen und jeder Punkt ist Häufungspunkt.

c) Λ ist *total unzusammenhängend*, d.h., für jeden Punkt $\mathbf{x}_0 \in \Lambda$ besteht die größte zusammenhängende Menge, die $\mathbf{x}_0$ enthält, nur aus diesem einen Punkt.

Beispiel 21.2 Die bekannteste Cantor-Menge entsteht durch folgende Prozedur: Das Intervall

$$G_0 = [0,1]$$

wird in drei Teilintervalle gleicher Länge geteilt und das mittlere offene Drittel entfernt, so daß die Menge

$$G_1 = \left[0, \frac{1}{3}\right] \cup \left[\frac{2}{3}, 1\right]$$

entsteht. Dann werden von den beiden Teilintervallen von G_1 die jeweils mittleren offenen Drittel entfernt, so daß die Menge

$$G_2 = \left[0, \frac{1}{9}\right] \cup \left[\frac{2}{9}, \frac{1}{3}\right] \cup \left[\frac{2}{3}, \frac{7}{9}\right] \cup \left[\frac{8}{9}, 1\right]$$

entsteht. Diese Prozedur wird mit G_k fortgesetzt, indem aus jedem Teilintervall von G_{k-1} das mittlere offene Drittel entfernt wird. Dadurch entsteht eine Folge von Mengen

$$G_0 \supset G_1 \supset \ldots \supset G_k \supset \ldots,$$

wobei jedes G_k aus 2^k Intervallen der Länge $\frac{1}{3^k}$ besteht. Die Menge $C := \bigcap_{k=0}^{\infty} G_k$ ist eine Cantor-Menge (Abb. 21.1b) ■

Wir kommen nun zu den Eigenschaften von C_φ (z.B. [15]).

Satz 21.2 *Die Abbildung $\varphi : I \to I$ genüge den Eigenschaften (A1), (A2) und die Menge C_φ sei nach (21.1) gebildet. Dann gilt:*

a) C_φ ist eine Cantor-Menge.

b) Es existiert ein Homöomorphismus $h : \Sigma_2^+ \to C_\varphi$, so daß σ und $\varphi|_{C_\varphi}$ topologisch konjugiert zueinander sind.

Die Grundidee der Konstruktion des Homöomorphismus h im Beweis von Satz 21.2 besteht darin, daß für jedes $x \in C_\varphi$ eine Symbolfolge

$$s_n := \begin{cases} 0, & \text{falls} \quad \varphi^n(x) \in I_0, \\ 1, & \text{falls} \quad \varphi^n(x) \in I_1, \end{cases}$$

gebildet wird. Man zeigt per Induktion, daß alle Folgen aus Σ_2^+ auf diese Weise erzeugt werden können. Wegen des expandierenden Charakters von $\varphi|_{C_\varphi}$ entsprechen zwei verschiedenen Punkten aus C_φ jeweils unterschiedliche Symbolfolgen.

Ist φ die Abbildung (21.2), so ergibt die Menge C_φ gerade die Cantor-Menge aus Beispiel 21.2. Die Konsequenzen, die sich für die Dynamik einer Abbildung $\varphi : I \to I$ mit den Eigenschaften (A1) und (A2) aus Satz 21.2 ergeben, sind folgende: Das durch φ erzeugte dynamische System hat unendlich viele periodische Orbits, und $\varphi|_{C_\varphi}$ ist sensitiv bzgl. der Anfangswerte.

21.3 Hufeisenabbildungen

Es seien $I = [0, 1]$ das Einheitsintervall und $Q = [0, 1] \times [0, 1]$ das Einheitsquadrat. Die Abbildung $\varphi : Q \to \mathbb{R}^2$ sei als Komposition $\varphi = \varphi_3 \circ \varphi_2 \circ \varphi_1$ gegeben. Dabei sei φ_1 eine Kontraktion von Q in horizontaler Richtung, φ_2 eine Expansion in vertikaler Richtung und φ_3 die Operation des Faltens (Abb. 21.2).

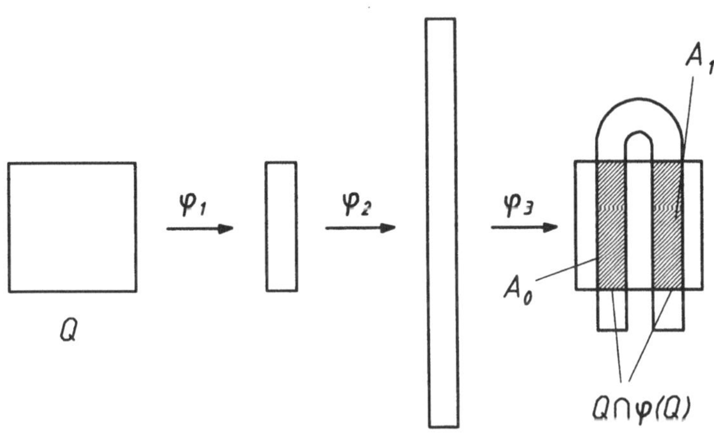

Abb. 21.2

Im Ergebnis der einmaligen Anwendung von φ entsteht die Menge $Q \cap \varphi(Q) = A_0 \cup A_1$, wobei $A_0 \cap A_1 = \emptyset$ gilt (Abb. 21.2). Für φ^2 ergibt sich die Darstellung

$$\begin{aligned} Q \cap \varphi(Q) \cap \varphi(Q \cap \varphi(Q)) &= Q \cap \varphi(Q) \cap \varphi^2(Q) \\ &= A_{00} \cup A_{10} \cup A_{01} \cup A_{11} \end{aligned}$$

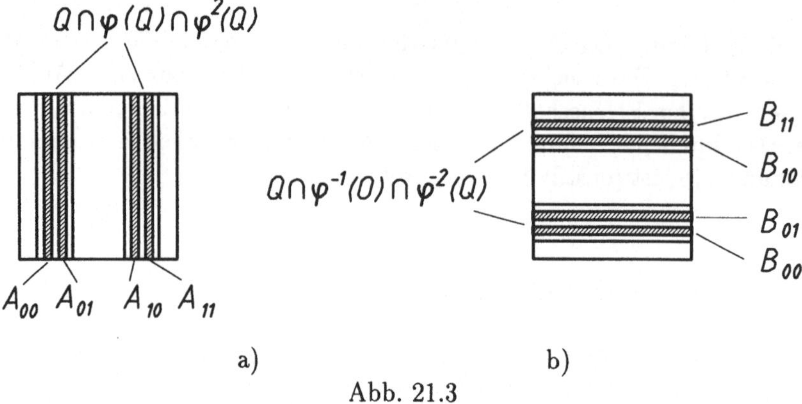

a) b)

Abb. 21.3

In Fortsetzung dieses Prozesses ergibt sich im n-ten Schritt die Menge $\bigcap_{j=0}^{n} \varphi^j(Q)$, die aus 2^n horizontal angeordneten, paarweise disjunkten Rechtecken besteht. Jeder dieser Streifen wird wie oben mit einem Symbol $A_{i_1...i_n}$ mit $i_k \in \{0,1\}$ $(k = 1,...,n)$ markiert. In analoger Weise wird die Menge $\bigcap_{j=-n}^{0} \varphi^j(Q)$ gebildet, die nun aus 2^n vertikal angeordneten, paarweise disjunkten Rechtecken $B_{i_1...i_n}$ besteht. Läßt man n gegen unendlich gehen, so entstehen die beiden Mengen

$$\bigcap_{j=0}^{\infty} \varphi^j(Q) = C_1 \times I \quad \text{und} \quad \bigcap_{j=-\infty}^{0} \varphi^j(Q) = I \times C_2,$$

in denen C_i $(i = 1,2)$ jeweils eine Cantor-Menge ist. Durch die Operation

$$\Lambda := \bigcap_{j=-\infty}^{+\infty} \varphi^j(Q) = C_1 \times C_2$$

ergibt sich schließlich eine φ-invariante Menge als Kreuzprodukt zweier Cantor-Mengen. Wir wollen in Verbindung mit $\varphi|_\Lambda$ einen Bernoulli-Shift betrachten und definieren deshalb die Abbildung $\mathbf{h} : \Lambda \to \Sigma_2$, die jedem $x \in \Lambda$ eine Symbolfolge $\mathbf{s} = (...s_{-1}; s_0 s_1...) \in \Sigma_2$ über die Beziehung

$$s_n := \begin{cases} 0, & \text{falls} \quad \varphi^n(x) \in A_0, \\ 1, & \text{falls} \quad \varphi^n(x) \in A_1, \end{cases}$$

zuordnet. Man kann zeigen, daß $\mathbf{h}$ ein Homöomorphismus ist und $\mathbf{h} \circ \varphi|_\Lambda \circ \mathbf{h}^{-1} = \boldsymbol{\sigma}$ gilt. Da also $\varphi|_\Lambda$ topologisch konjugiert zur Shift-Abbildung $\boldsymbol{\sigma} : \Sigma_2 \to \Sigma_2$ ist, besitzt diese Abbildung unendlich viele Periodenpunkte und eine sensitive Abhängigkeit von den Anfangswerten. Hufeisenabbildungen lassen sich auch in höheren Dimensionen betrachten. Ein Beispiel für ein dreidimensionales Hufeisen zeigt Abb. 21.4.

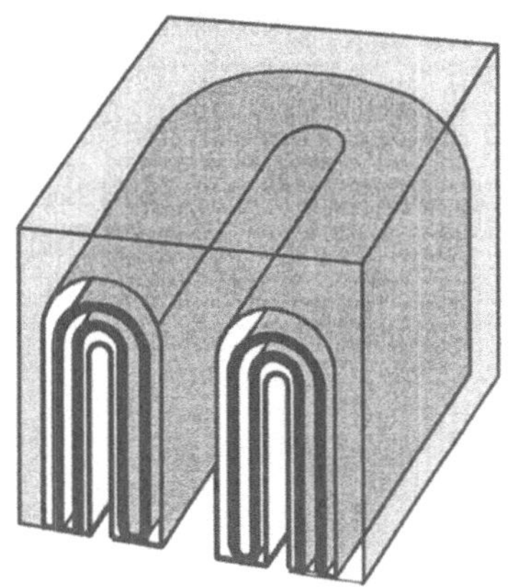

Abb. 21.4

21.4 Hyperbolische Mengen

Hyperbolische Mengen lassen sich als Verallgemeinerung der Begriffe "hyperbolische Ruhelage" und "hyperbolischer periodischer Orbit" betrachten. Gegeben sei ein Diffeomorphismus

$$\varphi : M \to M, \tag{21.3}$$

wobei M entweder eine Teilmenge des $\mathbb{R}^n$ oder ein Zylinder ist. Mit $T_\mathbf{p}M$ bezeichnen wir den *Tangentialraum* in $\mathbf{p}$. Jeder Punkt $\mathbf{v} \in T_\mathbf{p}M$ kann als Paar $(\mathbf{p}, \boldsymbol{\xi})$ geschrieben werden, wobei jeweils $\boldsymbol{\xi} \in \mathbb{R}^n$ ist. Damit wird $T_\mathbf{p}M$ zu einem n-dimensionalen Vektorraum, in dem die Addition zweier Elemente $(\mathbf{p}, \boldsymbol{\xi})$ und $(\mathbf{p}, \boldsymbol{\eta})$ durch $(\mathbf{p}, \boldsymbol{\xi}) + (\mathbf{p}, \boldsymbol{\eta}) := (\mathbf{p}, \boldsymbol{\xi} + \boldsymbol{\eta})$ und die Multiplikation von $(\mathbf{p}, \boldsymbol{\xi})$ mit einem Skalar $\lambda \in \mathbb{R}$ durch $\lambda(\mathbf{p}, \boldsymbol{\xi}) := (\mathbf{p}, \lambda\boldsymbol{\xi})$ erklärt sind. Für die differenzierbare Abbildung (21.3) ist in einem beliebigen Punkt $\mathbf{p} \in M$ die *Tangentialabbildung*

$$d\varphi(\mathbf{p}) : T_\mathbf{p}M \to T_{\varphi(\mathbf{p})}M$$

durch die Zuordnung

$$(\mathbf{p}, \boldsymbol{\xi}) \in T_\mathbf{p}M \mapsto (\varphi(\mathbf{p}), D\varphi(\mathbf{p})\boldsymbol{\xi}) \in T_{\varphi(\mathbf{p})}M$$

definiert. Auch hier interpretieren wir $D\varphi(\mathbf{p})$ als Jacobi-Matrix von φ im Punkt $\mathbf{p}$.

Die Teilmenge $\Lambda \subset M$ heißt *hyperbolisch* für die Abbildung (21.3), wenn folgende Eigenschaften erfüllt sind:

a) Λ ist kompakt und invariant unter φ.

b) In jedem Punkt $\mathbf{p} \in \Lambda$ existieren zwei Untervektorräume $E^s_{\mathbf{p}}$ und $E^u_{\mathbf{p}}$ von $T_{\mathbf{p}}M$, so daß die Darstellung $T_{\mathbf{p}}M = E^s_{\mathbf{p}} + E^u_{\mathbf{p}}$ gilt und außerdem die Beziehungen $d\varphi(\mathbf{p})E^s_{\mathbf{p}} = E^s_{\varphi(\mathbf{p})}$ und $d\varphi(\mathbf{p})E^u_{\mathbf{p}} = E^u_{\varphi(\mathbf{p})}$ erfüllt sind.

c) Es gibt Konstanten $C > 0$ und $\lambda \in (0,1)$, so daß in jedem Punkt $\mathbf{p} \in \Lambda$ die Ungleichungen

$$\|d\varphi^k(\mathbf{p})\mathbf{v}\| \leq C\lambda^k\|\mathbf{v}\| \quad (\mathbf{v} \in E^s_{\mathbf{p}}, k = 0, 1, ...)$$

und

$$\|d\varphi^{-k}(\mathbf{p})\mathbf{v}\| \leq C\lambda^k\|\mathbf{v}\| \quad (\mathbf{v} \in E^u_{\mathbf{p}}, k = 0, 1, ...)$$

gelten.

Beispiel 21.3 Ist $\mathbf{p} \in M$ ein hyperbolischer T-periodischer Punkt von φ, so ist

$$\Lambda := \gamma(\mathbf{p}) = \{\varphi^t(\mathbf{p}), t = 0, ..., T-1\}$$

eine hyperbolische Menge. Sind $\{\mathbf{u}_i\}$ Eigenvektoren, die zu Eigenwerten vom Betrag kleiner Eins gehören, und $\{v_i\}$ Eigenvektoren, die zu Eigenwerten vom Betrag größer Eins gehören, so lassen sich die Räume $E^s_{\mathbf{p}}$ und $E^u_{\mathbf{p}}$ durch $E^s_{\mathbf{p}} = \{(\mathbf{p}, \boldsymbol{\xi}) : \boldsymbol{\xi} \in \text{span}\{\mathbf{u}_i\}\}$ und $E^u_{\mathbf{p}} = \{(\mathbf{p}, \boldsymbol{\xi}) : \boldsymbol{\xi} \in \text{span}\{\mathbf{v}_i\}\}$ definieren. ■

Bemerkung 21.1 Es läßt sich zeigen ([71]), daß die Forderungen a) - c) an eine hyperbolische Menge Λ folgende Zusatzeigenschaften nach sich ziehen:

(i) $\forall \mathbf{p} \in \Lambda \quad \forall \mathbf{v} \in E^u_{\mathbf{p}} \quad \forall k \in \mathbb{N}_0 : \quad \|d\varphi^k(\mathbf{p})\mathbf{v}\| \geq \frac{1}{\lambda^k C}\|\mathbf{v}\|.$
$\forall \mathbf{p} \in \Lambda \quad \forall \mathbf{v} \in E^s_{\mathbf{p}} \quad \forall k \in \mathbb{N}_0 : \quad \|d\varphi^{-k}(\mathbf{p})\mathbf{v}\| \geq \frac{1}{\lambda^k C}\|\mathbf{v}\|.$

(ii) In jedem Punkt $\mathbf{p} \in \Lambda$ ist die Zerlegung aus b) eine direkte Summe, d.h., es gilt $T_{\mathbf{p}}M = E^s_{\mathbf{p}} \oplus E^u_{\mathbf{p}}$, und diese Zerlegung hängt stetig von $\mathbf{p}$ ab. □

Der hyperbolische Charakter eines Systems ist bei den Y-Systemen von Anosov besonders stark ausgeprägt: Ein Diffeomorphismus $\varphi : M \to M$ heißt *Y-System*, wenn ganz M eine hyperbolische Menge darstellt.

Beispiel 21.4 Gegeben sei der zweidimensionale Torus $T^2 = \mathbb{R}^2/G$ mit $G = \{\sum_{i=1}^{2} k_i\mathbf{e}_i,\ k_i \in \mathbb{Z}\}$. ($\mathbf{e}_1$ und $\mathbf{e}_2$ sind die Elemente der Standardbasis.) Über die Matrix $A = \begin{pmatrix} 2 & 1 \\ 1 & 1 \end{pmatrix}$ wird eine lineare Abbildung $\varphi : T^2 \to T^2$ durch $\varphi(\mathbf{x}) := A\mathbf{x}$ definiert. Da A^{-1} ebenfalls ganzzahlig ist, stellt φ einen Diffeomorphismus dar. Die beiden Eigenwerte von A sind $\lambda_1 = \frac{1}{2}(3 + \sqrt{5})$ und $\lambda_2 = \frac{1}{2}(3 - \sqrt{5})$. Offenbar gilt $\lambda_1 > 1 > \lambda_2 > 0$. Es seien $\mathbf{u}_1$ und $\mathbf{u}_2$ zugehörige Eigenvektoren. Dann besitzt der Tangentialraum $T_{\mathbf{p}}T^2$ in jedem Punkt $\mathbf{p}$ die $d\varphi$-invariante Zerlegung

$$T_{\mathbf{p}}T^2 = E^s_{\mathbf{p}} + E^u_{\mathbf{p}},$$

in der $E^s_{\mathbf{p}}$ aus allen Paaren $(\mathbf{p},\boldsymbol{\xi})$ mit $\boldsymbol{\xi} \in \operatorname{span}\{\mathbf{u}_2\}$ und $E^u_{\mathbf{p}}$ aus allen Paaren $(\mathbf{p},\boldsymbol{\xi})$ mit $\boldsymbol{\xi} \in \operatorname{span}\{\mathbf{u}_1\}$ besteht. Aufgrund der Linearität von φ gilt für $k = 0, 1, 2, \ldots$

$$\begin{aligned} \|d\varphi^k(\mathbf{p})\mathbf{v}\| &= \lambda_2^k\|\mathbf{v}\| \quad (\forall \mathbf{v} \in E^s_{\mathbf{p}}) \qquad \text{und} \\ \|d\varphi^k(\mathbf{p})\mathbf{v}\| &= \lambda_1^k\|\mathbf{v}\| \quad (\forall \mathbf{v} \in E^u_{\mathbf{p}}). \end{aligned}$$

Somit ist der gesamte Torus hyperbolisch, und φ ist ein Y-Diffeomorphismus. ■

Eine weitere wichtige Klasse von hyperbolischen Systemen sind die Axiom-A-Systeme von Smale: Der Diffeomorphismus $\varphi : M \to M$ genügt dem *Axiom-A,* wenn die Menge der nicht wandernden Punkte $\Omega(\varphi)$ des Systems hyperbolisch ist und die Menge der Periodenpunkte von φ dicht in $\Omega(\varphi)$ ist.

Wir gehen abschließend noch kurz auf den Begriff der hyperbolischen Menge für Differentialgleichungen ein. Gegeben sei dazu die Differentialgleichung

$$\dot{\mathbf{x}} = \mathbf{f}(\mathbf{x}) \tag{21.4}$$

mit $\mathbf{f} \in X^1_+(U)$. Dabei sei $U \subset \mathbb{R}^n$ offen und der Fluß $\{\varphi^t\}_{t\in\mathbb{R}}$ möge existieren. Ist $\mathbf{p} \in U$ beliebig, so bezeichne $Y(\cdot,\mathbf{p})$ die bei $t = 0$ normierte Fundamentalmatrix der bzgl. $\{\varphi^t(\mathbf{p})\}$ gebildeten Variationsgleichung

$$\dot{\mathbf{y}} = D\mathbf{f}(\varphi^t(\mathbf{p}))\mathbf{y}.$$

Wir identifizieren für diesen Fall die jeweiligen Tangentialräume mit dem $\mathbb{R}^n$ und die Tangentialabbildung mit der Jacobi-Matrix.

Die Teilmenge $\Lambda \subset U$ heißt dann *hyperbolisch* für die Differentialgleichung (21.4), wenn folgende Eigenschaften erfüllt sind:

a) Λ ist kompakt und invariant unter $\{\varphi^t\}$, d.h. $\varphi^t(\Lambda) = \Lambda \quad (\forall t \in \mathbb{R})$.

b) In jedem Punkt $\mathbf{p} \in \Lambda$ existieren zwei Untervektorräume $E^s_{\mathbf{p}}$ und $E^u_{\mathbf{p}}$ des $\mathbb{R}^n$, so daß $\mathbb{R}^n = E^s_{\mathbf{p}} + E^u_{\mathbf{p}}$ ist und außerdem $Y(t,\mathbf{p})E^s_{\mathbf{p}} = E^s_{\varphi^t(\mathbf{p})}$ sowie $Y(t,\mathbf{p})E^u_{\mathbf{p}} = E^u_{\varphi^t(\mathbf{p})}$ für alle $t \in \mathbb{R}$ gilt.

c) Es gibt Konstanten $C > 0$ und $\lambda > 0$, so daß in jedem Punkt $\mathbf{p} \in \Lambda$ die Ungleichungen

$$\begin{aligned} \|Y(t,\mathbf{p})\mathbf{v}\| &\le Ce^{-\lambda t}\|v\| \quad (\mathbf{v} \in E^s_{\mathbf{p}}, t \ge 0) \qquad \text{und} \\ \|Y(t,\mathbf{p})\mathbf{v}\| &\le Ce^{\lambda t}\|v\| \quad (\mathbf{v} \in E^u_{\mathbf{p}}, t \le 0) \end{aligned}$$

gelten.

Analog zu den zeitdiskreten Systemen werden für den Fluß von (21.4) Y-Systeme und Axiom-A-Systeme definiert. So sagen wir, daß der Fluß $\{\varphi^t\}_{t\in\mathbb{R}}$ von (21.4) ein *Axiom-A-System* ist, wenn die nichtwandernde Menge Ω des Systems hyperbolisch ist und in der Form $\Omega_1 \cup \Omega_2$ darstellbar ist, wobei Ω_i kompakte invariante disjunkte Mengen sind, Ω_1 eine endliche Anzahl von Ruhelagen enthält und die periodischen Orbits in Ω_2 dicht liegen. Der folgende Begriff wird für Dimensionsbetrachtungen in Abschnitt 25.5 benötigt. Es sei $\{\varphi^t\}_{t\in\Gamma}$ ein dynamisches System auf M. Die Menge $\Omega \subset M$ heißt *Basis-Menge* für dieses System, wenn Ω eine invariante hyperbolische Menge für das System ist, dieses System auf Ω einen dichten Orbit besitzt und eine kompakte Umgebung U von Ω existiert, so daß $\bigcap_{t\geq 0}\varphi^t(U) = \Omega$ gilt. Die Bedeutung der Basis-Mengen ergibt sich aus dem *Spektralzerlegungssatz* von Smale: Ist $\{\varphi^t\}_{t\in\Gamma}$ auf M ein Axiom-A-System, so läßt sich die nichtwandernde Menge Ω des Systems in der Form $\Omega = \Omega_1 \cup \ldots \cup \Omega_k$ darstellen, in der Ω_i kompakte disjunkte φ^t-invariante Mengen sind, von denen jede einen dichten Orbit enthält.

21.5 Homokline Bifurkationen und Shift-Abbildungen

In den vorangegangenen Abschnitten wurde gezeigt, daß das Vorhandensein einer Shift-Dynamik ausgeprägtes chaotisches Verhalten repräsentiert. Es ist deshalb wünschenswert, über Sätze zu verfügen, die für bestimmte Klassen von Abbildungen und Differentialgleichungen eine partielle topologische Konjugiertheit zu einem Shift-System absichern. Wir beschränken uns dabei, der Anschaulichkeit halber, auf Differentialgleichungen im $\mathbb{R}^3$ und zugehörige Poincaré-Abbildungen im $\mathbb{R}^2$.

Beginnen wollen wir mit einem Satz, der den bereits in Abschnitt 8.4 diskutierten transversalen Schnitt der invarianten Mannigfaltigkeiten des Fixpunktes eines Diffeomorphismus betrifft ([95]).

Satz 21.3 *(Poincaré-Birkhoff). Es sei $\varphi : \mathbb{R}^2 \to \mathbb{R}^2$ ein C^1-Diffeomorphismus mit $\mathbf{x} = \mathbf{0}$ als hyperbolischem Fixpunkt. Die stabile Mannigfaltigkeit $W^s(\mathbf{0})$ und die instabile Mannigfaltigkeit $W^u(\mathbf{0})$ mögen sich in einem Punkt $\mathbf{p}$ transversal schneiden (Abb. 8.11). Dann existiert nahe dem Orbit $\gamma(\mathbf{p})$ eine φ-invariante Menge Λ und es gibt eine natürliche Zahl m, so daß bzgl. φ^m die Menge Λ hyperbolisch ist. Des weiteren existiert eine natürliche Zahl k, so daß die Einschränkung von φ^k auf Λ topologisch konjugiert zu einer Shift-Abbildung mit zwei Symbolen ist.*

Abb. 21.5 zeigt, wie unter der Abbildung φ ein Ausgangsrechteck D_0 zu einer Figur D_3 deformiert wird, deren Schnitt mit D_0 näherungsweise einer Hufeisenabbildung entspricht.

Beispiel 21.5 Die Voraussetzungen von Satz 21.3 sind für die in Beispiel 8.8 betrachtete Hénon-Abbildung erfüllt. ∎

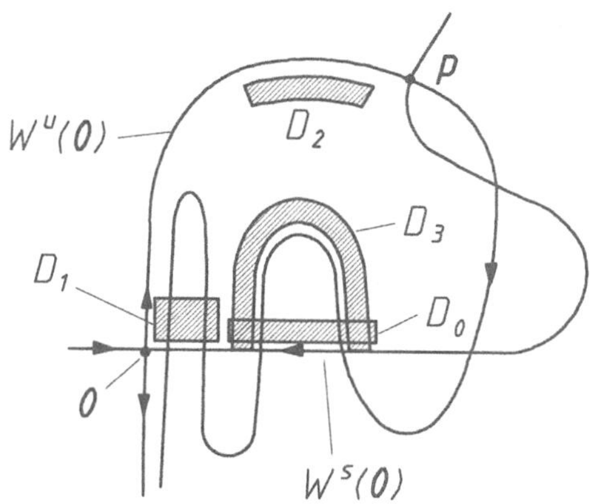

Abb. 21.5

Die im Satz von Poincaré-Birkhoff betrachtete Situation läßt sich auch als Bestandteil einer Bifurkation auffassen. Gegeben sei im $\mathbb{R}^2$ ein parameterabhängiger Diffeomorphismus, definiert durch

$$\begin{pmatrix} x \\ y \end{pmatrix} \longmapsto \begin{pmatrix} \lambda & 0 \\ 0 & \gamma \end{pmatrix} \cdot \begin{pmatrix} x \\ y \end{pmatrix} + \begin{pmatrix} f(x,y,\varepsilon) \\ g(x,y,\varepsilon) \end{pmatrix}, \tag{21.5}$$

in dem λ und γ feste Parameter sind, die den Ungleichungen $0 < \lambda < 1 < \gamma$ und $\lambda\gamma < 1$ genügen. Des weiteren ist $\varepsilon \in \mathbb{R}$ ein Parameter, wobei $f(0,0,\varepsilon) = g(0,0,\varepsilon) = 0$ für hinreichend kleine $|\varepsilon|$ sei.

Satz 21.4 *(Gavrilov-Shilnikov [35]). Der Punkt $\mathbf{x} = (0,0)^T$ sei für (21.5) mit kleinem $|\varepsilon|$ ein Sattel. Bei $\varepsilon = 0$ mögen sich die stabile Mannigfaltigkeit $W^s(\mathbf{0})$ und die instabile Mannigfaltigkeit $W^u(\mathbf{0})$ in einem Punkt $\mathbf{p}$ wie in Abb. 21.6 berühren. Für $\varepsilon < 0$ mögen genau zwei Schnittpunkte von $W^s(\mathbf{0})$ und $W^u(\mathbf{0})$ nahe $\mathbf{p}$ vorliegen, für $\varepsilon > 0$ dagegen möge es nahe $\mathbf{p}$ keine Schnittpunkte von $W^s(\mathbf{0})$ und $W^u(\mathbf{0})$ geben (Abb. 21.6). Dann existiert für jedes $\varepsilon_* > 0$ ein $\varepsilon_1 \in (0, \varepsilon_*)$, bei dem die Abbildung (21.5) einen stabilen periodischen Orbit besitzt. Je kleiner ε_* ist, um so größer ist die Periode und um so kleiner ist das Einzugsgebiet dieses periodischen Orbits.*

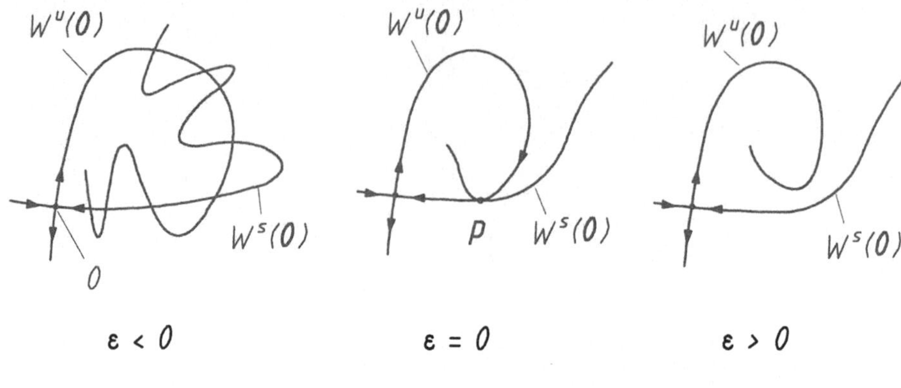

Abb. 21.6

Wir wollen als nächstes einen Satz formulieren, der Differentialgleichungen beschreibt, in denen Poincaré-Abbildungen auftreten, die im oben diskutierten Sinne invariante Teilmengen enthalten, auf denen die Poincaré-Abbildung topologisch konjugiert zu einer Shift-Abbildung ist. Gegeben sei dazu die hinreichend glatte parameterabhängige Differentialgleichung

$$\dot{\mathbf{x}} = \mathbf{f}(\mathbf{x}, \varepsilon) \tag{21.6}$$

im $\mathbb{R}^3$. Wir setzen voraus, daß $(0,0,0)^T$ Ruhelage von (21.6) bei $\varepsilon = 0$ ist. Diese Ruhelage sei entweder ein Sattel oder ein Sattel-Fokus. Letzteres bedeutet, daß die Jacobi-Matrix $D_{\mathbf{x}}\mathbf{f}(\mathbf{0}, 0)$ einen reellen Eigenwert $\lambda_3 > 0$ und zwei Eigenwerte $\lambda_{1,2}$ mit $\mathrm{Re}\lambda_{1,2} < 0$ habe, wobei $\mathrm{Im}\lambda_{1,2} = 0$ für den Sattel und $\mathrm{Im}\lambda_{1,2} \neq 0$ für den Sattel-Fokus gilt. Bei $\varepsilon = 0$ habe die Differentialgleichung (21.6) zur Ruhelage $(0,0,0)^T$ einen homoklinen Orbit γ, der für $\varepsilon \neq 0$ zerfalle. Im Falle eines Sattels ist der homokline Orbit und sein Zerfall in Abb. 21.7 zu sehen. Der homokline Orbit eines Sattel-Fokus und sein Zerfall seien wie in Abb. 21.8.

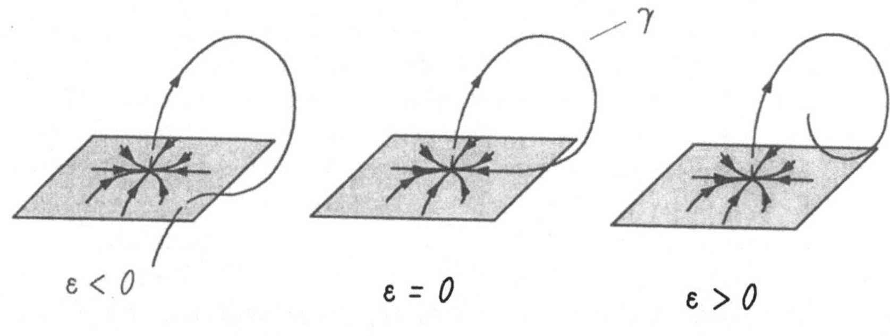

Abb. 21.7

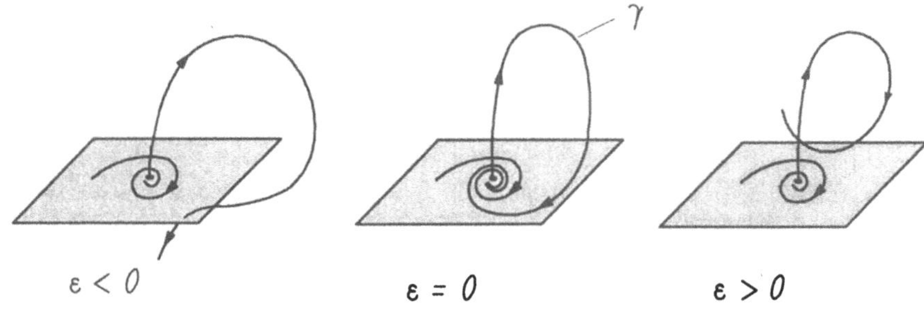

Abb. 21.8

Zur Beschreibung der vorliegenden Bifurkation benötigen wir, wie in Kapitel 20, entsprechende Sattelgrößen. Für den Fall, daß $(0,0,0)^T$ ein Sattel ist, sei dies $\sigma_S := \lambda_3 + \max\{\lambda_1, \lambda_2\}$. Im Falle eines Sattel-Fokus definieren wir die Sattelgröße als $\sigma_{SF} := \lambda_3 + \mathrm{Re}\lambda_{1,2}$.

Nach diesen Vorbereitungen sind wir in der Lage, einen Satz zu formulieren, der die Beschreibung homokliner Bifurkationen aus Kapitel 20 fortsetzt.

Satz 21.5 *(Shilnikov [84]). Gegeben sei die Differentialgleichung (21.6).*

a) Bei $\varepsilon = 0$ sei $(0,0,0)^T$ ein Sattel mit einem homoklinen Orbit wie in Abb. 21.7. Dieser homokline Orbit γ treffe für $t \to \infty$ in einer Richtung auf $(0,0,0)^T$, die verschieden ist von der Eigenrichtung des kleinsten Eigenwertes der Jacobi-Matrix $D_{\mathbf{x}}\mathbf{f}(\mathbf{0},0)$. Für $\varepsilon \neq 0$ zerfalle γ wie in Abb. 21.7. Dann gilt:

1. *Ist $\sigma_S < 0$, so zweigt für $\varepsilon > 0$ ein einziger stabiler periodischer Orbit ab, während für $\varepsilon < 0$ kein periodischer Orbit entsteht.*
2. *Ist $\sigma_S > 0$, so zweigt für $\varepsilon < 0$ ein einziger stabiler periodischer Orbit ab, während für $\varepsilon > 0$ kein periodischer Orbit entsteht.*

b) Bei $\varepsilon = 0$ sei $(0,0,0)^T$ ein Sattel-Fokus mit einem homoklinen Orbit wie in Abb. 21.8. Für $\varepsilon \neq 0$ zerfalle γ wie in Abb. 21.8. Dann gilt:

1. *Ist $\sigma_{SF} < 0$, so zweigt für $\varepsilon > 0$ ein einziger stabiler periodischer Orbit ab, während für $\varepsilon < 0$ kein periodischer Orbit entsteht.*
2. *Ist $\sigma_{SF} > 0$, so entsteht sowohl bei $\varepsilon = 0$ als auch bei $\varepsilon \neq 0$ in einer Umgebung von γ eine abzählbar unendliche Menge von sattelartigen periodischen Orbits. Wählt man hinreichend nahe γ einen bzgl. γ transversalen Zylinder S (Abb. 21.9) und in ihm das Zylinderstück D aus, so kann die Poincaré-Abbildung $\mathbf{P} : D \to S$ betrachtet werden. Für jedes natürliche $k \geq 2$ existiert dann eine $\mathbf{P}$-invariante Teilmenge $D_k \subset D$, so daß $\mathbf{P}|_{D_k}$ topologisch konjugiert zu einer Shift-Abbildung $\sigma_k : \Sigma_k \to \Sigma_k$ mit k Symbolen ist.*

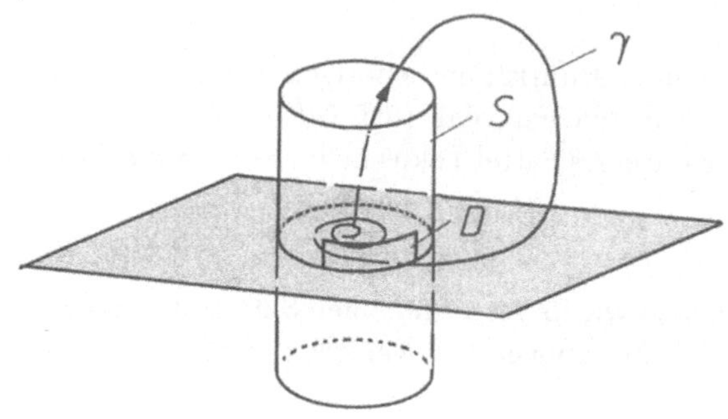

Abb. 21.9

Der Satz von Shilnikov wird in anwendungsorientierten Situationen sehr oft genutzt ([10]). Verallgemeinerungen dieses Satzes existieren auch für den n-dimensionalen Phasenraum ([103]).

Als nächstes betrachten wir nichtautonome ebene Differentialgleichungen. Obwohl diese auch als autonome Systeme im $\mathbb{R}^3$ darstellbar sind, hat es Sinn, in der Sprache einer solchen nichtautonomen Differentialgleichung Bedingungen zu formulieren, unter denen diese Systeme Poincaré-Abbildungen besitzen, für die die Aussagen des Satzes von Poincaré-Birkhoff zutreffen. Gegeben seien der Einfachheit halber eine C^3-differenzierbare Funktion $H : \mathbb{R}^2 \to \mathbb{R}$ und ein C^2-differenzierbares zeitabhängiges Vektorfeld $\mathbf{g} : \mathbb{R} \times \mathbb{R}^2 \to \mathbb{R}^2$, das T-periodisch bzgl. des ersten Arguments ist. Über H und $\mathbf{g}$ wird die ebene nichtautonome parameterabhängige Differentialgleichung

$$\dot{\mathbf{x}} = \mathbf{f}(\mathbf{x}) + \varepsilon \mathbf{g}(t, \mathbf{x}) \tag{21.7}$$

mit $\mathbf{f} = (f_1, f_2)^T$ und $f_1 = \frac{\partial H}{\partial x_2}$ sowie $f_2 = -\frac{\partial H}{\partial x_1}$ definiert. Mit $\varepsilon \in \mathbb{R}$ als Parameter läßt sich (21.7) als gestörtes Hamilton-System interpretieren. Wir setzen voraus, daß $(0,0)^T$ eine hyperbolische Ruhelage von (21.7) bei $\varepsilon = 0$ ist, die einen homoklinen Orbit besitzt. Dieser homokline Orbit sei durch die Lösung $\varphi(\cdot)$ repräsentiert, d.h., es gelte $\varphi(t) \to \mathbf{0}$ für $t \to \pm\infty$. In Bezug auf φ wird die sogenannte *Melnikov-Funktion* $M : \mathbb{R} \to \mathbb{R}$ durch

$$M(\tau) := \int_{-\infty}^{+\infty} \mathbf{f}(\varphi(t)) \wedge \mathbf{g}(t - \tau, \varphi(t))dt \tag{21.8}$$

definiert. (Für zwei beliebige Vektoren $\mathbf{a} = (a_1, a_2)^T$ und $\mathbf{b} = (b_1, b_2)^T$ ist dabei $\mathbf{a} \wedge \mathbf{b} = a_1 b_2 - a_2 b_1$.)

Satz 21.6 *(Melnikov [61]). Unter den obigen Voraussetzungen sei die Differentialgleichung (21.7) gegeben, die bei $\varepsilon = 0$ einen hyperbolischen Ruhepunkt $(0,0)^T$ mit einem homoklinen Orbit besitze, der durch die Lösung $\varphi(\cdot)$ repräsentiert werde. Die in Bezug auf $\varphi(\cdot)$ definierte Melnikov-Funktion (21.8) besitze bei $\tau = \tau^*$ eine nicht degenierte Nullstelle, d.h., es gelte $M(\tau^*) = 0$ und $M'(\tau^*) \neq 0$. Dann besitzt für kleine $\varepsilon \neq 0$ die Poincaré-Abbildung $\mathbf{P}_\varepsilon$ eine hyperbolische Ruhelage $\mathbf{p}_\varepsilon$ nahe $\mathbf{0}$, und die invarianten Mannigfaltigkeiten $W^s(\mathbf{p}_\varepsilon)$ und $W^u(\mathbf{p}_\varepsilon)$ schneiden sich für hinreichend kleine $\varepsilon > 0$ transversal, d.h., $\mathbf{P}_\varepsilon$ erfüllt die Voraussetzungen des Satzes von Poincaré-Birkhoff.*

Bemerkung 21.2 a) Ist der homokline Orbit des ungestörten Systems durch φ gegeben, so läßt sich der Abstand der Mannigfaltigkeiten $W^s(\mathbf{p}_\varepsilon)$ und $W^u(\mathbf{p}_\varepsilon)$, gemessen entlang der Geraden, die durch $\varphi(0)$ verläuft und senkrecht auf $\mathbf{f}(\varphi(0))$ steht, durch die Formel

$$d(\tau^*) = \varepsilon \frac{M(\tau^*)}{\|\mathbf{f}(\varphi(0))\|} + O(\varepsilon^2)$$

berechnen (Abb. 21.10).

b) Das ungestörte System (21.6) besitze einen heteroklinen Orbit, gegeben durch $\varphi(\cdot)$, der aus einem Sattel $\mathbf{O}_1$ in einen Sattel $\mathbf{O}_2$ läuft. Es seien $\mathbf{p}_\varepsilon^1$ und $\mathbf{p}_\varepsilon^2$ die Sättel der Poincaré-Abbildung $\mathbf{P}_\varepsilon$ für kleine $|\varepsilon|$. Besitzt M, berechnet nach (21.8), in τ^* eine nicht degenerierte Nullstelle, so schneiden sich $W^s(\mathbf{p}_\varepsilon^1)$ und $W^u(\mathbf{p}_\varepsilon^2)$ für

kleine $\varepsilon > 0$ transversal. □

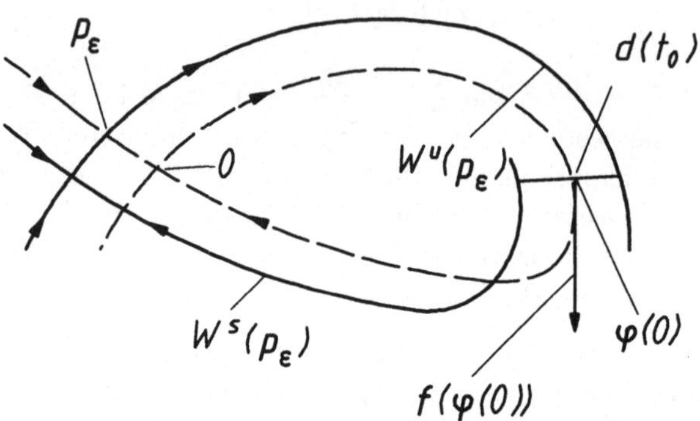

Abb. 21.10

22 Invariante Maße, Ergodizität und Mischen

22.1 Invariante Maße

In Kapitel 4 wurden invertierbare dynamische Systeme unter dem Aspekt des Volumenerhalts betrachtet. Es wurde demonstriert, daß das Vorhandensein eines für das System invarianten Maßes Rückschlüsse auf das Rekurrenzverhalten der Orbits dieses Systems zuläßt. Wir wollen in diesem Abschnitt nun auch nicht invertierbare Systeme einschließen und gleichzeitig die Klasse der betrachteten invarianten Maße erweitern. Auf dem metrischen Raum (M, d) sei das dynamische System $\{\varphi^t\}_{t\in\Gamma}$ gegeben. Es seien B die σ-Algebra der Borelmengen auf M und $\mu : \mathcal{B} \to [0, +\infty]$ ein Borel-Maß. Das dynamische System $\{\varphi^t\}_{t\in\Gamma}$ wird bezüglich dieses Maßraumes (M, B, μ) als meßbar vorausgesetzt. Das Maß μ heißt *φ^t-invariant* (oder invariant unter $\{\varphi^t\}$), wenn

$$\mu(\varphi^{-t}A) = \mu(A) \tag{22.1}$$

für alle $A \in B$ und $t > 0 \quad (t \in \Gamma)$ gilt. Ist das System invertierbar, so bedeutet die Invarianz von μ wieder $\mu(\varphi^t A) = \mu(A)$ für alle $A \in \mathcal{B}$ und $t \in \Gamma$. In der Tat folgt die letzte Beziehung für negative t sofort aus (22.1). Ist t positiv, so gilt im invertierbaren Fall wegen (22.1)

$$\mu(A) = \mu(\varphi^{-t}(\varphi^t A)) = \mu(\varphi^t A).$$

Beispiel 22.1 a) Gegeben sei die Abbildung $\varphi : [0, 1] \to [0, 1]$ mit $\varphi(x) = 2x \mod 1$ (*Modulo-Abbildung*). Offenbar läßt sich φ auch in der Form

$$\varphi(x) = \begin{cases} 2x & \text{für } 0 \le x \le \frac{1}{2}, \\ 2x - 1 & \text{für } \frac{1}{2} < x \le 1 \end{cases} \tag{22.2}$$

schreiben. Für diese Abbildung ist das Lebesgue-Maß m auf der Geraden invariant. Die Begründung der Invarianzeigenschaft (22.1) für Borel-Mengen vom Typ $[\alpha, \beta] \subset (0, 1]$ folgt aus der Beziehung

$$\varphi^{-1}([\alpha, \beta]) = \left[\frac{\alpha}{2}, \frac{\beta}{2}\right] \cup \left[\frac{\alpha + 1}{2}, \frac{\beta + 1}{2}\right]$$

(Abb. 22.1a). Offenbar ist

$$m([\alpha, \beta]) = \beta \quad \alpha$$

und

$$\begin{aligned} m\left(\varphi^{-1}([\alpha, \beta])\right) &= m\left(\left[\frac{\alpha}{2}, \frac{\beta}{2}\right]\right) + m\left(\left[\frac{\alpha + 1}{2}, \frac{\beta + 1}{2}\right]\right) \\ &= \frac{\beta - \alpha}{2} + \frac{\beta - \alpha}{2} = \beta - \alpha. \end{aligned}$$

Die Abbildung $\psi : [0,1] \to [0,1]$ mit

$$\psi(y) = \begin{cases} 2y & \text{für } 0 \leq y \leq \frac{1}{2}, \\ 2(1-y) & \text{für } \frac{1}{2} < y \leq 1 \end{cases} \tag{22.3}$$

heißt *Zelt-Abbildung* und hat ebenfalls das Lebesgue-Maß als invariantes Maß.

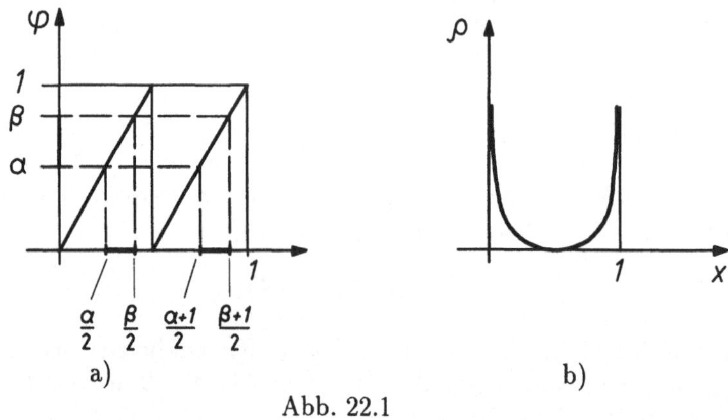

Abb. 22.1

b) Das dynamische System $\{\varphi^t\}_{t\in\Gamma}$ auf (M,d) sei zeitdiskret, und $\gamma(\mathbf{p})$ sei ein $T(\gamma)$-periodischer Orbit. Dann ist

$$\mu_\gamma := \frac{1}{T(\gamma)} \sum_{i=1}^{T(\gamma)} \delta_{\varphi^i \mathbf{p}}$$

ein φ^t-invariantes Wahrscheinlichkeitsmaß, dessen Träger der Orbit $\gamma(\mathbf{p})$ ist. Das Maß μ_γ wirkt folgendermaßen: Für jede stetige Funktion $F : M \to \mathbb{R}$ mit kompaktem Träger ist

$$\int_M F d\mu_\gamma = \frac{1}{T(\gamma)} \sum_{i=1}^{T(\gamma)} F(\varphi^i \mathbf{p}).$$

Wir begründen die Invarianz von μ_γ für den Spezialfall eines Fixpunktes $\mathbf{p}$, d.h. für $\mu_\gamma = \delta_{\mathbf{p}}$. Es sei $A \subset M$ eine beliebige Borel-Menge. Dann ist $\varphi^{-1}(A) = \{\mathbf{y} \in M : \varphi(\mathbf{y}) \in A\}$. Ist dabei $\mathbf{p} \in A$, so gilt $\mathbf{p} \in \varphi^{-1}(A)$ und umgedreht. Also gilt immer

$$\delta_{\mathbf{p}}(\varphi^{-1}(A)) = \delta_{\mathbf{p}}(A).$$

c) Es seien $\{\varphi^t\}_{t\in\mathbb{R}}$ ein zeitkontinuierliches System auf (M,d) und $\gamma(\mathbf{p}) = \{\varphi^t(\mathbf{p})\}_{t\in\mathbb{R}}$ ein $T(\gamma)$-periodischer Orbit dieses Systems. Dann ist

$$\mu_\gamma := \frac{1}{T(\gamma)} \int_0^{T(\gamma)} \delta_{\varphi^s \mathbf{p}} ds$$

ein φ^t-invariantes Wahrscheinlichkeitsmaß mit Träger $\gamma(\mathbf{p})$. Für jede stetige Funktion $F : M \to \mathbb{R}$ mit kompaktem Träger ist das Maß μ_γ durch

$$\int_M F d\mu_\gamma := \frac{1}{T(\gamma)} \int_0^{T(\gamma)} F(\varphi^s \mathbf{p}) ds$$

erklärt. Ist $\mathbf{p}$ eine Ruhelage von $\{\varphi^t\}$, so ist wieder $\mu_\mathbf{p} = \delta_\mathbf{p}$ ein φ^t-invariantes Wahrscheinlichkeitsmaß mit Träger $\mathbf{p}$. ∎

Die explizite Bestimmung invarianter Maße ist nur in Ausnahmesituationen sofort möglich. Wir wollen für diesen Zweck zwei Möglichkeiten angeben und beschränken uns dabei auf den zeitdiskreten Fall. Die erste Möglichkeit bezieht sich auf topologisch konjugierte Systeme. Das dynamische System $\{\varphi^t\}_{t\in\Gamma}$ auf (M, d) sei über den Homöomorphismus $\mathbf{h} : M \to N$ topologisch konjugiert zum dynamischen System $\{\psi^t\}_{t\in\Gamma}$ auf (N, e). Ist dann μ ein ψ^t-invariantes Maß auf $\mathcal{B}(N)$, so ist durch

$$\mathbf{h}^*\mu(A) := \mu(\mathbf{h}(A)) \tag{22.4}$$

für beliebige $A \in \mathcal{B}(M)$ ein φ^t-invariantes Maß für $\mathcal{B}(M)$ gegeben. ($\mathcal{B}(N)$ und $\mathcal{B}(M)$ bezeichnen die Borel-Mengen in N bzw. M.)

Beispiel 22.2 Die logistische Abbildung $\varphi : [0,1] \to [0,1]$ mit

$$\varphi(x) = 4x(1-x) \tag{22.5}$$

ist über den Homöomorphismus $h : [0,1] \to [0,1]$ mit $h(x) = \frac{2}{\pi} \arcsin \sqrt{x}$ topologisch konjugiert zur Abbildung (22.3), die das Lebesgue-Maß m als invariantes Maß hat. Ein invariantes Maß für (22.5) ergibt sich dann durch

$$h^*m(A) = m(h(A)) = \int_{h(A)} dy = \int_A |h'(x)| dx,$$

wobei $A \subset [0,1]$ eine beliebige Borel-Menge ist. Die Dichte von h^*m ist also auf $(0,1)$ durch

$$\rho(x) = |h'(x)| = \frac{1}{\pi\sqrt{x(1-x)}}$$

gegeben (Abb. 22.1b). Die Invarianz von h^*m für (22.5) folgt aus der ψ-Invarianz von m und der Beziehung $h \circ \varphi^{-1} = \psi^{-1} \circ h$. Damit gilt nämlich

$$\begin{aligned} h^*m(\varphi^{-1}(A)) &= m(h(\varphi^{-1}(A))) = \int_{h(\varphi^{-1}(A))} dy = \int_{\psi^{-1}(h(A))} dy = \int_{h(A)} dy \\ &= h^*m(A). \end{aligned}$$

∎

Eine zweite Möglichkeit zur Konstruktion eines invarianten Maßes soll die in Abschnitt 4.2 dargestellte Situation verallgemeinern (siehe [37, 93]).

Satz 22.1 *Es sei $\varphi : \mathbb{R}^n \to \mathbb{R}^n$ eine differenzierbare Abbildung, deren Urbildmenge $\varphi^{-1}(\mathbf{y}) = \{\mathbf{x} \in \mathbb{R}^n : \varphi(\mathbf{x}) = \mathbf{y}\}$ für jedes $\mathbf{y} \in \mathbb{R}^n$ aus endlich vielen Elementen bestehe. Dann ist $\mu(A) = \int_A \rho d\mathbf{x}$ mit einer glatten Dichte ρ genau dann invariant unter φ, wenn*

$$\rho(\mathbf{x}) = \sum_{\mathbf{y}:\varphi(\mathbf{y})=\mathbf{x}} \frac{\rho(\mathbf{y})}{|det\, D\varphi(\mathbf{y})|} \tag{22.6}$$

für alle $\mathbf{x} \in \mathbb{R}^n$ gilt.

Die Beziehung (22.6) wird *Perron-Frobenius-Ruelle-Gleichung* genannt. Aus ihr folgt insbesondere, daß ein Diffeomorphismus $\varphi : \mathbb{R}^n \to \mathbb{R}^n$ genau dann das Lebesgue-Maß als invariantes Maß besitzt, wenn $|\det D\varphi(\mathbf{x})| \equiv 1$ im $\mathbb{R}^n$ gilt. Auch der in Abschnitt 4.2 zitierte Poincarésche Wiederkehrsatz für volumenerhaltende Systeme läßt sich nun in einer verallgemeinerten Version formulieren (z.B. [93]).

Satz 22.2 *Es sei $\{\varphi^t\}_{t\in\Gamma}$ ein dynamisches System auf kompaktem M mit invariantem Borel-Maß μ. Ist dann $A \in \mathcal{B}$ mit $\mu(A) > 0$ beliebig, so existiert für μ–fast jeden Punkt $\mathbf{x} \in A$ eine Folge $i_k \to +\infty$ für $k \to \infty$ mit $\varphi^{i_k}(\mathbf{x}) \in A$ für $k = 1, 2, \ldots$.*

22.2 Ergodizität und Mischen

Gegeben sei ein dynamisches System $\{\varphi^t\}_{t\in\Gamma}$ auf (M, d), für das μ ein invariantes Wahrscheinlichkeitsmaß ist. Ist ein Orbit $\gamma(\mathbf{p})$ dieses Systems überall dicht in M, d.h. kommt dieser Orbit früher oder später in jede beliebig vorgegebene offene Teilmenge A von M, so kann man nach der Zeit $\Delta t(A)$ fragen, die der Orbit relativ zur gesamten Beobachtungszeit t in A verbringt. Man interessiert sich also für den Grenzwert $\lim_{t\to\infty} \frac{\Delta t(A)}{t}$. Systeme, für die dabei $\lim_{t\to\infty} \frac{\Delta t(A)}{t} = \mu(A)$ gilt (A ist eine beliebige offene Menge), nennt man ergodisch.

Einfacher in der Handhabung ist folgende formale Definition. Ein dynamisches System $\{\varphi^t\}_{t\in\Gamma}$ auf (M, d) mit invariantem Borel-Maß μ heißt *ergodisch* (man sagt auch, das Maß ist ergodisch), wenn für jede φ^t-invariante Menge $A \in \mathcal{B}$, d.h. eine Menge A mit $\varphi^{-t}(A) = A$ für $t > 0$, entweder $\mu(A) = 1$ oder $\mu(A) = 0$ gilt. In der Maßtheorie wird gezeigt, daß die Ergodizität eine Art Nichtzerlegbarkeitsbedingung ist: Jedes invariante Maß läßt sich als Konvexkombination ergodischer Maße darstellen. Ein Existenzsatz für ergodische Maße steht auch zur Verfügung:

Satz 22.3 *(Bogoljubov, Krylov [93]). Es sei* $\{\varphi^t\}_{t\in\Gamma}$ *ein stetiges dynamisches System im kompakten metrischen Raum* (M,d). *Dann existiert ein ergodisches* φ^t*-invariantes Maß* μ *mit* $\mu(M) < +\infty$.

Wir wollen nun anhand konkreter Beispiele ergodische Maße diskutieren.

Beispiel 22.3 a) Es seien α und δ mit $\alpha > \delta$ positive Parameter, und es sei $F : \mathbb{R} \to \mathbb{R}$ gegeben durch

$$F(y) = \begin{cases} y - (\alpha - \delta) & \text{für} \quad 0 \le y < \pi, \\ y + (\alpha + \delta) & \text{für} \quad -\pi \le y < 0. \end{cases} \tag{22.7}$$

Durch (22.7) werden digitale Systeme der Phasensynchronisation erster Ordnung beschrieben. Wie man leicht sieht (Abb. 22.2a), gelangt jeder Orbit von (22.7) auf das Intervall $U = [-(\alpha-\delta), \alpha+\delta]$ und verbleibt dort. Durch die Substitution $x = \frac{y+(\alpha-\delta)}{2\alpha}$ wird das System (22.7) in ein System $\varphi : [0,1] \to [0,1]$ mit

$$\varphi(x) = x + a \pmod 1 \tag{22.8}$$

und $a = \frac{\alpha+\delta}{2\alpha} < 1$ überführt. Die Abbildung (22.8) läßt eine anschauliche geometrische Interpretation zu ([34]). Sie entspricht dem Umstapeln der beiden Intervalle $[0, 1-a]$ und $[1-a, 1]$ innerhalb von $[0,1]$, wie es auf Abb. 22.2b) dargestellt wurde.

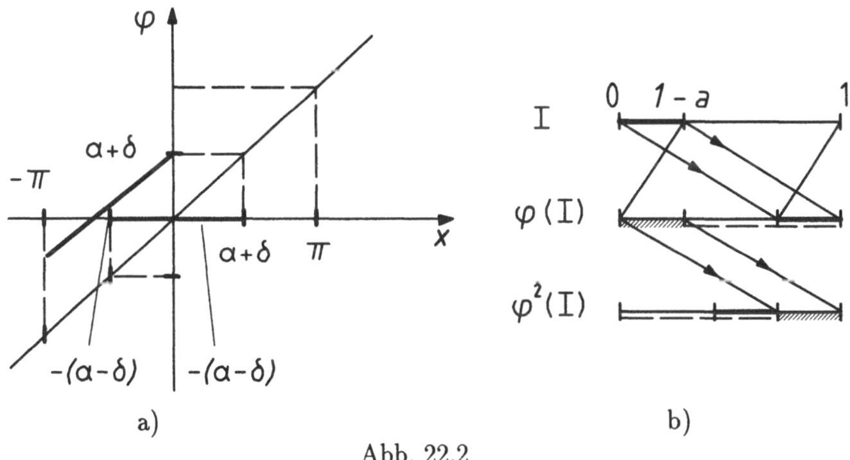

Abb. 22.2

Im Hinblick auf die Ergodizität von (22.8) lassen sich nun zwei Fälle unterscheiden.

1. Fall: a sei rational, d.h. $a = \frac{p}{q}$, wobei p und q teilerfremde ganze Zahlen sind. Ist x_0 ein Startwert mit $0 \le x_0 \le \frac{1}{q}$, so entsteht der Orbit $\{x_i\}$ mit $x_i = x_0 + i\frac{p}{q}$ für $i = 0, 1, \ldots$. Die minimale Periode $T(x_0)$ für einen periodischen Orbit ist durch die Beziehung $(x_0 + i\frac{p}{q})\text{mod } 1 = x_0$ gegeben. Aus ihr folgt $T(x_0) = q$ für alle $x_0 \in [0, \frac{1}{q}]$. Das Intervall $[0,1]$ wird also in q Teile zerlegt, die durch (22.8) ineinander überführt werden und nach q Iterationen wieder an ihren Platz zurückkehren.

2. Fall: a sei irrational. Dann kann a in der Form $\frac{p_k}{q_k} \to a$ für $k \to \infty$ approximiert werden, wobei die p_k, q_k ganz und teilerfremd sind und $\lim_{k\to\infty} q_k = +\infty$ gilt. Für $k \to \infty$ strebt dann die Länge der Intervalle $[0, \frac{1}{q_k}]$ gegen 0 und die Periode der periodischen Orbits von (22.8) (mit $a = \frac{p_k}{q_k}$) gegen unendlich. Dabei strebt das Kontinuum der periodischen Orbits gegen einen quasi-periodischen Orbit, der überall dicht auf $[0,1]$ ist. Man kann zeigen, daß für irrationales a das System (22.8) das Lebesgue-Maß als ergodisches invariantes Maß hat.

b) Die Modulo-Abbildung (22.2) ist ergodisch bzgl. des Lebesgue-Maßes. Dies folgt aus der stückweise-linearen Struktur dieser Abbildung. ■

Die eingangs formulierte Mittlungseigenschaft eines ergodischen Systems ergibt sich aus folgendem Satz (z.B. [56, 93]).

Satz 22.4 *(Ergodensatz von Birkhoff). Es sei $\{\varphi^t\}_{t\in\Gamma}$ ein invertierbares dynamisches System mit invariantem ergodischem Wahrscheinlichkeitsmaß μ auf (M,d). Dann stimmen für jede integrierbare Funktion $F \in L^1(M,\mathcal{B},\mu)$ die Zeitmittel von F, d.h.*

$$\bar{F}(\mathbf{x}) = \lim_{T\to\infty} \frac{1}{T}\int_0^T F(\varphi^t\mathbf{x})dt$$

für zeitkontinuierliche Systeme und

$$\bar{F}(\mathbf{x}) = \lim_{n\to\infty} \frac{1}{n}\sum_{i=0}^{n-1} F(\varphi^i\mathbf{x})$$

für zeitdiskrete Systeme, für μ-fast alle Punkte $\mathbf{x} \in M$ mit dem Raummittel $\int_M F d\mu$ von F überein.

Folgerung 22.1 Hat das zeitdiskrete System $\{\varphi^t\}_{t\in\Gamma}$ das invariante ergodische Wahrscheinlichkeitsmaß μ und ist $A \in \mathcal{B}$ beliebig, so gilt für $F = \chi_A$ die folgende Beziehung

$$\begin{aligned}\mu(A) = \int_M \chi_A d\mu &= \lim_{n\to\infty} \frac{1}{n}\sum_{i=0}^{n-1} \chi_A(\varphi^i\mathbf{x}) \\ &= \lim_{n\to\infty} \frac{\sharp\{i : 0 \le i \le n-1, \varphi^i\mathbf{x} \in A\}}{n}.\end{aligned}$$

($\sharp C$ bezeichnet die Anzahl der Elemente einer Menge C.)

Bemerkung 22.1 Für Satz 22.4 gilt auch die Umkehrung: Sind für beliebige $F \in L^1(M, \mathcal{B}, \mu)$ Zeit- und Raummittel bzgl. $\{\varphi^t\}$ μ-fast überall gleich, so ist das System ergodisch. □

Wir betrachten wieder ein allgemeines dynamisches System $\{\varphi^t\}_{t\in\Gamma}$ auf (M, d) mit invariantem Wahrscheinlichkeitsmaß μ. Interpretiert man die Mengen $A, B \in \mathcal{B}$ als Ereignisse, so sind diese unabhängig, wenn $\mu(A \cap B) = \mu(A) \cdot \mu(B)$ gilt. Das Mischen durch ein dynamisches System kann als eine Art asymptotische Unabhängigkeit der Ereignisse betrachtet werden. Ein invertierbares dynamisches System heißt *mischend*, wenn für beliebige $A, B \in \mathcal{B}$ die Beziehung

$$\lim_{t\to\infty} \mu(\varphi^t(A) \cap B) = \mu(A) \cdot \mu(B)$$

gilt. Die Mischungseigenschaft impliziert also, daß $\varphi^t(A)$ für wachsende t sich mit einer gleichmäßigen Verteilung ausbreitet, wobei der Anteil von $\varphi^t(A)$, der für große t in einer beliebig vorgegebenen Menge $B \in \mathcal{B}$ liegt, proportional zum Maß $\mu(B)$ ist. Ein nichtinvertierbares dynamisches System heißt *mischend*, wenn für beliebige $A, B \in \mathcal{B}$ die Gleichung

$$\lim_{t\to+\infty} \mu(\varphi^{-t}(A) \cap B) = \mu(A) \cdot \mu(B) \tag{22.9}$$

gilt. Ein mischendes System ist auch ergodisch: Es sei $A \in \mathcal{B}$ beliebig und $\varphi^{-t}A = A$ für $t > 0$. Dann gilt $\mu(A)^2 = \lim_{t\to\infty} \mu(\varphi^{-t}(A) \cap A) = \mu(A)$. Folglich ist entweder $\mu(A) = 1$ oder $\mu(A) = 0$. Als Beispiel für ein mischendes System kann die Modulo-Abbildung dienen. Die Abbildung des Umstapelns (22.8) erzeugt dagegen kein mischendes System.

22.3 Konstruktion des natürlichen invarianten Maßes

Wir betrachten in diesem Abschnitt ein dynamisches System $\{\varphi^t\}_{t\in\Gamma}$ mit dem Phasenraum $M = \mathbb{R}^n$. Es gebe eine kompakte aufsaugende Menge $\bar{U}$ mit $\varphi^t(\bar{U}) \subset U$ für $t > 0$. Dann ist $\Lambda := \bigcap_{t\geq 0} \varphi^t(\bar{U})$ eine invariante Menge. Ist das dynamische System dabei kontrahierend, so können das Lebesgue-Maß oder dazu äquivalente Maße nicht invariant sein. Einige bekannte Systeme haben aber die Eigenschaft, daß die Dynamik selbst ein invariantes Maß erzeugt (natürliches Maß). Man gibt sich dazu eine beliebige Anfangsverteilung μ_0 vor (erzeugt durch eine stetige Dichte ρ_0) und definiert für beliebiges $t > 0$ das Maß $\mu_t = \varphi^t_* \mu$ durch

$$\varphi^t_* \mu(A) := \mu_0(\varphi^t A) \qquad (A \in \mathcal{B}).$$

Interessant sind nun solche Systeme $\{\varphi^t\}$, für die μ_t für $t \to +\infty$ gegen ein Maß μ im folgenden Sinne strebt: Für jede stetige Funktion $F : \mathbb{R}^n \to \mathbb{R}$ mit kompaktem Träger gilt $\int_{\mathbb{R}^n} F d\mu_t \to \int_{\mathbb{R}^n} F d\mu$ für $t \to \infty$.

Beispiel 22.4 Zu den Systemen, für die dieser Grenzprozeß so funktioniert, gehören die Y-Systeme von Anosov, die Axiom-A-Systeme von Smale, streuende Billards sowie die Abbildungen von Lozi, Belykh und Hénon ([93]). ■

Ein Beispiel für streuende Billards ist das Stadionbillard (Abb. 22.3a). Das Rechteckbillard (Abb. 22.3b) ist nicht streuend.

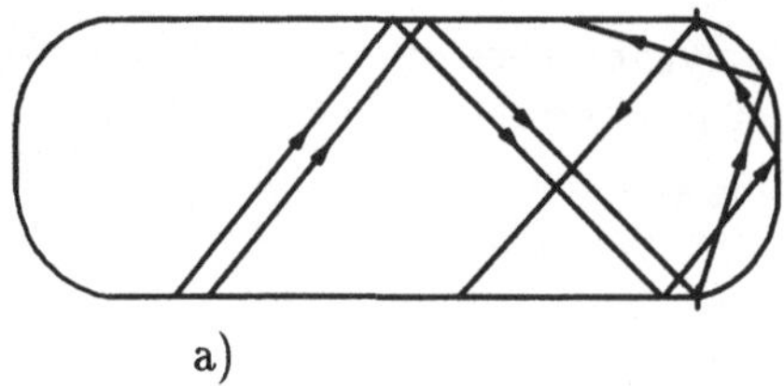
a)

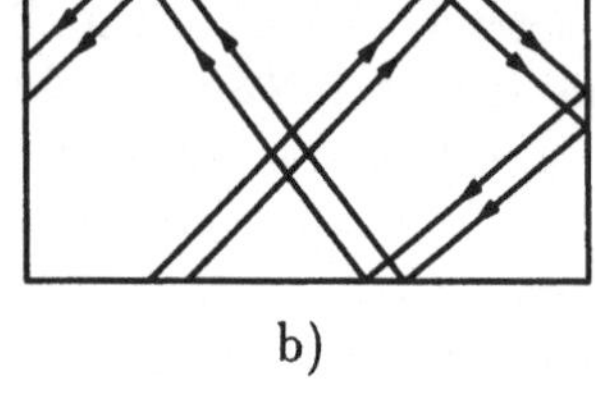
b)

Abb. 22.3

Ausgangspunkt für die Konstruktion eines natürlichen Maßes sind die instabilen Mannigfaltigkeiten von Punkten der invarianten Menge. Analog zur Vorgehensweise bei den Ruhelagen werden für beliebige Punkte $\mathbf{p}$ durch

$$W^s(\mathbf{p}) := \{\mathbf{y} : \text{dist}\,(\varphi^t(\mathbf{p}), \varphi^t(\mathbf{y})) \to 0, \text{ für } t \to \infty\}$$

bzw.

$$W^u(\mathbf{p}) := \{\mathbf{y} : \text{dist}\,(\varphi^t(\mathbf{p}), \varphi^t(\mathbf{y})) \to 0, \text{ für } t \to -\infty\}$$

die *stabile* bzw. *instabile Mannigfaltigkeit* in $\mathbf{p}$ definiert. Die Konstruktion eines invarianten Maßes verläuft in zwei Schritten ([92]):

Schritt 1: Konstruktion bedingter Maße auf den instabilen Mannigfaltigkeiten $W^u(\mathbf{p})$.

Für beliebiges $\mathbf{p} \in \Lambda$ wird $\varphi^t(\mathbf{p})$ für große $t > 0$ betrachtet und ein Abschnitt $w^u(\varphi^t\mathbf{p}) \subset W^u(\varphi^t\mathbf{p})$ ausgewählt. Unter der Abbildung φ^{-t} geht also die Menge $w^u(\varphi^t\mathbf{p})$ in $w^u(\mathbf{p})$ über. Auf $w^u(\varphi^t\mathbf{p})$ wird die Gleichverteilung $\pi_{w^u(\varphi^t\mathbf{p})}$ betrachtet. Das durch φ^{-t} erzeugte Bild $\pi_{w^u(\varphi^t\mathbf{p})}$ ergibt ein Wahrscheinlichkeitsmaß $\nu^{(t)}$ auf $w^u(\mathbf{p})$. Aus den Eigenschaften der Orbits folgt, daß $\nu^{(t)}$ für $t \to +\infty$ zu einem Maß auf $w^u(\mathbf{p})$ konvergiert, das mit $\nu_{w^u(\mathbf{p})}$ bezeichnet wird. Da für zwei verschiedene Abschnitte $w^u(\mathbf{p}')$ und $w^u(\mathbf{p}'')$ aus $W^u(\mathbf{p})$ mit nicht leerem Durchschnitt die Einschränkungen $\nu_{w^u(\mathbf{p}')}$ bzw. $\nu_{w^u(\mathbf{p}'')}$ auf diesem Durchschnitt proportional zueinander sind, führt die obige Prozedur zu einem eindeutigen (bis auf einen konstanten Faktor) endlichen Maß $\nu_{w^u(\mathbf{p})}$ auf $W^u(\mathbf{p})$.

Schritt 2: Konstruktion des Maßes auf ganz Λ.

Dazu wird eine beliebige Menge $w^u(\mathbf{p}) \subset W^u(\mathbf{p})$ mit dem nach Schritt 1 konstruierten bedingten Wahrscheinlichkeitsmaß $\nu_{w^u(\mathbf{p})}$ betrachtet. Liegt eine instabile Dynamik wie in den oben zitierten Beispielen vor, so nimmt die Menge $\varphi^t w^u(\mathbf{p})$ für große t sehr komplizierte Formen an (Abb. 22.4). Das Maß $\nu_{w^u(\mathbf{p})}$ wird dabei zu einem Maß $\nu_{\varphi^t w^u(\mathbf{p})}$ transformiert, das auf $\varphi^t w^u(\mathbf{p})$ konzentriert ist. Für großes t und beliebiges $A \in \mathcal{B}(\Lambda)$ wird $\nu_t(A) := \nu_{\varphi^t w^u(\mathbf{p})}(A)$ gesetzt. Für die oben aufgeführten Beispiele 22.4 konvergiert ν_t zu einem Grenzmaß μ im eingangs beschriebenen Sinne, das nicht von der Wahl des Abschnittes $w^u(\mathbf{p})$ abhängt.

Als Verallgemeinerung des oben konstruierten natürlichen Maßes μ können die folgenden Maße betrachtet werden.

Ein bzgl. $\{\varphi^t\}_{t\in\Gamma}$ invariantes Borel-Maß μ auf (M, B) heißt SBR-Maß (nach Ya.G. Sinai, R. Bowen und D. Ruelle), wenn es eine Borel-Menge $A \subset M$ mit positivem Lebesgue-Maß $m(A) > 0$ gibt, so daß für jede stetige Funktion $F : M \to \mathbb{R}$ mit kompaktem Träger und alle $\mathbf{x} \in A$ die Beziehung

$$\lim_{T\to\infty} \frac{1}{T} \int_0^T F(\varphi^t \mathbf{x})dt = \int_M F d\mu$$

für kontinuierliche Zeit bzw.

$$\lim_{n\to\infty} \frac{1}{n} \sum_{i=0}^{n-1} F(\varphi^i \mathbf{x}) = \int_M F d\mu$$

für diskrete Zeit gilt.

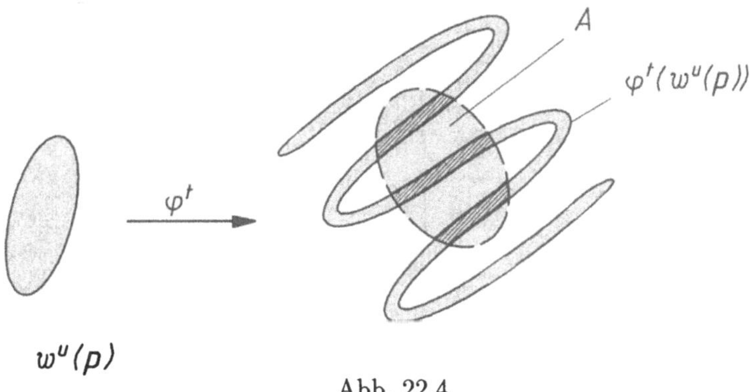

Abb. 22.4

Beispiel 22.5 Es sei $\gamma(\mathbf{p}) = \{\varphi^t(\mathbf{p})\}$ ein asymptotisch stabiler T-periodischer Orbit von $\{\varphi^t\}_{t\in\Gamma}$ und μ_γ sei das wie in Beispiel 22.1 auf γ konzentrierte Maß. Dann ist μ_γ offensichtlich ein SBR-Maß, da $\gamma(\mathbf{p})$ eine Umgebung mit positivem Lebesgue-Maß besitzt, aus der alle Orbits für wachsende Zeiten auf $\gamma(\mathbf{p})$ zulaufen. ■

22.4 Autokorrelationsfunktion, Zentraler Grenzwertsatz und Leistungsspektrum

Wie in Abschnitt 22.2 festgestellt wurde, ist ein dynamisches System $\{\varphi^t\}_{t\in\Gamma}$ auf (M, d) mit invariantem ergodischem Borel-Maß dadurch charakterisiert, daß für jede stetige Funktion $F : M \to \mathbb{R}$ mit kompaktem Träger die Zeitmittel ($\frac{1}{n}\sum_{i=0}^{n-1} F(\varphi^i\mathbf{x})$ im diskreten Fall bzw. $\frac{1}{T}\int_0^T F(\varphi^s\mathbf{x})ds$ im zeitkontinuierlichen Fall) für wachsende Zeiten μ-fast überall gegen das Raummittel $\bar{F} := \int_M F d\mu$ streben.

Ist die Ergodizität nachgewiesen, so folgt aus dem Ergodensatz von Birkhoff für beliebige Funktionen F wie oben die Gleichheit der über die Zeit bzw. den Raum gemittelten *Autokorrelationsfunktion*

$$\begin{aligned} b_F(\tau) &:= \lim_{n\to\infty} \frac{1}{n} \sum_{i=0}^{n-1} F(\varphi^{i+\tau}\mathbf{x})F(\varphi^i\mathbf{x}) \\ &= \int_M F(\varphi^\tau \mathbf{y})F(\mathbf{y})d\mu \quad \text{(zeitdiskret)} \end{aligned}$$

bzw.

$$\begin{aligned} b_F(\tau) &:= \lim_{T\to\infty} \frac{1}{T} \int_0^T F(\varphi^{t+\tau}\mathbf{x})F(\varphi^t\mathbf{x})dt \\ &= \int_M F(\varphi^\tau \mathbf{y})F(\mathbf{y})d\mu \quad \text{(zeitkontinuierlich).} \end{aligned}$$

Mischen läßt sich dagegen durch die *zentrierte Autokorrelationsfunktion*

$$C_F(\tau) := \int_M F(\varphi^\tau \mathbf{x})F(\mathbf{x})d\mu - \bar{F}^2$$

charakterisieren: Ein System $\{\varphi^t\}_{t\in\Gamma}$ mit invariantem ergodischem Borel-Maß ist genau dann mischend, wenn für beliebige Funktionen $F \in L^2(M,\mu,\mathcal{B})$ die Beziehung $C_F(\tau) \to 0$ für $\tau \to \infty$ gilt. Ein noch stärkeres Anzeichen für chaotisches Verhalten ist ein exponentielles Abklingen von C_F.

Beispiel 22.6 a) Wir betrachten die Modulo-Abbildung (22.2) mit invariantem ergodischem Lebesgue-Maß. Für die Testfunktion $F(x) = x$ ergibt sich $\bar{F} = \int_0^1 x dx = \frac{1}{2}$ und $C_F(\tau) = \frac{1}{12}e^{-\tau \ln 2}$. Die Korrelationsfunktion klingt also exponentiell ab.

b) Axiom A-Diffeomorphismen sind durch exponentielles Abklingen der Autokorrelationsfunktion gekennzeichnet.

c) Ist μ ein SBR-Maß eines hyperbolischen Systems $\varphi : \Lambda \to \Lambda$, so zeigt φ^k für gewisse positive ganze k ein exponentielles Abklingen der Autokorrelationsfunktion.■

Für einige Klassen dynamischer Systeme strebt für beliebige stetige Funktionen $F : M \to \mathbb{R}$ mit kompaktem Träger die Differenz

$$\frac{1}{T}\int_0^T F(\varphi^t\mathbf{x})dt - \bar{F} \quad \left(\text{bzw. } \frac{1}{n}\sum_{i=0}^{n-1} F(\varphi^i\mathbf{x})dt - \bar{F}\right)$$

μ-fast überall mit der Ordnung $\frac{1}{T}$ (bzw. $\frac{1}{n}$) gegen Null. Man betrachtet in solchen Fällen ([93]) deshalb die normierte Differenz

$$\sqrt{T}\left(\frac{1}{T}\int_0^T F(\varphi^t\mathbf{x})dt - \bar{F}\right) \quad \left(\text{bzw. } \sqrt{n}\left(\frac{1}{n}\sum_{i=0}^{n-1} F(\varphi^i\mathbf{x})dt - \bar{F}\right)\right).$$

Wir sagen, daß für ein zeitkontinuierliches dynamisches System $\{\varphi^t\}_{t\in\mathbb{R}}$ mit invariantem ergodischem Maß μ der *zentrale Grenzwertsatz bzgl. F erfüllt ist,* wenn für beliebige $a, b \in \mathbb{R}$ mit $a \leq b$ die Beziehung

$$\mu\{\mathbf{x} \in M : a \leq \sqrt{T}\left(\frac{1}{T}\int_0^T F(\varphi^t\mathbf{x})dt - \bar{F}\right) \leq b\} \to \frac{1}{\sqrt{2\pi\sigma}}\int_a^b \exp\{-\frac{u^2}{2\sigma}\}du$$

für $T \to \infty$ gilt. Dabei hängt $\sigma > 0$ nur von F und der Gesamtheit der untersuchten Orbit-Familie ab.

Beispiel 22.7 Für eine Abbildung φ auf einem hyperbolischen Attraktor und mit einem invarianten SBR-Maß gilt bezüglich einer Iterierten φ^k der zentrale Grenzwertsatz für eine große Klasse glatter oder stückweise glatter Funktionen. ■

Die Fourier-Transformierte von $C_F(\tau)$ heißt *Leistungsspektrum* und wird mit $P_F(\omega)$ bezeichnet. Im zeitkontinuierlichen Fall ist (C_F wird dabei gerade fortgesetzt)

$$P_F(\omega) = \int_{-\infty}^{+\infty} C_F(\tau)e^{-i\omega\tau}d\tau.$$

Eine andere Definition für das Leistungsspektrum ist

$$P_F(\omega) = \lim_{T\to\infty}\frac{1}{T}\left|\int_0^T (F(\varphi^t\mathbf{x}) - \bar{F})e^{-i\omega t}dt\right|^2.$$

Das Theorem von Wiener und Khintchine formuliert Voraussetzungen, unter denen beide Darstellungen übereinstimmen. Im zeitdiskreten Fall werden die Integrale durch Summen ersetzt. Ein Punkt $\omega \in \mathbb{R}$ gehört zum *Spektrum,* wenn $P_F(\omega) \neq 0$ ist. Ein kontinuierliches Spektrum weist auf die Möglichkeit chaotischen Verhaltens hin (Abb. 22.5a). Im Falle periodischer oder fastperiodischer Attraktoren ist das Spektrum diskret (Abb. 22.5b).

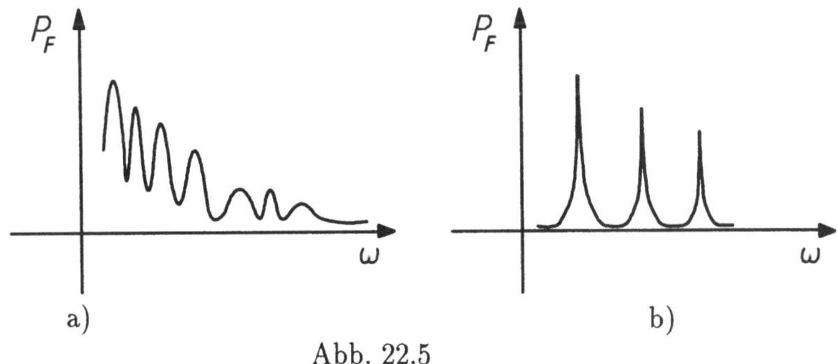

Abb. 22.5

23 Lyapunov-Exponenten

23.1 Charakteristische Exponenten

Auf M (Teilmenge des $\mathbb{R}^n$) sei ein glattes dynamisches System $\{\varphi^t\}_{t\in\Gamma}$ gegeben. Im zeitkontinuierlichen Fall werde dieses System durch das Vektorfeld

$$\dot{\mathbf{x}} = \mathbf{f}(\mathbf{x}) \tag{23.1}$$

erzeugt, in dem $\mathbf{f} : M \to \mathbb{R}^n$ als glatt vorausgesetzt wird. Es sei $\{\varphi^t \mathbf{p}\}_{t\geq 0}$ ein beliebiger positiver Semiorbit. Die Variationsgleichung des dynamischen Systems entlang $\{\varphi^t \mathbf{p}\}_{t\geq 0}$ ist im zeitkontinuierlichen Fall

$$\dot{\mathbf{y}} = D\mathbf{f}(\varphi^t \mathbf{p})\mathbf{y} \tag{23.2}$$

und im zeitdiskreten Fall

$$\mathbf{y}_{t+1} = D\varphi(\varphi^t \mathbf{p})\mathbf{y}_t, \quad t = 0, 1, ... \tag{23.3}$$

Es sei $\mathbf{y}(\cdot, \mathbf{p}, \mathbf{v})$ die Lösung mit Anfang $\mathbf{v}$ zur Zeit $t = 0$ der zu $\{\varphi^t \mathbf{p}\}_{t\geq 0}$ gehörigen Variationsgleichung. Die Größe

$$\chi(\mathbf{p}, \mathbf{v}) := \limsup_{t\to+\infty} \frac{1}{t} \ln \|\mathbf{y}(t, \mathbf{p}, \mathbf{v})\| \tag{23.4}$$

heißt *charakteristischer Exponent* des Semiorbits $\{\varphi^t \mathbf{p}\}_{t\geq 0}$ *in Richtung* $\mathbf{v}$.

Die wesentlichen Eigenschaften der charakteristischen Exponenten werden im folgenden Satz zusammengefaßt ([69]).

Satz 23.1 *Ist M kompakt, so gilt für beliebiges $\mathbf{p} \in M$:*

1) $-\infty < \chi(\mathbf{p}, \mathbf{v}) < \infty \quad (\forall \mathbf{v} \neq 0)$.

2) $\chi(\mathbf{p}, \alpha\mathbf{v}) = \chi(\mathbf{p}, \mathbf{v}) \quad (\forall \mathbf{v} \in \mathbb{R}^n, \forall \alpha \in \mathbb{R}, \alpha \neq 0)$.

3) $\chi(\mathbf{p}, \mathbf{v}_1 + \mathbf{v}_2) \leq \max\{\chi(\mathbf{p}, \mathbf{v}_1), \chi(\mathbf{p}, \mathbf{v}_2)\} \; (\forall \mathbf{v}_1, \mathbf{v}_2 \in \mathbb{R}^n)$.

4) $\chi(\mathbf{p}, \cdot)$ *nimmt im* $\mathbb{R}^n$ *höchstens n verschiedene Werte* $\tilde{\chi}_1(\mathbf{p}) > \tilde{\chi}_2(\mathbf{p}) > ... > \tilde{\chi}_{s(\mathbf{p})}(\mathbf{p})$ *an. Es sei dann* $\chi_1(\mathbf{p}) \geq \chi_2(\mathbf{p}) \geq ... \geq \chi_n(\mathbf{p})$ *eine unter Beachtung der Vielfachheit gebildete Liste dieser Werte.*

Die charakteristischen Exponenten gestatten eine einfache geometrische Interpretation. Wir betrachten dazu neben $\varphi^t(\mathbf{p})$ die benachbarte Bewegung $\varphi^t(\mathbf{p} + \varepsilon\mathbf{v})$ für beliebiges $\mathbf{v} \in \mathbb{R}^n$ und kleines $\varepsilon > 0$. Für deren Abstand gilt genähert

$$\begin{aligned} \|\varphi^t(\mathbf{p} + \varepsilon\mathbf{v}) - \varphi^t(\mathbf{p})\| &\approx \varepsilon\|D_{\mathbf{x}}\varphi^t(\mathbf{p})\mathbf{v}\| = \varepsilon\|\mathbf{y}(t, \mathbf{p}, \mathbf{v})\| \\ &\approx \varepsilon e^{\chi(\mathbf{p},\mathbf{v})t}. \end{aligned}$$

Ist also $\chi(\mathbf{p},\mathbf{v}) < 0$, so nähern sich die beiden Orbits für wachsende Zeiten an, während bei $\chi(\mathbf{p},\mathbf{v}) > 0$ ein Auseinanderlaufen der Orbits zu registrieren ist (Abb. 23.1).

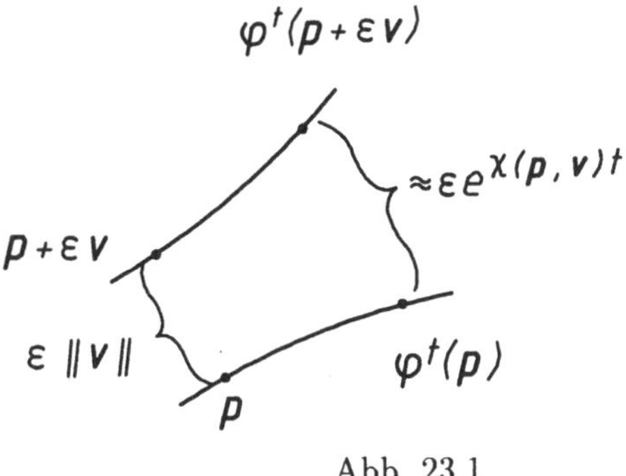

Abb. 23.1

Beispiel 23.1 a) Es sei $\mathbf{p}$ eine Ruhelage der Differentialgleichung (23.1) . Dann gilt für beliebiges $\mathbf{v} \in \mathbb{R}^n$

$$\chi(\mathbf{p},\mathbf{v}) = \limsup_{t\to\infty} \frac{1}{t} \ln \|e^{D\mathbf{f}(\mathbf{p})t}\mathbf{v}\|.$$

Die Exponenten χ stimmen also mit den Realteilen der Eigenwerte der Jacobi-Matrix $D\mathbf{f}(\mathbf{p})$ überein.

b) Es seien nun $\{\varphi^t\mathbf{p}\}_{t\in\mathbb{R}}$ ein T-periodischer Orbit von (23.1) und $Y(t,\mathbf{p}) = G(t)e^{Rt}$ die Floquet-Darstellung der bei $t = 0$ normierten Fundamentalmatrix von (23.2). Die charakteristischen Exponenten χ lassen sich dann durch die Beziehung

$$\begin{aligned}\chi(\mathbf{p},\mathbf{v}) &= \limsup_{t\to\infty} \frac{1}{t} \ln \|G(t)e^{Rt}\mathbf{v}\| \\ &= \limsup_{k\to\infty} \frac{1}{kT} \ln \|e^{RkT}\mathbf{v}\|\end{aligned}$$

berechnen, und stimmen mit den aus den Multiplikatoren ρ_i gebildeten Werten $\frac{1}{T}\ln|\rho_i|$ überein. ■

23.2 Der Satz von Oseledec

Wir wollen nun die Frage untersuchen, unter welchen Voraussetzungen bei der Bestimmung des charakteristischen Exponenten nach (23.4) anstelle von limsup der Grenzwert lim stehen kann. Zu diesem Zweck wird das dynamische System $\{\varphi^t\}_{t\in\Gamma}$ auf M in Verbindung mit einem invarianten Borel-Maß μ betrachtet. Der Phasenraum M sei eine Teilmenge des $\mathbb{R}^n$ oder ein Zylinder. In beiden Fällen bezeichne wieder $T_\mathbf{p}M$ den Tangentialraum im Punkt $\mathbf{p}$ an M und $d\varphi^t(\mathbf{p}) : T_\mathbf{p}M \to T_{\varphi^t\mathbf{p}}M$ die Tangentialabbildung zum Zeitpunkt t. Die geometrisch sinnvolle Definition des charakteristischen Exponenten in Richtung $\mathbf{v} \in T_{\mathbf{p}}M$ ist dann

$$\chi(\mathbf{p}, \mathbf{v}) := \limsup_{t\to\infty} \frac{1}{t} \ln \|d\varphi^t(\mathbf{p})\mathbf{v}\|.$$

Für die so verallgemeinerten charakteristischen Exponenten bleibt der Satz 23.1 gültig, wenn $\mathbf{v} \in T_{\mathbf{p}}M$ anstelle von $\mathbf{v} \in \mathbb{R}^n$ gelesen wird.

In der nun folgenden Formulierung eines Satzes von V. I. Oseledec wird die Adjungierte L^* einer linearen Abbildung $L : E \to E'$ zwischen zwei n-dimensionalen Euklidischen Räumen mit den Skalarprodukten $< \cdot, \cdot >_E$ bzw. $< \cdot, \cdot >_{E'}$ benötigt. Die *Adjungierte* L^* ist die einzige lineare Abbildung $L^* : E \to E'$, die für beliebige $\mathbf{x} \in E$ und $\mathbf{y} \in E'$ der Beziehung

$$< \mathbf{x}, L^*\mathbf{y} >_E = < L\mathbf{x}, \mathbf{y} >_{E'}$$

genügt. Gilt $L^* = L$, so heißt L *selbstadjungiert.* Die selbstadjungierte Abbildung $L : E \to E$ heißt *positiv*, wenn $< L\mathbf{x}, \mathbf{x} >_E \geq 0$ für alle $\mathbf{x} \in E$ ist.

Beispiel 23.2 Es sei E der $\mathbb{R}^n$ mit dem Skalarprodukt $< \mathbf{x}, \mathbf{y} >_E := < G\mathbf{x}, \mathbf{y} >$ $(\mathbf{x}, \mathbf{y} \in \mathbb{R}^n)$, wobei $G = G^T$ eine positiv-definite $n \times n$-Matrix ist und $< \cdot, \cdot >$ das Standardskalarprodukt darstellt. Als Raum E' wird ebenfalls der $\mathbb{R}^n$ mit einem Skalarprodukt $< \mathbf{x}, \mathbf{y} >_{E'} := < G'\mathbf{x}, \mathbf{y} >$ $(\mathbf{x}, \mathbf{y} \in \mathbb{R}^n)$ betrachtet, gegeben durch eine weitere positiv-definite Matrix $G' = G'^T$. Die lineare Abbildung $L : E \to E'$ sei durch die $n \times n$-Matrix A repräsentiert. Dann wird die Abbildung L^* durch die adjungierte Matrix $A^* = G^{-1}A^TG'$ beschrieben. ■

Satz 23.2 *(Oseledec [67]). Gegeben sei das glatte dynamische System* $\{\varphi^t\}_{t\in\Gamma}$ *auf* M *(kompakte Teilmenge des* $\mathbb{R}^n$*). Das System sei invariant bzgl. eines Borel-Maßes* μ*. In jedem Punkt* $\mathbf{p} \in M$ *sei im zugehörigen Tangentialraum* $T_{\mathbf{p}}M$ *das Skalarprodukt* $< \cdot, \cdot >_{\mathbf{p}}$ *gegeben. Es bezeichne* $d\varphi^t(\mathbf{p}) : T_{\mathbf{p}}M \to T_{\varphi^t\mathbf{p}}M$ *die Tangentialabbildung in* $\mathbf{p}$ *zum Zeitpunkt* t*. Schließlich sei* $[d\varphi^t(\mathbf{p})]^*$ *die bzgl.* $< \cdot, \cdot >_{\mathbf{p}}$ *gebildete adjungierte Tangentialabbildung. Dann gilt:*

a) Für μ*-fast alle* $\mathbf{p} \in M$ *konvergiert die lineare selbstadjungierte positive Abbildung*

$$\left([d\varphi^t(\mathbf{p})]^*[d\varphi^t(\mathbf{p})]\right)^{1/2t} : T_{\mathbf{p}}M \to T_{\mathbf{p}}M$$

für $t \to +\infty$ *zu einer linearen selbstadjungierten positiven Abbildung* $L_{\mathbf{p}} : T_{\mathbf{p}}M \to T_{\mathbf{p}}M$.

b) Ist μ sogar ein ergodisches Wahrscheinlichkeitsmaß, so existiert eine Menge $\Lambda \subset M$ mit $\mu(\Lambda) = 1$, auf der (unabhängig von $\mathbf{p}$) $L_\mathbf{p}$ die $s \le n$ verschiedenen Eigenwerte $\tilde{\sigma}_1 > \tilde{\sigma}_2 > ... > \tilde{\sigma}_s$ mit den Vielfachheiten $n_1, n_2, ..., n_s$ besitzt, wobei $n_1+n_2+...+n_s = n$ gilt. Weiter sei $E^i_\mathbf{p}$ $(i = 1, ..., s)$ der Unterraum von $T_\mathbf{p}M$, der von den Eigenvektoren von $L_\mathbf{p}$ aufgespannt wird, die zu Eigenwerten $\le \tilde{\sigma}_i$ gehören. Dann gelten die Inklusionen

$$T_\mathbf{p}M = E^1_\mathbf{p} \supset E^2_\mathbf{p} \supset ... \supset E^s_\mathbf{p} \supset E^{s+1}_\mathbf{p} := \{0\}$$

und für alle $i = 1, ..., s$ die Beziehungen

$$dim\, E^i_\mathbf{p} = n_i + n_{i+1} + ... + n_s.$$

Weiter existiert für alle $\mathbf{p} \in \Lambda$ und beliebige $\mathbf{v} \in E^i_\mathbf{p} \setminus E^{i+1}_\mathbf{p}$ $(i = 1, ..., s)$ der Grenzwert $\lim\limits_{t\to\infty} \frac{1}{t} \ln \|d\varphi^t(\mathbf{p})\mathbf{v}\| = \ln \tilde{\sigma}_i$.

Die Eigenwerte $\tilde{\sigma}_1 > \tilde{\sigma}_2 > ... > \tilde{\sigma}_s$ aus Satz 23.2 heißen *Lyapunov-Zahlen*, die Logarithmen $\tilde{\lambda}_i := \ln \tilde{\sigma}_i$ $(i = 1, .., s)$ *Lyapunov-Exponenten* von $\{\varphi^t\}_{t\in\Gamma}$ bzgl. des Maßes μ. Wir schreiben diese auch unter Beachtung ihrer Vielfachheit in der Form $\sigma_1 \ge \sigma_2 \ge ... \ge \sigma_n$ bzw. $\lambda_1 \ge \lambda_2 \ge ... \ge \lambda_n$.

Es sei vermerkt, daß anstelle der Tangentialabbildungen $d\varphi^t(\mathbf{p})$ im Satz von Oseledec auch von auf M definierten Funktionen ausgegangen werden kann, deren Werte lineare Abbildungen sind. Für $n = 1$ folgt dann aus dem Satz von Oseledec der Ergodensatz von Birkhoff. Der Satz von Oseledec wird aus diesem Grund auch "Multiplikativer Ergodensatz" genannt.

Der Satz von Oseledec liefert im wesentlichen zwei Möglichkeiten zur Berechnung der Lyapunov-Exponenten von $\{\varphi^t\}_{t\in\Gamma}$.

1. Möglichkeit: Für μ-fast alle Punkte $\mathbf{p} \in M$ ist

$$\lambda_i = \ln \sigma_i = \lim_{t\to\infty} \frac{1}{t} \ln \sigma_i(t, \mathbf{p}) \tag{23.5}$$

$(i = 1, 2, ..., n)$. Dabei sind $\sigma_1(t, \mathbf{p}) \ge \sigma_2(t, \mathbf{p}) \ge ... \ge \sigma_n(t, \mathbf{p})$ die Singulärwerte von $d\varphi^t(\mathbf{p})$. Sie geben lokale Informationen darüber, wie kleine Kugeln vom Radius ε in $T_\mathbf{p}M$ unter der Tangentialabbildung $d\varphi^t(\mathbf{p})$ in Ellipsoide mit den

Halbachsenlängen $\sigma_1(t,\mathbf{p})\varepsilon, ..., \sigma_n(t,\mathbf{p})\varepsilon$ übergehen (Abb. 23.2).

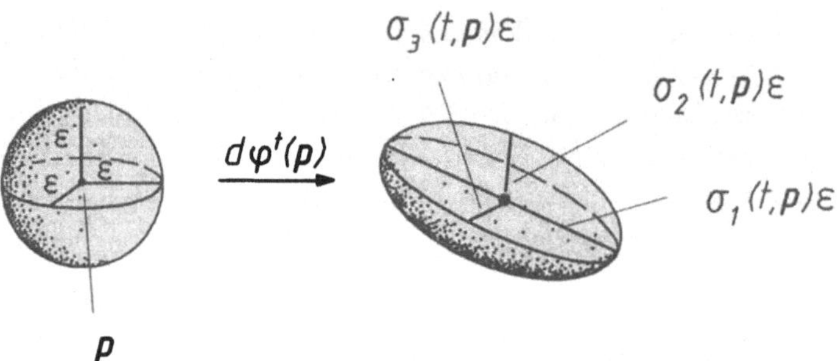

Abb. 23.2

2. Möglichkeit: Bestimmung von $\tilde{\lambda}_i$ aus der Beziehung

$$\tilde{\lambda}_i = \lim_{t\to\infty} \frac{1}{t} \ln \|d\varphi^t(\mathbf{p})\mathbf{v}\| \tag{23.6}$$

$(i = 1, 2, ..., s)$, wobei $\mathbf{v} \in E^i_{\mathbf{p}} \setminus E^{i+1}_{\mathbf{p}}$ und $\mathbf{p} \in \Lambda$ beliebig sind. (Λ ist die Menge aus Satz 23.2.)

Beispiel 23.3 ([107]) a) Wir betrachten die logistische Abbildung φ aus Beispiel 22.2 mit dem invarianten ergodischen Maß μ, gegeben durch $\rho(x) = \frac{1}{\pi\sqrt{x(1-x)}}$. Da die Funktion $F(x) := \ln|\varphi'(x)|$ integrierbar ist, erhält man mit dem Satz von Birkhoff für μ-fast alle $x \in [0,1]$ die Beziehung

$$\begin{aligned}\frac{1}{n}\sum_{i=0}^{n-1} F(\varphi^i x) &= \frac{1}{n}\sum_{i=0}^{n-1} \ln|\varphi'(x)| = \frac{1}{n}\ln\left(\prod_{i=0}^{n-1}|\varphi'(\varphi^i x)|\right) = \frac{1}{n}\ln|(\varphi^n)'(\varphi^i x)| \\ &\underset{n\to+\infty}{\longrightarrow} \int_0^1 \ln|\varphi'(x)|\frac{1}{\pi\sqrt{x(1-x)}}dx = \int_0^1 \ln|4-8x|\frac{1}{\pi\sqrt{x(1-x)}}dx \\ &= \ln 2.\end{aligned}$$

Damit ist

$$\lambda_1 = \lim_{n\to\infty} \frac{1}{n}\ln|(\varphi^n)'(x)| = \ln 2$$

der Lyapunov-Exponent von φ bzgl. μ.

b) Die *Gaußsche Abbildung* $G : [0,1] \to [0,1]$, gegeben durch

$$G(x) = \begin{cases} 0 & \text{für} \quad x = 0, \\ \frac{1}{x}\bmod 1 & \text{für} \quad x \in [0,1], x \neq 0, \end{cases}$$

hat das Maß μ, definiert durch

$$\mu(A) := \frac{1}{\ln 2}\int_A \frac{1}{1+x}dx \quad (A \in \mathcal{B}([0,1])),$$

als ergodisches invariantes Maß ([24]). Dabei haben μ-fast alle Punkte p in $[0,1]$ Orbits mit der ω-Grenzmenge $\omega(p) = [0,1]$. Der einzige Attraktor von $\{G^n\}$, dessen Einzugsgebiet ein positives μ-Maß (und damit auch ein positives Lebesgue-Maß) besitzt, ist $[0,1]$. Der Graph von G ist in Abb. 23.3 dargestellt.

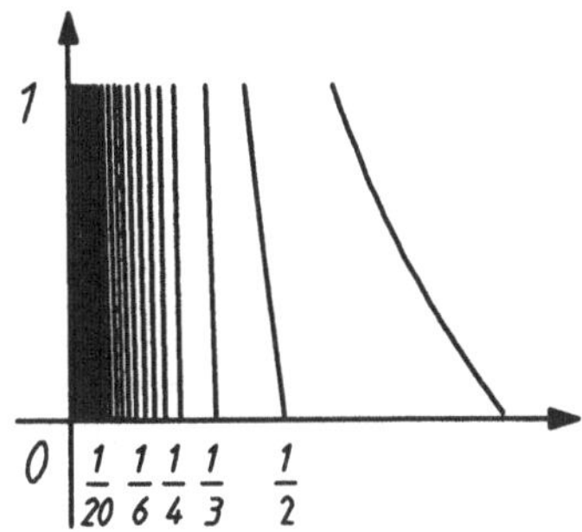

Abb. 23.3

Zur Berechnung der Lyapunov-Exponenten benutzen wir wieder Satz 22.5 mit der integrierbaren Funktion $F(x) = \ln|G'(x)| = \ln|\frac{1}{x^2}|$. Damit gilt für μ-fast alle Punkte x

$$\frac{1}{n}\sum_{i=0}^{n-1} F(G^i x) \quad = \quad -\frac{2}{n}\sum_{i=0}^{n-1} \ln|G^i x|$$

$$\underset{n\to+\infty}{\longrightarrow} \quad \frac{-2}{\ln 2}\int_0^1 \frac{\ln x}{1+x}dx = \frac{\pi^2}{6\ln 2} = 2.3731... = \lambda_1.$$

Andererseits existiert für jeden rationalen Punkt x aus $[0,1]$ der Grenzwert $\lambda(x) := \lim_{n\to\infty} \frac{1}{n}\ln|(G^n)'(x)|$ nicht. Für jeden periodischen Punkt x von G zeigt die Berechnung Werte $\lambda(x)$, die sich von λ_1 unterscheiden. So erhält man für die Zahl α_p, gegeben als Kettenbruch $\alpha_p = \frac{1}{p+\frac{1}{p+\frac{1}{p+...}}}$, den Wert

$$\lambda(\alpha_p) = 2\ln(\frac{1}{\alpha_p}) = \ln p + p^{-2} - \frac{3}{2}p^{-4} + O(p^{-6}).$$

Da dieser Wert $\lambda(\alpha_p)$ mit wachsendem p beliebig groß werden kann, zeugt dies von einer starken sensitiven Abhängigkeit von den Anfangsbedingungen. ■

23.3 Lyapunov-Exponenten k-ter Ordnung

Die Formel (23.6) eignet sich bei praktischen Rechnungen nur zur Bestimmung von λ_1, da der Unterraum von T_pM mit der stärksten Expansionsrate die übrigen Unterräume bei den Iterationen dominiert. Um auch $\lambda_2 \geq ... \geq \lambda_n$ über den Grenzprozeß (23.6) ermitteln zu können, nutzt man Eigenschaften äußerer Potenzen von linearen Abbildungen aus. Wir erläutern das Vorgehen für den Differentialgleichungsfall. Neben der Variationsgleichung (23.1) wird für $k = 2,3,...,n$ im $\mathbb{R}^{\binom{n}{k}}$ die Variationsgleichung

$$\dot{\mathbf{y}} = [D\mathbf{f}(\varphi^t\mathbf{p})]^{[k]}\mathbf{y} \tag{23.7}$$

betrachtet. Hierbei bezeichnet $[Df(\varphi^t p)]^{[k]}$ die k-te additive assoziierte Matrix von $Df(\varphi^t p)$. (Siehe Anhang A). Sind $\lambda_1 \geq \lambda_2 \geq ... \geq \lambda_n$ die Lyapunov-Exponenten bzgl. (23.1), so bilden die $\binom{n}{k}$ Summen $\lambda_{i_1}+...+\lambda_{i_k}$ mit $1 \leq i_1 < ... < i_k \leq n$ die Lyapunov-Exponenten bzgl. (23.7). Der größte Lyapunov-Exponent bzgl. (23.7) ist also $\lambda^{(k)} := \lambda_1 + ... + \lambda_k$ und heißt Lyapunov-Exponenten k-ter Ordnung. Er ergibt sich, analog zur Bestimmung der Lyapunov-Exponenten 1-ter Ordnung, durch die Formel

$$\lambda^{(k)} = \lim_{t\to\infty} \frac{1}{t} \ln \frac{\|[d\varphi^t(\mathbf{p})]^{\wedge k}\mathbf{u}_1 \wedge ... \wedge \mathbf{u}_k\|}{\|\mathbf{u}_1 \wedge ... \wedge \mathbf{u}_k\|}, \tag{23.8}$$

in der $\mathbf{u}_1, ..., \mathbf{u}_k$ ein beliebiges orthogonales System aus $T_{\mathbf{p}}M$ ist und $[d\varphi^t(\mathbf{p})]^{\wedge k}$ die k-te äußere Potenz von $d\varphi^t(\mathbf{p})$ bezeichnet. Mit Formel (23.8) erhält man der Reihe nach die Werte $\lambda^{(1)}, \lambda^{(2)}, ..., \lambda^{(n)}$. Dabei gilt

$$\begin{aligned} \lambda^{(1)} &= \lambda_1, \\ \lambda^{(2)} &= \lambda_1 + \lambda_2 = \lambda^{(1)} + \lambda_2, \\ \lambda^{(k)} &= = \lambda^{(k-1)} + \lambda_k \quad (k = 3, 4, ..., n). \end{aligned} \tag{23.9}$$

Aus dem gestaffelten Gleichungssystem (23.9) lassen sich sofort die Werte $\lambda_1, \lambda_2, ..., \lambda_n$ bestimmen.
Eine weitere numerische Schwierigkeit bei der Berechnung der Lyapunov-Exponenten nach (23.8) besteht darin, daß die Vektoren $\mathbf{u}_1, ...\mathbf{u}_k$ aus $T_{\mathbf{p}}M$ schon nach wenigen Schritten unter der Tangentialabbildung $d\varphi^t(\mathbf{p})$ zu fast parallelen Vektoren $\mathbf{y}_1, ...\mathbf{y}_k$ in $T_{\varphi^t\mathbf{p}}M$ werden können. Es macht sich deshalb nach gewissen Zeitspannen eine Reorthogonalisierung der Vektoren $\mathbf{y}_1, ...\mathbf{y}_k$ nach Gram-Schmidt erforderlich:

$$\begin{aligned} \mathbf{v}_1 &= \mathbf{y}_1, \quad \mathbf{u}_1 = \frac{\mathbf{v}_1}{\|\mathbf{v}_1\|}, \\ \mathbf{v}_{i+1} &= \mathbf{y}_{i+1} - \sum_{j=1}^{i} < \mathbf{u}_j, \mathbf{y}_{i+1} > \mathbf{u}_j, \\ \mathbf{u}_{i+1} &= \frac{\mathbf{v}_{i+1}}{\|\mathbf{v}_{i+1}\|} \quad (i = 1, 2, ..., k-1). \end{aligned}$$

Diese Reorthogonalisierung bringt andererseits aber keine Veränderungen in Formel (23.8) mit sich, da sich eine allgemeine Eigenschaft äußerer Produkte nutzen läßt: Sind E und E' Euklidische n-dimensionale Räume und ist $L : E \to E'$ eine lineare Abbildung, so gilt für beliebige Systeme $\{\mathbf{y}_i\}$ und $\{\mathbf{u}_k\}$ aus E mit $\text{span}\{\mathbf{y}_1, ..., \mathbf{y}_k\} = \text{span}\{\mathbf{u}_1, ..., \mathbf{u}_k\}$ die Beziehung

$$\frac{\|L^{\wedge k}\mathbf{y}_1 \wedge ... \wedge \mathbf{y}_k\|}{\|\mathbf{y}_1 \wedge ... \wedge \mathbf{y}_k\|} = \frac{\|L^{\wedge k}\mathbf{u}_1 \wedge ... \wedge \mathbf{u}_k\|}{\|\mathbf{u}_1 \wedge ... \wedge \mathbf{u}_k\|}.$$

24 Entropien und Druck

24.1 Topologische Entropie

Ziel dieses Abschnittes soll es ein, ein Maß dafür zu beschreiben, mit welcher Intensität ein dynamisches System offene Teilmengen des Phasenraumes durcheinanderwirbelt. Dieses Maß wird die topologische Entropie sein, deren Definition auf R.L. Adler, A.G. Konheim und M.H. McAndrew ([2]) zurückgeht. Sie ist eine topologische Invariante, d.h., topologisch konjugierte Systeme haben gleiche Entropien. Darüber hinaus ist die Entropie eines Systems endlich, wenn keine zufälligen Einflüsse vorliegen.

Gegeben sei eine stetige Abbildung $\varphi : M \to M$, wobei (M,d) ein kompakter metrischer Raum sei. Um das Durcheinanderwirbeln unter φ zu charakterisieren, werden Überdeckungen aus offenen Mengen $\alpha = \{A_\xi\}$ betrachtet. Jeder Punkt von M ist also mindestens in einer Menge A_ξ enthalten. Jede offene Überdeckung enthält eine endliche Teilüberdeckung. Eine solche Teilüberdeckung heißt *minimal*, wenn die Anzahl der Mengen, die in ihr enthalten sind, nicht größer ist, als die Anzahl von Mengen in jeder anderen Teilüberdeckung.

Es sei $N(\alpha)$ die Anzahl der Elemente einer solchen minimalen Teilüberdeckung. In Verbindung mit φ ist $\varphi^{-1}\alpha = \{\varphi^{-1}(A) : A \in \alpha\}$ wieder eine Überdeckung von M. Dies gilt auch für die Mengensysteme

$$\alpha^n := \alpha \vee \varphi^{-1}\alpha \vee \ldots \vee \varphi^{-(n-1)}\alpha \equiv \bigvee_{i=0}^{n-1} \varphi^{-i}\alpha$$

bei beliebigem $n \in \mathbb{N}$. Hierbei wird mit dem Symbol $\vee$ das Produkt zweier Überdeckungen bezeichnet: $\alpha \vee \beta := \{A \cap B, A \in \alpha, B \in \beta\}$. Wir wollen nur solche Punkte von M als verschieden betrachten, die in unterschiedlichen Mengen A_i der Überdeckung α liegen. Dann gibt die Zahl card $\left(\bigvee_{i=0}^{n-1} \varphi^{-i}\alpha\right)$ die Anzahl von verschiedenen Orbits der Länge n an, die unter φ möglich sind. Man definiert deshalb die Größe

$$h(\varphi,\alpha) := \lim_{n\to\infty} \frac{1}{n} \ln N\left(\bigvee_{k=0}^{n-1} \varphi^{-k}\alpha\right) \tag{24.1}$$

als ***topologische Entropie von φ bzgl.*** α und

$$h(\varphi) := \sup_\alpha h(\varphi,\alpha) \tag{24.2}$$

als ***topologische Entropie von φ***. Anstelle der Supremumsbildung ist es oft günstiger, Grenzwerte zu benutzen. Man braucht dazu den Begriff der Verfeinerung einer Überdeckung: Die Überdeckung $\beta = \{B_i\}$ heißt *feiner* als $\alpha = \{A_i\}$, wenn für jedes B_i aus β ein A_j aus α existiert, so daß $B_i \subset A_j$. Ist β feiner als α, so wird dies durch das Symbol $\alpha \prec \beta$ ausgedrückt. Eine Folge $\{\alpha_n\}$ von offenen

Überdeckungen heißt *feiner werdend*, wenn für jedes n die Beziehung $\alpha_n \prec \alpha_{n+1}$ gilt und für jede offene Überdeckung β von M ein n existiert, so daß $\beta \prec \alpha_n$ erfüllt ist. Man kann zeigen, daß mit jeder feiner werdenden Folge von offenen Überdeckungen $\{\alpha_n\}$ dann

$$h(\varphi) = \lim_{n\to\infty} h(\varphi, \alpha_n) \tag{24.3}$$

gilt.

Beispiel 24.1 ([2])

a) Wir betrachten die Abbildung $\varphi : S^1 \to S^1$, gegeben durch $\varphi(x) = x + \theta\,(\text{mod} 2\pi)$, die einer Drehung um den Winkel $\theta \neq 0$ entspricht. Es sei α_p eine Überdeckung von S^1 mit Intervallen der Länge $\frac{2\pi}{p}$. Dann ist

$$\alpha_p^n = \alpha_p \vee \varphi^{-1}\alpha_p \vee \ldots \vee \varphi^{-(n-1)}\alpha_p$$

eine Überdeckung von S^1, für die $N(\alpha_p^n) \leq nN(\alpha_p)$ gilt. Demzufolge ist $h(\varphi, \alpha_p) \leq \lim_{n\to\infty} \frac{1}{n}\ln(nN(\alpha_p)) = 0$ für jedes p. Da α_{2^p} für $p \to +\infty$ eine feiner werdende Überdeckung ist, gilt $h(\varphi) = \lim_{p\to\infty} h(\varphi, \alpha_{2^p}) = 0$. Die vorliegende Abbildung ist nach Beispiel 22.3 genau dann ergodisch, wenn $\frac{2\pi}{\theta}$ irrational ist. Die topologische Entropie reagiert in diesem Falle also nicht auf die Unterschiede in der Dynamik.

b) Gegeben sei die parameterabhängig asymmetrische Zeltabbildung $\varphi_\varepsilon : [0,1] \to [0,1]$, definiert durch (Abb. 24.1)

$$\varphi_\varepsilon(x) = \begin{cases} \varepsilon x & \text{für } 0 \leq x \leq \frac{1}{\varepsilon}, \\ \frac{\varepsilon}{\varepsilon-1}(1-x) & \text{für } \frac{1}{\varepsilon} \leq x \leq 1. \end{cases}$$

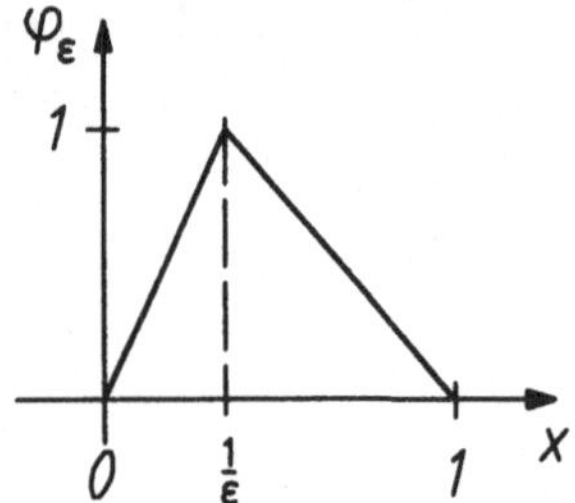

Abb. 24.1

Dabei ist $\varepsilon > 1$ ein Parameter. Mit Hilfe der Ausgangsüberdeckung $\alpha = \{[0,1]\}$ definieren wir die feiner werdende Folge von Überdeckungen $\alpha_n :=$

α^n. Wegen $N(\alpha^n) = 2^{n-1}$ gilt $h(\varphi_\varepsilon, \alpha) = \lim_{n\to\infty} \frac{1}{n} \ln 2^{n-1} = \ln 2$ und

$$h(\varphi_\varepsilon, \alpha_k) = \lim_{n\to\infty} \frac{1}{n} \ln N\left(\bigvee_{i=0}^{n-1} \varphi_\varepsilon^{-2}\alpha_k\right) = \ln 2.$$

Demzufolge ist, unabhängig vom Parameter $\varepsilon > 1, h(\varphi_\varepsilon) = \ln 2$. ∎

Einige, für Anwendungen der topologischen Entropie wichtige Eigenschaften, sind in folgendem Satz zusammengestellt (z.B. [56, 21]).

Satz 24.1 *a) Es sei $\varphi : M \to M$ eine stetige Abbildung des kompakten metrischen Raumes M in sich. Dann gilt*

$$h(\varphi^k) = kh(\varphi)$$

für jedes $k \in \mathbb{N}$.
b) Sind $\varphi : M \to M$ und $\psi : N \to N$ als stetige Abbildungen kompakter metrischer Räume topologisch konjugiert, so gilt $h(\varphi) = h(\psi)$.
c) Es seien $\varphi : U \subset \mathbb{R}^m \to \mathbb{R}^m$ eine C^1-Abbildung, U eine offene Menge und $K \subset U$ eine φ-invariante Menge. Dann ist

$$h(\varphi|_K) \le \max\{0, \ln \sup_{\mathbf{x}\in K} \|D\varphi(\mathbf{x})\|\}m.$$

Mit Hilfe von Satz 24.1 lassen sich auch Aussagen über die topologische Entropie von Flüssen ableiten. $\mathbf{f} : U \to \mathbb{R}^m$ sei ein C^1-Vektorfeld auf der offenen Teilmenge $U \subset \mathbb{R}^m$, d.h., es sei die Differentialgleichung

$$\dot{\mathbf{x}} = \mathbf{f}(\mathbf{x}) \tag{24.4}$$

gegeben. Der Fluß $\{\varphi^t\}_{t\in\mathbb{R}}$ von (24.4) möge existieren, und $K \subset U$ sei eine kompakte flußinvariante Menge. Mit $\alpha_1(\mathbf{x}) \ge \alpha_2(\mathbf{x}) \ge ... \ge \alpha_n(\mathbf{x})$ werden die Eigenwerte der symmetrisierten Jacobi-Matrix $\frac{1}{2}[D\mathbf{f}(\mathbf{x}) + D\mathbf{f}(\mathbf{x})^T]$ im Punkt $\mathbf{x} \in U$ bezeichnet.

Satz 24.2 *([21]) Für den Fluß $\{\varphi^t\}_{t\in\mathbb{R}}$ von (24.4) gelten bzgl. der kompakten invarianten Menge K folgende Eigenschaften:*
a) $h(\varphi^t|_K) = |t|h(\varphi^1|_K)$ für alle $t \in \mathbb{R}, t \ne 0$.
b) $h(\varphi^1|_K) \le \max\{0, \max_{\mathbf{x}\in K} \alpha_1(\mathbf{x})\}m$.

Wir gehen nun noch kurz auf zwei andere Möglichkeiten zur Charakterisierung der topologischen Entropie ein. Die erste bezieht sich auf die relativ enge, aber doch wichtige Klasse der Axiom-A-Systeme. Für solche Systeme läßt sich die topologische Entropie folgendermaßen berechnen.

Satz 24.3 *(Bowen [21]). Es sei $\varphi : M \to M$ ein Diffeomorphismus, der dem Axiom A genügt. Dann gilt*

$$h(\varphi) = \limsup_{n\to\infty} \frac{1}{n} \ln N_n(\varphi), \tag{24.5}$$

wobei $N_n(\varphi)$ für jedes $n \in \mathbb{N}$ die Anzahl der n-periodischen Orbits von φ bezeichnet.

Der Satz 24.3 zeigt, daß für Axiom-A-Diffeomorphismen φ die Anzahl $N_n(\varphi)$ der n-Periodenpunkte für große n etwa durch $e^{n\,h(\varphi)}$ darstellbar ist.

Bemerkung 24.1 Die Formel (24.5) gilt auch für die asymmetrische Zeltabbildung φ_ε aus Beispiel 24.1b). Für diese Abbildung ist $N_n(\varphi_\varepsilon) = 2^n$, und somit ist $h(\varphi_\varepsilon) = \limsup_{n\to\infty} \frac{1}{n} \ln 2^n = \ln 2$. □

Die zweite Möglichkeit zur Darstellung der topologischen Entropie, auf die noch eingegangen werden soll, betrifft wieder allgemeine Systeme. Die Grundidee geht ebenfalls auf R. Bowen zurück und besteht in folgendem. Gegeben seien ein (nicht unbedingt kompakter) metrischer Raum (M,d) und eine gleichmäßig stetige Abbildung $\varphi : M \to M$. Weiter seien $n \in \mathbb{N}$ und $\varepsilon > 0$ beliebige Zahlen. Eine Teilmenge $E \subset M$ heißt *(n,ε)-separiert* (in Bezug auf φ), wenn für beliebige $\mathbf{x} \neq \mathbf{y}$ aus E ein $j \in \mathbb{N}$ mit $0 \leq j \leq n-1$ existiert, so daß $d(\varphi^j\mathbf{x}, \varphi^j\mathbf{y}) > \varepsilon$ ist. Für jedes n bezeichnet

$$d_n(\mathbf{x},\mathbf{y}) := \max_{0\leq j\leq n-1} d(\varphi^j\mathbf{x}, \varphi^j\mathbf{y}) \tag{24.6}$$

eine durch φ auf M definierte "dynamische" Metrik, wobei offenbar $d_{n+1}(\mathbf{x},\mathbf{y}) \geq d_n(\mathbf{x},\mathbf{y})$ für beliebige $\mathbf{x},\mathbf{y} \in M$ gilt. Die gemittelte Anstiegsrate von d_n liefert wieder die Information, in welchem Maße M durch φ durcheinander gewirbelt wird. Wir betrachten dazu in einer kompakten φ-invarianten Menge $K \subset M$ für beliebige $\varepsilon > 0$ und $n \in \mathbb{N}$ eine Menge $E \subset K$ mit größter Mächtigkeit, deren Punkte untereinander mindestens einen d_n-Abstand ε haben. Anders ausgedrückt, betrachten wir (n,ε)-separierte Mengen mit größter Mächtigkeit, die jeweils mit $M_\varepsilon(K,n)$ bezeichnet wird.

Satz 24.4 *(Bowen [21]). Unter den oben getroffenen Voraussetzungen gilt für jede φ-invariante kompakte Menge K*

$$h(\varphi|_K) = \lim_{\varepsilon\to 0} \limsup_{n\to\infty} \frac{1}{n} \ln M_\varepsilon(K,n).$$

Beispiel 24.2 ([56]) Vorgelegt sei der Shift-Raum (Σ_p, d) der zweiseitig unendlichen Folgen aus p Symbolen mit der in 21.1 eingeführten Metrik d. Wir wollen die topologische Entropie der Shift-Abbildung σ unter Verwendung von Satz 24.4 berechnen. N sei eine natürliche Zahl und $\varepsilon = 2^{-1-N}$. Gesucht ist zunächst eine Abschätzung für die Mächtigkeit $M_{2^{-1-N}}(\Sigma_p, n)$ einer maximalen $(n, 2^{-1-N})$-separierten Menge $E \subset \Sigma_p$. Wie man leicht sieht, müssen sich alle Punkte $\mathbf{s} = (...s_{-1}; s_0 s_1...)$ und $\mathbf{s}' = (...s'_{-1}; s'_0 s'_1...)$ aus E bzgl. s_k und s'_k mindestens in einer Position für k zwischen $-N$ und $N+n$ unterscheiden. Die Gesamtanzahl solcher Punkte ist p^{2N+n+1}. Alle Punkte, die sich in einem Symbol zwischen den Positionen 0 und n unterscheiden, bilden eine (n, ε)-separierte Menge für beliebiges $\varepsilon \in (0,1)$. Die Gesamtzahl solcher Punkte ist p^{n+1}. Damit erhält man für beliebige n und N die Ungleichungen

$$p^{n+1} \leq M_{2^{-1-N}}(\Sigma_p, n) \leq p^{2N+n+1}.$$

Aus ihnen folgt sofort die Einschließung

$$\ln p \leq \limsup_{n \to \infty} \frac{1}{n} M_{2^{-1-N}}(\Sigma_p, n) \leq \ln p.$$

Demzufolge ist $h(\sigma) = \ln p$. ■

Die Definition der topologischen Entropie nach Bowen gestattet es, auch lineare Abbildungen zu betrachten.

Satz 24.5 *(Bowen [21]). Es sei $L : \mathbb{R}^m \to \mathbb{R}^m$ eine lineare Abbildung mit den Eigenwerten $\alpha_1, ..., \alpha_m$. Dann gilt*

$$h(L) = \sum_{|\alpha_i|>1} \ln |\alpha_i|.$$

Die Definition von Bowen eignet sich auch zur Einführung des topologischen Drucks, der eine Art Analogon der freien Energie aus der statistischen Mechanik ist. Die formale Konstruktion ist folgende. Es seien wieder (M, d) ein metrischer Raum, $\varphi : M \to M$ eine stetige Abbildung und K eine kompakte φ-invariante Menge. Für eine beliebige stetige Funktion $g : M \to \mathbb{R}$ und beliebige $\varepsilon > 0$ und $n \in \mathbb{N}$ wird die Größe

$$P_n(\varphi, K, g, \varepsilon) := \sup_{\substack{E \subset K, \\ E-(n,\varepsilon)\text{-separiert}}} \left\{ \sum_{\mathbf{x} \in E} \exp\Big(\sum_{i=0}^{n-1} g(\varphi^i \mathbf{x})\Big) \right\}$$

definiert. Der Grenzwert

$$P(\varphi, K, g) = \lim_{\varepsilon \to 0} \limsup_{n \to \infty} \frac{1}{n} \ln P_n(\varphi, K, g, \varepsilon) \tag{24.7}$$

heißt *topologischer Druck von g auf K bzgl. φ.*

Für $g \equiv 0$ ergibt sich

$$P_n(\varphi, K, 0, \varepsilon) = \sup_{\substack{E \subset K, \\ E-(n,\varepsilon)\text{-separiert}}} \sharp E = M_\varepsilon(K, n). \tag{24.8}$$

Demzufolge ist $P(\varphi, K, 0) = h(\varphi|_K)$.

24.2 Maßtheoretische Entropie

Die maßtheoretische Entropie einer Abbildung berücksichtigt bei der Charakterisierung des Durcheinanderwirbelns des Phasenraumes nicht nur die Anzahl der Elemente einer Überdeckung, sondern auch deren, bezüglich eines invarianten Maßes gebildeten, Massen. Historisch gesehen, erfolgte die Einführung einer solchen maßtheoretischen Entropievariante durch A.N. Kolmogorov und Ya.G. Sinai (siehe [93]) lange vor der Definition der topologischen Entropie.
Es seien (M, d) ein kompakter metrischer Raum, $\varphi : M \to M$ eine bzgl. $\mathcal{B}(M)$ meßbare Abbildung und μ ein φ-invariantes Borel-Maß. Eine *endliche Zerlegung* von M ist ein Mengensystem $\alpha = \{A_1, ..., A_n\}$ aus Borel-Mengen A_i mit $\bigcup_{i=1}^n A_i = M$ und $A_i \cap A_j = \emptyset$ für $i \neq j$. Ist $\beta = \{B_1, ..., B_m\}$ eine weitere endliche Zerlegung, so liefert das *Produkt* $\alpha \vee \beta := \{A_i \cap B_j,\ 1 \leq i \leq n, 1 \leq j \leq n\}$ ebenfalls eine Zerlegung. Die *Entropie einer Zerlegung* $\alpha = \{A_i\}_{i=1}^n$ bzgl. μ ist die Größe

$$H_\mu(\alpha) := -\sum_{i=1}^n \mu(A_i) \ln \mu(A_i).$$

Die *Entropie von* φ *bzgl.* μ *und* α wird durch

$$h_\mu(\varphi, \alpha) := \lim_{n\to\infty} \frac{1}{n} H_\mu(\alpha \vee \varphi^{-1}\alpha \vee ... \vee \varphi^{-(n-1)}\alpha)$$

definiert. Aus ihr ergibt sich schließlich die *Entropie von* φ *bzgl.* μ als

$$h_\mu(\varphi) := \sup_{\alpha-\text{Zerlegung}} h(\varphi, \alpha).$$

Die maßtheoretische Entropie $h_\mu(\varphi)$ wird oft auch als *Kolmogorov-Sinai-Entropie* (oder KS-Entropie) oder als *metrische Entropie* bezeichnet. Wie im topologischen Fall werden feiner werdende Zerlegungen $\alpha_n \prec \alpha_{n+1}$ betrachtet. Mit ihrer Hilfe läßt sich h_μ wieder als Grenzwert $h_\mu(\varphi) = \lim_{n\to\infty} h_\mu(\varphi, \alpha_n)$ berechnen.

Beispiel 24.3 ([107]) a) Betrachtet wird der Raum (Σ_2, d) mit der Shift-Abbildung $\sigma : \Sigma_2 \to \Sigma_2$. Es sei $\alpha = \{A_0, A_1\}$ eine Zerlegung von Σ_2 in die beiden Mengen $A_0 := \{\mathbf{s} = (...s_{-1}; s_0 s_1 ...) \in \Sigma_2 : s_0 = 0\}$ und $A_1 := \{\mathbf{s} = (...s_{-1}; s_0 s_1 ...) \in \Sigma_2 : s_0 = 1\}$. Die Elemente der Produktzerlegung $\bigvee_{i=0}^{n-1} \sigma^{-i}\alpha$ sind Mengen vom Typ $C(i_0, ..., i_{n-1})$, definiert durch

$$C(i_0, ..., i_{n-1}) := \{\mathbf{s} = (...s_{-1}; s_0 s_1 ...) : s_0 = i_0, ..., s_{n-1} = i_{n-1}\},$$

wobei $(i_0, ..., i_{n-1})$ alle möglichen n-Tupel aus den Symbolen 0 und 1 durchläuft. Das Maß in Σ_2 sei dadurch definiert, daß für beliebige Mengen $C(i_0, ..., i_{n-1})$

$$\mu C(i_0, ..., i_{n-1}) := \left(\frac{1}{2}\right)^n$$

gesetzt wird. Für die Entropie von σ bzgl. α erhält man

$$\begin{aligned} h_\mu(\sigma, \alpha) &= \lim_{n\to\infty} \frac{1}{n} H_\mu \left(\bigvee_{i=0}^{n-1} \sigma^{-i}\alpha \right) \\ &= \lim_{n\to\infty} \frac{1}{n} \left[- \sum_{(i_0,...,i_{n-1})} \mu C(i_0, ..., i_{n-1}) \ln \mu C(i_0, ..., i_{n-1}) \right] \\ &= \lim_{n\to\infty} -\frac{1}{n} 2^n \frac{1}{2^n} \ln \frac{1}{2^n} = \ln 2. \end{aligned}$$

Man kann zeigen, daß α^n eine feiner werdende Folge von Zerlegungen ist und

$$h_\mu(\sigma) = \lim_{n\to\infty} h_\mu(\sigma, \alpha^n) = \ln 2$$

ist.

b) Die parameterabhängige Zeltabbildung φ_ε aus Beispiel 24.1 b) besitzt das Lebesgue-Maß m als invariantes ergodisches Maß. Für die maßtheoretische Entropie $h_m(\varphi_\varepsilon)$ erhält man

$$h_m(\varphi_\varepsilon) = -\frac{1}{\varepsilon} \ln \frac{1}{\varepsilon} - \left(1 - \frac{1}{\varepsilon}\right) \ln \left(1 - \frac{1}{\varepsilon}\right).$$

Für $\varepsilon = 2$ gilt offenbar $h_m(\varphi_2) = \ln 2 = h(\varphi_2)$, d.h., maßtheoretische und topologische Entropien stimmen überein. ■

Für die maßtheoretische Entropie sind viele Eigenschaften analog zu denen der topologischen Entropie. So gilt, wie in Satz 24.1, $h_\mu(\varphi^k) = k h_\mu(\varphi)$ für beliebiges $k \in \mathbb{N}$. Konjugierte Systeme haben gleiche Entropie. Wird der Fluß $\{\varphi^t\}_{t\in\mathbb{R}}$ bzgl. des invarianten Maßes μ betrachtet, so gilt, wie in Satz 24.2, $h_\mu(\varphi^t) = |t| h_\mu(\varphi)$ für $t \in \mathbb{R} \setminus \{0\}$. Eine wichtige Klammer zwischen topologischer und maßtheoretischer Entropie liefert der folgende Satz.

Satz 24.6 *(Dinaburg [27]). Es seien (M, d) ein kompakter metrischer Raum und $\varphi : M \to M$ eine stetige Abbildung. Dann gilt*

$$h(\varphi) = \sup\{h_\mu(\varphi) : \mu - \textit{invariantes Borelsches Wahrscheinlichkeitsmaß}\}.$$

Die bisher diskutierte Entropie kann man als eine *globale* Größe interpretieren. Eine *lokale* Variante der Entropie wird folgendermaßen eingeführt. Für eine Abbildung $\varphi : M \to M$ mit invariantem Maß μ wird der Abstand d_n wie in Abschnitt 24.1 betrachtet. Für beliebiges $\mathbf{x} \in M$ und beliebige $\varepsilon > 0$ und $n \in \mathbb{N}$ sei

Die bisher diskutierte Entropie kann man als eine *globale* Größe interpretieren. Eine *lokale* Variante der Entropie wird folgendermaßen eingeführt. Für eine Abbildung $\varphi : M \to M$ mit invariantem Maß μ wird der Abstand d_n wie in Abschnitt 24.1 betrachtet. Für beliebiges $\mathbf{x} \in M$ und beliebige $\varepsilon > 0$ und $n \in \mathbb{N}$ sei $B_\varepsilon(\mathbf{x}, n) := \{\mathbf{y} \in M : d_n(\mathbf{x}, \mathbf{y}) < \varepsilon\}$ eine Kugel mit Radius ε und Mittelpunkt $\mathbf{x}$, gebildet mit der Metrik d_n. Der Ausdruck

$$h_\mu(\varphi, \mathbf{x}) := \lim_{\varepsilon \to 0} \limsup_{n \to \infty} -\frac{1}{n} \ln \mu(B_\varepsilon(\mathbf{x}, n)) \tag{24.9}$$

heißt *lokale maßtheoretische Entropie von φ bzgl. μ im Punkt* $\mathbf{x}$. Die lokale Entropie kann als eine Art Diffusionsrate des Maßes μ entlang des Orbits durch $\mathbf{x}$ angesehen werden. Der Zusammenhang zwischen lokaler und globaler Entropie ist durch den Satz von M. Brin und A.B. Katok gegeben (siehe [56]):
Für eine Abbildung $\varphi : M \to M$ mit invariantem Maß μ gilt

$$\int_M h_\mu(\varphi, \mathbf{x}) d\mu = h_\mu(\varphi).$$

Ist das Maß ergodisch, so ist μ-fast überall $h_\mu(\varphi, \mathbf{x}) = h_\mu(\varphi)$. Eine weitere Analogie zur topologischen Entropie betrifft Abschätzungen wie in Satz 24.1 c). Die wesentlichen Informationen über die Abbildung werden jetzt durch die Lyapunov-Exponenten des Maßes μ eingebracht.

Satz 24.7 *(Margulis, Ruelle [77]). Es seien $\varphi : M \to M$ ein Diffeomorphismus und μ ein φ-invariantes Wahrscheinlichkeitsmaß. Sind dann $\lambda_1(\mathbf{x}) \geq \ldots \geq \lambda_n(\mathbf{x})$ die Lyapunov-Exponenten von φ bzgl. μ in $\mathbf{x}$, so gilt*

$$h_\mu(\varphi) \leq \int_M \left[\sum_{\lambda_i(\mathbf{x})>0} \lambda_i(\mathbf{x}) \right] d\mu. \tag{24.10}$$

Ist das Maß μ ergodisch, so ist μ-fast überall

$$\lambda_i(\mathbf{x}) = \lambda_i \; (i = 1, 2, \ldots, n) \quad \text{und} \quad h_\mu(\varphi) \leq \sum_{\lambda_i>0} \lambda_i. \tag{24.11}$$

Aus den Ungleichungen (24.10) und (24.11) folgt insbesondere, daß die maßtheoretische Entropie von glatten dynamischen Systemen mit kompaktem Phasenraum immer endlich ist. Dies kann als ein Merkmal deterministischen Verhaltens gelten, da z.B. reguläre stationäre Gaußsche Zufallsprozesse und stationäre Markov-Prozesse vom Diffusionstyp unendliche Entropie besitzen. Im allgemeinen kann Gleichheit in den Beziehungen (24.10) und (24.11) nicht erwartet werden. Wie der folgende Satz zeigt, ergibt sich die Gleichheit unter relativ starken Voraussetzungen. Eine ähnliche Aussage gilt auch für Systeme mit hyperbolischen Attraktoren und einem SBR-Maß.

Satz 24.8 *(Pesin [69]). Es seien $\varphi : M \to M$ ($M \subset \mathbb{R}^n$ kompakt) ein C^2-Diffeomorphismus und μ eine φ-invariantes Borelsches Wahrscheinlichkeitsmaß, das äquivalent zum Lebesgue-Maß m ist. Dann gilt die Pesinsche Formel*

$$h_\mu(\varphi) = \int_M \left[\sum_{\lambda_i(\mathbf{x})>0} \lambda_i(\mathbf{x}) \right] d\mu.$$

Ist das Maß μ ergodisch, so sind die Lyapunov-Exponenten μ-fast überall konstant, und es gilt

$$h_\mu(\varphi) = \sum_{\lambda_i>0} \lambda_i.$$

Beispiel 24.4 Wir wollen die Pesinsche Formel für den Fall erläutern, daß φ linear ist (siehe [107]). Entsprechend (24.9) verringert sich für wachsendes n das Maß $\mu(B_\varepsilon(\mathbf{x}, n))$ wie e^{-nh_μ}. Es sei μ der Einfachheit halber das Lebesgue-Maß m. Wir wollen zeigen, daß dann für große n

$$-\frac{1}{n} \ln m(B_\varepsilon(\mathbf{x}, n)) \approx \lambda_1(\mathbf{x}) + \dots + \lambda_k(\mathbf{x}) \tag{24.12}$$

gilt, wenn k der Index ist, für den

$$\lambda_1(\mathbf{x}) \geq \lambda_2(\mathbf{x}) \geq \dots \geq \lambda_k(\mathbf{x}) > 0 \geq \lambda_{k+1}(\mathbf{x}) \geq \dots \geq \lambda_d(\mathbf{x})$$

erfüllt ist. Da φ linear ist, lassen sich die Zahlen $e^{\lambda_i(\mathbf{x})}$ als Eigenwerte von φ interpretieren. Betrachtet man $B_\varepsilon(\mathbf{x}, n)$ als Quader mit Kanten in Richtung der zugehörigen Eigenvektoren, so werden die ersten k Richtungen mit dem jeweiligen Faktor $e^{\lambda_i(\mathbf{x})}$ pro Iteration gestreckt. Damit diese gestreckten Kanten nach insgesamt n Iterationen nicht größer als 2ε werden, muß der Ausgangsquader entsprechende Kanten mit einer Länge nicht größer als $2\varepsilon e^{-n\lambda_i(\mathbf{x})}$ haben. Für die restlichen $(d-k)$ Kanten kann die Ausgangslänge 2ε sein, da unter der Iteration deren Länge nicht wächst. Demzufolge gilt für solche Quader bei großem n

$$\begin{aligned} -\frac{1}{n} \ln m(B_\varepsilon(\mathbf{x}, n)) &\approx -\frac{1}{n} \ln \left[(2\varepsilon)^d e^{-n(\lambda_1(\mathbf{x}) + \dots + \lambda_k(\mathbf{x}))} \right] \\ &\approx \lambda_1(\mathbf{x}) + \dots + \lambda_k(\mathbf{x}) \end{aligned}$$

und demzufolge

$$h_\mu(\varphi, \mathbf{x}) \approx \lambda_1(\mathbf{x}) + \dots + \lambda_k(\mathbf{x}).$$

Durch Anwendung des oben erwähnten Satzes von Brin und Katok ergibt sich aus der letzten Beziehung die Pesinsche Formel. ■

25 Dimensionen

Im vorigen Kapitel wurden Entropien als Maße für die dynamische Kompliziertheit eines Systems eingeführt. Aus den jeweiligen Eigenschaften eines dynamischen Systems ergeben sich aber auch ganz bestimmte Konsequenzen für die geometrische Struktur einer invarianten Menge. Oft sind dies, wie in den Kapiteln 9 bis 13 gezeigt wurde, glatte Mannigfaltigkeiten wie geschlossene Kurven oder Tori. Besonderes Interesse rufen allerdings solche dynamischen Systeme hervor, deren invariante Mengen keine glatten Flächen sind, sondern solche, die durch Porösität, Ausfransung, Selbstähnlichkeit und andere Eigenschaften gekennzeichnet sind. Zur genaueren Charakterisierung solcher Mengen werden verschiedene Dimensionen betrachtet. Die Dimension als allgemeiner Begriff läßt sich nur schwer definieren, da sehr unterschiedliche Varianten unter dieser Überschrift laufen. Die Dimension $d(A)$ ist aber immer ein Maß für die Fülle der Menge A, das eine Reihe natürlicher Eigenschaften haben sollte. So sollte für zwei beliebige, weit genug auseinanderliegende Mengen A und B möglichst $d(A \cup B) = \max\{d(A), d(B)\}$ sein. Die Dimension sollte weiter bei Maßstabsveränderungen invariant bleiben, und es sollte möglichst $d(A \times B) = d(A) + d(B)$ sein. Für differenzierbare Abbildungen $\mathbf{h}$ wäre die Eigenschaft $d(\mathbf{h}(A)) = d(A)$ wünschenswert. Wir werden sehen, in welchem Umfang diese Eigenschaften bei den einzelnen Dimensionstypen vertreten sind.

25.1 Hausdorff-Dimension

Es seien (M, d) ein separabler metrischer Raum und $A \subset M$ eine beliebige Teilmenge. Für beliebige Parameter $q \geq 0$ und $\varepsilon > 0$ wird das *Hausdorff-Prämaß vom Niveau ε und der Ordnung q* von A durch

$$\mu_{q,\varepsilon}(A) := \inf\left\{\sum(\operatorname{diam} B_i)^q : A \subset \bigcup_i B_i, \operatorname{diam} B_i \leq \varepsilon\right\}$$

definiert, wobei das Infimum über alle abzählbaren Überdeckungen von A genommen wird. Mit $\operatorname{diam} B = \sup_{\mathbf{x},\mathbf{y}\in B} d(\mathbf{x}, \mathbf{y})$ wird wieder der Durchmesser einer Menge $B \subset M$ bezeichnet.
Offenbar ist die Größe $\mu_{q,\varepsilon}(A)$, bei fixiertem q und A, nicht wachsend bezüglich ε. Deshalb existiert der Grenzwert

$$\mu_q(A) := \lim_{\varepsilon\to 0+0} \mu_{q,\varepsilon}(A) = \sup_{\varepsilon>0} \mu_{q,\varepsilon}(A),$$

der *Hausdorff-Maß der Ordnung q* von A genannt wird.
Man kann zeigen, daß für jede Menge $A \subset M$ genau eine Zahl $q_{\text{cr}}(A)$ existiert, so daß

$$\mu_q(A) = \begin{cases} 0 & \text{für} \quad q > q_{\text{cr}}(A), \\ +\infty & \text{für} \quad q < q_{\text{cr}}(A) \end{cases}$$

gilt (Abb. 25.1a). Diese Zahl heißt *Hausdorff-Dimension* von A. Sie wird mit $d_H(A) = q_{\mathrm{cr}}(A)$ bezeichnet.

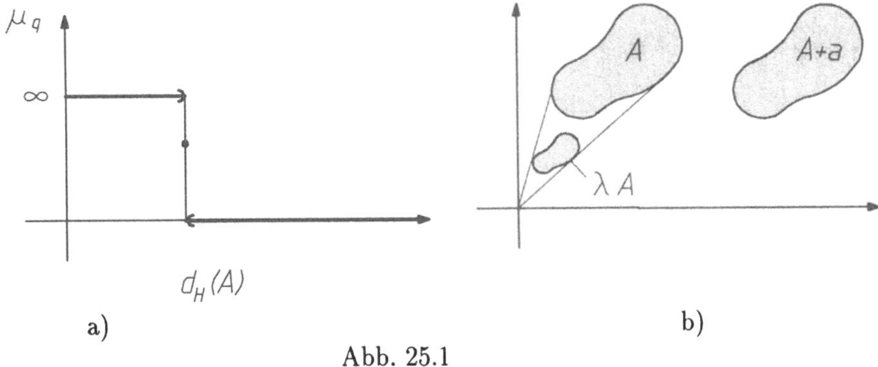

Abb. 25.1

Bei $\{\mu_q\}_{q\geq 0}$ handelt es sich um eine Familie von sogenannten *σ-semiadditiven äußeren Maßen*. Für jedes $q \geq 0$ gelten nämlich folgende Eigenschaften:

a) $\mu_q(\emptyset) = 0$;

b) $A \subset B \Rightarrow \mu_q(A) \leq \mu_q(B)$ (Monotonie);

c) $A_i \subset M,\ i = 1,2,\ldots \Rightarrow \mu_q(\bigcup_{i=1,2,\ldots} A_i) \leq \sum_{i=1,2,\ldots} \mu_q(A_i)$ (σ-Semiadditivität).

Für den praktischen Umgang mit d_H sind folgende Eigenschaften der Hausdorff-Maße von Nutzen ([31, 32]).

Satz 25.1 *Es seien $A \subset M$ eine beliebige Menge und $q \geq 0$ ein Parameter. Dann gilt:*

(i) $\mu_q(A) > 0 \Rightarrow d_H(A) \geq q$;

(ii) $d_H(A) > q \Rightarrow \mu_q(A) = +\infty$;

(iii) $\mu_q(A) < +\infty \Rightarrow d_H(A) \leq q$;

(iv) $d_H(A) < q \Rightarrow \mu_q(A) = 0$;

(v) $\mu_q(A + \mathbf{a}) = \mu_q(A) \quad \forall \mathbf{a} \in M$;

(vi) $\mu_q(\lambda A) = \lambda^q \mu_q(A) \quad \forall \lambda > 0$.

Die beiden letzten Eigenschaften gelten, wenn M ein linearer normierter Raum ist.

Die Mengen $A + \mathbf{a}$ und λA sind in Abb. 25.1b) skizziert.

Beispiel 25.1 Die Cantor-Menge C aus Beispiel 21.2 läßt sich in der Form $C = C_0 \cup C_1$ darstellen, wobei C_0 der aus $[0, \frac{1}{3}]$ und C_1 der aus $[\frac{2}{3}, 1]$ gebildete Teil ist. Dabei sind C_0 und C_1 jeweils durch den Faktor $\frac{1}{3}$ linear erzeugte Kopien von C. Also sollte für den kritischen Parameter $q = q_{cr}(C)$ die Gleichung

$$\mu_q(C) = \mu_q\left(\frac{1}{3}C\right) + \mu_q\left(\frac{1}{3}C\right) = 2\left(\frac{1}{3}\right)^q \mu_q(C)$$

gelten. Diese Beziehung ist unter der Voraussetzung $0 < \mu_q(C) < +\infty$ nur dann erfüllbar, wenn $2(\frac{1}{3})^q = 1$ ist, d.h. bei $q = \frac{\ln 2}{\ln 3}$. Man kann zeigen, daß dies auch wirklich die Hausdorff-Dimension von C ist. ■

Die Cantor-Menge ist ein Beispiel für eine selbstähnliche Menge, die sich allgemein folgendermaßen definieren läßt.

Eine Abbildung $\mathbf{w} : M \to M$ des metrischen Raumes (M, d) in sich heißt *Kontraktion*, wenn es eine Zahl $0 \leq s < 1$ gibt, so daß $d(\mathbf{w}(\mathbf{x}), \mathbf{w}(\mathbf{y})) \leq s d(\mathbf{x}, \mathbf{y})$ für alle $\mathbf{x}, \mathbf{y} \in M$ gilt. Eine nichtleere Menge $K \subset M$ heißt *selbstähnlich* bzgl. der Kontraktionen $\mathbf{w}_1, \ldots, \mathbf{w}_m : M \to M$ $(m \geq 2)$, wenn gilt: $K = \mathbf{w}_1(K) \cup \mathbf{w}_2(K) \cup \ldots \cup \mathbf{w}_m(K)$. Sind die $\mathbf{w}_i$ Ähnlichkeiten mit Kontraktionsfaktoren $0 \leq s_i < 1$ und ist K wie oben die Vereinigung von m sich nicht überlappenden, durch $\mathbf{w}_i$ verkleinerten Kopien von sich selbst, so gilt für den kritischen Wert $q = q_{cr}(K)$ die Gleichung

$$\mu_q(K) = \sum_{i=1}^{m} \mu_q(\mathbf{w}_i(K)) = \sum_{i=1}^{m} s_i^q \mu_q(K) = \left(\sum_{i=1}^{m} s_i^q\right) \mu_q(K).$$

Diese Beziehung ist unter der Voraussetzung $0 < \mu_q(K) < +\infty$ nur dann erfüllt, wenn

$$s_1^q + s_2^q + \ldots + s_m^q = 1 \tag{25.1}$$

gilt. Ist insbesondere $s_i = s$ $(i = 1, 2, \ldots, m)$, so läßt sich aus (25.1) sofort $q = \frac{\ln m}{\ln \frac{1}{s}}$ bestimmen. Wir setzen nun noch die folgende *Bedingung des Nicht-Überlappens* voraus: Für die Abbildung $\mathbf{T} : A \mapsto \mathbf{T}(A)$, gegeben durch $\mathbf{T}(A) := \bigcup_{i=1}^{m} \mathbf{w}_i(A)$, existiere eine offene Menge $\Omega \subset M$ mit $\mathbf{T}(\Omega) \subset \Omega$ und $\mathbf{w}_i(\Omega) \cap \mathbf{w}_j(\Omega) = \emptyset$ $(i \neq j)$. Unter dieser Bedingung ist wirklich ([42])

$$d_H(K) = \frac{\ln m}{\ln \frac{1}{s}}. \tag{25.2}$$

Beispiel 25.2 Die Formel (25.2) zur Berechnung der Hausdorff-Dimension gilt, neben der Cantor-Menge, u.a. auch für die folgenden Mengen:

a) Kochsche Kurve ($m = 4$, $s = \frac{1}{3}$; Abb. 25.2a).

b) Sierpinski-Dreieck ($m = 3$, $s = \frac{1}{2}$; Abb. 25.2b).

c) Sierpinski-Teppich ($m = 8$, $s = \frac{1}{3}$; Abb. 25.2c).

An den Zeichnungen ist auch die Entstehungsprozedur der Mengen K zu erkennen: Eine Ausgangsfigur wird durch eine neue Figur ersetzt, die aus m mit dem Faktor s linear gestauchten Kopien der Ausgangsfigur besteht. Alle im k-ten Schritt vorhandenen Ausgangsfiguren werden wie im ersten Schritt behandelt. ■

a)

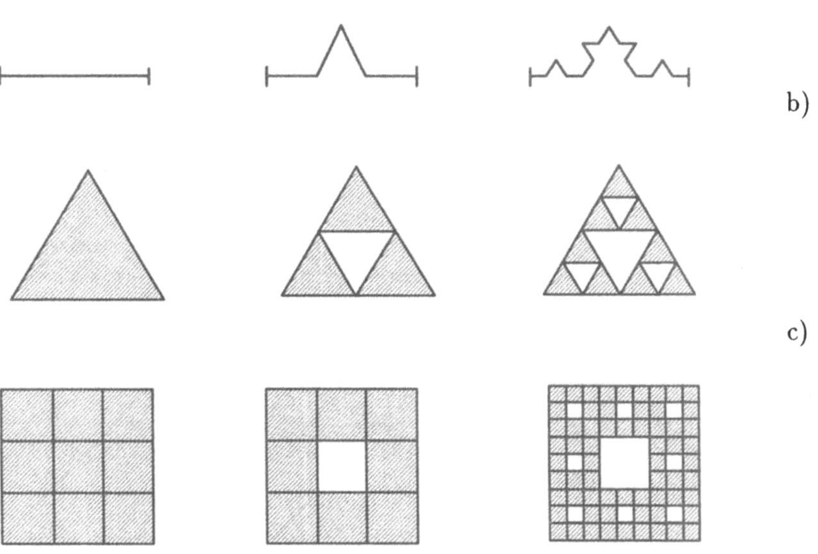

b)

c)

Abb. 25.2

Die wichtigsten Eigenschaften der Hausdorff-Dimension sind im folgenden Satz zusammengefaßt ([32, 70, 31]):

Satz 25.2

(i) $d_H(\emptyset) = 0$.

(ii) $A \subset B \subset M \Rightarrow d_H(A) \leq d_H(B)$.

(iii) $A_i \subset M,\ i = 1, 2, \ldots \Rightarrow d_H\left(\bigcup_{i=1,2,\ldots} A_i\right) = \sup_{i=1,2,\ldots} d_H(A_i)$.

(iv) *A höchstens abzählbar* $\Rightarrow d_H(A) = 0$.

(v) *Sind (M, d) und (M', d') metrische Räume und ist $\chi : M \to M'$ eine Lipschitz-stetige Abbildung, so gilt $d_H(\chi(A)) \leq d_H(A)$ für beliebige $A \subset M$. Existiert χ^{-1} und ist χ^{-1} ebenfalls Lipschitz-stetig, so gilt sogar $d_H(\chi(A)) = d_H(A)$ für alle $A \subset M$.*

(vi) *Sind* (M, d) *und* (M', d') *metrische Räume und sind* $A \subset M$ *und* $B \subset M'$ *beliebige kompakte Teilmengen, so gilt* $d_H(A \times B) \geq d_H(A) + d_H(B)$. *Für manche Mengen* A *gilt sogar* $d_H(A \times A) > 2d_H(A)$.

(vii) *Ist* $A \subset \mathbb{R}^n$ *eine Teilmenge mit positivem Lebesgue-Volumen, so ist* $d_H(A) = n$.

(viii) *Ist* $S \subset \mathbb{R}^n$ *eine* k*-dimensionale Fläche, so gilt* $d_H(S) = k$.

Wir vermerken abschließend, daß die Hausdorff-Dimension *keine* topologische Invariante ist. Sind nämlich M und M' separable metrische Räume und ist $\chi : M \to M'$ ein Homöomorphismus, so gilt i.allg. nicht $d_H(\chi(A)) = d_H(A)$ für $A \subset M$. Die Größe $d_{\text{top}}(M) := \inf\{d_H(M') : M' \text{ homöomorph zu } M\}$ wird *topologische Dimension* von M genannt.

25.2 Kapazitive Dimension

Die Einführung dieser Größen kann in gewisser Analogie zur Definition der topologischen Entropie betrachtet werden. Es seien (M, d) ein metrischer Raum und $A \subset M$ eine kompakte Menge. Für beliebiges $\varepsilon > 0$ wird mit $N_\varepsilon(A)$ die minimale Anzahl von Kugeln vom Radius ε, die zur Überdeckung von A benötigt wird, bezeichnet.
Dann heißen $\overline{d}_C(A) = \limsup_{\varepsilon \to 0} \frac{\ln N_\varepsilon(A)}{\ln \frac{1}{\varepsilon}}$ bzw. $\underline{d}_C(A) = \liminf_{\varepsilon \to 0} \frac{\ln N_\varepsilon(A)}{\ln \frac{1}{\varepsilon}}$ obere bzw. untere *Kapazitätsdimension*. Die untere Kapazitätsdimension wurde von L. S. Pontryagin und L. G. Schnirelman in [74] als „metrische Ordnung eines Kompaktums" eingeführt. Die Definition der oberen Kapazitätsdimension geht auf L.S. Young ([106]) zurück.
Ist $\underline{d}_C(A) = \overline{d}_C(A) =: d_C(A) = d_B(A)$, so wird dieser Wert als *Kapazitätsdimension* oder *Box-Counting-Dimension* bezeichnet.

Die kapazitiven Dimensionen lassen sich auch direkt aus dem Überdeckungskonzept der Hausdorff-Dimension ableiten. Man führt dazu für beliebige Parameter $q \geq 0$ die Größen $\overline{\mu}_{q,C}(A) := \limsup_{\varepsilon \to 0} \varepsilon^d N_\varepsilon(A)$ und $\underline{\mu}_{q,C}(A) := \liminf_{\varepsilon \to 0} \varepsilon^d N_\varepsilon(A)$ ein, die als das *obere bzw. untere kapazitive Maß der Ordnung q von A* bezeichnet werden. Im Unterschied zum Hausdorff-Maß werden bei diesen kapazitiven Maßen nur Kugeln vom gleichen Radius $r_i = \varepsilon$ betrachtet. Es ist dann leicht zu sehen, daß $\overline{d}_C(A) = \inf\{q \geq 0 : \overline{\mu}_{q,C}(A) = 0\}$ und $\underline{d}_C(A) = \inf\{q \geq 0 : \underline{\mu}_{q,C}(A) = 0\}$ ist. Aus diesen Beziehungen folgt sofort $d_H(A) \leq \underline{d}_C(A) \leq \overline{d}_C(A)$. Weitere, auch für den praktischen Umgang mit den Kapazitätsdimensionen wichtige Eigenschaften sind im folgenden Satz zusammengefaßt ([70]):

Satz 25.3

(i) $\overline{d}_C(\emptyset) = \underline{d}_C(\emptyset) = 0$.

(ii) *$A \subset B$ kompakt* $\Rightarrow \overline{d}_C(A) \leq \overline{d}_C(B)$, $\underline{d}_C(A) \leq \underline{d}_C(B)$.

(iii) *A_i $(i = 1, 2, \ldots, n)$ kompakt* $\Rightarrow \overline{d}_C(\bigcup_{i=1}^{n} A_i) = \max_{i=1,\ldots,n} \{\overline{d}_C(A_i)\}$.
Dagegen gilt i.allg. nicht $\underline{d}_C(\bigcup_{i=1}^{n} A_i) = \max_{i=1,\ldots,n}\{\underline{d}_C(A_i)\}$.

(iv) Sind M und M' metrische Räume, $A \subset M$ und $B \subset M'$ kompakte Mengen und $\chi : M \to M'$ eine Lipschitz-stetige Abbildung, so gilt $\overline{d}_C(\chi(A)) \leq \overline{d}_C(A)$ *und* $\underline{d}_C(\chi(A)) \leq \underline{d}_C(A)$.

(v) Sind M und M' metrische Räume und $A \subset M$ und $B \subset M'$ kompakte Mengen, so gilt $\overline{d}_C(A \times B) \leq \overline{d}_C(A) + \overline{d}_C(B)$ *und* $\underline{d}_C(A \times B) \geq \underline{d}_C(A) + \underline{d}_C(B)$. *Weiter ist* $d_H(A \times B) \leq d_H(A) + \overline{d}_C(B)$. *Ist* $d_H(B) = \overline{d}_C(B)$, *so gilt sogar* $d_H(A \times B) = d_H(A) + d_H(B)$.

Bei der Berechnung der Kapazitätsdimension einer Menge $A \subset \mathbb{R}^n$ wird in der Regel mit Gittern gearbeitet. Man zerlegt dazu den $\mathbb{R}^n$ in ein gleichmäßiges Gitter aus Würfeln der Kantenlänge ε und benutzt für die Berechnung der Kapazitätsdimension die Zahl $N_\varepsilon(A)$ als Anzahl der Würfel des Gitters, die die Menge A schneiden.

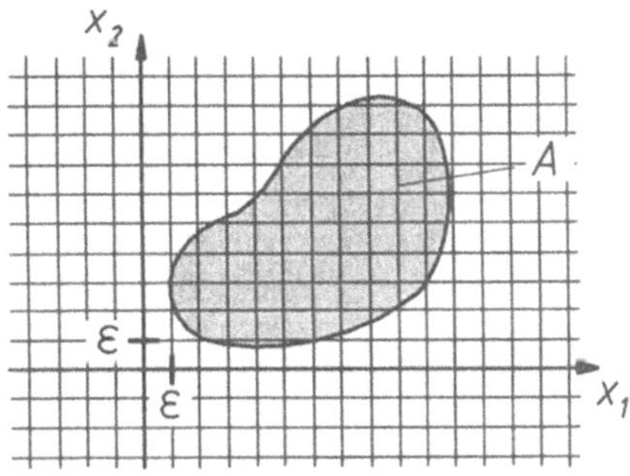

Abb. 25.3

Beispiel 25.3 a) Gegeben sei die Menge $A = \{\frac{1}{p}, p \in \mathbb{N}\} \cup \{0\}$. Da A als Menge abzählbar ist, gilt nach Satz 25.2 die Beziehung $d_H(A) = 0$. Wir wollen nun die kapazitive Dimension von A berechnen. Es seien $\varepsilon \in (0, \frac{1}{4})$ beliebig und k eine natürliche Zahl mit

$$\frac{1}{2k(k+1)} \leq \varepsilon < \frac{1}{2(k-1)k}.$$

Daraus folgt, daß mindestens k Intervalle der Länge 2ε notwendig sind, um zunächst die Menge $\{1, \frac{1}{2}, ..., \frac{1}{k}\}$ zu überdecken. Also gilt auch

$$\frac{\ln N_{2\varepsilon}(A)}{\ln \frac{1}{2\varepsilon}} \geq \frac{\ln k}{\ln[2k(k+1)]},$$

woraus sich für $\varepsilon \to 0$ sofort $\underline{d}_c(A) \geq \frac{1}{2}$ ergibt. Andererseits überdecken $(k+1)$ Intervalle der Länge 2ε das gesamte Intervall $[0, \frac{1}{k}]$. Da die Punkte $\{1, \frac{1}{2}, ..., \frac{1}{k-1}\}$ durch $(k-1)$ Intervalle der Länge 2ε überdeckt sind, folgt schließlich hieraus

$$\frac{\ln N_{2\varepsilon}(A)}{\ln \frac{1}{2\varepsilon}} \leq \frac{\ln 2k}{\ln[2(k-1)k]}$$

bzw. für $\varepsilon \to 0$ die Ungleichung $\bar{d}_C(A) \leq \frac{1}{2}$. Die beiden Abschätzungen für die untere bzw. obere kapazitive Dimension zeigen, daß in Wirklichkeit $\underline{d}_C(A) = \bar{d}_C(A) = d_C(A) = \frac{1}{2}$ ist.

b) Im Shift-Raum Σ_2^+ betrachten wir die Metrik d, gegeben durch $d(\mathbf{s}, \mathbf{s}') := e^{-m}$. Dabei ist für $\mathbf{s} = (s_0 s_1 s_2 ...)$ und $\mathbf{s}' = (s_0' s_1' s_2' ...)$ die Zahl m durch $m = \inf\{k : s_k \neq s_k'\}$ definiert. Sei α eine Zerlegung von Σ_2^+ mit $\alpha = \{\{\mathbf{s} = (s_0 s_1 s_2 ...) : s_0 = 0\}, \mathbf{s} = (s_0 s_1 s_2 ...) : s_0 = 1\}\}$. Dann gilt mit den Bezeichnungen aus Kap. 25 für beliebiges $n = 1, 2, ...$ die Gleichung $\alpha \vee ... \vee \sigma^{-(n-1)}\alpha = \{c_n(\mathbf{s})\}$, wobei $c_n(\mathbf{s}) = \{\mathbf{s}' = (s_0' s_1' s_2' ...) : s_0 = s_0', ..., s_{n-1} = s_{n-1}'\}$ ist. Da jede der Mengen $c_n(\mathbf{s})$ den Durchmesser e^{-n} hat, ergibt sich für die kapazitive Dimension von (Σ_2^+, d) der Wert $d_C(\Sigma_2^+) = h(\sigma, \alpha) = \ln 2$. ■

Kapazitive Dimensionen sind manchmal jedoch auch dann ganzzahlig, wenn eine Menge die typische löchrige Struktur einer Cantor-Menge aufweist.

Beispiel 25.4 Aus dem abgeschlossenen Einheitsintervall $I = [0, 1]$ wird zunächst das mittlere offene Drittel entfernt: $G_0 = I \setminus (\frac{1}{3}, \frac{2}{3})$. Von den zwei verbleibenden Intervallen $[0, \frac{1}{3}]$ und $[\frac{2}{3}, 1]$ wird jetzt jeweils ein Intervall der Länge $\frac{1}{4} \cdot \frac{1}{3}$ herausgeschnitten. Im n-ten Schritt unserer Prozedur liegen also jeweils 2^n Intervalle der Länge $(\frac{1}{4})^n \cdot \frac{1}{3}$ vor, die die Menge G_n bilden. Das Lebesgue-Maß der Cantor-Menge $C := \bigcap_{n=0}^{\infty} G_n$ ergibt sich als

$$\mu(C) = 1 - \sum_{n=0}^{\infty} (\frac{1}{3}) 2^n (\frac{1}{4})^n = \frac{1}{3} > 0.$$

Wie man leicht sieht, braucht man nach $(n+1)$ Schritten der obigen Prozedur $N_\varepsilon(C) = 2^{n+1}$ Intervalle der Länge $\varepsilon = \frac{2^n - (2^{n+1}-1)\frac{1}{3}}{2 \cdot 4^n}$ zur Überdeckung. Damit folgt sofort $d_C(C) = \lim_{n\to\infty} \frac{N_\varepsilon(C)}{\ln \frac{1}{\varepsilon}} = 1$. ■

Im Gegensatz zur Cantor-Menge aus Beispiel 25.4 hat die Standard-Cantor-Menge das Lebesgue-Maß Null und heißt deshalb *mager*. Cantor-Mengen mit positivem Lebesgue-Maß werden als *fett* bezeichnet.

25.3 Dimension eines Maßes

In diesem Abschnitt sollen Dimensionsbegriffe im metrischen Raum (M, d) betrachtet werden, die von einem dort definierten Borel-Maß μ abhängen. Insbesondere kann μ invariantes Wahrscheinlichkeitsmaß eines dynamischen Systems sein. Zunächst kann man eine lokale Dimension von μ in einem Punkt $\mathbf{x} \in M$ folgendermaßen konstruieren. Für beliebiges $\varepsilon > 0$ werden Kugeln $B_\varepsilon(\mathbf{x}) = \{\mathbf{y} \in M : d(\mathbf{x}, \mathbf{y}) < \varepsilon\}$ betrachtet, und es wird untersucht, wie sich das Maß $\mu B_\varepsilon(\mathbf{x})$ bei $\varepsilon \to 0$ ändert. Dann heißen

$$\begin{aligned} \bar{d}_\mu(\mathbf{x}) &:= \limsup_{\varepsilon\to 0} \frac{\ln \mu B_\varepsilon(\mathbf{x})}{\ln \varepsilon} \qquad \text{bzw.} \\ \underline{d}_\mu(\mathbf{x}) &:= \liminf_{\varepsilon\to 0} \frac{\ln \mu B_\varepsilon(\mathbf{x})}{\ln \varepsilon} \end{aligned}$$

obere bzw. *untere Hausdorff-Dimension von μ im Punkt* $\mathbf{x}$. Ist $\bar{d}_\mu(\mathbf{x}) = \underline{d}_\mu(\mathbf{x})$, so heißt $d_\mu(\mathbf{x})$ *Hausdorff-Dimension von μ in* $\mathbf{x}$. Die *Hausdorff-Dimension von μ auf $A \subset M$* ist dann durch die Beziehung

$$d_H(\mu, A) := \inf_{\mathbf{x}\in A} \underline{d}_\mu(\mathbf{x})$$

definiert. Mit Hilfe der Dimension von Maßen läßt sich die Hausdorff-Dimension einer Menge approximieren. Nach dem Lemma von Frostman ([32]) gilt nämlich $d_H(A) = \sup\{d_H(\mu, A) : \mu(A) = 1\}$, was eine direkte Analogie zum Satz von Dinaburg (Satz 24.6) über die Wechselbeziehungen zwischen maßtheoretischen Entropien und der topologischen Entropie darstellt.

Als Ergänzung zur Hausdorff-Dimension eines Maßes werden oft auch die obere bzw. untere kapazitive Dimension des Maßes im Sinne von F. Ledrappier betrachtet. Dazu seien $A \subset M$ eine kompakte Menge, $\varepsilon > 0$ und $\delta > 0$ positive Parameter und $N(A, \varepsilon, \delta)$ die minimale Anzahl von ε-Kugeln, die nötig ist, um A mit einer Menge zu überdecken, deren μ-Maß nicht kleiner als $1 - \delta$ ist. Dann heißen

$$\begin{aligned} \bar{d}_C(\mu, A) &:= \lim_{\delta\to 0} \limsup_{\varepsilon\to 0} \frac{\ln N(A, \varepsilon, \delta)}{\ln \frac{1}{\varepsilon}} \qquad \text{bzw.} \\ \underline{d}_C(\mu, A) &:= \lim_{\delta\to 0} \liminf_{\varepsilon\to 0} \frac{\ln N(A, \varepsilon, \delta)}{\ln \frac{1}{\varepsilon}} \end{aligned}$$

obere bzw. *untere kapazitive Dimension von μ auf A*. Gilt sogar $\bar{d}_C(\mu, A) = \underline{d}_C(\mu, A) =: d_C(\mu, A)$, so heißt diese Größe *kapazitive Dimension von μ auf A*. Von L. S. Young wurde in [106] gezeigt, daß aus der Gleichheit von $\bar{d}_\mu(\mathbf{x}) = \underline{d}_\mu(\mathbf{x}) =: \alpha > 0$ für μ-fast alle Punkte aus A die Beziehung

$$d_H(\mu, A) = \bar{d}_C(\mu, A) = \underline{d}_C(\mu, A) = \alpha$$

folgt.

25.4 Dimensionsspektrum

Wir betrachten in diesem Abschnitt der Einfachheit halber nur Mengen im $\mathbb{R}^n$. Für beliebiges $\varepsilon > 0$ wird der $\mathbb{R}^n$ mit dem ε-Gitter

$$\{(x_1, ..., x_n)^T : k_i\varepsilon \leq x_i < (k_i + 1)\varepsilon, k_i \in \mathbb{Z}, i = 1, 2, ..., n\}$$

versehen (Abb. 25.3a). Weiter seien $A \subset \mathbb{R}^n$ eine kompakte Menge und μ ein Maß mit A als Träger. Dann gibt es im ε-Gitter eine endliche Anzahl von Würfeln $Q_1(\varepsilon), ..., Q_{n(\varepsilon)}(\varepsilon)$, für die $\mu(Q_i(\varepsilon)) =: p_i(\varepsilon) > 0$ gilt. Wie bei der Definition der maßtheoretischen Entropie kann die *Entropie von μ bzgl. des ε-Gitters* in der Form

$$H(\mu, \varepsilon) := -\sum_{i=1}^{n(\varepsilon)} p_i(\varepsilon) \ln p_i(\varepsilon)$$

betrachtet werden. Existiert dabei der Grenzwert $d_I(\mu) := \lim_{\varepsilon \to 0} \frac{H(\mu,\varepsilon)}{\ln \frac{1}{\varepsilon}}$, so hat er die Eigenschaften einer Dimension und wird *Informationsdimension von μ* genannt.

Beispiel 25.5 Es sei $\mu = \delta_{\mathbf{p}}$ das im Punkt $\mathbf{p} \in \mathbb{R}^n$ konzentrierte Dirac-Maß. Offenbar gilt für beliebiges $\varepsilon > 0$

$$H(\delta_{\mathbf{p}}, \varepsilon) = -1 \cdot \ln 1 = 0.$$

Demzufolge ist $d_I(\delta_{\mathbf{p}}) = 0$. ■

Natürlich entsteht bei der Einführung der Informationsdimension von μ sofort die Frage nach einem Zusammenhang mit der Dimension $d_H(\mu)$, die wir oben definiert haben. Eine Antwort liefert der folgende Satz von L. S. Young ([106]).

Satz 25.4 *Es sei μ ein Wahrscheinlichkeitsmaß mit kompaktem Träger A, und für μ-fast alle Punkte $\mathbf{x}$ sei der Wert $d_\mu(\mathbf{x}) =: \alpha$ konstant. Dann gilt*

$$d_I(\mu) = d_H(\mu) = \alpha.$$

Das Konzept der Informationsdimension kann weiter verallgemeinert werden. Dazu seien wieder $A \subset \mathbb{R}^n$ eine kompakte Menge, μ ein Wahrscheinlichkeitsmaß mit Träger A und $Q_1(\varepsilon), ..., Q_{n(\varepsilon)}(\varepsilon)$ die Würfel aus dem ε-Gitter, für die $\mu(Q_i(\varepsilon)) = p_i(\varepsilon) > 0$ ist. Für einen beliebigen Parameter $q \neq 1$ wird der Ausdruck

$$H_q(\mu, \varepsilon) := \frac{1}{1-q} \ln \sum_{i=1}^{n(\varepsilon)} p_i(\varepsilon)^q$$

als *Entropie q-ter Ordnung von μ* bzgl. des ε-Gitters bezeichnet. Existiert der Grenzwert

$$d_q(\mu) := \lim_{\varepsilon \to 0} \frac{H_q(\mu, \varepsilon)}{\ln \frac{1}{\varepsilon}},$$

so wird er verallgemeinerte *Rényi-Dimension q-ter Ordnung* von μ genannt ([75]). Zur Illustration des verallgemeinerten Dimensionsbegriffes betrachten wir einige spezielle Parameterwerte.

a) Es sei $q = 0$. In diesem Fall ist

$$d_0(\mu) = \lim_{\varepsilon\to 0} \frac{\ln(\sum_{i=1}^{n(\varepsilon)} 1)}{\ln\frac{1}{\varepsilon}} = \lim_{\varepsilon\to 0} \frac{\ln n(\varepsilon)}{\ln\frac{1}{\varepsilon}} = d_C(\mathrm{supp}\mu) = d_C(A).$$

b) Es sei $q = 1$. Wir interpretieren $d_1(\mu)$ als Grenzwert

$$\begin{aligned} d_1(\mu) &:= \lim_{q\to 1} d_q(\mu) = \lim_{q\to 1}\lim_{\varepsilon\to 0} \frac{\ln \sum_{i=1}^{n(\varepsilon)} p_i(\varepsilon)^q}{(1-q)\ln\frac{1}{\varepsilon}} \\ &= \lim_{\varepsilon\to 0} \frac{-\sum_{i=1}^{n(\varepsilon)} p_i(\varepsilon)\ln p_i(\varepsilon)}{\ln\frac{1}{\varepsilon}} = d_I(\mu). \end{aligned}$$

c) Es sei $q = 2$. Ist $p_i(\varepsilon)$ die Wahrscheinlichkeit dafür, daß ein μ-zufälliger Punkt in den Würfel $Q_i(\varepsilon)$ fällt, so gibt $\sum_{i=1}^{n(\varepsilon)} p_i(\varepsilon)^2$ die Wahrscheinlichkeit dafür an, daß beide Punkte eines μ-zufällig gewählten Punktepaares im gleichen Würfel des Gitters liegen. Für $\varepsilon \to 0$ verhält sich die Größe $\sum_{i=1}^{n(\varepsilon)} p_i(\varepsilon)^2$ etwa wie die Wahrscheinlichkeit dafür, daß zwei μ-zufällig gewählte Punkte höchstens den Abstand ε haben. Liegen nun insgesamt N Punkte $\mathbf{x}_1, \ldots, \mathbf{x}_N \in A$ vor, so ist die Wahrscheinlichkeit dafür, daß ein μ-zufällig gewähltes Paar $(\mathbf{x}_k, \mathbf{x}_m)$ den Abstand $< \varepsilon$ hat, darstellbar als

$$\begin{aligned} C(\mu,\varepsilon) &:= \frac{1}{N^2}\sharp\{(\mathbf{x}_k,\mathbf{x}_m) : \|\mathbf{x}_k - \mathbf{x}_m\| < \varepsilon\} \\ &= \frac{1}{N^2}\sum_{\substack{i,j=1\\ i\neq j}}^{N} H(\varepsilon - \|\mathbf{x}_i - \mathbf{x}_j\|). \end{aligned}$$

In dieser Formel ist $H(x) = \begin{cases} 0 & \text{, falls } x \le 0, \\ 1 & \text{, falls } x > 0, \end{cases}$ die *Heaviside-Funktion*. Der Ausdruck $C(\mu,\varepsilon)$ wird oft als *Korrelationsintegral* bzgl μ und ε bezeichnet. Nach diesen Vorbereitungen können wir $d_2(\mu)$ in der Form

$$d_2(\mu) = \lim_{\varepsilon\to 0} \frac{\ln C(\mu,\varepsilon)}{\ln \varepsilon}$$

schreiben. Die Dimension $d_2(\mu)$ wird auch *Korrelationsdimension* genannt und mit $d_K(\mu)$ oder $d_G(\mu)$ (nach P. Grassberger) bezeichnet.

25.5 Zusammenhänge zwischen Dimension, Entropie, Lyapunov-Exponenten und Druck

Wir betrachten in diesem Abschnitt vor allem Dimensionen von invarianten Mengen dynamischer Systeme in Verbindung mit deren invarianten Maßen. Zu erwarten ist, daß solche Charakteristika wie Lyapunov-Exponenten und maßtheoretische Entropie Einfluß auf diese Dimensionen haben. Dies kommt im folgenden Satz sehr klar zum Ausdruck.

Satz 25.5 *(Young [106]). Es seien $\varphi : M \to M$ ein C^2-Diffeomorphismus einer 2-dimensionalen kompakten Fläche und μ ein invariantes ergodisches Wahrscheinlichkeitsmaß mit den Lyapunov-Exponenten $\lambda_1(\mu) > 0 > \lambda_2(\mu)$. Dann gilt für die Hausdorff-Dimension des Maßes*

$$d_H(\mu, M) = h_\mu(\varphi)\left[\frac{1}{\lambda_1(\mu)} - \frac{1}{\lambda_2(\mu)}\right]. \tag{25.3}$$

Hierbei ist $h_\mu(\varphi)$ die maßtheoretische Entropie.

Beispiel 25.6 Wir illustrieren die Formel (25.3) für den Fall, daß φ linear ist. Es wird gezeigt, daß eine Menge $A \subset M$ mit vollem Maß $\mu(A) = 1$ existiert, so daß für alle Punkte $x \in A$

$$\lim_{\varepsilon\to 0} \frac{\ln \mu B_\varepsilon(\mathbf{x})}{\ln \varepsilon} = h_\mu(\varphi)\left[\frac{1}{\lambda_1(\mu)} - \frac{1}{\lambda_2(\mu)}\right]$$

ist. Die Kugeln $B_\varepsilon(\mathbf{x})$ sollen durch Mengen vom Typ

$$V(\mathbf{x}, n_1, n_2, \rho) := \{\mathbf{y} : d(\varphi^k\mathbf{x}, \varphi^k\mathbf{y}) < \rho, -n_2 \le k \le n_1\}$$

mit ganzen Zahlen $n_1, n_2 \ge 0$ approximiert werden. Die Parameter werden dabei so ausgewählt, daß

$$\rho e^{-n_1\lambda_1(\mu)} \approx \varepsilon \approx \rho e^{n_2\lambda_2(\mu)} \tag{25.4}$$

gilt. Wie schon im Abschnitt 24.2 gezeigt wurde, erhalten wir für alle Punkte $\mathbf{x} \in A$ aus einer Menge A mit vollem Maß die Beziehung

$$\lim_{\rho\to 0}\left[\limsup_{\substack{n\to\infty \\ n=n_1+n_2}} \frac{-1}{n_1+n_2} \ln \mu V(\mathbf{x}, n_1, n_2, \rho)\right] = h_\mu(\varphi).$$

Es gilt also $\ln \mu B_\varepsilon(\mathbf{x}) \approx \ln \mu V(\mathbf{x}, n_1, n_2, \rho) \approx -(n_1 + n_2)h_\mu(\varphi)$. Ausgehend von (25.4) setzen wir

$$n_1 \approx -\frac{\ln \frac{\varepsilon}{\rho}}{\lambda_1(\mu)} \quad \text{und} \quad n_2 \approx -\frac{\ln \frac{\varepsilon}{\rho}}{\lambda_2(\mu)}.$$

Damit ergibt sich schließlich für alle $\mathbf{x} \in A$ die Beziehung

$$\begin{aligned}\lim_{\varepsilon \to 0} \frac{\ln \mu B_\varepsilon(\mathbf{x})}{\ln \varepsilon} &= \lim_{\varepsilon \to 0} \frac{\ln \frac{\varepsilon}{\rho} \left[\frac{1}{\lambda_1(\mu)} - \frac{1}{\lambda_2(\mu)}\right] h_\mu(\varphi)}{\ln \varepsilon} \\ &= h_\mu(\varphi) \left[\frac{1}{\lambda_1(\mu)} - \frac{1}{\lambda_2(\mu)}\right].\end{aligned}$$

■

Mit Hilfe des in Abschnitt 24.1 eingeführten Druckes einer Funktion läßt sich für einige Spezialfälle von fast-hyperbolischen Systemen die *Druckformel* zur Berechnung der Hausdorff-Dimension invarianter Mengen verwenden. Wir wollen dies zunächst an einem Beispiel erläutern.

Beispiel 25.7 Gegeben sei die Abbildung $\varphi : I \to I$, definiert durch $\varphi(x) = 3x \bmod 1$ (I bedeutet wieder das Einheitsintervall). Die Standard-Cantormenge C ist eine invariante Menge dieser Abbildung. In Stellen der Differenzierbarkeit gilt offenbar $g(x) := \ln \varphi'(x) = \ln 3$. Betrachtet man die Funktion $s \mapsto P(sg)$, so erkennt man, daß dies eine konvexe Funktion in s ist (Abb. 25.4) und genau ein s mit $P(sg) = 0$ existiert. Interessanterweise ist dieses s gerade die Hausdorff-Dimension $d_H(C) = \frac{\ln 2}{\ln 3}$.

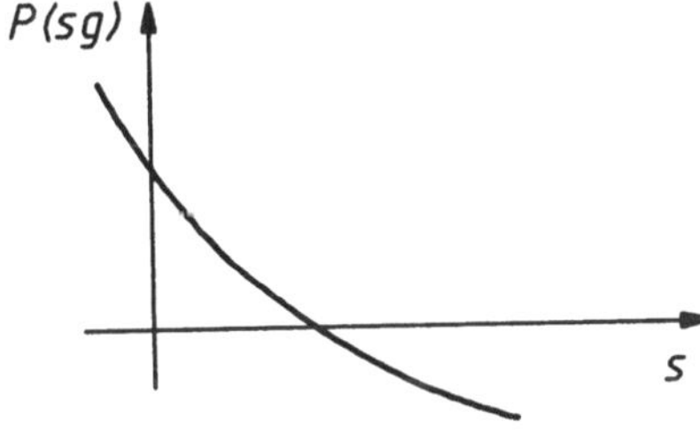

Abb. 25.4

Um dies zu begründen, konstruieren wir für φ auf der invarianten Menge C ein invariantes Maß. Zunächst wird mit Hilfe der beiden, bei der Cantor-Menge im ersten Schritt verwendeten Teilintervalle I_0 und I_1 der Länge $\frac{1}{3}$, für jedes $x \in I$ eine Folge $\{x_n\}$ durch

$$x_n = \begin{cases} 0 & \text{, falls } \varphi^n(x) \in I_0, \\ 1 & \text{, falls } \varphi^n(x) \in I_1, \end{cases}$$

konstruiert. Auf der Grundlage dieser Folge werden die Intervalle

$$I_{x_0 \dots x_n} := \{x \in I : x \in I_{x_0}, \varphi(x) \in I_{x_1}, \dots, \varphi^n(x) \in I_{x_n}\}$$

eingeführt.

Das *Bernoulli-Maß* auf C läßt sich jetzt folgendermaßen erklären. Es seien $p \in (0,1)$ ein Parameter und $q := 1-p$. Wir setzen

$$\mu_p(I_{x_0 \dots x_{n-1}}) := p^i q^{n-i},$$

wobei i die Anzahl der Nullen in der Folge $x_0 \dots x_{n-1}$ ist. Direktes Ausrechnen ergibt die maßtheoretische Entropie

$$h_{\mu_p}(\varphi) = -p \ln p - q \ln q$$

sowie $\int_C g d\mu_p = \ln 3$. Wir fragen nun nach einem $s > 0$, so daß die Beziehung

$$P(sg) = \sup_{\mu_p} \{h_{\mu_p}(\varphi) - s \int_C g d\mu_p\} = 0$$

erfüllt ist, wobei das Supremum über alle Maße μ_p mit $p \in (0,1)$ genommen wird. Für dieses s erhält man sofort

$$s = \sup_{\mu_p} \frac{h_{\mu_p}(\varphi)}{\int_C g d\mu_p} = \sup_{\substack{p \in (0,1) \\ q = 1-p}} \frac{-p \ln p - q \ln q}{\ln 3} = \frac{\ln 2}{\ln 3}.$$

Dies ist aber, wie wir wissen, die Hausdorff-Dimension von C. ∎

Die Druckformel gilt auch für bestimmte Klassen zweidimensionaler Systeme. So ist, entsprechend einem Satz von McCluskey-Manning ([59]), für einen Axiom-A-Diffeomorphismus φ auf zweidimensionaler Fläche M die Hausdorff-Dimension $d_H(\Lambda)$ einer Basis-Menge gleich $d_H(\Lambda) = \delta^s + \delta^u$. Dabei sind δ^s und δ^u die beiden einzigen Nullstellen von $P(\delta^s g^s) = 0$ bzw. $P(\delta^u g^u) = 0$ mit $g^s(\mathbf{x}) := \ln \|d\varphi_{|E^s_{\mathbf{x}}}\|$ und $g^u(\mathbf{x}) := -\ln \|d\varphi_{|E^u_{\mathbf{x}}}\|$. ($E^s_{\mathbf{x}}$ bzw. $E^u_{\mathbf{x}}$ ist der stabile bzw. instabile Untervektorraum von $T_{\mathbf{x}}M$, $\|d\varphi_{|E^s_{\mathbf{x}}}\|$ bzw. $\|d\varphi_{|E^u_{\mathbf{x}}}\|$ bezeichnet die Operatornorm der Einschränkung von $d\varphi$ auf diese invarianten Unterräume.)

Beispiel 25.8 Gegeben sei die parameterabhängige Hufeisenabbildung von Yakobson ([104]) ("Twisted horseshoe map") $\varphi_\varepsilon : Q \to Q$, die durch die Vorschrift

$$\varphi_\varepsilon(x,y) = (h(y) + \varepsilon(x - \frac{1}{2}), 4y(1-y))^T$$

für $(x,y)^T \in Q = [0,1] \times [0,1]$ erklärt ist. Mit ε wird ein kleiner Parameter gekennzeichnet, h ist definiert durch

$$h(y) = \begin{cases} \frac{1}{4}, & \text{falls } 0 \le y \le \frac{1}{4}, \\ y, & \text{falls } \frac{1}{4} \le y \le \frac{3}{4}, \\ \frac{3}{4}, & \text{falls } \frac{3}{4} \le y \le 1. \end{cases}$$

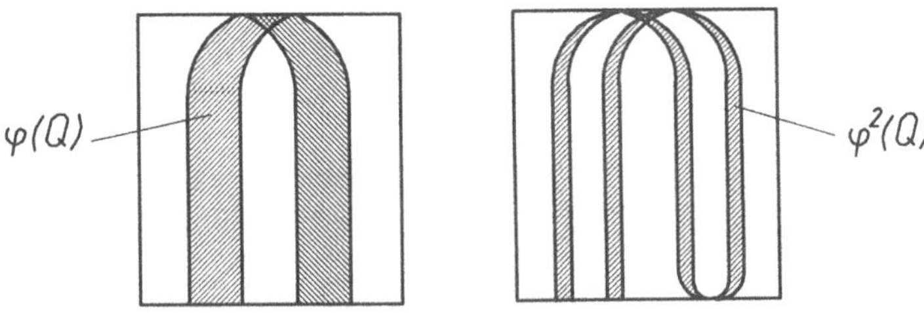

Abb. 25.5

Die ersten beiden Iterationen von φ_ε sind in Abb. 25.5 zu sehen ([91]). Es sei

$$\Lambda := \bigcap_{t=0,1,\ldots} \varphi_\varepsilon^t(Q)$$

die maximale invariante Menge von $\{\varphi_\varepsilon^t\}$. Dann gilt ([91])

$$d_H(\Lambda) = 1 + \sup_{\mu\text{-invar. Maß}} \frac{h_\mu}{\ln \frac{1}{\varepsilon}} = 1 + \frac{\ln 2}{\ln \frac{1}{\varepsilon}}.$$

■

25.6 Dimensionsschranken für invariante Mengen dynamischer Systeme

Die in Abschnitt 25.5 beschriebenen Formeln zur Berechnung der Dimension φ^t-invarianter Mengen gelten leider nur für eine kleine Klasse dynamischer Systeme. Anders sieht die Situation dagegen aus, wenn man nach Oberschranken für solche Dimensionswerte fragt. (Die eigentliche Schwierigkeit sind also die Unterschranken.) Ein Großteil von klassischen Aussagen über die Struktur invarianter Mengen von dynamischen Systemen in der Ebene kann in höherdimensionalen Phasenräumen als Dimensionsaussage verallgemeinert werden. Wir wollen dies im vorliegenden Abschnitt am Beispiel des negativen Bendixson-Dulac-Kriteriums veranschaulichen. (Ähnliches gilt für die Verallgemeinerung der Bendixson-Poincaré-Theorie.)

Es seien $\{\varphi\}_{t\in\Gamma}$ ein C^1-glattes dynamisches System auf M (Teilmenge des $\mathbb{R}^n$ oder n-dimensionaler Zylinder) und Λ eine kompakte negativ-invariante Menge

$(\varphi^t(\Lambda) \supset \Lambda)$. Mit $\sigma_1(t,\mathbf{x}) \geq \sigma_2(t,\mathbf{x}) \geq ... \geq \sigma_n(t,\mathbf{x})$ werden die Singulärwerte von

$$d\varphi^t(\mathbf{x}) : T_{\mathbf{x}}M \to T_{\varphi^t(\mathbf{x})}M$$

bezeichnet. Im folgenden Satz wird zunächst die Abbildung $\varphi^\tau : M \to M$ bei fixierter Zeit τ betrachtet.

Satz 25.6 *(Douady - Oesterlé [28]). Es sei $d = p + s$ eine Zahl mit $p \in \{0, ..., n-1\}$ und $s \in [0,1]$, es gelte $\varphi^\tau(\Lambda) \supset \Lambda$ und es sei*

$$\sup_{\mathbf{x}\in\Lambda}[\sigma_1(\tau,\mathbf{x})...\sigma_p(\tau,\mathbf{x})\sigma_{p+1}^s(\tau,\mathbf{x}) < 1. \tag{25.5}$$

Dann ist $d_H(\Lambda) < p + s$.

Beispiel 25.9 Wir wollen den Satz von Douady und Oesterlé im zweidimensionalen Fall einer linearen Abbildung erläutern. Ein Quadrat der Seitenlänge ε nahe $\mathbf{x}$ wird unter $d\varphi(\mathbf{x})$ mit den konstanten Singulärwerten $\sigma_1 > 1 > \sigma_2 > 0$, die außerdem der Bedingung $\sigma_1\sigma_2 < 1$ genügen sollen, näherungsweise in ein krummliniges Parallelogramm deformiert, dessen Seitenlängen etwa $\sigma_1\varepsilon$ bzw. $\sigma_2\varepsilon$ betragen. Benötigt man zur Überdeckung der invarianten Menge Λ mindestens N_ε Quadrate der Seitenlänge ε, so läßt sich Λ auch durch $N_{\sigma_2\varepsilon} \approx N_\varepsilon\frac{\sigma_1}{\sigma_2}$ dieser Parallelogramme mit $\sigma_2\varepsilon$ als kleinere Seitenlänge überdecken. Demzufolge ist für den Dimensionswert $q = d_H(\Lambda)$ etwa

$$\mu_{q,\varepsilon}(\Lambda) \approx N_\varepsilon \cdot \varepsilon^q \approx N_{\sigma_2\varepsilon}(\varepsilon\sigma_2)^q \approx N_\varepsilon\frac{\sigma_1}{\sigma_2}(\varepsilon\sigma_2)^q,$$

was sofort die Größe $d_H(\Lambda) = q \approx 1 + \frac{\ln\sigma_1}{-\ln\sigma_2}$ liefert. Die rechte Seite dieser Formel entspricht also dem Schrankenwert, der laut Satz 25.6 in der vorliegenden Situation zur Verfügung steht. ■

Für ein dynamisches System $\{\varphi\}_{t\in\Gamma}$ auf $M \subset \mathbb{R}^n$ können die Singulärwerte im einfachsten Fall als nichtnegative Eigenwerte der Matrix $[D\varphi^t(\mathbf{x})^T D\varphi^t(\mathbf{x})]^{1/2}$ berechnet werden. ($D\varphi^t(\mathbf{x})$ bezeichnet hier die Jacobi-Matrix.) Betrachtet man aber im jeweiligen Tangentialraum $T_{\mathbf{x}}M$ andere, vom Standardfall abweichende Skalarprodukte, so ergeben sich daraus i.allg. auch andere Singulärwerte. In Anlehnung an die Vorgehensweise bei der Stabilitätsanalyse sind verallgemeinerte Lyapunov-Funktionen ein häufiges Instrumentarium zur Generierung von Skalarprodukten. Ist nämlich $\rho : M \to \mathbb{R}_+$ eine stetige Funktion mit $\rho(\mathbf{x}) > 0$ für alle $\mathbf{x}$, so erzeugt die Matrix $\rho^2(\mathbf{x})I$ (I ist hier die $n \times n$-Einheitsmatrix) in jedem $T_{\mathbf{x}}M$ ein neues Skalarprodukt. Der Satz 25.6 kann nun in folgender Weise umformuliert werden ([50]).

Satz 25.7 *Es seien $\rho : M \to \mathbb{R}_+$ eine stetige Funktion wie oben, Λ eine kompakte Menge mit $\varphi^\tau(\Lambda) \supset \Lambda$ (τ ist ein beliebiger fixierter Zeitpunkt) und $\sigma_1(\tau, \mathbf{x}) \geq ... \geq \sigma_n(\tau, \mathbf{x})$ die Eigenwerte von*

$$\frac{\rho(\varphi^\tau(\mathbf{x}))}{\rho(\mathbf{x})}[D\varphi^\tau(\mathbf{x})^T D\varphi^\tau(\mathbf{x})]^{1/2}.$$

Gilt dann für eine Zahl $d = p + s$ mit $p \in \{0, 1, ..., n-1\}$ und $s \in [0,1]$ die Ungleichung (25.5), so ist $d_H(\Lambda) < d$.

Wir wollen als nächstes einige Folgerungen aus den Sätzen 25.6 und 25.7 formulieren und betrachten dazu zunächst dynamische Systeme, die durch eine Differentialgleichung erzeugt werden. Es seien $\dot{\mathbf{x}} = \mathbf{f}(\mathbf{x})$ ein glattes Vektorfeld auf der offenen Menge $M \subset \mathbb{R}^n$ und $\{\varphi^t\}_{t\in\mathbb{R}}$der zugehörige Fluß, der die kompakte Menge $\Lambda \subset M$ invariant läßt. Mit $\alpha_1(\mathbf{x}) \geq ... \geq \alpha_n(\mathbf{x})$ werden die der Größe nach geordneten Eigenwerte der symmetrisierten Jacobi-Matrix $\frac{1}{2}[D\mathbf{f}(\mathbf{x}) + D\mathbf{f}(\mathbf{x})^T]$ in einem Punkt $\mathbf{x} \in M$ bezeichnet. Weiter seien $V : M \to \mathbb{R}$ eine differenzierbare Funktion und $\dot{V}(\mathbf{x}) = f(\mathbf{x})^T \text{grad} V(\mathbf{x})$ die Ableitung von V in Richtung des Vektorfeldes $\mathbf{f}$.

Folgerung 25.1 ([50]) Es sei $d \in (0, n]$ eine Zahl in der Darstellung $d = p + s$ mit $p \in \{0, ..., n-1\}$ und $s \in [0,1]$, und $\tau > 0$ sei ein beliebiger Zeitpunkt, so daß

$$\sup_{\mathbf{x}\in\Lambda} \int_0^\tau \left[\alpha_1(\varphi^t\mathbf{x}) + ... + \alpha_p(\varphi^t\mathbf{x}) + s\alpha_{p+1}(\varphi^t\mathbf{x}) + \dot{V}(\varphi^t\mathbf{x})\right] dt < 0$$

ist. Dann gilt $d_H(\Lambda) < d$.

Die Funktion V aus Folgerung 25.1 kann als eine Art Lyapunov-Funktion für das System betrachtet werden. Die Wahl einer solchen geeigneten Hilfsfunktion gestattet es, für konkrete Systeme (z.B. für die Systeme von Lorenz und Rössler) effektive Abschätzungen für die Hausdorff-Dimension invarianter Mengen zu bekommen ([50, 51]).

Für die nächste Folgerung werden einige formale Bezeichnungen benötigt, die auch im weiteren von Nutzen sind. Es sei $s_1 \geq s_2 \geq ... \geq s_n$ ein der Größe nach geordnetes System von n Zahlen (z.B. Singulärwerte oder Lyapunov-Exponenten). Bezüglich dieses Systems ist die *Lyapunov-Kurve* ([29]) definiert durch

$$C_\alpha(\{s_i\}_{i=1}^n) := \begin{cases} \sum_{i=1}^{[\alpha]} s_i + (\alpha - [\alpha])s_{[\alpha]+1} & \text{für } \alpha \in [0, n], \\ -\infty & \text{für } \alpha > n. \end{cases}$$

($[\alpha]$ bezeichnet den ganzzahligen Anteil.) Wie man leicht sieht, ist diese Funktion konkav bezüglich α (Abb. 25.6).

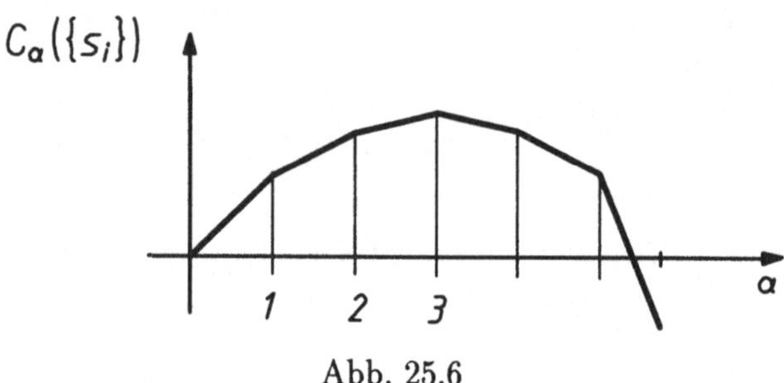

Abb. 25.6

Mit Hilfe von $C_\alpha(\{s_i\}_{i=1}^n)$ kann nun, analog zu [48], die formale Größe

$$\dim_{\text{dil}}(\{s_i\}_{i=1}^n) := \begin{cases} 0 & \text{für } s_1 < 0, \\ \sup\{\alpha \in [0,n], C_\alpha(\{s_i\}_{i=1}^n)\} \geq 0 & \text{für } s_1 \geq 0 \end{cases}$$

erklärt werden. (Die Bezeichnung $\dim_{\text{dil}}$ geht auf das Wort Dilatation, d.h. Ausdehnung, zurück, und sagt etwas über den Fall aus, wenn $s_1 \geq s_2 \geq \ldots \geq s_n$ die Singulärwerte einer linearen Abbildung sind.)

Folgerung 25.2 a) Es seien $\{\varphi^t\}_{t\in\Gamma}$ ein glattes dynamisches System auf $M \subset \mathbb{R}^n$, $\sigma_1(t,\mathbf{x}) \geq \ldots \geq \sigma_n(t,\mathbf{x})$ die Singulärwerte von $d\varphi^t(\mathbf{x})$ und Λ eine kompakte φ^t-invariante Menge. Dann gilt

$$d_H(\Lambda) \leq \inf_{t\geq 0} \sup_{\mathbf{x}\in\Lambda} \dim_{\text{dil}}\left(\{\ln \sigma_i(t,\mathbf{x})\}_{i=1}^n\right).$$

b) Es seien $\{\varphi^t\}_{t\in\Gamma}$ der Fluß eines glatten Vektorfeldes $\dot{\mathbf{x}} = \mathbf{f}(\mathbf{x})$ auf $M \subset \mathbb{R}^n$ und $\alpha_1(\mathbf{x}) \geq \ldots \geq \alpha_n(\mathbf{x})$ die Eigenwerte der symmetrisierten Jacobi-Matrix $\frac{1}{2}[D\mathbf{f}(\mathbf{x}) + D\mathbf{f}(\mathbf{x})^T]$. Dann gilt für jede φ^t-invariante kompakte Menge Λ

$$d_H(\Lambda) \leq \sup_{\mathbf{x}\in\Lambda} \dim_{\text{dil}}\left(\{\alpha_i(\mathbf{x})\}_{i=1}^n\right).$$

Für dynamische Systeme mit diskreter bzw. kontinuierlicher Zeit lassen sich, neben den in Abschnitt 23.2 definierten Lyapunov-Exponenten eines Maßes, weitere Typen von Lyapunov-Exponenten einführen, die dabei nicht an ein invariantes Maß gebunden sind. Es seien $\{\varphi^t\}_{t\in\Gamma}$ ein glattes dynamisches System auf $M \subset \mathbb{R}^n$ und Λ eine kompakte invariante Menge. Sind $\sigma_1(t,\mathbf{x}) \geq \ldots \geq \sigma_n(t,\mathbf{x})$ wieder die Singulärwerte von $d\varphi^t(\mathbf{x})$, so heißen die Größen $\nu_1 \geq \ldots \geq \nu_n$, definiert für jedes $j = 1, 2, \ldots, n$ durch

$$\nu_1 + \ldots + \nu_j := \lim_{t\to+\infty} \frac{1}{t} \ln \sup_{\mathbf{x}\in\Lambda} [\sigma_1(t,\mathbf{x}) \cdots \sigma_j(t,\mathbf{x})],$$

gleichmäßige Lyapunov-Exponenten von $\{\varphi^t\}_{t\in\Gamma}$ auf Λ.

Neben den gleichmäßigen Exponenten lassen sich auch *lokale Lyapunov-Exponenten* bestimmen. So heißen nämlich die Zahlen $\nu_1(\mathbf{x}), ..., \nu_n(\mathbf{x})$, die für das dynamische System $\{\varphi^t\}_{t\in\Gamma}$ in einem beliebigen Punkt $\mathbf{x} \in M$ durch die Beziehung

$$\nu_1(\mathbf{x}) + ... + \nu_j(\mathbf{x}) := \limsup_{t\to+\infty} \frac{1}{t} \ln[\sigma_1(t,\mathbf{x}) \cdots \sigma_j(t,\mathbf{x})]$$

für jedes $j = 1, 2, ..., n$ gegeben sind. Diese Summen lokaler Lyapunov-Exponenten geben die asymptotischen Wachstumsraten j-dimensionaler Volumina entlang des Orbits durch $\mathbf{x}$ an.

Als letztes wollen wir noch die *oberen Lyapunov-Exponenten* eines Systems $\{\varphi^t\}_{t\in\Gamma}$ auf der invarianten kompakten Menge Λ betrachten. Sie sind für $j = 1, 2, ..., n$ durch

$$\bar{\nu}_j := \limsup_{t\to\infty} \frac{1}{t} \ln[\sup_{\mathbf{x}\in\Lambda} \sigma_j(t,\mathbf{x})]$$

definiert.

Wir bringen nun das bekannteste Ergebnis einer Dimensionsabschätzung ([100]), in der die gleichmäßigen und oberen Lyapunov-Exponenten Verwendung finden.

Satz 25.8 *Gegeben sei ein glattes dynamisches System $\{\varphi^t\}_{t\in\Gamma}$ auf $M \subset \mathbb{R}^n$. Es seien Λ eine kompakte invariante Menge und $\nu_1 \geq ... \geq \nu_n$ die gleichmäßigen sowie $\bar{\nu}_1 \geq ... \geq \bar{\nu}_n$ die oberen Lyapunov-Exponenten des Systems auf Λ.*

a) Es sei $p \in \{1, ..., n-1\}$ eine Zahl, so daß $\nu_1 + ... + \nu_p \geq 0$ und $\nu_1 + ... + \nu_{p+1} < 0$ ist. Dann gilt

$$d_H(\Lambda) \leq p + \frac{\nu_1 + ... + \nu_p}{|\nu_{p+1}|} = \dim_{\text{dil}}(\{\nu_i\}_{i=1}^n) .$$

b) Es sei $p \in \{1, ..., n-1\}$ die kleinste Zahl mit $\bar{\nu}_{p+1} < 0$. Dann gilt

$$d_C(\Lambda) \leq \max_{1\leq l\leq p} \left[l + \frac{\nu_1 + ... + \nu_l}{|\bar{\nu}_{p+1}|} \right] .$$

Da immer $d_H(\Lambda) \leq d_C(\Lambda)$ gilt, liefert die Aussage b) des Satzes natürlich auch eine Schranke für $d_H(\Lambda)$. Ist $\bar{\nu}_{p+1} < 0$ und $\nu_1 + ... + \nu_{p+1} \geq 0$, so kann daraus sogar eine, im Vergleich zu a) bessere Abschätzung der Hausdorff-Dimension resultieren.

Einzelne Schrankenwerte für Dimensionen von invarianten Mengen, die z.B. durch Satz 25.8 gewonnen werden können, stehen in enger Verbindung mit der Dynamik des Systems auf diesen Mengen. Wir zeigen dies am Beispiel des schon angekündigten verallgemeinerten Bendixson-Dulac-Kriteriums.

Es sei $\{\varphi^t\}_{t\geq 0}$ ein Semifluß in $M = \mathbb{R}^n$ $(n \geq 2)$, der mit der kompakten Menge K einen globalen Attraktor besitze. Für die ersten beiden lokalen Lyapunov-

Exponenten gelte $\nu_1(\mathbf{x})+\nu_2(\mathbf{x}) < 0$ in M. Dann kann, wie in [81] gezeigt wird, der betrachtete Semifluß in K keine nichttrivialen periodischen Orbits oder homokline Orbits (Abb. 25.7a) oder geschlossene Konturen wie auf Abb. 25.7b) besitzen. Eine einfache Möglichkeit (und das ist schon fast die einzige der bekannten) für invariante Mengen untere Dimensionsschranken anzugeben, geht aus folgender Überlegung hervor. Es seien Λ eine anziehende invariante Menge, d.h. ein Attraktor, $\mathbf{p} \in \Lambda$ eine Ruhelage des dynamischen Systems und n_u die Dimension der instabilen Mannigfaltigkeit $W^u(\mathbf{p})$, d.h., n_u ist die Dimension von $E^u(\mathbf{p}) = T_{\mathbf{p}}W^u(\mathbf{p})$. Dann gilt $d_H(\Lambda) \geq n_u$.
Wir wollen, abschließend in diesem Kapitel, noch kurz Dimensionsabschätzungen unter Verwendung eines invarianten Maßes ansprechen. Es seien wieder $\sigma_1(t,\mathbf{x}) \geq ... \geq \sigma_n(t,\mathbf{x})$ die Singulärwerte von $d\varphi^t(\mathbf{x})$ des auf M gegebenen dynamischen Systems $\{\varphi^t\}_{t\in\Gamma}$ und $\lambda_1(\mu) \geq ... \geq \lambda_n(\mu)$ die Lyapunov-Exponenten von $\{\varphi^t\}_{t\in\Gamma}$ bezüglich eines ergodischen invarianten Maßes μ. Ist Λ dann eine invariante anziehende Menge, liegt der Träger von μ in Λ und ist k die Anzahl der positiven Werte $\lambda_i(\mu)$, so gilt zunächst $d_H(\Lambda) \geq k$. Die bezüglich $\lambda_1(\mu) \geq ... \geq \lambda_n(\mu)$ gebildete Größe $\dim_{\text{dil}}(\{\lambda_i(\mu)\}_{i=1}^n)$ heißt *Lyapunov-Dimension des Maßes* μ und wird mit $d_L(\mu)$ bezeichnet. Oberschranken für $d_L(\mu)$ und die Verbindung zur oben diskutierten Situation, die ohne Maß auskam, liefert der folgende Satz aus [48].

Satz 25.9 *Es sei $\{\varphi^t\}_{t\in\Gamma}$ ein invertierbares glattes dynamisches System auf M, $\Lambda \subset M$ eine kompakte invariante Menge und μ ein ergodisches invariantes Maß mit Träger in Λ. Dann gilt:*

a) $d_H(\mu) \leq d_L(\mu)$.

b) $\inf_{t\geq 0} \sup_{\mathbf{x}\in\Lambda} \dim_{\text{dil}}(\{\ln \sigma_i(t,\mathbf{x})\}_{i=1}^n) = \sup\{d_L(\mu) : \mu$ *ist* φ^t*-invariantes ergodisches Maß mit Träger in* $\Lambda\}$.

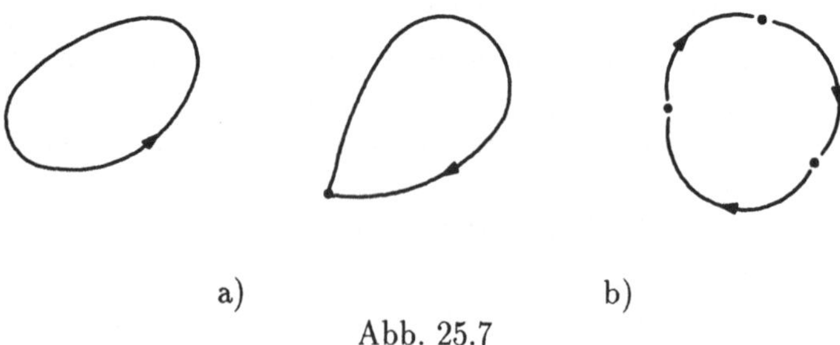

a) b)

Abb. 25.7

26 Übergänge zum Chaos

26.1 Typen chaotischer Systeme

Chaotische dynamische Systeme zeichnen sich durch kompliziertes, anscheinend zufälliges Verhalten der Orbits auf einer invarianten Menge mit eventuell nichtganzzahliger Hausdorff-Dimension aus. Wir wollen diese Eigenschaften etwas präziser fassen. Dazu sei wieder $\{\varphi^t\}_{t\in\Gamma}$ ein dynamisches System auf (M, d). Eine invariante Menge $\Lambda \subset M$ dieses Systems heißt *chaotisch* (zusammen mit dem System), wenn das System auf Λ eine *sensitive Abhängigkeit* von den Anfangszuständen besitzt. Die Eigenschaft "sensitive Abhängigkeit" kann auf verschiedene Weise quantifiziert werden. So liegt für ein zeitdiskretes System auf der invarianten Menge Λ sensitive Abhängigkeit von den Anfangszuständen *im Sinne von Bernoulli* vor, wenn eine gewisse Iterierte des Systems auf der invarianten Menge semi-konjugiert zu einer Shift-Dynamik ist. Ein zeitkontinuierliches System besitzt eine sensitive Abhängigkeit von den Anfangszuständen im Sinne von Bernoulli, wenn es eine Poincaré-Abbildung bzgl. einer transversalen Fläche gibt, so daß diese Abbildung im obigen Sinne Bernoulli-sensitiv ist. Für Systeme, für die Lyapunov-Exponenten bestimmt werden können, kann die sensitive Abhängigkeit auf der invarianten Menge durch die Positivität des größten Lyapunov-Exponenten eines auf Λ konzentrierten invarianten ergodischen Maßes verstanden werden.
Eine chaotische invariante Menge, die zudem noch eine nichtganzzahlige Hausdorff-Dimension besitzt, heißt *seltsam.* Unter den chaotischen invarianten Mengen sind vor allem die Attraktoren von Interesse. Die Attraktoren, für die die chaotischen Eigenschaften am ausgeprägtesten sind, werden *stochastisch* genannt und durch das Vorhandensein eines invarianten SBR-Maßes beschrieben. Bekannteste Vertreter sind die hyperbolischen Attraktoren. Neben den bereits erwähnten Y-Systemen von Anosov und den Axiom-A-Systemen von Smale gehört zu dieser Klasse auch das Solenoid, das wir nun beschreiben wollen.

Beispiel 26.1 a) Gegeben sei ein Volltorus T mit den Koordinaten $(\theta, x, y,)^T$, wie in Abb. 26.1 zu sehen. Eine Abbildung $\varphi : T \to T$ sei durch

$$(\theta, x, y,)^T \mapsto (2\theta, \frac{1}{2}\cos\theta + \alpha x, \frac{1}{2}\sin\theta + \alpha y)^T$$

erklärt. Dabei ist $\alpha \in (0, \frac{1}{2})$ ein Parameter. Die Bilder $\varphi(T)$ und $\varphi^2(T)$, zusammen mit den Schnitten $\varphi(T) \cap D_\theta$ und $\varphi^2(T) \cap D_\theta$, sind ebenfalls in Abb. 26.1 skizziert. (D_θ bezeichnet den Schnitt quer zur Längsrichtung bei einem Winkel θ.)
Im Ergebnis der Iterationen unter φ entsteht der Attraktor

$$\Lambda = \bigcap_{k=0}^{\infty} \varphi^k(T),$$

der *Solenoid* oder *Smale-Williams-Attraktor* heißt. Dieser Attraktor besteht in Längsrichtung aus einem Kontinuum von Kurven, von denen jede einzelne dicht in Λ und instabil ist. Der Schnitt von Λ, transversal zu diesen Kurven, stellt eine Cantor-Menge dar, die, wie schon in Abb. 26.1 zu erkennen ist, durch eine selbstähnliche Struktur charakterisiert wird. Die Hausdorff-Dimension von Λ ergibt sich deshalb aus der Summe der Dimensionen in Längsrichtung, also 1, und des Querschnittes. Letztere beträgt $\frac{\ln 2}{-\ln \alpha}$. Der Wert $d_H(\Lambda) = 1 + \frac{\ln 2}{-\ln \alpha}$ ist auch wirklich der exakte Wert für die Hausdorff-Dimension.

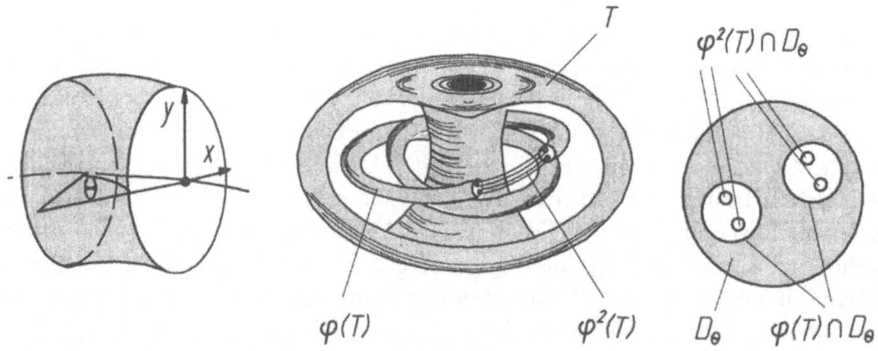

Abb. 26.1

b) Wie bereits bemerkt, besitzt das Anosovsche Y-System eine hyperbolische Struktur. Es ist darüberhinaus konservativ, läßt das Lebesgue-Maß invariant und ist mischend. Die Hausdorff-Dimension von $\Lambda = T^2$ ist 2, also ganzzahlig. ■

Eine wichtige Klasse von Attraktoren sind die vom *Lorenz-Typ*. Man faßt darunter solche Attraktoren zusammen, die aus dicht liegenden hyperbolischen (sattelartigen) periodischen Orbits und den dazu homoklinen bzw. heteroklinen Orbits bestehen. Zum Attraktor gehört außerdem eine hyperbolische Ruhelage, zusammen mit ihrer eindimensionalen instabilen Mannigfaltigkeit. Dadurch ist der Attraktor nicht robust in Bezug auf kleine C^1-Störungen des dynamischen Systems. Obwohl eine gleichmäßige Splittung der Tangentialräume entlang des Attraktors wie bei hyperbolischen Systemen nicht gefordert wird, kommt es auch bei Attraktoren vom Lorenz-Typ zu einer sensitiven Abhängigkeit von den Anfangsbedingungen, die sich durch SBR-Maße beschreiben läßt.

Beispiel 26.2 Für das Lorenz-System

$$\dot{x} = -\sigma x + \sigma y, \quad \dot{y} = rx - y - xz, \quad \dot{z} = -bz + xy \tag{26.1}$$

wurde im Abschnitt 5 gezeigt, daß bei beliebigen Parametern $\sigma > 0, r > 0$ und $b > 0$ eine global absorbierende Menge existiert. Wie leicht zu sehen ist, besitzt das System immer $\mathbf{p}_0 = (0,0,0)^T$ als Ruhelage. Für $r > 1$ kommen außerdem die beiden Ruhelagen

$$\mathbf{p}_{1,2} = (\pm\sqrt{b(r-1)}, \pm\sqrt{b(r-1)}, r-1)^T$$

hinzu. Die Ruhelage $\mathbf{p}_0$ ist für $0 < r < 1$ und für beliebige $\sigma > 0$ und $b > 0$ ein stabiler Knotenpunkt, der global anziehend ist. Bei $r = 1$ verliert $\mathbf{p}_0$ seine Stabilität und wird durch eine Gabelbifurkation zu einem Sattel. Anhand der charakteristischen Gleichung ($\mathbf{f}$ bezeichnet die rechte Seite des Systems (26.1))

$$\det(\lambda I - D\mathbf{f}(\mathbf{p}_{1,2})) = \lambda^3 + (\sigma + b + 1)\lambda^2 + (r + \sigma)b\lambda + 2\sigma b(r-1)$$

sieht man, daß die Ruhelagen $\mathbf{p}_1$ und $\mathbf{p}_2$ für $\sigma > b + 1$ im Bereich

$$1 < r < r^* := \frac{\sigma(\sigma + b + 3)}{\sigma - b - 1}.$$

asymptotisch Lyapunov-stabil sind. Für $r > r^*$ sind dann alle Ruhelagen instabil, wobei $\mathbf{p}_1$ und $\mathbf{p}_2$ zu Sattel-Strudel-Punkten werden. Letztere sind durch eine eindimensionale stabile Mannigfaltigkeit und eine zweidimensionale instabile Mannigfaltigkeit gekennzeichnet. Ein interessantes Bifurkationsverhalten ergibt sich für das Lorenz-System bei $\sigma = 10, b = \frac{8}{3}$ und veränderlichem r. Für $1 < r < r_1 \approx 13.926$ ist $\mathbf{p}_0 = \mathbf{0}$ ein Sattel, charakterisiert durch eine zweidimensionale stabile Mannigfaltigkeit $W^s(\mathbf{0})$ und eine eindimensionale Mannigfaltigkeit $W^u(\mathbf{0})$, entlang der zwei Separatrizen γ^- und γ^+ zu den Ruhelagen $\mathbf{p}_1$ bzw. $\mathbf{p}_2$ verlaufen (Abb. 26.2a).

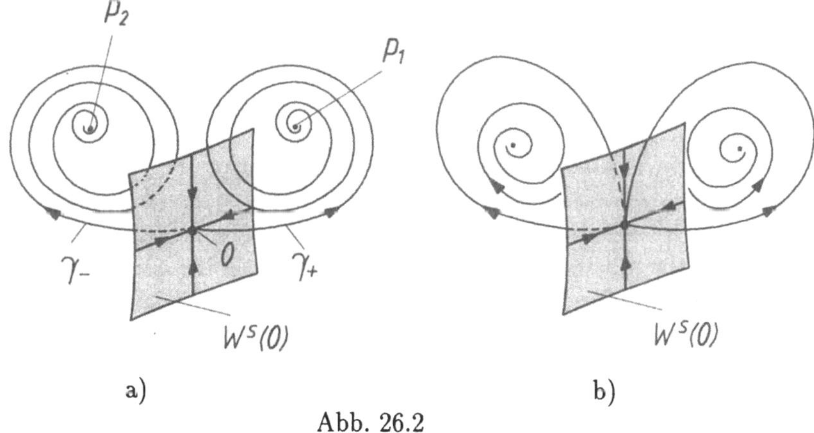

Abb. 26.2

Bei $r = r_1$ entstehen zwei Separatrixschleifen bzgl. $\mathbf{p}_0$ (Abb. 26.2b). Diese Separatrixschlingen-Bifurkation wurde anschließend auch intensiv analytisch untersucht ([16, 49, 39]). Unter anderem wurde folgender Satz von G.A. Leonov bewiesen ([49, 54]): Für fixierte Parameter $b > 0$ und $\sigma > 0$ aus System (26.1) sei die

Ungleichung $\sigma > \frac{2b+1}{3}$ erfüllt. Dann existiert immer ein $r > 1$, so daß im System (26.1) mit diesen Parametern eine Separatrixschlinge des Sattels $(0,0,0)^T$ existiert.
Bei $r = r_1$ werden außerdem zwei instabile periodische Orbits L_1 und L_2 abgespalten. Gleichzeitig wird eine nicht anziehende invariante Menge gebildet, die unendlich viele periodische Orbits und unendlich viele nichtperiodische Orbits enthält. Für $r_1 < r < r_2 \approx 24.06$ bleiben die Ruhelagen $\mathbf{p}_1$ und $\mathbf{p}_2$ stabile Grenzmengen. Neu ist für diesen Parameterbereich, daß die beiden Separatrizen γ_- und γ_+ jeweils zu der anderen Ruhelage streben (Abb. 26.3a).

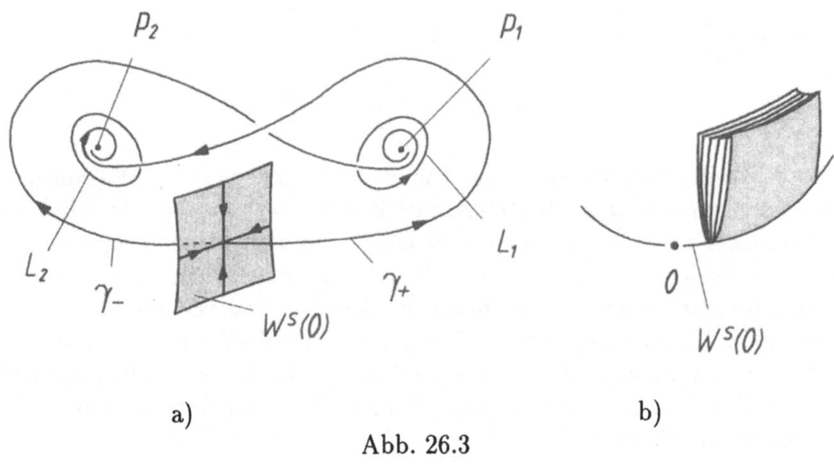

Abb. 26.3

Im Parameterbereich $r_2 < r < r^* \approx 24.7368$ existiert neben den stabilen Ruhelagen $\mathbf{p}_1$ und $\mathbf{p}_2$ eine anziehende Grenzmenge mit komplizierter geometrischer Struktur, der eigentliche *Lorenz-Attraktor*. Für $r = r^*$ gehen die beiden Zyklen L_1 und L_2 in die Ruhelagen $\mathbf{p}_1$ und $\mathbf{p}_2$ über, die dabei ihre Stabilität verlieren. Dann ist der Lorenz-Attraktor die einzige anziehende invariante Menge. Besonders gründlich ist der Lorenz-Attraktor für $r = 28$ untersucht worden. Er enthält die sattelartige Ruhelage $\mathbf{0}$, die eine eindimensionale instabile Mannigfaltigkeit $W^u(\mathbf{0})$ und eine zweidimensionale stabile Mannigfaltigkeit $W^s(\mathbf{0})$ besitzt. In der Umgebung von Punkten des Attraktors, die nicht auf $W^u(\mathbf{0})$ liegen, ist der Attraktor homöomorph zum Produkt einer Cantor-Menge mit einer zweidimensionalen Fläche. Entlang von $W^u(\mathbf{0})$ ist diese kontinuierliche Menge von Flächen wie an einen Buchrücken angeklebt (Abb. 26.3b).

Ausdruck der komplizierten geometrischen Struktur des Lorenz-Attraktors Λ ist eine nicht ganzzahlige Hausdorff-Dimension, die für $r = 28$ numerisch mit $d_H(\Lambda) \approx 2.06$ bestimmt wurde. Mit Hilfe der Folgerung 25.1 läßt sich zeigen ([50]), daß für beliebige Parameter $b > 1, \sigma > 0$ und $r > 0$ für die Hausdorff-

Dimension invarianter Mengen Λ des Lorenz-Systems die Abschätzung

$$d_H(\Lambda) \leq 3 - \frac{\sigma + b + 1}{\kappa}$$

mit $\kappa = \frac{1}{2}[\sigma + b + \sqrt{(\sigma - b)^2 + (\frac{b}{\sqrt{b-1}} + 2)\sigma r}]$ gilt. Ist insbesondere $\sigma = 10, b = \frac{8}{3}$ und $r = 28$, so ergibt sich für den Lorenz-Attraktor die Abschätzung $d_H(\Lambda) \leq 2.421$.

Von A. Eden wurde in [30] folgende interessante Hypothese formuliert: Die Hausdorff-Dimension des Attraktors Λ des Lorenz-Systems genügt der Ungleichung $d_H(\Lambda) \leq 2 + \frac{M}{1+\sigma+b+M}$ mit $M = \frac{1}{2}\left(-(\sigma + 2b + 1) + \sqrt{(\sigma - 1)^2 + 4\sigma r}\right)$. Für $s > \frac{M}{1+\sigma+b+M}$ geht nämlich die Eigenschaft des Hausdorff-Maßes $\mu_{2+s}(\varphi^t(U))$, für wachsende t abnehmend zu sein, in einer Umgebung des Sattels $(0,0,0)^T$ verloren. (Hierbei ist U eine hinreichend kleine Anfangsumgebung von $(0,0,0)^T$, φ^t ist der Fluß von (26.1).) Die Eden-Hypothese wurde von G.A. Leonov und S.A. Lyashko in [52] durch Anwendung von Folgerung 25.1 und Konstruktion einer damit zusammenhängenden Lyapunov-Funktion für den Fall bewiesen, daß die Ungleichungen $\sigma + 1 \geq 2b$ und $r\sigma^2(4-b) + 2\sigma(b-1)(2\sigma - 3b) - b(b-1)^2 \geq 0$ erfüllt sind. Insbesondere trifft dies für die Parameter $\sigma = 10, b = \frac{8}{3}$ und $r = 28$ zu. Damit ergibt sich für den bei diesen Parametern existierenden Lorenz-Attraktor Λ auf der Grundlage der Ungleichung von Eden die Abschätzung $d_H(\Lambda) \leq 2.40131$.

Der Lorenz-Attraktor enthält keine stabilen Orbits, und stabile Orbits entstehen auch nicht bei kleinen Änderungen der Parameter von (26.1). Für große Parameter r (und $\sigma = 10$ sowie $b = \frac{8}{3}$) treten im Lorenz-System verschiedene Periodenverdopplungskaskaden auf. So entsteht bei $r \approx 148.4$ ein stabiler Grenzzyklus, der bei $r \approx 166.07$ seine Stabilität verliert. Anschließend kommt es dann zu einer Periodenverdopplungskaskade. Neuere Ergebnisse von K. Mischaikow und M. Mrozek ([63]) zeigen, daß im Lorenz-System Bernoulli-Chaos vorkommen kann:

Es sei $P = \{(x, y, z) : z = 53\}$ eine Hyperebene im Phasenraum. Dann existiert in hinreichend kleiner Umgebung von $(\sigma, r, b) = (45, 54, 10)$ ein Flächenstück $N \subset P$, so daß bzgl. N eine Lipschitz-stetige Poincaré-Abbildung $\mathbf{g}$ definiert ist. Weiter sei

$$\mathrm{Inv}(N, \mathbf{g}) := \{\mathbf{x} \in N : \mathbf{g}^n(\mathbf{x}) \in N \quad \forall n \in \mathbb{Z}\}$$

die maximale $\mathbf{g}$-invariante Menge von N. Dann gibt es, wie in [63] gezeigt wird, ein $d \in \mathbb{N}$ und eine stetige surjektive Abbildung $\varrho : \mathrm{Inv}(N, \mathbf{g}) \to \Sigma_2$, so daß $\varrho \circ \mathbf{g}^d = \sigma \circ \mathbf{g}$ ist. ($\sigma : \Sigma_2 \to \Sigma_2$ ist wieder die Shift-Abbildung im Shift-Raum mit zwei Symbolen.) Diese Ergebnisse zeigen also, daß bei den genannten Parametern eine invariante Menge vorliegt, die auf ein Hufeisen abgebildet werden kann. ■

Einige Systeme im $\mathbb{R}^3$ vom Lorenz-Typ lassen sich durch die Normalform ([87])

$$\dot{x} = y, \quad \dot{y} = x(1 - z) - \gamma x^3 - \beta y, \quad \dot{z} = -\alpha(z - x^2) \tag{26.2}$$

mit Parametern α, β und γ beschreiben. Auch das Lorenz-System (26.1) läßt sich für $r > 1$ und $2\sigma - b \neq 0$ in die Form (26.2) transformieren. Dabei ist $\alpha = \frac{b}{\sqrt{\sigma(r-1)}}$, $\beta = \frac{1+\sigma}{\sqrt{\sigma(r-1)}}$ und $\gamma = \frac{b}{2\sigma - b}$. Bei $\gamma = 0$ entsteht aus (26.2) das *Shimizu-Morioka-Modell* ([87]), das ebenfalls einen seltsamen Attraktor vom Lorenz-Typ besitzt. Auch in diesem System konnten numerisch Periodenverdopplungskaskaden nachgewiesen werden. Bei bestimmten Parametern läßt sich das dynamische Verhalten von (26.2) gut durch eindimensionale Hilfsabbildungen beschreiben. Man wählt hierfür eine zu $W^s(\mathbf{0})$ transversale Fläche S nahe der Ruhelage $\mathbf{0}$ und betrachtet die entsprechende Poincaré-Abbildung $\mathbf{T}$. (Auf Abb. 26.4a ist dies für das Lorenz-System (26.1) gezeigt. Die Dreiecke D_1 bzw. D_2 sind dabei die Bilder eines Rechteckes $D \subset S$ unter $\mathbf{T}$.)

Transversal zur Unstetigkeitslinie Γ von $\mathbf{T}$ wird auf S eine Linie L betrachtet, die durch Γ in die beiden Teile L^+ und L^- zerfällt. Auf L^+ bzw. L^- wird dann eine hinreichend große Anzahl von Punkten $\{\mathbf{M}_i\}$ zufällig ausgewählt. Bildet man nun für wachsende Zeit den ersten Schnitt der Orbits von (26.2) durch diese Punkte mit S und projiziert diese Schnittpunkte orthogonal auf L, so entstehen die Abbildungen $F : L \to L$, $F^+ : L^+ \to L$ bzw. $F^- : L^- \to L$.

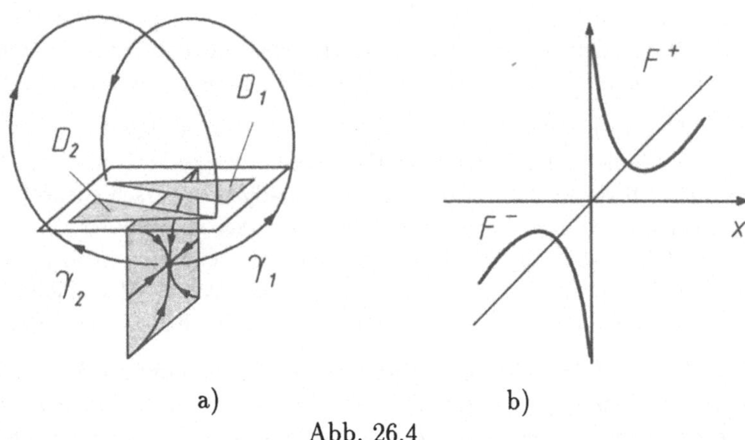

Abb. 26.4

Die Abb. 26.4b) zeigt solche Abbildungen für das System (26.2) mit $\dot{z} = -\alpha z + x^2$ als dritter Gleichung. Die numerischen Rechnungen aus [87] ergeben z.B. bei Parameterwerten $\alpha \approx 0.45$, $\beta \approx 0.55$ und $\gamma = 0$ für eindimensionale Hilfsabbildungen, die wie oben konstruiert wurden, einen positiven Lypunov-Exponenten eines invarianten Maßes. Aufgrund des Satzes von Dinaburg (Satz 24.6) kann daraus geschlossen werden, daß die topologische Entropie der Hilfsabbildung positiv ist. Mit einem Satz aus [81] folgt dann, daß die Hilfsabbildung einen homoklinen Orbit besitzt. Für die Ausgangsgleichung (26.2) ergeben sich in diesem Fall zwei asymmetrische Attraktoren, die bei $\alpha \approx 0.45, \beta \approx 0.557, \gamma = 0$ zu einem symmetrischen Attraktor verschmelzen (Abb. 26.5a bzw. b).

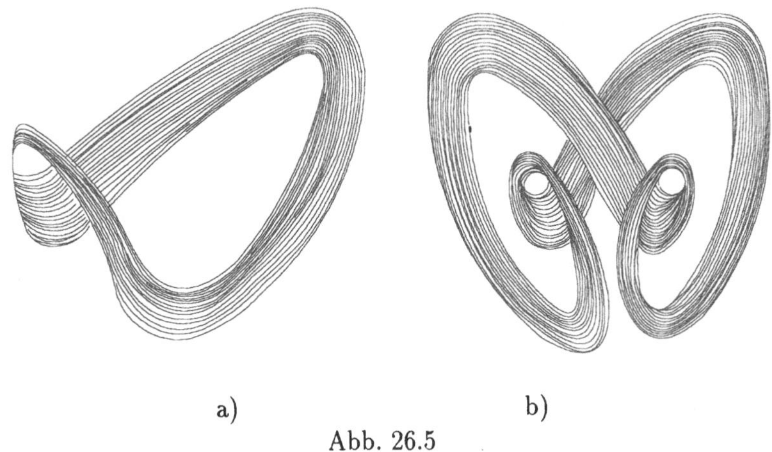

a) b)

Abb. 26.5

Die meisten der, im weiteren Sinne, chaotischen Attraktoren können nur als *quasi-stochastisch* bezeichnet werden. Es handelt sich dabei um einen Attraktortyp, der aus unendlich (überabzählbar) vielen sattelartigen Orbits und höchstens abzählbar vielen stabilen periodischen Orbits mit relativ kleinen Einzugsbereichen besteht. Das Auftreten stabiler periodischer Orbits in einem chaotischen Attraktor ergibt sich, wie in [3] ausgeführt wird, fast automatisch aus der Tatsache, daß unendlich viele sattelartige periodische Orbits zusammen mit ihren instabilen Mannigfaltigkeiten zum Attraktor gehören. Dadurch kommt es bei Abbildungen zu einer Berührung stabiler und instabiler Mannigfaltigkeiten, was nach Satz 21.4 zu periodischen Orbits führt. Ein solcher Effekt läßt sich auch in der Hénon-Abbildung beobachten. Die wichtigsten Eigenschaften der Hénon-Abbildung sind im folgenden Beispiel zusammengestellt worden.

Beispiel 26.3 Für beliebige Parameterwerte $a \neq 0$ und $b \neq 0$ betrachten wir im $\mathbb{R}^2$ wieder die Hénon-Abbildung

$$\mathbf{H}_{a,b} : (x, y)^T \longmapsto (y + 1 - ax^2, bx)^T. \qquad (26.3)$$

Das durch (26.3) erzeugte dynamische System hat zwei Ruhelagen, deren Koordinaten $(x_{1,2}, y_{1,2})$ durch die Formeln

$$x_{1,2} = \frac{-(1-b) \pm \sqrt{(1-b)^2 + 4a}}{2a}, \quad y_{1,2} = bx_{1,2}$$

gegeben sind. Diese Koordinaten sind reell für $a > a_0 := -\frac{(1-b)^2}{4}$. Eine der Ruhelagen ist immer instabil, während die andere nur für $a > a_1 := \frac{3(1-b)^2}{4}$ instabil wird. Für $a_0 < a < a_1$ ist der Attraktor des von (26.3) erzeugten dynamischen Systems die stabile Ruhelage. Für $a > a_1$ besteht der Attraktor aus einer Menge von Periodenpunkten. Diese Perioden wachsen bei $a \to a_\infty$ gegen unendlich. Bei $b = 0.3$ ist $a_\infty \approx 1.06$.

Für $a_\infty < a < a_2 \approx 1.55$ und $b = 0.3$ wird die Struktur des Attraktors komplizierter, obwohl für $a_\infty < a < a_2$ Parameterfenster existieren, in denen stabile periodische Orbits mit anschließender Periodenverdopplung auftreten. Für $a = 1.4$ und $b = 0.3$ hat Hénon einen seltsamen Attraktor gefunden, der im Ergebnis ständiger Streckung und Faltung aus sehr vielen Schichten besteht und viele Merkmale einer selbstähnlichen Menge besitzt. Bei den gewählten Parametern sind beide Ruhelagen sattelartig, wobei sich die stabile und instabile Mannigfaltigkeit der einen Ruhelage schneiden, was zu einer homoklinen Struktur führt. Die Hausdorff-Dimension des Attraktors Λ wurde für $a = 1.4$ und $b = 0.3$ mit $d_H(\Lambda) \approx 1.26$ bestimmt.

In jüngster Zeit wurden für das Hénon-System zahlreiche tiefliegende analytische Ergebnisse gewonnen. So ergeben sich aus der Arbeit [17] für das Hénon-System folgende Eigenschaften. Für beliebiges hinreichend kleines $|b|$ existiert im Parameterraum $\mathbb{R}_+$ von a eine Menge $A(b)$ mit positivem Lebesgue-Maß, so daß für alle $a \in A(b)$ gilt:

1) Es existiert eine kompakte invariante Menge Λ mit einer offenen Umgebung $U \subset \mathbb{R}^2$, so daß für das von (26.3) erzeugte dynamische System $\mathbf{H}^n_{a,b}(\mathbf{p}) \to \Lambda$ für $n \to \infty$ für beliebiges $\mathbf{p} \in U$ gilt.

2) Es existiert ein $\mathbf{z} \in \Lambda$, so daß der Orbit $\{\mathbf{H}^n_{a,b}(\mathbf{z})\}$ dicht in Λ liegt. Desweiteren gibt es eine Zahl $c > 0$ in der Nähe von $\ln 2$ und den Vektor $\mathbf{v} = (1,0)^T$, für die die Beziehung

$$\liminf_{n\to\infty} \frac{1}{n} \ln \|D\mathbf{H}^n_{a,b}(\mathbf{z})\mathbf{v}\| > c$$

erfüllt ist.

3) Für das System existiert genau ein invariantes SBR-Maß, und die Dynamik auf Λ ist isomorph zu einem Bernoulli-Shift.

Für Parameter aus einer Menge vom Lebesgue-Maß größer Null besitzt das Hénon-System also einen chaotischen Attraktor, der sogar als stochastisch bezeichnet werden kann. ∎

26.2 Dynamik komplexwertiger Abbildungen

In diesem Abschnitt werden dynamische Systeme behandelt, die von Abbildungen in der erweiterten komplexen Zahlenebene $\bar{\mathbb{C}}$ erzeugt werden. Wir betrachten dabei $\bar{\mathbb{C}} = \mathbb{C} \cup \{\infty\}$ als Riemannsche Sphäre, die als zweidimensionale Sphäre S^2 im $\mathbb{R}^3$ interpretiert werden kann (Abb. 26.6). Jedem Punkt P aus $\mathbb{C} \cong \mathbb{R}^2$ wird dabei eineindeutig durch die stereographische Projektion ein Punkt P' auf $S^2 \setminus \{N\}$ zugeordnet.

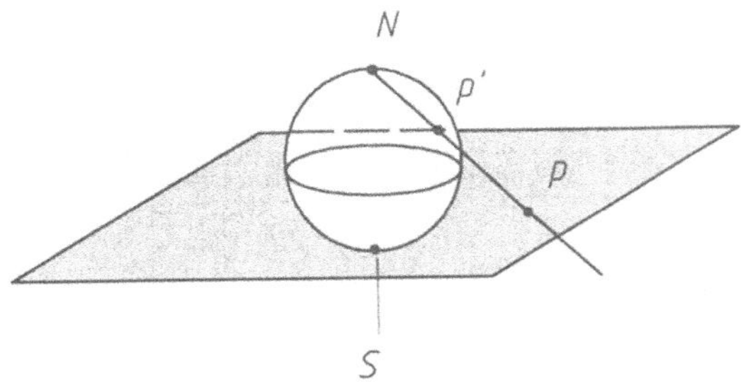

Abb. 26.6

Ausgangspunkt für Untersuchungen der komplexen Dynamik ist der Begriff der normalen Funktionenfamilie. Eine Familie $\{\varphi_\alpha\}$ von analytischen Abbildungen heißt *normal im Sinne von Montel* in einem Gebiet D, wenn aus jeder Folge $\{\varphi_n\}$ dieser Funktionen eine Unterfolge $\{\varphi_{n_k}\}$ ausgewählt werden kann, die auf jeder kompakten Menge $K \subset D$ gleichmäßig konvergiert. Es sei $R(z) = \frac{P(z)}{Q(z)}$, wobei P und Q teilerfremde Polynome im Komplexen sind, eine rationale Funktion. Für eine solche rationale Funktion R wird die Menge

$$F(R) := \{z \in \bar{\mathbb{C}} : \{R^n\}_{n=1}^{\infty} \quad \text{ist normal} \quad \}$$

definiert. $F(R)$ heißt *Fatou-Menge* von R und stellt eine offene Menge dar. Das Komplement $J(R) := \bar{\mathbb{C}} \setminus F(R)$ wird als *Julia-Menge* von R bezeichnet. Man kann zeigen, daß $J(R) \neq \emptyset$ und perfekt ist, d.h., keine isolierten Punkte besitzt. Desweiteren sind beide Mengen bzgl. R und R^{-1} invariant, d.h., es gilt $R(F(R)) = R^{-1}(F(R)) = F(R)$ und $R(J(R)) = R^{-1}(J(R)) = J(R)$.

Eine detaillierte Beschreibung von $F(R)$ und $J(R)$ erhält man über die Betrachtung der periodischen Orbits und der Lyapunov-Stabilität des dynamischen Systems $\{R^n\}_{n \in \mathbb{N}_0}$. Es sei p ein m-periodischer Punkt von R, d.h., $\{R^k(p)\}$ ist ein m-periodischer Orbit. Der *Multiplikator* eines solchen m-periodischen Orbits $\gamma(p)$ durch p wird durch $\rho(p) = \prod_{j=0}^{m-1} R'(R^j(p))$ definiert.

Ein m-periodischer Punkt p heißt dann *anziehend*, wenn $|\rho(p)| < 1$ ist, *superananziehend*, wenn $\rho(p) = 0$ ist, *abstoßend*, wenn $|\rho(p)| > 1$ ist, und *neutral* oder *indifferent*, wenn $|\rho(p)| = 1$ ist. Ist p ein m-periodischer neutraler Punkt von R und $\rho(p) = e^{2\pi i \omega}$ mit $\omega \in \mathbb{R}$, so nennen wir p *rational neutral* oder *parabolisch*, wenn $\omega \in \mathbb{Q}$ ist, und in den anderen Fällen *irrational neutral.*

Eine Bewegung $\{R^n(x)\}_{n \in \mathbb{N}}$ durch x heißt *Lyapunov-stabil*, wenn in der Metrik d der Riemannschen Sphäre folgendes gilt:

$$\forall \varepsilon > 0\, \exists \delta > 0\, \forall y \in \bar{\mathbb{C}},\ d(x,y) < \delta, \forall n \in \mathbb{N}: \quad d(R^n(x), R^n(y)) < \varepsilon.$$

Satz 26.1 *(Fatou - Julia [33, 43]). Für jede rationale Abbildung $R : \bar{\mathbb{C}} \to \bar{\mathbb{C}}$ stimmt $J(R)$ mit der Abschließung der Menge aller abstoßenden Periodenpunkte von R überein, d.h.*

$$J(R) = \overline{\{abstoßende\ Periodenpunkte\}},$$

und $F(R)$ stimmt mit der Menge aller Punkte mit Lyapunov-stabilen Orbits von R überein.

Wichtige Informationen über irrational neutrale Periodenpunkte liefert der folgende Satz.

Satz 26.2 *(Siegel [90]). Es sei z ein irrational neutraler m-periodischer Punkt der rationalen Funktion R und $\rho(z) = e^{2\pi i\alpha}$ mit $\alpha \in \mathbb{R}$. Es seien c und ν positive Konstanten, so daß $|\alpha - \frac{p}{q}| > \frac{c}{q^\nu}$ für alle $p, q \in \mathbb{N}$ ist. Dann läßt sich R^m in der Umgebung des periodischen Orbits durch eine analytische Transformation in eine Abbildung überführen, die einer reinen Drehung um den Winkel Θ entspricht. Außerdem gehört der periodische Punkt z zu $F(R)$.*

Gebiete, in denen die in Satz 26.2 beschriebene Transformation für eine Abbildung R möglich ist, heißen *Siegel-Scheiben.* Im Falle einer polynomialen Abbildung $z \mapsto P(z)$ bezeichne $D_\infty(P)$ das Einzugsgebiet von ∞. Der Rand von $D_\infty(P)$ ergibt dann die Julia-Menge $J(R)$.

Beispiel 26.4 ([105]) *Quadratische Abbildung.* Gegeben sei die parameterabhängige quadratische Abbildung

$$\varphi_c(z) = z^2 + c. \tag{26.4}$$

Es sei U_0 die Menge aller Parameterwerte, für die φ_c einen anziehenden Fixpunkt p_c hat. Dieses p_c ist also eine Lösung von $z^2 + c = z$, die der Nebenbedingung $|\rho(p_c)| = 2|p_c| < 1$ genügt. Insbesondere gehört $c = 0$ zu U_0. Die Größe p_c hängt in U_0 analytisch von c ab. Der Rand von U_0 ist eine Kurve Γ_0, die durch die Beziehung $|2p_c| = 1$ gegeben ist. Sie stellt eine Kardioide dar, deren Umkehrpunkt $c = \frac{1}{4}$ ist (Abb. 26.7).
Bei Änderung von c entlang der reellen Achse wird Γ_0 im Punkt $c = -\frac{3}{4}$ geschnitten. Dabei durchläuft $\rho(p_c)$ den Wert -1, d.h., p_c wird zu einem abstoßenden Fixpunkt, und ein 2-periodischer Zyklus entsteht. Das Gebiet U_1, eine offene Kreisscheibe, die im Punkt $c = -\frac{3}{4}$ an U_0 angrenzt, enthält die Parameterwerte c, für die φ_c anziehende 2-periodische Zyklen besitzt. Der zweite Schnittpunkt der reellen Achse mit dem Rand ∂U bei $c = -\frac{5}{4}$ entspricht der Bifurkation eines 2-periodischen in einen 4-periodischen Zyklus. In analoger Weise enthalten die aneinander angrenzenden offenen Kreisscheiben U_k jeweils solche

Parameterwerte c, für die φ_c einen anziehenden 2^k-periodischen Zyklus besitzt. Der Durchmesser von U_k läßt sich dabei nach der Formel δ^{-k} bestimmen, wobei $\delta = 4.669...$ die *Feigenbaum-Konstante* ist. Auf Γ_0 liegen Punkte c_1 und c_2, gegeben durch $\rho(p_{c_1}) = e^{\frac{2\pi}{3}i}$ und $\rho(p_{c_2}) = e^{\frac{4\pi}{3}i}$, in denen eine Perioden-Verdreifachung stattfindet. Die Fixpunkte p_{c_1} und p_{c_2} werden dabei abstoßend und anziehende 3-periodische Zyklen entstehen. Die an c_1 bzw. c_2 angrenzenden Mengen A_1 bzw. A_2 enthalten nur Parameterwerte, denen anziehende 3-periodische Zyklen entsprechen. Die Punkte $\tilde{c}_k$ $(k = 1,2,3,4)$ sind durch die Bedingung $\rho(p_{\tilde{c}_k}) = e^{\frac{2\pi i}{5}k}$ $(k = 1,2,3,4)$ gekennzeichnet.

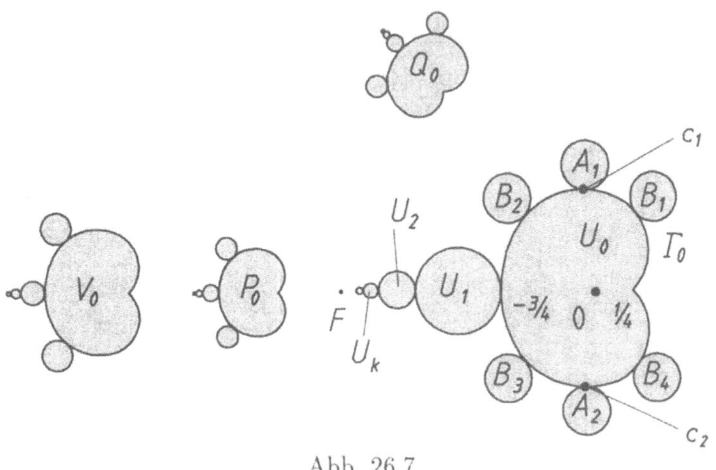

Abb. 26.7

Die angrenzenden Gebiete B_1, B_2, B_3 und B_4 bestehen genau aus den Parameterwerten, die anziehenden 5-periodischen Zyklen entsprechen. Indem auch alle nachfolgenden Bifurkationen nach dem gleichen Prinzip betrachtet werden, erhält man eine verästelte Figur für die Parameterbereiche, wie sie auf Abb. 26.7 andeutungsweise zu sehen ist. Ähnliche verästelte Gebilde gibt es auch in anderen Teilen des Parameterraumes. So gehen z.B. von V_0, P_0 bzw. Q_0 jeweils die Gebiete aus, denen anziehende Zyklen der Periode 3, 5 bzw 9 entsprechen. ■

Zur Charakterisierung der Julia-Menge von (26.4) wird oft der folgende Satz verwendet.

Satz 26.3 *(Julia Fatou [33, 43]) Es sei $J(\varphi_c)$ die Julia-Menge von (26.4). Dann ist $J(\varphi_c)$ genau dann total unzusammenhängend, wenn der Semi-Orbit*

$$\{\varphi_c^k(0)\}_{k=0}^{\infty}$$

unbeschränkt ist, d.h. $\varphi_c^k(0) \to \infty$ für $k \to +\infty$ gilt. Ist dies der Fall, so ist $J(\varphi_c)$ eine Cantor-Menge.

Die Julia-Menge einer quadratischen Abbildung (26.4) ist also entweder zusammenhängend (Abb. 26.8a) oder eine Cantor-Menge. Diese Dichotomie-Eigenschaft führt zur Definition einer weiteren interessanten Parametermenge. Die Menge

$$\begin{aligned} M &:= \{c : J(\varphi_c) \ \text{ ist zusammenhängend}\} \\ &= \{c : \varphi_c^k(0) \ \text{ ist für } k \to +\infty \text{ beschränkt}\} \end{aligned}$$

heißt *Mandelbrot-Menge*.

Die Randpunkte von M entsprechen jeweils Bifurkationen von φ_c. Innerhalb von M ändern sich dagegen feinere Eigenschaften von $J(\varphi_c)$, so z.B. ihre Hausdorff-Dimension. Um dies zu illustrieren, betrachten wir zunächst $\varphi_0 : z \mapsto z^2$. Die Fatou-Menge $F(\varphi_0)$ besteht aus den Komponenten $D_0 = \{z : |z| < 1\}$ und $D_\infty = \{z : |z| > 1\}$. Die Julia-Menge ist $J(\varphi_0) = S^1$. Die Einschränkung von φ_0 auf S^1 läßt sich durch die Modulo-Abbildung $\Theta \mapsto 2\Theta \bmod 1$ repräsentieren. Offenbar gilt $d_H(J(\varphi_0)) = 1$.

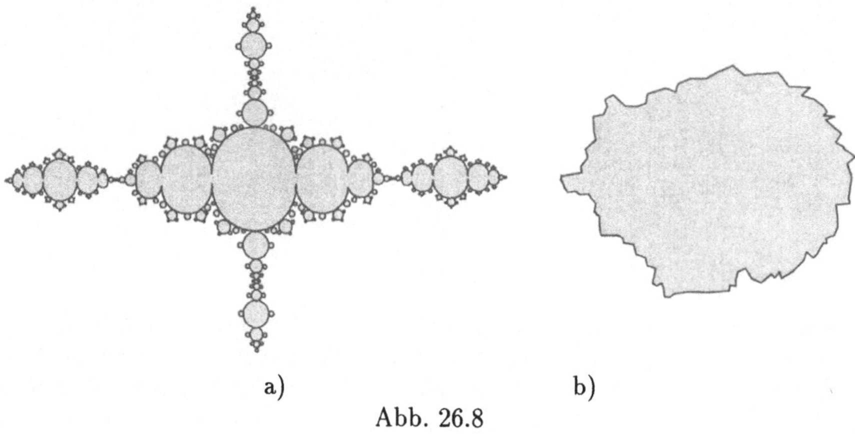

a) b)

Abb. 26.8

Wir betrachten nun (26.4) für kleine $|c|$. Die topologische Struktur der Fatou-Menge hat sich nicht geändert, d.h., es gilt $F(\varphi_c) = D_{p_c} \cup D_\infty(\varphi_c)$, wobei D_{p_c} das Einzugsgebiet des einzigen Fixpunktes ist und D_∞ wie oben das Einzugsgebiet von ∞ darstellt. Die Julia-Menge $J(\varphi_c)$ ist dabei eine Kurve homöomorph zum Einheitskreis (Abb. 26.8b), besitzt an keiner Stelle eine Tangente und hat eine nichtganzzahlige Hausdorff-Dimension. Letzteres ergibt sich aus einem Satz von D. Ruelle. In der Formulierung des Satzes wird die σ-Algebra der Borel-Mengen auf $M = \bar{\mathbb{C}}$ betrachtet. Der Lyapunov-Exponent $\lambda(\mu)$ einer glatten Abbildung $\varphi : \bar{\mathbb{C}} \to \bar{\mathbb{C}}$ bezüglich eines invarianten ergodischen Borel-Maßes μ ergibt sich für μ-fast alle Punkte x als

$$\lambda(\mu) = \lim_{n\to\infty} \frac{1}{n} \ln |\varphi^{(n)}(x)|.$$

Die maßtheoretische Entropie $h_\mu(\varphi)$ wird wie in Abschnitt 24.2 verstanden.

Satz 26.4 *(Ruelle [78]) Es sei $J(\varphi_c)$ die Julia-Menge der quadratischen Abbildung für kleine $|c|$. Dann gilt:*

a) $d_H(J(\varphi_c)) = 1 + \frac{\ln 2}{4}|c|^2 + \ldots$

b) Es gibt ein φ_c-invariantes Borel-Maß μ_c, das zum betreffenden Hausdorff-Maß äquivalent ist und ein SBR-Maß darstellt, so daß mit der maßtheoretischen Entropie $h_{\mu_c}(\varphi_c)$ und dem Lyapunov-Exponent $\lambda(\mu_c)$ die Druckformel gilt, d.h.

$$d_H(J(\varphi_c)) = \frac{h_{\mu_c}(\varphi_c)}{\lambda(\mu_c)}.$$

26.3 Allgemeine Routen ins Chaos

Die in Abschnitt 26.1 beschriebenen seltsamen Attraktoren dynamischer Systeme sind häufig mit absorbierenden Gebieten verknüpft und durch unendlich viele sattelartige Orbits sowie eine nicht ganzzahlige Hausdorff-Dimension gekennzeichnet. Wir wollen im folgenden einige allgemeine Mechanismen beschreiben, die zur Entstehung komplizierter invarianter Mengen bis hin zum seltsamen Attraktor führen. Sie ergänzen und verallgemeinern die für die Systeme von Lorenz und Hénon sowie für die komplexen Abbildungen geschilderten Übergänge zum Chaos.

a) Kaskade von Periodenverdopplungen

Dieser Mechanismus ist uns in Verbindung mit parameterabhängigen quadratischen Abbildungen der komplexen Ebene begegnet. Auch die auf das kompakte Intervall $[0,1]$ eingeschränkte quadratische Abbildung ist durch den Periodenverdopplungsmechanismus charakterisiert.

Beispiel 26.5 Die logistische Abbildung $\varphi_\alpha : [0,1] \to [0,1]$ ist für $0 < \alpha \leq 4$ durch

$$x \longmapsto \alpha x(1-x) \tag{26.5}$$

gegeben. Für $0 < \alpha \leq 1$ hat (26.5) die Ruhelage 0 mit dem Einzugsgebiet $[0,1]$. Für $1 < \alpha < 3$ besitzt das System (26.5) die instabile Ruhelage 0 und die stabile Ruhelage $1 - \frac{1}{\alpha}$, wobei letztere das Einzugsgebiet $(0,1)$ besitzt. Bei $\alpha_1 = 3$ wird die Ruhelage $1 - \frac{1}{\alpha}$ instabil, und von ihr bifurkiert ein stabiler 2-periodischer Orbit. Beim Wert $\alpha_2 = 1 + \sqrt{6}$ wird auch der 2-periodische Orbit instabil, und von ihm zweigt ein stabiler 2^2-periodischer Orbit ab. Die Periodenverdopplung setzt sich fort, und es entstehen bei gewissen Werten $\alpha = \alpha_q$ stabile 2^q-periodische Orbits. Numerische Untersuchungen belegen für $q \to +\infty$ die Konvergenz $\alpha_q \to \alpha_\infty \approx 3.570$. Bei $\alpha = \alpha_\infty$ liegt ein Attraktor F vor *(Feigenbaum-Attraktor)*, der die Struktur einer Cantor-ähnlichen Menge besitzt. In beliebiger

Nähe des Attraktors liegen aber Punkte, die nicht in den Attraktor, sondern auf instabile periodische Orbits außerhalb des Attraktors gelangen. Der Attraktor F hat einen dichten Orbit und eine Hausdorff-Dimension $d_H(F) \approx 0.583$. Andererseits liegt in F keine sensitive Abhängigkeit von den Anfangswerten vor. Im Bereich $\alpha_\infty < \alpha < 4$ existiert eine Parametermenge A mit positivem Lebesgue-Maß, so daß für $\alpha \in A$ das System (26.5) einen im Sinne von Devaney (Abschnitt 21.1) chaotischen Attraktor besitzt. Die Menge A ist von Fenstern durchsetzt, in denen Periodenverdopplung auftritt. ■

Das Bifurkationsverhalten der logistischen Abbildung ist auch in allgemeineren Klassen von Abbildungen des Intervalls $I = [0,1]$ in sich zu finden. Wir wollen eine solche Klasse nun etwas näher vorstellen. Es sei $\varphi : I \to I$ eine C^3-Abbildung. Für sie ist die *Schwarzsche Ableitung* in Punkten x mit $\varphi' \neq 0$ durch

$$S\varphi := \frac{\varphi'''}{\varphi'} - \frac{3}{2}\left(\frac{\varphi''}{\varphi'}\right)^2$$

erklärt. Ihre wichtigste Eigenschaft besteht darin, daß aus $S\varphi_1 < 0$ und $S\varphi_2 < 0$ für zwei C^3-Funktionen φ_1 und φ_2 auf I die Ungleichung $S(\varphi_2 \circ \varphi_1) < 0$ folgt, d.h., Funktionen mit negativer Schwarzscher Ableitung behalten dieses Vorzeichen bei ihrer Verkettung. Wie sich die Negativität der Schwarzschen Ableitung auf die Dynamik auswirkt, zeigt der folgende Satz.

Satz 26.5 *(Singer [94]). Gegeben sei eine Abbildung $\varphi : [0,1] \to [0,1]$ mit folgenden Eigenschaften:*

a) $\varphi \in C^3, \varphi(0) = \varphi(1) = 0$.

b) Es existiert genau ein kritischer Punkt $c \in (0,1)$, so daß φ auf $[0,c)$ streng monoton wachsend und auf $(c,1]$ streng monoton fallend ist.

c) $\varphi'(0) > 0$ *und* $S\varphi(x) < 0$ *für alle* $x \in [0,1]$ *mit* $\varphi'(x) \neq 0$.

Dann hat das durch φ erzeugte dynamische System höchstens einen stabilen periodischen Orbit auf $[0,1]$. Liegt ein solcher stabiler periodischer Orbit vor, so konvergieren für fast alle (im Sinne des Lebesgue-Maßes) Anfangswerte deren Orbits gegen den stabilen Orbit.

Für viele Beispiele von Abbildungen, die den Voraussetzungen von Satz 26.5 genügen, hat die Menge der Punkte vom Lebesgue-Maß Null, von denen die Orbits nicht gegen einen stabilen periodischen Orbit streben, die Struktur einer Cantor-Menge, und die Dynamik auf dieser Menge ist instabil. Abbildungen $\varphi : I \to I$ wie im Satz 26.5, für die $\varphi(0) = \varphi(1) = 0$ ist und die genau ein Extremum in einem Punkt $c \in (0,1)$ mit $\varphi''(c) < 0$ besitzen, gehören zu den *unimodalen* Abbildungen. Liegt eine parameterabhängige Familie solcher unimodalen Abbildungen $\varphi_\varepsilon : I \to$

I mit $\varepsilon \in V \subset \mathbb{R}_+$ vor und hat jede Abbildung φ_ε die Darstellung $\varphi_\varepsilon(x) = \varepsilon\varphi(x)$, wobei $\varphi : I \to I$ analytisch ist, genau einen kritischen Punkt c mit $\varphi(c) = 1$ und $S\varphi(x) < 0$ für $x \neq c$ hat, so gilt die Feigenbaum-Eigenschaft ([81]): Ist $\varepsilon[k]$ der kleinste Parameterwert, für den φ_ε einen k-periodischen Orbit besitzt, so ist

$$\lim_{n\to\infty} \frac{\varepsilon[2^n] - \varepsilon[2^{n-1}]}{\varepsilon[2^{n+1}] - \varepsilon[2^n]} = \delta = 4.6692....$$

Analog zu zeitdiskreten Systemen kann es auch in zeitkontinuierlichen dynamischen Systemen $\{\varphi_\varepsilon^t\}_{t\in\mathbb{R}}$ zu einer Kaskade von Periodenverdopplungen nach folgendem Szenario kommen. Das System besitze für $\varepsilon < \varepsilon_0$ einen stabilen periodischen Orbit $\gamma_\varepsilon^{(1)}$. Bei $\varepsilon = \varepsilon_1 > \varepsilon_0$ findet eine Periodenverdopplung statt, bei der der stabile periodische Orbit $\gamma_\varepsilon^{(1)}$ für $\varepsilon > \varepsilon_1$ seine Stabilität verliert, aber weiter existiert. Von ihm spaltet sich ein stabiler periodischer Orbit $\gamma_{\varepsilon_1}^{(2)}$ mit etwa doppelter Periode ab. Bei $\varepsilon = \varepsilon_2 > \varepsilon_1$ findet erneut eine Periodenverdopplung statt, bei der $\gamma_{\varepsilon_2}^{(2)}$ seine Stabilität verliert und ein stabiler Orbit $\gamma_{\varepsilon_2}^{(3)}$ mit etwa der doppelten Periode von $\gamma_{\varepsilon_2}^{(2)}$ und etwa der vierfachen Periode des ursprünglichen periodischen Orbits entsteht (Abb. 26.9a).

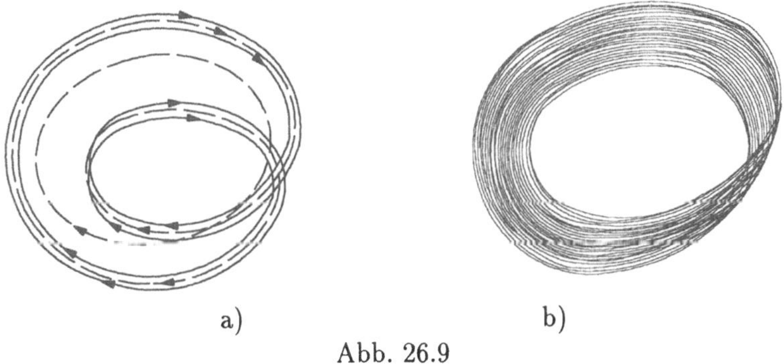

Abb. 26.9

Für wichtige Klassen von zeitkontinuierlichen Systemen setzt sich dieser Prozeß der Periodenverdopplung fort, so daß nach n solchen Bifurkationen ein stabiler periodischer Orbit mit der größten Periode vorliegt, der von n instabilen periodischen Orbits umgeben ist, deren Perioden jeweils etwa mit dem Faktor $\frac{1}{2}$ abnehmen. Numerische Berechnungen für bestimmte Differentialgleichungen (z.B. hydrodynamische Gleichungen vom Lorenz-Typ und periodisch angeregte Pendelgleichungen $\ddot{\sigma} + \alpha\dot{\sigma} + \sin\sigma = b \cdot \cos\omega t$) belegen die Existenz einer Folge von Parametern ε_j, bei denen jeweils Periodenverdopplung eintritt, und für die wieder

$$\lim_{j\to\infty} \frac{\varepsilon_{j+1} - \varepsilon_j}{\varepsilon_{j+2} - \varepsilon_{j+1}} = \delta$$

gilt. Bei $\varepsilon_* = \lim_{j\to\infty} \varepsilon_j$ verliert dabei der Zyklus mit unendlicher Periode seine Stabilität, und es kommt zur Bildung einer invarianten Menge mit interessanten geometrischen Eigenschaften (Abb. 26.9b). In jeder hinreichend kleinen Umgebung dieser Menge gibt es eine offene dichte Teilmenge, aus der die Orbits zur invarianten Menge streben. Nur in diesem Sinne liegt also ein Attraktor vor. Daneben gibt es in jeder Umgebung des Attraktors instabile periodische Orbits, die nicht zum Attraktor gehören. Der Schnitt des Attraktors zeigt die Struktur einer Cantor-Menge, die im Ergebnis von Faltungsprozessen entstanden ist.

b) Intermittenz

Der Begriff Intermittenz kommt aus der Hydrodynamik und kennzeichnet dort das Vorhandensein von Fluktuationen, die dem Anschein nach zufällig alternieren zwischen Perioden regulären Verhaltens und irregulären Ausbrüchen (Bursts) (Abb. 26.10a).

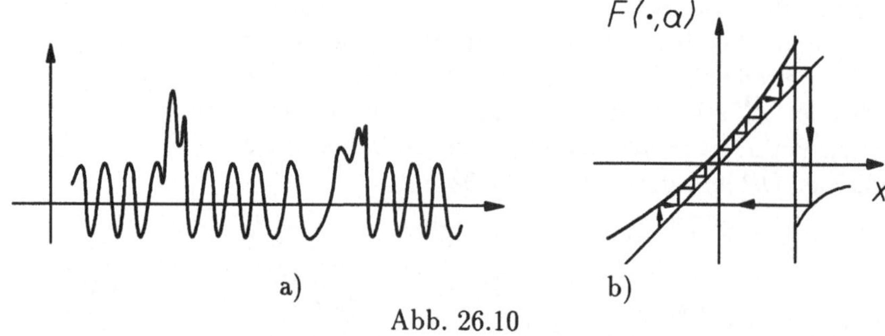

Abb. 26.10

Dabei findet ein Übergang zum chaotischen Verhalten statt, wenn bei wachsendem Parameter die Dichtheit der chaotischen Bursts wächst. Ausgangspunkt für ein intermittendes Verhalten eines parameterabhängigen Systems können ein regulärer Attraktor kleiner Dimension (Ruhelage, Grenzzyklus, Torus) und ein nichtanziehendes Gebiet im Phasenraum, in der das System instabil ist, sein. Bei Änderung des Parameters können der reguläre Attraktor und die chaotische Menge verschmelzen, so daß ein höherdimensionaler chaotischer Attraktor entsteht ([73]).

Beispiel 26.6 Der einfachste Typ "Zyklus-Chaos" der Intermittenz liegt bei Bewegungen nahe eines verschwindenden periodischen Orbits vor. Gegeben sei ein stabiler periodischer Orbit eines parameterabhängigen Systems, der bei $\varepsilon = 0$ seine Stabilität verliert, indem genau einer der vom Standardmultiplikator verschiedenen Multiplikatoren den Wert $+1$ annimmt. Nach Satz 16.2 läßt sich die entsprechende Sattel-Knoten-Bifurkation der Poincaré-Abbildung durch eine eindimensionale Abbildung in der Normalform

$$x \longmapsto F(x, \alpha) = \alpha + x + x^2 + \ldots$$

beschreiben (Abb. 26.10b). Wie auf dieser Abbildung zu sehen ist, verweilen die Iterierten von $F(\cdot, \alpha)$ relativ lange in der Tunnelzone. Für die Orbits des Ausgangssystems bedeutet dies, daß diese relativ lange in der Umgebung des gerade verschwundenen periodischen Orbits bleiben. In dieser Zeit ist das Verhalten nahezu periodisch *(laminare Phase)*. Ist die Tunnelzone durchlaufen, entflieht der betrachtete Orbit, was zu irregulären Bewegungen führt *(turbulente Phase)*, und wird anschließend wieder eingefangen. Neben der qualitativen Beschreibung der Intermittenz bei der Sattel-Knoten-Bifurkation kann auch die Abhängigkeit solcher Größen wie Lyapunov-Exponenten, Entropie und Dimension vom Parameter untersucht werden. So läßt sich, um ein Beispiel für eine solche Aussage anzuführen, nach [82] der gebrochene Anteil $d(\varepsilon)$ der Hausdorff-Dimension der entstehenden chaotischen Menge durch die Formel $d(\varepsilon) = a\sqrt{\varepsilon} + o(\sqrt{\varepsilon})$ ausdrücken, wobei a eine Konstante ist. Bei der Herleitung dieser Formel wurde angenommen, daß die instabile Mannigfaltigkeit des bifurkierenden Sattel-Knoten-Zyklus den heteroklinen Orbit eines anderen periodischen Orbits enthält. ■

Neben dem betrachteten Intermittenz-Szenario "Zyklus-Chaos" sind andere intermittende Übergänge möglich. So ist in Systemen der Radiophysik das Intermittenz-Szenario "Chaos-Chaos" oft vertreten. In diesem Szenario kann es über die Wechselwirkung zwischen verschiedenen chaotischen Ausgangsmengen zur Herausbildung eines seltsamen Attraktors kommen.

c) Entstehung eines homoklinen Orbits aus einer Ruhelage vom Sattel-Fokus-Typ

Der in Abschnitt 21.5 zitierte Satz 21.5 garantiert die Existenz einer nichttrivialen hyperbolischen Menge, die unendlich viele periodische Orbits enthält, in der Umgebung einer Separatrix-Schleife vom Shilnikov-Typ. Ausgehend von dieser zunächst nicht anziehenden Menge entsteht sehr oft in dreidimensionalen Systemen der Radiophysik bei benachbarten Parameterwerten ein seltsamer Attraktor, der *Shilnikov-Attraktor* genannt wird.

d) Aufbrechen eines Torus *(torus breakdown)*

Invariante Tori spielen schon im *Landau-Hopf-Modell* des Übergangs zum Chaos eine Rolle. Dieses Modell geht von einer unendlichen Kaskade von Hopf-Bifurkationen aus, die im n-ten Schritt zu einem Torus T^n führen, der durch eine quasiperiodische Bewegung repräsentiert wird (Abb. 26.11).

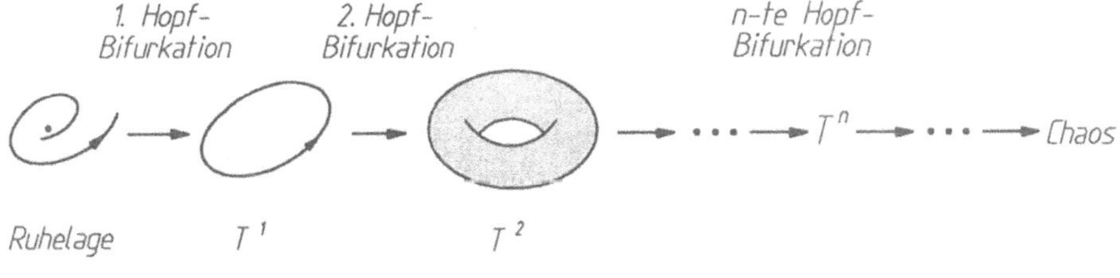

Abb. 26.11

Das Hopf-Landau-Modell hat nur historische Bedeutung, da es im Experiment praktisch nicht vorkommt und auch nicht zu einem Attraktor führt, der durch

sensitive Abhängigkeit von den Anfangsbedingungen und Durchmischung gekennzeichnet ist.
Im Gegensatz zum Hopf-Landau-Modell geht das *Ruelle-Takens-Newhouse-Szenario* [65] nur von einer kleinen Anzahl von Hopf-Bifurkationen aus. Nach diesem Szenario ist die Wahrscheinlichkeit groß, daß schon nach der dritten Hopf-Bifurkation ein T^3-Torus entsteht, der instabil werden kann, und der damit durch einen seltsamen Attraktor ersetzt werden kann (Abb. 26.12).

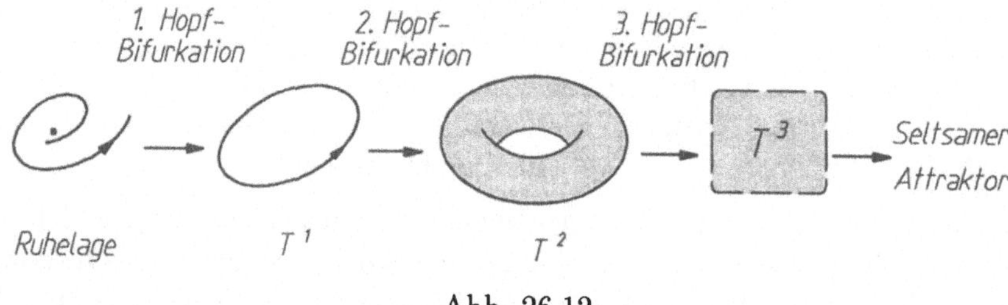

Abb. 26.12

Als Beispiel für den beschriebenen Chaos-Übergang kann die Dynamik zweier gekoppelter Generatoren mit trägheitsbedingter Nichtlinearität genannt werden. Bei bestimmten Parametern wird im Experiment der Übergang "$T^3 \to$ seltsamer Attraktor" über 3-Frequenzenschwingungen beobachtet ([10]).
Am häufigsten ist ein Chaos-Übergang anzutreffen, der an die Zerstörung eines zweidimensionalen Torus T^2 geknüpft ist. Typisch ist dieser Übergang für Systeme der Hydrodynamik, Radiophysik und Biophysik. Der Grundmechanismus besteht in folgendem ([6]). Im Ergebnis einer Hopf-Bifurkation entsteht weich ein stabiler Grenzzyklus, von dem dann ein invarianter zweidimensionaler glatter Torus T^2 mit quasiperiodischer Dynamik abzweigt. Anschließend entsteht auf T^2 neben dem instabilen periodischen Orbit γ_u ein stabiler periodischer Orbit γ_s, so daß T^2 die topologische Abschließung der instabilen Mannigfaltigkeit von γ_u ist, d.h. $T^2 = \overline{W^u(\gamma_u)}$. Der Glattheitsverlust bzw. Zerfall des Torus bei der Torus-Chaos-Bifurkation im $\mathbb{R}^3$ kann durch den Glattheitsverlust bzw. den Zerfall einer invarianten Kurve der zweidimensionalen Poincaré-Abbildung eines zum Torus transversalen Schnittes beschrieben werden. In Abb. 26.13a) ist das Phasenporträt der Poincaré-Abbildung mit einer Senke und einem Sattel sowie einer glatten invarianten Kurve (die dem glatten Torus entspricht) gezeigt.

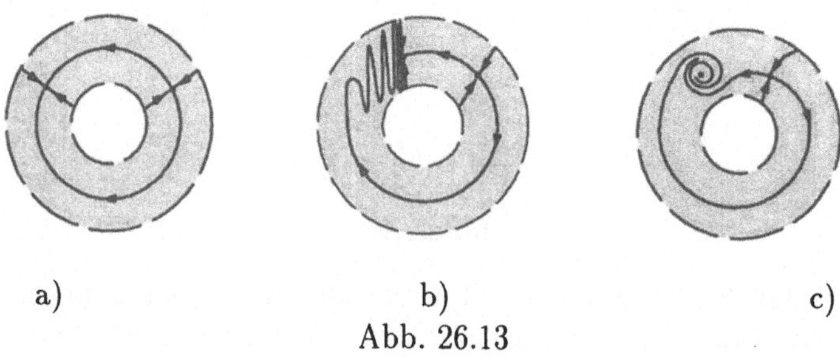

a) b) c)
Abb. 26.13

Wege zum Verlust der Glattheit des Torus zeigen die Abbildungen 26.13b) und c). In Abb. 26.13b) ist zu sehen, wie die instabile Mannigfaltigkeit des Sattels tangential zur stabilen Mannigfaltigkeit der Senke angrenzt. Die Abb. 26.13c) zeigt eine Situation, in der sich die instabile Mannigfaltigkeit auf die Senke aufwindet. Der Zerfall eines Torus T^2 kann nach einer der drei folgenden Varianten erfolgen:

a) Der periodische Orbit γ_s auf T^2 verliert seine Stabilität, indem entweder ein Multiplikator -1 wird oder ein Paar konjugiert komplexer Multiplikatoren auf dem Einheitskreis auftaucht. Es kommt also zu einer lokalen Bifurkation wie Periodenverdopplung bzw. Abspaltung eines Torus. Im ersten Fall kann sich eine ganze Kaskade von Periodenverdopplungen anschließen.

b) Die periodischen Orbits γ_u und γ_s fallen im Ergebnis einer Sattel-Knoten-Bifurkation zusammen und heben sich dabei auf. Der Torus zerfällt, und intermittendes Verhalten kann sich anschließen.

c) Es taucht ein zu γ_u homokliner Orbit auf. Eine nicht anziehende hyperbolische Menge entsteht. Wenn γ_s verschwindet, kann aus dieser Menge ein seltsamer Attraktor entstehen.

Wie schon erwähnt, spielen beim Glattheitsverlust und Zerfall eines Torus Eigenschaften invarianter Kurven der Poincaré-Abbildung eine wichtige Rolle. Eine zum Teil nur grobe Modellgleichung für eine solche Situation ist die dissipative Kreisabbildung

$$(\theta, r)^T \longmapsto (\theta + \Omega - \frac{K}{2\pi} \sin 2\pi\theta + br (\mathrm{mod} 1), br - \frac{K}{2\pi} \sin 2\pi\theta)^T,$$

in der K, Ω und b Parameter sind. Bei starker Dämpfung, d.h. bei $b \approx 0$, kann die losgekoppelte eindimensionale Kreisabbildung

$$F(\cdot; \Omega, K) : \theta \longmapsto \theta + \Omega - \frac{K}{2\pi} \sin 2\pi\theta$$

mit nichtnegativen Parametern betrachtet werden.
Die Abbildung $F(\cdot; \Omega, K)$ ist für $0 \leq K < 1$ ein orientierungstreuer Diffeomorphismus, da $\frac{\partial F}{\partial \theta} = 1 - K \cos 2\pi\theta > 0$ ist. Für $K = 1$ ist $F(\cdot; \Omega, K)$ noch ein Homöomorphismus, aber kein Diffeomorphismus mehr. Für $K > 1$ ist die Abbildung schließlich nicht mehr invertierbar. Im Parameterbereich $0 \leq K \leq 1$ ist die Rotationszahl $\rho(\Omega, K) := \rho(F(\cdot; \Omega, K))$ definiert. Ist $K \in (0, 1)$ fixiert, so gelten für $\rho(\cdot, K)$ auf $[0, 1]$ folgende Eigenschaften:

a) $\rho(\cdot, K)$ ist nicht fallend, stetig, aber nicht differenzierbar.

b) Für jede rationale Zahl $\frac{p}{q} \in [0, 1)$ existiert ein Intervall $I_{p/q}$, dessen Inneres nicht leer ist und für das $\rho(\Omega, K) = \frac{p}{q}$ für $\Omega \in I_{p/q}$ ist.

c) Für jedes irrationale $\alpha \in (0,1)$ existiert genau ein Ω auf $[0,1]$ mit $\rho(\Omega, K) = \alpha$.

Für fixiertes K ist der Graph von $\rho(\cdot, K)$ in Abb. 26.14a) skizziert. Das zu $F(\cdot; \Omega, K)$ gehörende Bifurkationsdiagramm ist in Abb. 26.14b) zu sehen.

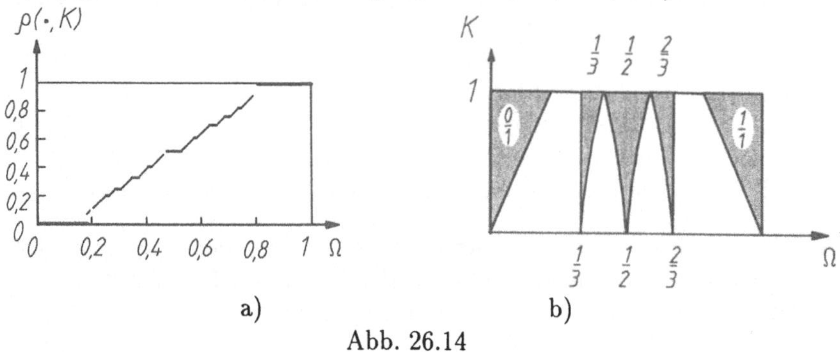

a) b)

Abb. 26.14

Von jeder rationalen Zahl auf der Ω-Achse geht ein schnabelförmiges Gebiet *(Arnold-Zunge)* mit nichtleerem Inneren aus, in dem die Rotationszahl konstant und gleich der rationalen Zahl ist. Von jeder irrationalen Zahl auf der Ω-Achse geht eine stetige Kurve aus, die bis zur Geraden $K = 1$ reicht und auf der die Rotationszahl gleich dieser irrationalen Zahl ist. Bei $K > 1$ kommt es zum chaotischen Verhalten, wobei verschiedene Übergänge dorthin möglich sind. So kann es bei einem Parameterweg in der (Ω, K)-Ebene, der für $K < 1$ zunächst innerhalb einer Arnold-Zunge verläuft, zu Periodenverdopplungen kommen. Ein anderer Parameterweg kann über Quasi-Periodizität und Phasensynchronisation durch Intermittenz zum Chaos führen.

e) Innere Bifurkationen und Krisen eines seltsamen Attraktors

Veränderungen der Chaotizität eines seltsamen Attraktors in Abhängigkeit vom Parameter lassen sich vor allem an solchen Größen wie Lyapunov-Exponenten, Entropien und Dimensionen ablesen. Analog zu [3] wollen wir dies am Beispiel des Anwachsens der Lyapunov-Dimension d_L des Attraktors demonstrieren. Bei Bifurkationen des Attraktors, die man *innere* nennt, ändert sich die Lyapunov-Dimension kontinuierlich. Die erste Möglichkeit für das Anwachsen von d_L ist das Anwachsen der Instabilität durch Vergrößerung der positiven Lyapunov-Exponenten. Diese Situation ist typisch für seltsame Attraktoren von dissipativen Systemen im $\mathbb{R}^3$, für deren Lyapunov-Exponenten des Attraktors $\lambda_1 + \lambda_2 + \lambda_3 < 0$ und $\lambda_2 = 0$ gilt.

Die zweite Möglichkeit einer inneren Bifurkation, die zum Anwachsen der Dimension führt, besteht darin, daß sich im Bifurkationsmoment die Anzahl der positiven Lyapunov-Exponenten erhöht. Im Gegensatz zu inneren Bifurkationen ändert sich bei einer *Attraktorkrise* abrupt die Dimension.

Anhang

A1 Metrische Räume, Borel-Mengen und Maße

Auf einer Menge M sei jedem Paar von Elementen $\mathbf{x}, \mathbf{y} \in M$ eine reelle Zahl $d(\mathbf{x}, \mathbf{y})$ zugeordnet. Dabei gelte $d(\mathbf{x}, \mathbf{y}) \geq 0$, $d(\mathbf{x}, \mathbf{y}) = 0$ genau dann, wenn $\mathbf{x} = \mathbf{y}$ ist, $d(\mathbf{x}, \mathbf{y}) = d(\mathbf{y}, \mathbf{x})$ und $d(\mathbf{x}, \mathbf{y}) \leq d(\mathbf{x}, \mathbf{z}) + d(\mathbf{z}, \mathbf{y})$ für alle $\mathbf{x}, \mathbf{y}, \mathbf{z} \in M$. Eine Funktion d mit diesen Eigenschaften heißt *Metrik*. Das Paar (M, d) wird *metrischer Raum* genannt. Der wichtigste Vertreter eines metrischen Raumes ist der $\mathbb{R}^n$, versehen mit der euklidischen Metrik $d(\mathbf{x}, \mathbf{y}) = \sqrt{\sum_{k=1}^{n} (x_k - y_k)^2}$ für zwei beliebige Punkte $\mathbf{x} = (x_1, ..., x_n)^T$ und $\mathbf{y} = (y_1, ..., y_n)^T$. Für beliebige $r > 0$ und $\mathbf{p} \in M$ ist $B_r(\mathbf{p}) := \{\mathbf{x} \in M : d(\mathbf{x}, \mathbf{p}) < r\}$ bzw. $\overline{B_r}(\mathbf{p}) := \{\mathbf{x} \in M : d(\mathbf{x}, \mathbf{p}) \leq r\}$ die *offene* bzw. *abgeschlossene Kugel* mit Radius r und Mittelpunkt $\mathbf{p}$.

Eine Menge $A \subset M$ heißt *offen,* wenn jeder Punkt $\mathbf{x} \in A$ zusammen mit einer offenen Kugel in A eingeht, d.h., es gibt ein $r > 0$ mit $B_r(\mathbf{x}) \subset A$. Die Vereinigung beliebig vieler und der Durchschnitt von endlich vielen offenen Mengen ist wieder offen. Ist $A \subset M$ eine beliebige Teilmenge, so heißt eine Menge $V \subset M$ *Umgebung* von A, wenn es eine offene Menge U mit $A \subset U \subset V$ gibt.

Ein Punkt $\mathbf{x}_0 \in M$ heißt *Häufungspunkt* der Menge $A \subset M$, wenn in jeder Umgebung von $\mathbf{x}_0$ Punkte aus A liegen, die von $\mathbf{x}_0$ verschieden sind. Gehört $\mathbf{x}_0$ zu A und ist kein Häufungspunkt, so wird dieser Punkt *isoliert* genannt. Eine Menge A heißt *abgeschlossen* in (M, d), wenn sie alle ihre Häufungspunkte enthält. Man kann zeigen, daß A genau dann abgeschlossen ist, wenn $M \setminus A$ offen ist. Der Durchschnitt beliebig vieler und die Vereinigung endlich vieler abgeschlossener Mengen ist wieder abgeschlossen. Die leere Menge $\emptyset$ ist gleichzeitig offen und abgeschlossen. Vereinigt man eine Menge A mit der Menge ihrer Häufungspunkte, so erhält man die *Abschließung* $\bar{A}$. Eine Teilmenge $A \subset M$ heißt *überall dicht* in M, wenn $\bar{A} = M$ ist. Ein metrischer Raum wird *separabel* genannt, wenn es in M eine abzählbare überall dichte Teilmenge gibt. Der $\mathbb{R}^n$ mit euklidischer Metrik ist separabel. Ein Mengensystem $\{U_i\}_{i \in I}$ aus offenen Mengen U_i heißt *offene Überdeckung* von M, wenn jeder Punkt aus M mindestens in einer Menge U_i liegt. Der metrische Raum heißt *kompakt,* wenn aus jeder offenen Überdeckung $\{U_i\}_{i \in I}$ von M endlich viele $U_{i_1}, ..., U_{i_k}$ ausgewählt werden können, so daß $M = U_{i_1} \cup ... \cup U_{i_k}$ ist. Die Menge $K \subset M$ heißt *kompakt,* wenn sie als Teilraum kompakt ist.

Es seien M eine beliebige Menge und A ein System von Teilmengen aus M. Dieses Mengensystem heißt *σ-Algebra*, wenn $\emptyset$ und M zu A gehören, mit $A \in \mathcal{A}$ auch $M \setminus A \in \mathcal{A}$ ist und aus $A_i \in \mathcal{A}$ $(i = 1, 2, ...)$ auch $\bigcup_{i=1,2,...} A_i \in \mathcal{A}$ erfüllt ist. Jede σ-Algebra enthält für abzählbar viele Mengen $A_i \in \mathcal{A}$ auch ihren Durchschnitt $\bigcap_{i=1,2,...} A_i$. Mit $A, B \in \mathcal{A}$ ist auch $A \setminus B \in \mathcal{A}$. In jedem metrischen Raum (M, d) ist die σ-Algebra $\mathcal{B}(M)$ der Borel-Mengen gegeben. Sie ist definiert als kleinste σ-Algebra von Teilmengen aus M, die alle offenen Mengen von (M, d) enthält. Jedes Element von $\mathcal{B}(M)$ heißt *Borel-Menge*. Insbesondere sind also alle offenen und abgeschlossenen Mengen Borel-Mengen.

Eine auf der σ-Algebra $\mathcal{A}$ definierte Funktion $\mu : \mathcal{A} \to [0, +\infty]$ heißt *Maß*, wenn $0 \leq \mu(A) \leq +\infty$ für beliebiges $A \in \mathcal{A}$ ist, $\mu(\emptyset) = 0$ gilt und für $A_i \in \mathcal{A}$ $(i = 1, 2, ...)$ mit $A_i \cap A_j = \emptyset$ $(i \neq j)$ immer $\mu(\bigcup_{i=1,2,...} A_i) = \sum_{i=1,2,...} \mu(A_i)$ folgt. Ist $\mathbf{p} \in M$ ein beliebiger Punkt, so wird das *Dirac-Maß* $\delta_{\mathbf{p}}$ für eine Teilmenge $A \subset M$ durch

$$\delta_{\mathbf{p}}(A) = \begin{cases} 1, & \text{falls} \quad \mathbf{p} \in A, \\ 0, & \text{falls} \quad \mathbf{p} \notin A, \end{cases}$$

erklärt. Ein anderes wichtiges Maß ist das Lebesgue-Maß m im $\mathbb{R}^n$. Es erweitert die Volumenberechnung von Quadern auf eine große Klasse von Mengen, die auch die Borel-Mengen einschließen. Für abgeschlossene Quader (für offene analog) $A = \{(x_1, ..., x_n)^T \in \mathbb{R}^n : a_i \leq x_i \leq b_i\}$ ist $m(A) = (b_1 - a_1) \cdots (b_n - a_n)$. Ist $A \subset \mathbb{R}^n$ eine endliche oder abzählbare Vereinigung von disjunkten Quadern in der Form $A = \bigcup_{i=1,2,...} A_i$, wird $m(A) = \sum_{i=1,2,...} m(A_i)$ gesetzt. Für eine beliebige Menge $A \subset \mathbb{R}^n$ wird $m(A) = \inf\{m(A) = \sum_{i=1,2,...} m(A_i) : A \subset \bigcup_{i=1,2,...} A_i\}$ als Infimum über alle abzählbaren Überdeckungen von A durch Quader definiert. Man kann zeigen, daß durch die obige Prozedur ein Maß auf der σ-Algebra der Borel-Mengen erklärt wird, das wir auch mit m bezeichnen. Ein *Maßraum* ist ein Tripel $(M, \mathcal{A}, \mu)$, bestehend aus dem Raum M, der σ-Algebra $\mathcal{A}$ und dem Maß μ. Ist dabei $\mu(M) = 1$, so heißt μ *Wahrscheinlichkeitsmaß*. Sind μ_1 und μ_2 zwei Maße auf $\mathcal{A}$, so wird μ_1 *absolut stetig* bezüglich μ_2 genannt und $\mu_1 \ll \mu_2$ geschrieben, wenn aus $\mu_2(A) = 0$ für $A \in \mathcal{A}$ auch $\mu_1(A) = 0$ folgt. Gilt für zwei Maße μ_1 und μ_2 sowohl $\mu_1 \ll \mu_2$ als auch $\mu_2 \ll \mu_1$, so heißen die Maße äquivalent.

Man sagt, daß eine Eigenschaft *μ-fast überall* auf M gilt, wenn die Menge der Punkte von M, für die diese Eigenschaft nicht erfüllt ist, daß Maß Null hat. Ein Maß μ heißt auf der Menge $A \in \mathcal{B}$ *konzentriert*, falls $\mu(M \setminus A) = 0$ ist. Der *Träger* eines Maßes μ, bezeichnet mit suppμ, ist die kleinste abgeschlossene Teilmenge von M, auf der das Maß μ konzentriert ist. Es seien M_1 und M_2 zwei Mengen mit zugehörigen σ-Algebren $\mathcal{A}_1$ bzw. $\mathcal{A}_2$. Die Abbildung $\varphi : M_1 \to M_2$ heißt *meßbar* bezüglich $\mathcal{A}_1$ und $\mathcal{A}_2$, falls bei beliebigem $A \in \mathcal{A}_2$ für die Urbildmenge $\varphi^{-1}(A) \in \mathcal{A}_1$ gilt. Sind (M_1, d_1) und (M_2, d_2) metrische Räume mit den Borelschen σ-Algebren $\mathcal{B}(M_1)$ bzw. $\mathcal{B}(M_2)$, so sind stetige Abbildungen meßbar. Wir betrachten nun Funktionen $\varphi : M \to \mathbb{R}$, meßbar bezüglich der Borelschen σ-Algebren $\mathcal{B}(M)$ und $\mathcal{B}(\mathbb{R})$. Die meßbare Funktion $\varphi : M \to \mathbb{R}$ heißt *integrierbar* bezüglich des Borel-Maßes μ, wenn eine Folge von Funktionen $\varphi_n = \sum_{i=0}^{n} a_i \chi_{A_i}$ mit $A_i \in \mathcal{B}(M)$ und $a_i \in \mathbb{R}$ $(i = 0, 1, ..., n)$ existiert, so daß für μ-fast alle $\mathbf{x} \in M$ die Beziehung $\lim_{n\to\infty} \varphi_n(\mathbf{x}) = \varphi(\mathbf{x})$ gilt und $\lim_{n,m\to\infty} \int_M |\varphi_n - \varphi_m| d\mu = 0$ erfüllt ist. Das Integral $\int_M |\varphi_n - \varphi_m| d\mu$ ist dadurch erklärt, daß für die Differenz $|\varphi_n - \varphi_m| = \sum_{i=0}^{N} c_i \chi_{C_i}$ mit $C_i \in \mathcal{B}(M)$ und $c_i \in \mathbb{R}$ per Definition $\int_M |\varphi_n - \varphi_m| d\mu = \sum_{i=0}^{N} c_i \mu(C_i)$ gesetzt wird. Der Raum aller integrierbaren Funktionen $\varphi : M \to \mathbb{R}$, für die $\int_M |\varphi| d\mu < +\infty$ ist, wird mit $L^1(M, \mathcal{B}, \mu)$ bezeichnet.

A2 Jordansche Normalformen von Matrizen

Es sei A eine beliebige $n \times n$-Matrix. Dann existiert eine reguläre $n \times n$-Matrix T, so daß $T^{-1}AT = \mathcal{J}$ ist und $\mathcal{J}$ die Blockdiagonalform *(Jordansche Normalform)*

$$\mathcal{J} = \begin{bmatrix} \mathcal{J}_0 & & & 0 \\ & \mathcal{J}_1 & & \\ & & \ddots & \\ 0 & & & \mathcal{J}_r \end{bmatrix} \quad \text{mit} \quad \mathcal{J}_0 = \begin{bmatrix} \lambda_1 & & 0 \\ & \ddots & \\ 0 & & \lambda_m \end{bmatrix}$$

$$\text{und} \quad \mathcal{J}_l = \begin{bmatrix} \lambda_{m+l} & 1 & \cdots & \cdots & 0 \\ 0 & \lambda_{m+l} & 1 & \cdots & 0 \\ \cdots & \cdots & \cdots & \cdots & \cdots \\ 0 & \cdots & \cdots & \cdots & 1 \\ 0 & \cdots & \cdots & \cdots & \lambda_{m+l} \end{bmatrix}$$

$(l = 1, 2, ..., r)$ besitzt. Dabei sind die Jordan-Blöcke $\mathcal{J}_0$ bzw. $\mathcal{J}_l$ jeweils $m \times m$- bzw. $n_l \times n_l$-Matrizen mit $m + n_1 + ... + n_r = n$, $\lambda_1, ..., \lambda_m$ sind nicht unbedingt paarweise verschiedene Eigenwerte von A, und die Jordan-Blöcke $\mathcal{J}_l$ $(l = 1, ..., r)$ haben im allgemeinen unterschiedliche Dimension, wobei die Eigenwerte λ_i von A in verschiedenen Blöcken nicht unbedingt voneinander verschieden sind. Die Jordansche Normalform ist bis auf die Reihenfolge der Blöcke eindeutig.

Neben der i.allg. komplexen Jordanschen Normalform läßt sich auch eine *reelle Jordansche Normalform* ableiten. Es sei A wieder eine beliebige $n \times n$-Matrix. Dann läßt sich eine reguläre Matrix T sogar so auswählen, daß die Blöcke von $\mathcal{J}$ die Form

$$\mathcal{J}_l = \begin{bmatrix} \lambda_l & 1 & \cdots & \cdots & 0 \\ 0 & \lambda_l & 1 & \cdots & 0 \\ \cdots & \cdots & \cdots & \cdots & \cdots \\ 0 & \cdots & \cdots & \cdots & \lambda_l \end{bmatrix} \quad \text{oder} \quad \mathcal{J}_l = \begin{bmatrix} R_l I & & & 0 \\ & R_l I & & \\ & & \ddots & \\ 0 & & & R_l \end{bmatrix}$$

besitzen. Im letzten Fall ist $R_l = \begin{bmatrix} \alpha_l & -\beta_l \\ \beta_l & \alpha_l \end{bmatrix}, I = \begin{bmatrix} 1 & 0 \\ 0 & 1 \end{bmatrix}$, und es gilt $1 \leq \dim \mathcal{J}_l \leq n$ sowie $\sum_{l=0}^{r} \dim \mathcal{J}_l = n$. Dabei sind $\lambda_l \in \mathbb{R}$ bzw. $\alpha_l + i\beta_l \in \mathbb{C}$ Eigenwerte von A. Die Darstellung ist wieder, bis auf die Reihenfolge, eindeutig.

A3 Assoziierte Matrizen, äußere Produkte und äußere Potenzen

Es seien $n \in \mathbb{N}$ und $k \in \{1, ..., n\}$ natürliche Zahlen. Für jede Zahl $i \in \{1, ..., \binom{n}{k}\}$ sei $(\mathbf{i}) := (i_1, i_2, ..., i_k)$ das i-te Element in der lexikographischen Anordnung der k-Tupel mit $i_s \in \{1, ..., n\}$ und $1 \leq i_1 < i_2 < ... < i_k \leq n$. Im Sinne der *lexikographischen Anordnung* ist für $(\mathbf{i}) = (i_1, ..., i_k)$ und $(\mathbf{j}) = (j_1, ..., j_k)$ genau dann $(\mathbf{i}) < (\mathbf{j})$, wenn es ein $t \in \{1, ..., k\}$ mit $i_t < j_t$ gibt und $i_s = j_s$ für alle $s < t$ gilt. Es bezeichne $Q_{k,n}$ die lexikographisch geordnete Menge der k-Tupel $(i_1, ..., i_k)$ mit $1 \leq i_1 < i_2 < ... < i_k \leq n$. Weiter sei $A = (a_{ij})$ eine $n \times m$-Matrix und $k \in \{1, ..., \min(n, m)\}$. Für beliebige $(\mathbf{i}) \in Q_{k,n}$ und $(\mathbf{j}) \in Q_{k,m}$ wird mit $A[(\mathbf{i})|(\mathbf{j})]$ diejenige $k \times k$-Untermatrix von A bezeichnet, deren (s, t)-tes Element $a_{i_s j_t}$ ist.

Die *k-te multiplikative assoziierte Matrix* von A ist die $\binom{n}{k} \times \binom{m}{k}$-Matrix $A^{(k)}$, deren (i, j)-tes Element $\det A[(\mathbf{i})|(\mathbf{j})]$ mit $(\mathbf{i}) \in Q_{k,n}$ und $(\mathbf{j}) \in Q_{k,m}$ ist. Eine der wichtigsten Eigenschaften von $A^{(k)}$ besteht darin, daß das vollständige System der Eigenwerte von $A^{(k)}$ für $m = n$ aus allen möglichen $\binom{n}{k}$ Produkten $\alpha_{i_1} \cdot \alpha_{i_2} \cdots \alpha_{i_k}$ mit $(\mathbf{i}) = (i_1, ..., i_k) \in Q_{k,n}$ der Eigenwerte α_k von A besteht.

Mit Hilfe multiplikativer assoziierter Matrizen läßt sich das äußere Produkt von Vektoren definieren. Es seien zunächst $\boldsymbol{\xi}_1, ..., \boldsymbol{\xi}_k \in \mathbb{R}^n$ mit $1 \leq k \leq n$ Spaltenvektoren des $\mathbb{R}^n$. Mit C wird die $n \times k$-Matrix bezeichnet, deren i-te Spalte aus dem Vektor $\boldsymbol{\xi}_i$ besteht. Dann heißt die $\binom{n}{k} \times 1$-Matrix $C^{(k)}$ *k-faches äußeres Produkt* der Vektoren $\boldsymbol{\xi}_1, ..., \boldsymbol{\xi}_k$ und wird mit $\boldsymbol{\xi}_1 \wedge \boldsymbol{\xi}_2 \wedge ... \wedge \boldsymbol{\xi}_k$ bezeichnet. Offenbar ist $\boldsymbol{\xi}_1 \wedge ... \wedge \boldsymbol{\xi}_k$ ein Spaltenvektor aus $\mathbb{R}^{\binom{n}{k}}$. Für eine beliebige $n \times n$-Matrix A und Vektoren $\boldsymbol{\xi}_1, ..., \boldsymbol{\xi}_k \in \mathbb{R}^n$ ist $A^{(k)}(\boldsymbol{\xi}_1 \wedge ... \wedge \boldsymbol{\xi}_k) = A\boldsymbol{\xi}_1 \wedge ... \wedge A\boldsymbol{\xi}_k$. Ist $< \cdot, \cdot >_m$ das Standardskalarprodukt im $\mathbb{R}^m$ und sind die Vektoren $\boldsymbol{\xi}_i, \boldsymbol{\eta}_i \in \mathbb{R}^n$ $(i = 1, ..., k \leq n)$ beliebig, so gilt $< \boldsymbol{\xi}_1 \wedge ... \wedge \boldsymbol{\xi}_k, \boldsymbol{\eta}_1 \wedge ... \wedge \boldsymbol{\eta}_k >_{\binom{n}{k}} = \det \left[(< \boldsymbol{\xi}_s, \boldsymbol{\eta}_t >_n)_{s,t=1}^k \right]$. Insbesondere ist $\sqrt{< \boldsymbol{\xi}_1 \wedge ... \wedge \boldsymbol{\xi}_k, \boldsymbol{\xi}_1 \wedge ... \wedge \boldsymbol{\xi}_k >_{\binom{n}{k}}} = \mathrm{vol}_k \prod(\boldsymbol{\xi}_1, ..., \boldsymbol{\xi}_k)$, d.h. ist gleich dem Volumen des von $\boldsymbol{\xi}_1, ..., \boldsymbol{\xi}_k$ aufgespannten Parallelepipeds $\prod(\boldsymbol{\xi}_1, ..., \boldsymbol{\xi}_k)$.

Es sei wieder A eine $n \times n$-Matrix und $k \in \{1, ..., n\}$ beliebig. Die *k-te additive assoziierte Matrix* von A ist die $\binom{n}{k} \times \binom{n}{k}$-Matrix $A^{[k]}$, deren (i, j)-te Komponente $a_{ij}^{[k]}$ wie folgt definiert ist:

$$a_{ij}^{[k]} = \begin{cases} \sum_{s=1}^{k} a_{i_s i_s}, & \text{falls (i) = (j)} \in Q_{k,n}, \\ (-1)^{r+s} a_{i_r j_s}, & \text{falls genau ein Symbol } i_r \text{ aus (i) nicht in (j)} \\ & \text{und genau ein Symbol } j_s \text{ aus (j) nicht in (i)} \\ & \text{vorkommt,} \\ 0, & \text{falls (i) sich von (j) in mehr als zwei Symbo-} \\ & \text{len unterscheidet.} \end{cases}$$

Sind $\xi_1, ..., \xi_k \in \mathbb{R}^n$ $(k \leq n)$ wieder beliebige Vektoren, so gilt $A^{[k]}(\xi_1 \wedge ... \wedge \xi_k) = A\xi_1 \wedge \xi_2 \wedge ... \wedge \xi_k + \xi_1 \wedge A\xi_2 \wedge ... \wedge \xi_k + ... + \xi_1 \wedge \xi_2 \wedge ... \wedge A\xi_k$. Das vollständige System der Eigenwerte von $A^{[k]}$ besteht aus allen möglichen $\binom{n}{k}$ Summen $\alpha_{i_1} + ... + \alpha_{i_k}$ mit $1 \leq i_1 < ... < i_k \leq n$ der Eigenwerte α_l von A.

Es sei nun mit $\{\varphi^t\}_{t\in\Gamma}$ ein glattes dynamisches System auf $M \subset \mathbb{R}^n$ gegeben. Für jedes $\mathbf{p} \in M$ ist der Tangentialraum an $\mathbf{p}$ wieder der lineare Raum aller Paare $(\mathbf{p}, \xi)$, wobei ξ den $\mathbb{R}^n$ durchläuft, versehen mit den linearen Operationen $(\mathbf{p}, \xi) + (\mathbf{p}, \eta) = (\mathbf{p}, \xi + \eta)$ und $\lambda(\mathbf{p}, \xi) = (\mathbf{p}, \lambda\xi)$ für beliebige $\xi, \eta \in \mathbb{R}^n$ und $\lambda \in \mathbb{R}$. Die Tangentialabbildung $d\varphi^t(\mathbf{p}) : T_{\mathbf{p}}M \to T_{\varphi^t(\mathbf{p})}M$ ist dann durch die Beziehung $\mathbf{v} = (\mathbf{p}, \xi) \in T_{\mathbf{p}}M \to d\varphi^t(\mathbf{p})\mathbf{v} = (\varphi^t(\mathbf{p}), D\varphi^t(\mathbf{p})\xi)$ gegeben, in der $D\varphi^t(\mathbf{p})$ die Jacobi-Matrix von $\varphi^t(\cdot)$ an der Stelle $\mathbf{p}$ bezeichnet.

Für beliebige $\mathbf{v}_i = (\mathbf{p}, \xi_i) \in T_{\mathbf{p}}M \quad (i = 1, ..., k \leq n)$ ist $\mathbf{v}_1 \wedge ... \wedge \mathbf{v}_k := (\mathbf{p}, \xi_1 \wedge ... \wedge \xi_k)$ das *äußere Produkt* und $[T_{\mathbf{p}}M]^{\wedge k} := \operatorname{span}\{(\mathbf{p}, \xi_1 \wedge ... \wedge \xi_k), \xi_i \in \mathbb{R}^n\}$ die *k-te äußere Potenz* von $T_{\mathbf{p}}M$. Die *k-te äußere Potenz* von $d\varphi^t(\mathbf{p})$ ist der lineare Operator $[d\varphi^t(\mathbf{p})]^{\wedge k} : [T_{\mathbf{p}}M]^{\wedge k} \to [T_{\varphi^t(\mathbf{p})}M]^{\wedge k}$, definiert durch $(\mathbf{p}, \xi_1 \wedge ... \wedge \xi_k) \mapsto (\varphi^t(\mathbf{p}), [D\varphi^t(\mathbf{p})]^{(k)})(\xi_1 \wedge ... \wedge \xi_k))$.

Aufgaben

Aufgabe 1: Gegeben sei die Duffingsche Differentialgleichung

$$\dot{x} + bx + cx^3 = 0$$

bzw.

$$\dot{x} = y, \qquad \dot{y} = -bx - cx^3, \tag{A.1}$$

wobei $b < 0$ und $c > 0$ Konstanten seien.

a) Skizziere den Verlauf der Integralkurven in der (x, y)-Ebene.

b) Begründe, warum jede maximale Lösung von (A.1) auf ganz $\mathbb{R}$ definiert ist.

Hinweis: Zeige dazu, daß die Menge $E := \{(x, y) : y^2 = C - bx^2 - \frac{c}{2}x^4\}$, ($C$ als Konstante) invariant bzgl. (A.1) ist, d.h., Lösungen, die in E starten, verbleiben dort.

Aufgabe 2: Zeige, daß jede maximale Lösung von

$$\begin{aligned} \dot{x} &= \left(\frac{1}{2}x^2 + y^2\right)^{\frac{1}{2}} \\ \dot{y} &= \frac{x}{(2 + y^2)^{\frac{1}{2}}} \end{aligned}$$

auf ganz $\mathbb{R}$ existiert.

Aufgabe 3: Gegeben sei im $\mathbb{R}^2$ das nichtlineare Differentialgleichungssystem

$$\dot{x} = -x, \quad \dot{y} = 2y + x^2. \tag{A.2}$$

Man ermittle den globalen Fluß von (A.2) und begründe, warum (A.2) ein dynamisches System erzeugt.

Aufgabe 4: Gegeben seien die folgenden Vektorfelder $\mathbf{f} : U \to \mathbb{R}^n$:

1. $\dot{x} = x - x^3, \quad U = \{x \in \mathbb{R} : x > 1\},$
2. $\dot{x} = x \ln x, \quad U = \{x \in \mathbb{R} : x > 0\},$

3. $\dot{x}_1 = x_1, \quad \dot{x}_2 = x_1 - x_2, \quad U = \mathbb{R}^2,$

4. $\dot{x}_1 = x_1 x_2, \quad \dot{x}_2 = x_2^2, \quad U = \mathbb{R}^2.$

Man bestimme jeweils den Fluß von $\mathbf{f}$, d.h. die Abbildung $\varphi : \mathcal{D}(\mathbf{f}) \to U$. Außerdem überzeuge man sich durch unmittelbares Einsetzen von der Halbgruppeneigenschaft der lokalen Diffeomorphismen $\{\varphi^t\}$, d.h., man zeige

$$\varphi^t(\varphi^s(\mathbf{p})) = \varphi^s(\varphi^t(\mathbf{p})) = \varphi^{s+t}(\mathbf{p})$$

für alle $s \in I(\mathbf{p}), t \in I(\varphi^s(\mathbf{p}))$.

Aufgabe 5: Gegeben sei die Differentialgleichung $\ddot{x} + h(\dot{x})g(x) = 0$ bzw. das System

$$\dot{x} = y, \qquad \dot{y} = -h(y)g(x) \tag{A.3}$$

mit den Lipschitz-stetigen Funktionen $h, g : \mathbb{R} \to \mathbb{R}$ mit $h(y) > 0$ für alle $y \in \mathbb{R}$ und $xg(x) > 0$ für alle $x \neq 0$. Man zeige, daß

$$V(x,y) := \int_0^y \frac{s}{h(s)} ds + \int_0^x g(s) ds$$

eine Lypunov-Funktion für (A.3) ist und formuliere mit Hilfe des Lyapunov-Kriteriums hinreichende Bedingungen für die globale Existenz der Lösungen von (A.3).

Aufgabe 6: Für einen beliebigen Punkt $\mathbf{p} = (x, y, z)^T \in \mathbb{R}^3$ bestimme man die ω-Grenzmenge bzgl. der Differentialgleichung

$$\dot{x} = -y + x(1 - z^2 - x^2 - y^2), \quad \dot{y} = x + y(1 - z^2 - x^2 - y^2), \quad \dot{z} = 0.$$

Aufgabe 7: Durch Ansatz über eine Fourier-Reihe bestimme man, falls diese existieren, periodische Lösungen folgender Differentialgleichungen
a) $\ddot{y} - 4y = |\cos \pi t|$, b) $\ddot{y} + y = \cos t \cos 2t$.

Aufgabe 8: Gegeben sei im $\mathbb{R}^2$ die Differentialgleichung

$$\begin{aligned} \dot{x} &= y - x^3 \\ \dot{y} &= -x - y^3. \end{aligned} \tag{A.4}$$

a) Man zeige, daß (A.4) keine geschlossenen Trajektorien (außer $(0,0)^T$) besitzt.
Hinweis: Betrachte dazu die Ableitung der Funktion $V(x, y) = x^2 + y^2$ in Richtung des Vektorfeldes von (A.4) entlang einer angenommenen T-periodischen Lösung.

b) Begründe, warum die Linearisierung von (A.4) in $(0,0)^T$ nicht topologisch äquivalent zu (A.4) nahe $(0,0)^T$ ist.

c) Warum approximiert die Differentialgleichung

$$\dot{x} = -x, \qquad \dot{y} = -y$$

nahe $(0,0)^T$ die Differentialgleichung (A.4) "besser" als die Linearisierung?

Aufgabe 9: Die Linearisierung der beiden Differentialgleichungssysteme im $\mathbb{R}^2$

$$\begin{aligned} \dot{x} &= -y + x(x^2+y^2), \\ \dot{y} &= x + y(x^2+y^2) \end{aligned} \tag{A.5}$$

und

$$\begin{aligned} \dot{x} &= -y - x(x^2+y^2), \\ \dot{y} &= x - y(x^2+y^2) \end{aligned} \tag{A.6}$$

in $(0,0)^T$ führt in beiden Fällen auf das System

$$\dot{x} = -y, \qquad \dot{y} = x. \tag{A.7}$$

Für welche der beiden Ausgangsgleichungen liefert die lineare Approximation keine topologisch äquivalente Differentialgleichung nahe $(0,0)^T$?
Hinweis: Löse dazu (A.5) und (A.6) in Polarkoordinaten und vergleiche ihr Phasenporträt mit dem von (A.7).

Aufgabe 10: Gegeben sei das Differentialgleichungssystem

$$\dot{x}_1 = -x_1, \qquad \dot{x}_2 = x_2 + x_1^2. \tag{A.8}$$

a) Bestimme für beliebige $(p_1, p_2)^T \in \mathbb{R}^2$ eine lokale Lösung $\varphi(t, p_1, p_2)$ mit

$$\varphi(0, p_1, p_2) = (p_1, p_2)^T$$

und skizziere die Integralkurven in der Ebene.

b) Transformiere das System (A.8) nahe eines regulären Punktes $(u_1, u_2)^T$ mit $u_1 \neq 0$ durch eine lokale Koordinatentransformation unter Verwendung des Glättungssatzes auf das System

$$\dot{y}_1 = 1, \qquad \dot{y}_2 = 0.$$

Aufgabe 11: Löse die homogenen linearen partiellen Differentialgleichungen erster Ordnung

$$y\frac{\partial v}{\partial x} - x\frac{\partial v}{\partial y} = 0, \quad \text{mit} \quad v(0,y) = y^2, \qquad \text{und}$$

$$x\frac{\partial v}{\partial x} + y\frac{\partial v}{\partial y} + z\frac{\partial v}{\partial z} = 0,$$

mit den Anfangswerten $v(1,y,z) = y^2 + z^2$ und $v(x,y,z)|_{y^2+z^2=2} = \frac{2}{x^2}$.

Aufgabe 12: Gegeben seien die Matrizen

$$a) \quad A = \begin{bmatrix} 1 & 0 & 0 \\ 0 & 2 & 1 \\ 0 & 0 & 2 \end{bmatrix} \qquad \text{und} \qquad b) \quad A = \begin{bmatrix} \alpha & \beta \\ -\beta & \alpha \end{bmatrix}$$

(α, β reelle Parameter). Man stelle die jeweilige Matrix A dar als $A = D + N$, wobei D eine Diagonalmatrix ist und $DN = ND$ gilt. Mit dieser Darstellung berechne man e^{At}.

Aufgabe 13: Gegeben sei eine 3×3-Matrix A mit den Eigenwerten $\lambda_1 = \lambda_2 = \lambda_3 = \lambda$. Man zeige, daß sich die Fundamentalmatrix von $\dot{x} = Ax$ darstellen läßt als

$$e^{At} = e^{\lambda t}(E + tP + \frac{1}{2}t^2P^2) \quad (t \in \mathbb{R}),$$

wobei $P = A - \lambda E$ ist.

Aufgabe 14: Für folgende Matrizen A ist die Fundamentalmatrix e^{At} zu bestimmen, indem A jeweils zur Jordanschen Normalform transformiert wird:

$$a) \quad A = \begin{bmatrix} 3 & -2 \\ 4 & -3 \end{bmatrix} \qquad \text{und} \qquad b) \quad A = \begin{bmatrix} 1 & 1 & -1 \\ -1 & 2 & -1 \\ 2 & -1 & 4 \end{bmatrix}.$$

Aufgabe 15: Man untersuche das Verhalten der Lösungen für $t \longrightarrow +\infty$ von $\dot{x} = Ax$ mit

$$A = \begin{bmatrix} -3 & 4 \\ -1 & 1 \end{bmatrix}.$$

Aufgabe 16: Man überlege sich Beispiele für 2x2 - Matrizen A und B, für die $e^{A+B} \neq e^A e^B$ ist.

Aufgabe 17: In der Ebene seien die folgenden Differentialgleichungen gegeben. Man ermittle die Ruhelagen und zeige, daß diese nicht hyperbolisch sind. Außerdem skizziere man das Phasenporträt.

a) $\dot{x} = -4x + 2y$, $\quad$ b) $\dot{x} = 0$,
$\dot{y} = 2x - y$, $\quad$ $\dot{y} = x + y$.

Aufgabe 18: Man zeige, daß im $\mathbb{R}^2$ die beiden Systeme

$$\dot{x} = -y, \quad \dot{y} = x \qquad \text{und} \qquad \dot{x} = -2y, \qquad \dot{y} = 2x$$

topologisch äquivalent sind.

Aufgabe 19: Man bestimme den Typ der Ruhelage und das Phasenporträt nahe der Ruhelage von folgenden Differentialgleichungen:

a) $\dot{x} = x$, $\dot{y} = x + 2y$ b) $\dot{x} = -3x + 2y$, $\dot{y} = x - 4y$

c) $\dot{x} = 2y$, $\dot{y} = 2x + 3y$ d) $\dot{x} = \alpha x + y$, $\dot{y} = -x + \alpha y$

($\alpha \in \mathbb{R}$ - Parameter).

Aufgabe 20: Gegeben sei die 2π–periodische Matrix - Funktion

$$A(t) = \begin{bmatrix} -2\cos^2 t & 0 & -1 - 2\sin t \cos t \\ 0 & \lambda & 0 \\ 1 - 2\sin t \cos t & 0 & -2\sin^2 t \end{bmatrix}$$

($\lambda \in \mathbb{R}$ Parameter). Man bestimme die in $t = 0$ normierte Fundamentalmatrix von $\dot{x} = A(t)x$.

Aufgabe 21: Gegeben sei die nichtlineare Differentialgleichung im $\mathbb{R}^3$

$$\begin{aligned} \dot{x} &= x - 4y - \frac{x^3}{4} - xy^2, \\ \dot{y} &= x + y - \frac{x^2 y}{4} - y^3. \\ \dot{z} &= z. \end{aligned} \tag{A.9}$$

a) Man zeige, daß $\gamma(t) = (2\cos 2t, \sin 2t, 0)^T$ eine π–periodische Lösung von (A.9) ist und berechne die π–periodische Matrix $A(t) := D\mathbf{f}(\gamma(t))$, wobei $\mathbf{f}$ die rechte Seite von (A.9) bezeichnet.

b) Durch direktes Einsetzen zeige man, daß

$$\Phi(t) = \begin{bmatrix} e^{-2t}\cos 2t & -2\sin 2t & 0 \\ \frac{1}{2}e^{-2t}\sin 2t & \cos 2t & 0 \\ 0 & 0 & e^t \end{bmatrix}$$

die bei $t = 0$ normierte Fundamentalmatrix von

$$\dot{x} = A(t)x \tag{A.10}$$

ist, d.h. $Y(t, 0) = \Phi(t), \quad \forall t \in \mathbb{R}$, gilt.

c) Für $Y(t,0)$ von (A.10) bestimme man eine Floquet-Darstellung

$$Y(t,0) = G(t)e^{tR} \quad (t \in \mathbb{R}).$$

Außerdem bestimme man die Multiplikatoren ρ_j und die charakteristischen Exponenten λ_j von (A.10).

Aufgabe 22: Gegeben sei im $\mathbb{R}^3$ die Differentialgleichung

$$\dot{x}_1 = -x_1, \quad \dot{x}_2 = -x_2 + x_1^2, \quad \dot{x}_3 = x_3 + x_1^2. \tag{A.11}$$

a) Man ermittle den Fluß von (A.11).
b) Unter Bezugnahme auf die Definition bestimme man mit dem Fluß aus a) die stabile Mannigfaltigkeit $W^s(\mathbf{0})$ und die instabile Mannigfaltigkeit $W^u(\mathbf{0})$. Außerdem skizziere man den stabilen (instabilen) Unterraum $E^s(E^u)$.

Aufgabe 23: Im $\mathbb{R}^2$ sei die Differentialgleichung

$$\dot{x}_1 = -x_1 - x_2^2, \quad \dot{x}_2 = x_2 + x_1^2 \tag{A.12}$$

gegeben. Mit der Methode der sukzessiven Approximation führe man zwei Schritte zur Lösung der Integralgleichung, die $W^s(\mathbf{0})$ von (A.12) beschreibt, durch und approximiere damit $W^s(\mathbf{0})$. In ähnlicher Weise gebe man eine Näherung für $W^u(\mathbf{0})$ von (A.12) an.

Aufgabe 24: Ausgehend von der Stabilität im Lyapunovschen Sinne kläre man, ob die Ruhelage $p = 0$ der Differentialgleichung

$$\dot{x} = \sin^2 x$$

stabil ist.

Aufgabe 25: Gegeben sei im $\mathbb{R}^2$ das System

$$\dot{x} = y, \qquad \dot{y} = -f(x),$$

wobei $f : \mathbb{R} \to \mathbb{R}$ eine C^1-Funktion mit $f(0) = 0$ und $f(x)x > 0$ für alle $x \neq 0$ ist. Man zeige, daß die Ruhelage $(0,0)^T$ stabil ist. (Die Lösungen mögen auf $[0,\infty)$ existieren.)

Aufgabe 26: Man zeige, daß die Nullösung der Van der Polschen Differentialgleichung

$$\ddot{x} + a(x^2 - 1)\dot{x} + x = 0$$

für $a < 0$ asymptotisch stabil und für $a > 0$ instabil ist.

Aufgabe 27: Gegeben sei die Liénard-Gleichung $\ddot{x} + f(x)\dot{x} + g(x) = 0$ bzw. das zu ihr äquivalente System

$$\dot{x} = y - F(x), \qquad \dot{y} = -g(x).$$

Es seien $f, g : \mathbb{R} \to \mathbb{R}$ stetige Funktionen, $F(x) = \int_0^x f(u)du$ und $G(x) = \int_0^x g(u)du$. Man formuliere Bedingungen an f und g, unter denen $(0,0)^T$ eine Ruhelage ist und diese Ruhelage stabil ist.
Hinweis: Die Funktion $V(x,y) = G(x) + \frac{1}{2}y^2$, $(x,y)^T \in \mathbb{R}^2$, soll als Lyapunov-Funktion Verwendung finden.

Aufgabe 28: Mit einer Lyapunov-Funktion vom Typ $V(x,y) = ax^2+by^2$, $(x,y)^T \in \mathbb{R}^2$, mit geeignet zu wählenden Parametern $a > 0$ und $b > 0$, untersuche man die Stabilität der Ruhelage $(0,0)^T$ von

$$\dot{x} = -x - 2y + x^2y^2, \qquad \dot{y} = x - \frac{1}{2}y - \frac{1}{2}x^3y.$$

Aufgabe 29: Mit Hilfe des Satzes über die Stabilität in der ersten Näherung untersuche man die asymptotische Stabilität der Ruhelage $\mathbf{p} = (0,0,0)^T$ von

$$\dot{x} = -\sin(x-z), \quad \dot{y} = \sin^2 x - y - \sin z, \quad \dot{z} = \tan(y-z).$$

Aufgabe 30: Man untersuche die Stabilität der Ruhelagen folgender Differentialgleichungen:

$$\dot{x} = y - x(x^2+y^2), \quad \dot{y} = -x - y(x^2+y^2) \quad \text{und}$$

$$\dot{x} = y + x(x^2+y^2), \quad \dot{y} = -x + y(x^2+y^2).$$

Aufgabe 31: Gegeben sei das System

$$\dot{x}_1 = (x_1 - c_2x_2)(x_1^2 + x_2^2 - 1), \quad \dot{x}_2 = (c_1x_1 + x_2)(x_1^2 + x_2^2 - 1)$$

mit $c_1 > 0, c_2 > 0$. Untersuche die Stabilität der Ruhelage $\mathbf{p} = (0,0)^T$ mit der Funktion $V(\mathbf{x}) = c_1x_1^2 + c_2x_2^2$.

Aufgabe 32: In der Ebene werde die Differentialgleichung

$$\dot{x}_1 = x_1 - x_1x_2^4, \quad \dot{x}_2 = x_2 - x_1^2x_2^3 \tag{A.13}$$

betrachtet. Man versuche, den Satz von Chetaev mit der Funktion $V(x_1,x_2) = x_1^2 - x_2^2$ für $(x_1,x_2)^T \in M$ anzuwenden (indem M und $U \subset M$ geeignet gewählt werden), um die Instabilität der Ruhelage $(0,0)^T$ von (A.13) zu zeigen.

Literatur

[1] Abraham, R., Marsden, J. E. and T. Ratiu: Manifolds, Tensor Analysis, and Applications. Springer-Verlag, New York (1988).

[2] Adler, R. L., Konheim, A. G. and M. H. McAndrew: *Topological entropy.* Trans. Amer. Math. Soc. 114, 309–319 (1965).

[3] Afraimovich, V. S.: *Über Attraktoren.* In: Nichtlineare Wellen. Dynamik und Evolution. Akad. Nauk SSSR, Moskau, Nauka (1989).(Russisch)

[4] Afraimovich, V., Arnold, V., Ilyashenko, Yu. and L. Shilnikov: Theory of Bifurcations. In: Dynamical systems, v. 5, Springer-Verlag, New York (1991).

[5] Afraimovich, V. S., Gavrilov, N. K., Lukanov, V. I. und L. P. Shilnikov: Grundlegende Bifurkationen dynamischer Systeme. Universitätsverlag Gorki (1985). (Russisch)

[6] Afraimovich, V. S. and L. P. Shilnikov: *On strange attractors and quasi-attractors.* Nonlinear dynamics and turbulence, 1–34, Boston (1983).

[7] Amann, H.: Gewöhnliche Differentialgleichungen. Walter de Gruyter, Berlin, New York (1983).

[8] Andronov, A. A., Witt, A. A. und S. E. Chaikin: Theorie der Schwingungen. Akademie-Verlag, Berlin (1965).

[9] Andronov, A. A., Gordon, I. I., Leontovich, E. A. and A. G. Maier: Qualitative Theory of Second-Order Dynamical Systems. John Wiley & Sons, New York (1973).

[10] Anishchenko, V. S.: Dynamical Chaos – Basic Concepts. Teubner-Texte zur Physik, Bd. 14, Teubner-Verlag, Leipzig (1987).

[11] Arnold, V. I.: Gewöhnliche Differentialgleichungen. Deutscher Verlag der Wissenschaften, Berlin (1991).

[12] Arrowsmith, D. K. and C. M. Place: An Introduction to Dynamical Systems. Cambridge University Press, Cambridge (1990).

[13] Baillieul, J., Brockett, R. W. and R. B. Washburn: *Chaotic Motions in Nonlinear Feedback Systems.* IEEE Trans. CAS-27, 990–997 (1980).

[14] Bautin, N. N.: Das Verhalten dynamischer Systeme nahe der Stabilitätsgrenzen. Moskau-Leningrad, Gostechnizdat (1949).(Russisch)

[15] Bélair, J. and S. Dubuc (Ed.): Fractal Geometry and Analysis. NATO ASI Series, v. 346, Kluwer Academic Publishers, Dordrecht (1991).

[16] Belykh, V. N.: *Über die Bifurkation der Separatrizen des Sattels des Lorenz-Systems.* Diff. Urav., v. 20, No 10, 1666–1674 (1984). (Russisch)

[17] Benedicks, M. and L. Carleson: *The dynamics of the Hénon map.* Ann. Math. 133, 73–169 (1991).

[18] Birkhoff, G. D.: Dynamical Systems. Amer. Math. Soc. Colloq. Publ. 9 (1966).

[19] Bogdanov, R. I.: *Versale Deformationen des singulären Punktes eines Vektorfeldes in der Ebene im Falle verschwindender Eigenwerte.* Trudy Sem. Petrovsk., v. 2, 37–65 (1976). (Russisch)

[20] Bogdanov, R. I.: *Bifurkation des Grenzzyklus einer Familie von ebenen Vektorfeldern.* Trudy Sem. Petrovsk., v. 2, 23–25 (1976). (Russisch)

[21] Bowen, R.: *Entropy for group endomorphisms and homogeneous spaces.* Trans. Amer. Math. Soc. 153, 401–414 (1971).

[22] Bröcker, Th.: Analysis III. BI-Wissenschaftsverlag, Mannheim, Leipzig, Wien, Zürich (1992).

[23] Burton, T. A.: Stability and Periodic Solutions of Ordinary and Functional Differential Equations. Academic Press INC., New York (1985).

[24] Corless, R. M.: *Continued fractions and chaos.* Amer. Math. Monthly, v. 99, No 3, 203–215 (1992).

[25] Cronin, J.: Differential Equations. Introduction and Qualitative Theory. Marcel Dekker, New York, Basel (1980).

[26] Devaney, R.: An Introduction to Chaotic Dynamical Systems. Benjamin Commings, Menlo Park (1980).

[27] Dinaburg, E. I.: *Die Beziehung zwischen topologischer Entropie und metrischer Entropie.* Dokl. Akad. Nauk SSSR 190, 19–22 (1970). (Russisch)

[28] Douady, A. et J. Oesterlé: *Dimension de Hausdorff des attracteurs.* C. R. Acad. Sci. Paris Ser. A 290, 1135–1138 (1980).

[29] Eckmann, J.-P. and D. Ruelle: *Ergodic theory of chaos and strange attractors.* Rev. Mod. Phys., v. 57, No 3, 617-656 (1985).

[30] Eden, A.: *Local Lyapunov exponents and a local estimate of Hausdorff dimension.* Math. Model. and Numer. Anal., v. 23, No 3, 405–413 (1989).

[31] Edgar, G. A.: Measure, Topology and Fractal Geometry. Springer-Verlag, New York (1990).

[32] Falconer, K.: Fractal Geometry. John Wiley & Sons, Chichester (1990).

[33] Fatou, P.: *Sur les équations fonctionelles.* Bull. Soc. Math. France 47, 161–271 (1919).

[34] Galperin, G. A. und A. N. Semlyakov: Mathematische Billards. Moskau, Nauka (1990).(Russisch)

[35] Gavrilov, N. K. und L. P. Shilnikov: *Über dreidimensionale dynamische Systeme mit einer nicht robusten homoklinen Kurve.* Matem. Sbornik, v. 88, No 8, 474–492 (1972).(Russisch)

[36] Grobman, D. M.: *Über den Homöomorphismus von Systemen von Differentialgleichungen.* Dokl. Akad. Nauk SSSR 128, 880–881 (1959).(Russisch)

[37] Guckenheimer, J. and P. Holmes: Nonlinear Oscillations, Dynamical Systems and Bifurcations of Vector Fields. Springer-Verlag, New York (1990).

[38] Hartman, P.: Ordinary Differential Equations. John Wiley & Sons, New York (1964).

[39] Hastings, S. P. and W. C. Troy: *A proof that the Lorenz equations have a homoclinic orbit.* J. Diff. Equ. 113, 166–188 (1994).

[40] Hastings, S. P. and W. C. Troy: *A shooting approach to chaos in the Lorenz equations.* J. Diff. Equ. 127, 41–53 (1996).

[41] Hénon, M. A.: *A two-dimensional mapping with a strange attractor.* Commun. Math. Phys. 50, 69–77 (1976).

[42] Hutchinson, J. E.: *Fractals and self-similarity.* Indiana Univ. Math. J. 30, 713-747 (1981).

[43] Julia, G.: *Mémoire sur l'iteration des fonctions rationelles.* J. Math. Pure et Appl. Sér. 8.1, 47–245 (1918).

[44] Kirchgraber, U.: Mathematik im Chaos. Math. Semesterber. 39, 43–68 (1992).

[45] Kloeden, P. E.: *Chaotic difference equations in R^n*. J. Austr. math. Soc. XXXI A, 217–225 (1981).

[46] Knobloch, H. W. und F. Kappel: Gewöhnliche Differentialgleichungen. Teubner-Verlag, Stuttgart (1974).

[47] Kosjakin, A. A. und B. M. Schamrikov: Oszillationen in digitalen Systemen der automatischen Steuerung. Moskau, Nauka (1983). (Russisch)

[48] Ledrappier, F.: *Some relations between dimension and Lyapunov exponents.* Commun. Math. Phys. 81, 229–238 (1981).

[49] Leonov, G. A.: *Über eine Abschätzung der Separatrizen des Lorenz-Systems.* Diff. Urav., v. 22, No 3, 411–415 (1986). (Russisch)

[50] Leonov, G. A., Burkin, I, M. and A. I. Shepeljavyi: Frequency Methods in Oscillation Theory. Mathematics and Its Applications, v. 357, Kluwer Academic Publishers, Dordrecht, Boston, London (1996).

[51] Leonov, G. A. and V. A. Boichenko: *Lyapunov's direct method in the estimation of the Hausdorff dimension of attractors.* Acta Appl. Math. 26, 1–60 (1992).

[52] Leonov, G. A. und S. A. Lyashko: *Über die Edensche Hypothese für das Lorenz-System.* Vestnik der St. Petersburger Universität, Ser. 1, No 3, 9–15 (1993). (Russisch)

[53] Leonov, G. A., Reitmann, V. and V. B. Smirnova: Non-Local Methods for Pendulum-Like Feedback Systems. Teubner-Texte zur Mathematik, Bd.132, Teubner-Verlag, Stuttgart-Leipzig (1992).

[54] Leonov, G. A. und V. Reitmann: Attraktoreingrenzung für nichtlineare Systeme. Teubner-Texte zur Mathematik, Bd. 97, Teubner-Verlag, Leipzig (1986).

[55] Li, T.-Y. and J. A. Yorke: *Period three implies chaos.* Amer. Math. Monthly 82, 985–992 (1975).

[56] Mañé, R.: Ergodic Theory and Differentiable Dynamics. Springer-Verlag, New York (1987).

[57] Marek, M. and I. Schreiber: Chaotic Behaviour of Deterministic Dissipative Systems. Cambrigde University Press, Cambridge (1991).

[58] Martin, N. F. G. and J. W. England: Mathematical Theory of Entropy. Addison-Wesley Publishing Company, London (1981).

[59] McCluskey, H. and A. Manning: *Hausdorff dimension for horseshoes.* Ergod. Th. & Dynam. Syst. 3, 251–260 (1983).

[60] Medved, M.: Fundamentals of Dynamical Systems and Bifurcation Theory. Adam Hilger, Bristol (1992).

[61] Melnikov, V. K.: *Über die Stabilität des Zentrums bei zeit-periodischen Störungen.* Trudy Mosk. Mat. Obsc. 12, 1–57 (1963). (Russisch)

[62] Milnor, J.: *On the concept of attractor.* Commun. Math. Phys. 99, 177–195 (1985).

[63] Mischaikow, K. and M. Mrozek: *Chaos in the Lorenz equations: a computer-assisted proof.* Bull. Amer. Math. Soc. 32, 66–72 (1995).

[64] Neimark, Yu. I.: *Die Methode der Punktabbildungen in der Theorie nichtlinearer Schwingungen.* Izv. VUZ, Radiofizika, No 5-6 (1958). (Russisch)

[65] Newhouse, S., Ruelle, D. and F. Takens: *Occurrence of strange axiom A attractors near quasi-periodic flows on* $T^m, m \geq 3$. Commun. Math. Phys. 64, 35–40 (1978).

[66] Ortega, J. M. and W. C. Rheinboldt: Iterative Solution of Nonlinear Equations in Several Variables. Academic Press, New York, London (1970).

[67] Oseledec, V. I.: *Ein multiplikativer Ergodensatz und charakteristische Lyapunov-Zahlen für dynamische Systeme.* Trudy Mosk. Mat. Obsc. 19, 179–210 (1968). (Russisch)

[68] Perko, L.: Differential Equations and Dynamical Systems. Springer-Verlag, New York (1991).

[69] Pesin, Ya. B.: *Charakteristische Lyapunov-Exponenten und glatte Ergodentheorie.* Usp. Mat. Nauk, v. 32, No 4, 55–112 (1977). (Russisch)

[70] Pesin, Ya. B.: *Charakteristiken vom dimensionsartigen Typ für invariante Mengen dynamischer Systeme.* Usp. Mat. Nauk, v. 43, 95–128 (1988). (Russisch)

[71] Pilyugin, S. Yu.: Einführung in robuste Systeme von Differentialgleichungen. Leningrader Universitätsverlag (1988). (Russisch)

[72] Pliss, V. A.: Nichtlineare Probleme der Schwingungstheorie. Nauka, Moskau (1964). (Russisch)

[73] Pomeau, Y. and P. Manneville: *Intermittent transition to turbulence in dissipative dynamical systems.* Commun. Math. Phys. 74, 189–197 (1980).

[74] Pontryagin, L. S. und L. M. Schnirelman: *Über eine metrische Eigenschaft der Dimension.* In: Hurewicz, W. und H. Wallman: Dimensions-Theory. Moskau, IL (1948). (Russisch)

[75] Rényi, A.: Wahrscheinlichkeitsrechnung, mit einem Anhang über Informationstheorie. Deutscher Verlag der Wissenschaften, Berlin (1977).

[76] Rössler, O. E.: *An equation for continuous chaos.* Phys. Lett. A57, 397–398 (1976).

[77] Ruelle, D.: *An inequality for the entropy of differentiable maps.* Bol. Soc. Bras. Mat., v. 9, 83–87 (1978).

[78] Ruelle, D.: *Repellers for real analytic maps.* Ergod. Th. & Dynam. Syst., v. 2, No 1, 99–107 (1982).

[79] Sacker, R. I.: *On invariant surface and bifurcation of periodic solutions of ordinary differential equations.* New York Univ. Report IMN-NYU 333 (1964).

[80] Sansone, G. and R. Conti: Non-Linear Differential Equations. Pergamon Press, Oxford (1964).

[81] Sharkovskij, A. N., Maistrenko, Ju. L. und E. Ju. Romanenko: Differenzengleichungen und ihre Anwendungen. Kiew, Naukowa Dumka (1986). (Russisch)

[82] Shereshevskij, M. A.: *Über die Asymptotik der Hausdorff-Dimension einer Basis-Menge, die beim Verschwinden einer Ruhelage vom Typ Sattel-Sattel entsteht.* Funktion. Anal. i Prilo., v. 21, No 1, 88–89 (1987).

[83] Shilnikov, L. P.: *Über einige Fälle der Entstehung periodischer Bewegungen aus singulären Trajektorien.* Matem. Sbornik, v. 61, No 103, 443–466 (1963). (Russisch)

[84] Shilnikov, L. P.: *Über einen Fall der Existenz einer abzählbaren Menge periodischer Bewegungen.* Dokl. Akad. Nauk SSSR, v. 160, No 3, 558–561 (1965). (Russisch)

[85] Shilnikov, L. P.: *Über die Entstehung einer periodischen Bewegung aus einer Trajektorie, die doppelasymptotisch zu einer Ruhelage vom Sattel-Typ ist.* Matem. Sbornik, v. 77, No 113, 461–472 (1968). (Russisch)

[86] Shilnikov, L. P.: *Über die Entstehung einer periodischen Bewegung aus einer Trajektorie, die aus einer Ruhelage vom Sattel-Sattel-Typ kommt und in diese zurückkehrt.* Dokl. Akad. Nauk SSSR, v. 170, No 1, 48–52 (1966). (Russisch)

[87] Shilnikov, A. L.: *Bifurcations and chaos in the Morioka-Shimizu model.* Selecta Math. Sovietica, v. 10, 115–125 (1989).

[88] Shoshitaishvili, A. N.: *Über Bifurkationen des topologischen Typs eines Vektorfeldes nahe eines singulären Punktes.* Funktion. Anal. i Prilo. 6, No 2, 97–98 (1972).

[89] Sibirskij, K. S.: Einführung in die topologische Dynamik. Akad. Nauk Mold. SSR, Kischinjov (1970). (Russisch)

[90] Siegel, C. L.: *Iteration of analytic functions.* Ann. Math. 43, 607–612 (1942).

[91] Simon, K.: *Hausdorff dimension for non-invertible maps.* Ergod. Th. & Dynam. Syst. 13, 199–212 (1993).

[92] Sinai, Ya. G.: *Endlichdimensionale Stochastizität.* Usp. Mat. Nauk, v. 46, No 3, 147–159 (1991). (Russisch)

[93] Sinai, Ya. G.: Moderne Probleme der Ergodentheorie. Phys. Math. Literatur, Moskau (1995). (Russisch)

[94] Singer, D.: *Stable orbits and bifurcations of maps of the interval.* SIAM J. Appl. Math. 35, 260–267 (1978).

[95] Smale, S.: *Differentiable Dynamical Systems.* Bull. Amer. Math. Soc. 73, 747–817 (1967).

[96] Smith, R. A.: *The Poincaré-Bendixson-theorem for certain differential equations of higher order.* Proc. Roy. Soc. Edinburgh, Sect. A, 83, 63–79 (1979).

[97] Smith, R. A.: *Some applications of Hausdorff dimension inequalities for ordinary differential equations.* Proc. Roy. Soc. Edinburgh 104A, 235–259 (1986).

[98] Sotomayor, J.: *Generic bifurcations of dynamical systems.* In: Dynamical Systems, M. M. Peixoto (ed.), 549–560, Academic Press, New York (1973).

[99] Takens, F.: *Singularities of vector fields.* Publ. I.H.E.S., Bures-sur-Yvette, Paris, 43, 47-100 (1974).

[100] Temam, R.: Infinite-Dimensional Dynamical Systems in Mechanics and Physics. Springer-Verlag, New York (1988).

[101] Vidal, P.: Nichtlineare Impulssysteme. Energiya, Moskau (1974). (Russisch)

[102] Volosov, V. V. und Yu. N. Chekhovoy: *Über die Stabilität periodischer Lösungen nichtlinearer Differenzensysteme.* Moskau, Avtomat. i Telemech., 51-59, No 4 (1973).

[103] Wiggins, S.: Global Bifurcations and Chaos. Analytical Methods. Springer-Verlag, New York (1988).

[104] Yakobson, M. V.: *Invariant measures for some one-dimensional attractors.* Ergod. Th. & Dynam. Syst. 2, 317–337 (1982).

[105] Yakobson, M. V.: *Dynamik komplexer quadratischer Polynome und fraktale Mengen.* In: Mathem. Mechanismen der Turbulenz. Akad. d. Wissenschaften der Ukrain. SSR, Kiew (1988).

[106] Young, L.- S.: *Dimension, entropy and Lyapunov exponents.* Ergod. Th. & Dynam. Syst. v. 2, No 1, 109–124 (1982).

[107] Young, L.-S.: *Entropy, Lyapunov exponents, and Hausdorff dimension in differentiable dynamical systems.* IEEE Trans. Circuits Syst. CAS-30, No 8, 599–607 (1983).

Index